图2-18 芬洛型玻璃温室

图2-19 里歇尔(Richel)温室

图2-20 卷膜式全开放型塑料温室

图2-21 屋顶全开启型温室

图9-1 设施内常用番茄栽培品种
a.中杂9号;b.卡鲁索;c.以色列144

1

图9-3　日光温室冬春茬番茄栽培现场

图9-4　日光温室冬春茬番茄栽培

图9-5　连栋温室番茄有机生态型无土栽培

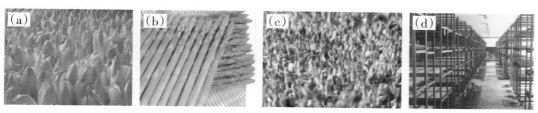

图9-6 设施内芽苗菜生产

a.芽球菊苣;b.芦笋;c.豌豆芽;d.工厂化生产

图9-7 设施内草莓立体栽培

图10-1 设施园艺植物病害的田间症状

a.变紫;b.斑点;c.腐烂;d.萎蔫;e~f.果实畸形

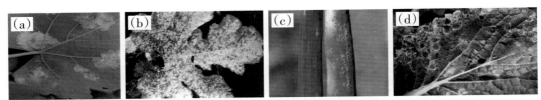

图 10-2　病斑上不同颜色的霉（粉）状物
a.黑色霉状物（葡萄霜霉病）；b.白色霉状物（西葫芦白粉病）；
c.红色霉状物（大葱锈病）；d.黑色霉状物（大白菜黑斑病）

图 10-3　番茄青枯病与黄瓜枯萎病
a.番茄青枯病；b.黄瓜枯萎病；

图 10-4　病毒病症状
a.番茄蕨叶病毒病；b.番茄卷叶病毒病；c.甜椒花叶病毒病；d.甜椒病毒病坏死型条斑

图 10-5　设施内病毒病症状、病原及侵染循环
a.甜椒花叶病毒病；b.黄瓜绿斑花叶病毒病；c.番茄病毒病病果

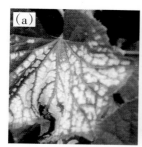

图 10-6 设施内几种常见生理性障碍症状

a.高温引起的黄瓜叶烧病;b.由低温引起的黄瓜花打顶;c.由低温引起的黄瓜泡泡病

图 10-8 根结线虫病发病症状

a.番茄根结线虫病;b.甜椒根结线虫病;c.芹菜根结线虫病

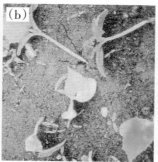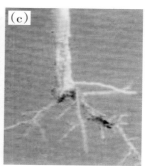

图 10-9 猝倒病和立枯病发病症状

a.辣椒苗猝倒病;b.黄瓜苗猝倒病;c.甜椒苗立枯病

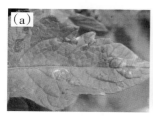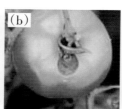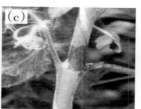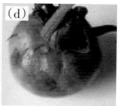

图 10-10 早疫病和晚疫病田间症状

a.番茄早疫病(轮纹);b.番茄早疫病果实;c.番茄晚疫病茎上病斑;d.番茄晚疫病果实

图 10-11　灰霉病田间症状
a.黄瓜灰霉病果实；b.番茄灰霉病叶片；
c.番茄灰霉病果实

图 10-12　叶霉病和白粉病田间症状
a.黄瓜叶霉病果实；b.番茄叶霉病叶片；
c.白粉病叶片

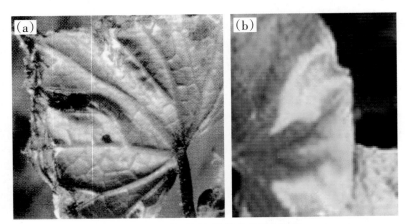

图 10-13　细菌性缘枯病田间症状
a.黄瓜细菌性缘枯病；b.南瓜细菌性缘枯病

图 10-14 设施内主要虫害

a.蚜虫;b.白粉虱;c.白粉虱危害叶片;d.棉铃虫;e.美洲斑潜蝇;
f.美洲斑潜蝇成虫;g.茶黄螨;h.茶黄螨田间危害;i.甜菜夜蛾幼虫;j.甜菜夜蛾成虫

图10-15　设施内主要生理性病害

a.黄瓜畸形瓜；b.番茄尖头果；c.番茄脐腐病；d.西瓜脐腐病；e.甜椒日灼病；

f-g.番茄裂果；h.筋腐果；i.番茄空洞果；j.豌豆芽枯病；k.番茄着色不良；l.番茄生理性卷叶

高等学校规划教材
GAODENG XUEXIAO GUIHUA JIAOCAI

设施农艺学
SHESHI NONGYIXUE

谢小玉　主编

西南师范大学 出版社
全国百佳图书出版单位　国家一级出版社

《设施农艺学》编写人员

主　　编　谢小玉（西南大学）

副 主 编　海江波（西北农林科技大学）

编写人员（按姓氏拼音排序）

陈双臣（河南科技大学）

海江波（西北农林科技大学）

贺忠群（四川农业大学）

江雪飞（海南大学）

李清明（山东农业大学）

穆大伟（海南大学）

唐道彬（西南大学）

谢小玉（西南大学）

主　　审　邹志荣（西北农林科技大学）

前　言

新的农业科技革命正在深刻地改变着当今世界农业的面貌。设施农业的发展,尤其生物技术、信息技术和新材料不断取得重大突破并广泛应用于农业中,使农业效益大幅度提高。其中以设施栽培为主体的设施农艺,由于其科技含量和经济效益高,在农业产业结构调整和人们生活质量提高中成为优势项目而得到高速发展。

设施农艺学是随着现代农业、都市农业的建设和发展而内容日趋综合、日益丰富的一门课程,是一门由现代农艺学、环境工程科学、农业经济科学和现代信息技术科学多学科交叉渗透的新兴的边缘学科。它是反映国际国内设施农业研究领域的最新成果,体现材料科学、生命科学、现代信息管理科学的最新研究进展,介绍生物技术、工程技术、自动化控制技术在设施农业中的应用和对现代农业发展的贡献的一门学科。

近年来,随着现代农业的发展,设施科学发展迅速,许多非设施专业(如农学、农村区域发展等)都把设施农业作为专业选修课,而且选修的学生越来越多,但是没有一本合适的教材。该教材根据非设施专业和设施科学发展日新月异的特点,把最新的科技成果贯穿于教材中,使教材的内容能够反映设施科学发展的最新成果,体系更为完善和新颖,突出专业特点。

本教材共分十章。内容包括:绪论,设施类型、结构及性能,设施覆盖材料,设施农业机械化,设施环境及其调控,农艺设施的投资规划与设计建造,无土栽培,设施栽培新技术,园艺植物设施栽培技术,设施病虫害。参编者根据自己的专长承担相关章节的编写任务,在编写的过程中参阅了近年来国内外相关单位和科研人员在设施农业方面的最新研究成果与相关资料,在此表示衷心感谢。最后由西南大学谢小玉、唐道彬统稿,由西北农林科技大学博士生导师邹志荣教授审定全书。

鉴于设施农业科学发展日新月异,编者的水平有限,经验不足,错误缺点在所难免,恳请读者赐教,以便今后修订、完善。

编者

2009 年 10 月

目 录 MU LU

第一章 绪论

本章学习目标

通过本章学习,理解设施农艺的含义、特征及作用,设施农艺学与相关学科发展的关系;了解国内外设施农艺发展概况及趋势;知道本课程的特点、研究内容;掌握本课程的学习方法。

第一节 设施农艺及其地位

中国的农业正逐步由传统农业向现代化农业转变。设施农艺是现代化农业的具体体现,是高产、优质、高效农业的必然要求。特别是进入 20 世纪 90 年代后,设施农艺发展迅速,以其丰富的内涵和高科技含量的特点,给农业生产带来了无限生机和广阔的发展前景。

一、设施农艺及其特征

(一)设施农艺的基本含义

农艺即为耕地、农作物生产、选种和牲畜饲养的科学工艺和技艺;农艺学是指探求农业生产良种良法有机结合、相辅相成、互相促进以及协调与环境之间关系的科学与技术。

设施农艺又称可控农业、设施农业,是利用一定设施和工程技术手段改变自然条件,在可控的环境条件下,按照动植物生长发育要求的最佳环境(光照、温度、湿度、营养等),进行生产的现代化农业,其效率和效益比传统的露地农业提高几倍甚至几十倍。具体地说,设施农艺就是利用人工建造的设施,为种植业、养殖业等提供较适宜的环境条件,以期将农业生物的遗传潜力变为现实的巨大生产力,获得高产、优质、高效的农、畜、水产品。由于设施农艺是现代生物技术和工程技术的集成,涵盖了建筑、材料、机械、环境、自动控制、品种、栽培管理、市场经营等多学科和系统,因而科技含量高,成为当今世界各国大力发展的高新技术产业。

设施农业包括设施养殖和设施栽培两大类。设施养殖主要是养殖畜、禽、水产和特种动物,设施包括各类温室、遮阴棚舍、现代化饲养畜禽舍和配套设备。

设施栽培是在不适宜作物生长发育的环境条件下,通过建立设施,在充分利用自然环境条件的基础上,人为地创造作物生长发育的环境条件,实现高产、高效的现代化生产方式。设施栽培是自然环境与人工环境互相协调的生产。它包含两个方面的内容:一是在人工气候条件下,如何进行正确的栽培管理,以实现"两高一优"生产;二是如何设计和建造适宜于多种作物生育要求的设施。

设施农艺学是以现代科技为依托,以先进设施为基础,以产业化经营为手段,在可控环境的条件下,实现高产、高效与可持续发展的农业现代生产管理体系,是集建筑学、农艺学、环境科学、信息技术、农业经济,涉及建筑、材料、机械、环境、自动控制、品种、栽培、管理等多种学科和多种系统为一体的多学科交叉的边缘学科。

近年来,发达国家的设施生产已向"工厂化农业"过渡。例如,荷兰利用计算机自控大型连栋温室生产生菜、黄瓜、番茄,以色列也利用半自动连栋塑料大棚进行作物生产。目前,中国设施农业总面积中约80%以上是蔬菜的设施栽培,蔬菜生产的设施则是以适合我国国情的日光节能温室和塑料大棚的发明和大面积的推广应用为特色。在示范园则是以高效节能日光温室和半自动化的现代化温室为代表。以高科技、高投入、高产出为特征的设施农艺生产不仅代表现代农业的发展方向,而且设施农艺发展的程度已经成为衡量一个国家或地区农业现代化水平的重要标志。

(二)设施农艺概述

从以上的介绍可看出,设施农艺包括的范围很广泛,主要包括以下几个方面:

1. 主要设施类型与生产方式

从设施条件和设施内技术装备水平来看,可以把农艺设施的设施类型大体分为简易设施类型、塑料薄膜拱棚、塑料温室、现代化大型温室和植物工厂。

2. 主要设施装备系统

包括温室骨架结构、覆盖材料、加热设备、通风降温设备、补光设备、营养液配制装置、灌溉系统、二氧化碳施肥装置、自动监测与集中控制系统。

3. 主要支持技术系统

包括无土栽培技术、营养液调配技术、环境监测控制技术、二氧化碳施肥技术、熊蜂授粉技术、基质消毒技术、机械化作业技术和产品采后处理技术。

4. 产业链条系统

包括种子种苗工程、栽培技术工程和产后处理工程。

(三)设施农艺的特征

设施农艺是一种高科技的高效集约型农业,要求应用现代化的栽培管理和经营管理技术,才能实现高投入高产出的目标,其主要特点是:

1. 设施生产已成为一些地区主导产业

随着产业结构的调整和农民增收的需求,各地把发展设施栽培作为当地的主导产业之一,在许多省、市、自治区蔬菜产加销、贸工农一体化的产业化经营体系已初步形成。如山东省2002年全省蔬菜龙头企业发展到491家,加工量达到160万吨;工厂化育苗场38家,年育苗7500万株;国家定点批发市场16家,蔬菜加工出口企业100多个,出口量18.75万吨,出口额7500万美元,蔬菜专业合作经济组织1400多个,带动农户近200万户,带动农民增收31亿多元。市场体系不断完善,为蔬菜产业的发展创造了良好的流通条件,除供应国内的一些大中城市外,还出口到俄罗斯、日本、韩国、中国香港等十多个国家和地区。

2. 设施农艺属于高投入、高产出、技术和劳动密集型的集约型产业

设施生产的投入与常规技术的投入相比相对较高,不仅仅要投资修建设施,而且要通过提高产量或在淡季上市提高产值来取得高的产出。因此,适宜品种的选择,相应的栽培技术及茬口搭配等都十分重要。此外,由于设施栽培,尤其设施蔬菜栽培季节长,复种指数高,长年避雨和冬季长期保温和加温,设施土壤的水分管理、通风换气、冬季加温保温、夏季防止热蓄积等环境调控和产期调节等均需要精细集约的管理技术和大量劳动力。

3.设施农艺易实现优质高产

除防雨棚外,一般能实行半封闭式或封闭式的环境调控,有利于创造作物地上部和地下部最适宜的环境条件,实现优质高产。在封闭式的环境调控条件下,易于利用天敌等生物防治病虫技术,实行无(少)药栽培。

4.设施农艺需要市场的推动

良好的市场体系是设施农艺发展的前提。设施农艺是具有一定规模的专业化生产,产品只有进入市场流通,才能不断发展,取得规模效益。如山东寿光的设施农业之所以规模不断扩大,就是因为建立了规范有序的市场。

二、设施农艺的作用

由于各地区的自然条件不同,市场需求不同及生产方式各有特点,设施农艺在农业生产中的作用可概括为:

1.作物设施(保护地)栽培

设施农艺在农业生产中的最主要作用是作物设施栽培,包括可进行园艺作物的育苗、早熟栽培、延后栽培、越冬栽培、炎夏栽培、促成栽培、无公害栽培、假植栽培和无土栽培。

此外,植物工厂是继温室栽培之后发展的一种高度专业化、现代化的设施农业。它与温室生产不同点在于,完全摆脱大田生产条件下自然条件和气候的制约,应用近代先进设备,完全由人工控制环境条件,全年均衡供应农产品。目前,高效益的植物工厂在某些发达国家发展迅速,初步实现了工厂化生产蔬菜、食用菌和名贵花木等。美国正在研究利用"植物工厂"种植小麦、水稻以及进行植物组织培养和快繁、脱毒。由于这种植物工厂的作物生产环境不受外界气候等条件影响,蔬菜如生菜种苗移栽2周后,即可收获,全年收获产品20茬以上,蔬菜年产量是露地栽培的数十倍,是温室栽培的10倍以上。此外,在植物工厂可实现无土栽培,不用农药,能生产无污染的蔬菜等。目前,植物工厂由于设备投资大,耗电多(占生产成本一半以上),因此研究如何降低成本是今后主要课题。

2.畜禽环境工程和设施

主要包括工厂化养畜禽、塑料暖棚养畜禽、草地围栏及供水和其他畜牧业的设施。

工厂化养畜禽自20世纪70年代兴起,现在已发展到工厂化养鸡、养猪、养肉羊和养奶牛等生产领域。其中以工厂化养鸡规模最大、效益最高,现广泛被采用。

塑料暖棚养畜禽是在寒冷地区,冬季用塑料棚养畜禽,因成本低廉,近年也获较多应用,一般用厚度300 μm 的两层薄膜,中间用聚苯乙烯填充保温,内壁膜一般用白色或银色以反射光和热,外层多用黑色塑料膜以增加热量吸入,目前主要用于鸡、猪、羊等养殖。

草地围栏及供水系统是利用太阳能、电围栏以及放牧场防冻供水系统建设现代化草地,美国、澳大利亚等国已普遍采用。

此外,目前国外研制出的畜牧业设施还有:比较先进的装卸和运输家畜(禽)的装置和设备;保护畜禽免受气候、疾病和应急因素影响的设施;饲料贮藏、调制加工的装置和设备;有效地处理和利用畜禽粪便的装置等。

3.保障产品质量和食品安全

通过对作物生长环境的控制,使作物按照预定要求生长,并经过产后作业保证上市产品的质量。

4.保证市场均衡供应

克服蔬菜、花卉等产品生产的季节性限制,保证市场均衡供应产品。

5.有利于农业产业结构的调整

设施农艺生产的产品主要是劳动密集型的农产品,这对我国调整产业结构具有直接的影响。

6.推动农产品出口贸易的发展

高质量的设施农业产品对改变我国在国际市场上"低质低价"的形象,促进我国农产品适应日益追求质量的国际竞争具有重要意义。

7.在农业产业内增加就业

设施农业具有劳动密集和使用均匀的特点,对解决农村劳动力就业和改变农民的消极生产生活状态具有重要作用。

8.提高农民的素质

设施农业不仅向农民展示推广现代技术,还向农民灌输现代市场经济观念,对提高农民技术素质、经营素质、质量观念和诚信意识等都有积极推动作用。

9.提高农业现代化水平

通过技术、设施、设备装备农业,通过设施农业生产标准,改变传统农业生产随意性大的状况,提高我国农业现代化水平。

第二节　设施农艺发展概况及趋势

设施农艺是现代农业发展的象征,是世界各国用以提供新鲜农产品的重要技术措施,是以物质和技术要素替代土地资源要素的节地型农业,也是当今世界最具活力的产业之一。设施农艺正以传统农业前所未有的生产效率创造着良好的经济效益。

一、国外设施农艺发展概况及趋势

(一)国外设施农艺发展现状

早在 15～16 世纪,世界一些国家就开始建造简易的温室,栽培时令蔬菜或水果。20世纪 70 年代以来,西方发达国家在设施农业上的投入和补贴较多,使设施农业发展迅速,目前已形成设施制造、环境调节、生产资材为一体的多功能体系,根据动植物生长的最适宜生态条件在设施内进行四季恒定的环境自动控制,实现了周年生产、均衡供应,并在向高度自动化、智能化和网络化方向发展。当前设施农艺发展水平较高的国家有荷兰、日本、美国、以色列等。这些国家由于政府重视设施农业的发展,在资金和政策上都给予了大力支持,因此设施农业起步早、发展快、综合环境控制技术水平高。

1.荷兰

荷兰是土地资源非常紧缺的国家,靠围海造田等手段扩大耕地,人均耕地 1000 m²。荷兰目前拥有大型连栋玻璃温室1.3万hm²,是世界拥有最多、最先进玻璃温室的国家,并能全面有效地调控设施内光、温、水、气、肥等环境因素,实现了高度自动化的现代化农业。

荷兰不但种苗业发达,而且设施农艺产业实行高度专业化生产,通常每一农户只栽培一种蔬菜,这对种植者积累经验、提高技术有益,能稳定提高产量和品质,同时也促进了专业设施、设备的开发利用,温室的机械化、自动化控制更易实现,劳动生产效率提高,生产成本降低。

荷兰温室注重节省能源并充分利用自然资源。荷兰大约有64%的温室采用基质(岩棉)栽培,果菜全部采用基质栽培。无土栽培不仅克服了连作障碍,而且更便于计算机管理,精确控制根际环境(温度、EC值、pH值、离子配比等),提高产品整齐度,从而使商品品质大幅度提高。

设施栽培实行环境意识栽培,即无公害生产。病虫害以生物防治为主,在有限范围内使用没有剧毒的化学药品,使产品没有污染的同时也不对周边环境产生污染。设施农艺已成为荷兰国民经济的支柱产业,荷兰的花卉产业十分发达,主要靠设施栽培,是世界第一大花卉出口国,世界花卉贸易中心,从荷兰拍卖市场出口的鲜切花占世界贸易出口额的70%。

2. 日本

日本设施农艺发展水平居世界前列,是设施农业大国。狭小而不平整的土地和众多的人口使得日本特别重视保护农业和发展集约化生产技术。二战后,随着经济快速发展,社会对蔬菜的需求增加,在20世纪60年代设施农业进入快速发展期,70年代两次石油危机使日本经济从高速发展转向稳定发展,设施农业也从无秩序的扩大规模转向温室质量的提高和适度规模的发展。日本现有温室总面积5.4万hm²,其先进的温室配套设施和综合环境调控技术处于世界先进行列,近年来在组培环境调控和封闭式育苗技术等方面取得了令人瞩目的成果。日本的栽培设施主要有塑料大棚,占设施总面积的95%,玻璃温室占4%,硬质塑料占1%左右。日本PVC农膜的生产技术十分优秀,在透光、保温、长寿、耐老化等方面都处于世界领先水平,有些产品可使用7~10年。日本也是能源紧缺的国家,自从石油危机出现后,日本人便开始了节能技术的研究。双层保温幕、地热、太阳能、工厂余热等节能技术在温室中都得到了较早的开发利用。日本注重温室专用小型机械设备的开发和研制,温室生产向省工、省力、环境舒适方向发展,以吸引青年人从事农业工作。日本的设施栽培主要是蔬菜和花卉,如网纹甜瓜、草莓、葡萄等。

3. 以色列

以色列国土面积狭小,总面积210万hm²,约2/3的土地为沙漠地带;可耕地面积仅44万hm²,约占国土总面积的20%,主要集中在地中海海岸的狭长地带以及几个内陆山谷极有限的肥沃地区,约一半的可耕地必须使用灌溉供水。由于自然条件的限制,以色列不断发展温室种植,将高科技含量的温室系统大量用于干旱地区,最大限度地降低了土质、气候和缺水等因素对农业生产的影响,实现了对土地的最合理的利用。20世纪80年代,以色列有900hm²温室,温室的设备材料、滴灌技术、种植技术及养殖品种的开发和培育均属世界一流,通风、二氧化碳含量与营养液等能根据植物生长要求达到最佳组合。每公顷温室一季可收获300万支玫瑰,每公顷温室番茄产量最高达500t。温室花卉和蔬菜大量出口欧洲各国,目前以色列农产品已占据了40%的欧洲瓜果、蔬菜市场,并成为仅次于荷兰的欧洲第二大花卉供应国。

4.美国

美国农业生产的指导思想是搞适地栽培。从发展的过程看,20世纪70年代中期石油危机之前,是以芝加哥为中心的大片温室为主;石油危机以后,美国中部、北部只发展冬季不加温的塑料大棚,蔬菜则主要靠南方的加利福尼亚州、佛罗里达州、得克萨斯州和亚利桑拉州生产,然后运到北方各州。但近几年来,随着人们生活质量的提高,对蔬菜、花卉等产品的品质和新鲜度提出了更高的要求,因此设施栽培有了较快的发展趋势。美国温室面积目前约有1.9万 hm^2,花卉种植达1.3万 hm^2。美国温室规模虽然不大,但设备先进,生产水平一流,多数为玻璃温室,少数为双层充气膜温室,近年来又发展最先进的聚碳酸酯板(PC)板材温室;另外美国对设施栽培的尖端技术的研究非常重视,比如在太空中的设施生产问题,已有成套的、全部机械手操作的全自动设施栽培技术。

5.其他国家

法国、西班牙等国家,由于气候条件较好,夏季气温不太高,冬季气温也不太低,因此主要发展塑料温室。另外,像韩国、哥伦比亚以及一些非洲国家也都在迅速发展设施农业生产。

(二)国外设施农艺的发展趋势

现在世界各国的设施农艺发展很快,发达国家设施农艺生产在实现自动化的基础上正向着完全智能化、无人化的方向发展。根据国家有关方面的调查研究资料及专家分析,未来世界设施农艺产业的发展呈现以下7个方面的发展趋势。

(1)温室大型化　发达国家的生产型温室每栋面积基本都在0.5 hm^2以上。美国1994年以来在南方新建多处大型温室,单栋面积均在20 hm^2以上。荷兰、比利时的温室户营规模一般为2 hm^2左右,日本的温室发展方向是单栋面积0.5 hm^2以上。温室空间扩大后,可进行立体栽培和便于机械化作业。温室建筑面积增大,有利于节省建筑材料、降低成本、提高采光率和提高栽培效益。

(2)覆盖材料多样化　在温室覆盖材料方面,北欧国家多用玻璃,法国等南欧国家多用塑料,美国多用聚乙烯膜双层覆盖,日本应用聚氯乙烯膜。覆盖材料的保温、透光、遮阳、光谱选择性能渐趋完善,近年来日本、美国开发出的功能膜具有光谱选择、降温、杀菌、防虫等特点。聚碳酸酯塑料板透光好,耐冲击强度高,使用寿命长,质量轻,保温性能好。另外,世界各国还研制了各种类型的长寿膜、转光膜、无滴膜等多功能膜和遮阳网等,具有不同的遮光率和保温性能,可供用户根据需要选用。

(3)环境控制自动化和作业机械化　设施内部环境因素的调控由过去单因子控制向利用环境、计算机等多因子动态控制系统发展。发达国家的温室作物栽培,已普遍实现了播种、育苗、定植、管理、收获、包装、运输等作业的机械化、自动化。例如,荷兰某公司的8000 m^2盆花栽培温室从播种、育苗到定植、管理等作业只用了3个工人,年产30万盆花,产值达180万美元。

(4)无土栽培得到进一步推广　无土栽培技术是随着温室生产发展而研究出来的一种最新栽培方式。无土栽培具有节水、节能、省工、省肥、减轻土壤污染、防止连作障碍、减轻土壤传播病虫害等多方面优点。欧盟明确规定,所有欧盟国家园艺作物都要全部实现无土栽培。目前,世界上已有100多个国家将无土栽培技术用于温室生产,在发达国家的设施农业中,无土栽培与温室面积的比例,荷兰超过70%,加拿大超过50%。

(5)高新技术的推广应用 高新技术主要有营养液调配技术、环境监测调控技术、二氧化碳施肥技术、熊蜂授粉(生物)基质消毒技术、机械消毒技术、机械化作业技术、产品采后处理技术、新能源技术、激光技术、空间技术和海洋工程技术、喷灌、滴灌节水系统等现代技术。荷兰的生物防治率已达到95%以上。以色列温室滴灌用水的最高水利用率为95%。

(6)设施生产低能耗 减少能耗,提高能源利用效率,包括降低矿物燃料消耗,发展风能、太阳能、工业余热利用,改善温室结构与覆盖材料、小气候控制等提高能源利用效率的措施。针对大型温室夏季室温过高的问题,对其结构形式进行了一系列分析研究,力图尽可能增大温室的通风换气效率,开发研究通风换气率高的温室,以在适宜的地区应用,减少降温的能耗。美国、法国等正在试验研究,采用燃油、燃气、用电等,通过新型材料转换器,利用辐射原理,对温室和作物加温,以提高热效率和加温效果。

(7)封闭式内循环生产方式 发达国家发展设施农业,保护环境是前提条件,封闭式内循环种植、养殖方式已成为发展方向。工厂化种植和养鱼中的技术关键是营养液、养殖用水的净化处理及重复利用,即建立循环水系统。世界各地出现了许多由装备技术支撑的大型、超大型养鱼工厂,其中包括鱼藻共生,遥控无人养鱼车间,使水净化到适合鱼类生长的超自然状态,达到按标准排放,无环境污染,优质高产地生产,科技附加值超过了80%。

二、国内设施农艺发展概况及趋势

(一)我国设施农艺发展概况

我国是设施农艺起源最早、历史悠久的国家。在2000多年前已使用温室(温室的雏形)栽培多种蔬菜。到了唐代,温室种菜又有了发展,唐朝诗人王建有诗:"酒幔高楼一百家,宫前杨柳寺前花,内院分得温汤水,二月中旬已进瓜",表明唐朝就已经利用温泉的热水在温室内进行早熟瓜类栽培。

20世纪40年代已少量应用风障、阳畦、简易覆盖及土温室;50年代大量应用近地面覆盖、风障、冷床、温床、土温室等。50年代末60年代初,发展了塑料小棚覆盖及大型温室,以阳畦、温室、日光温室、塑料中小棚为主体的设施蔬菜栽培取得迅速发展,70年代在东北、华北、西北的广大地区推广塑料大棚,包括竹木结构、竹木水泥混合结构、焊接式短柱钢结构、薄壁热镀锌钢管组装式大棚。70年代中后期,我国开始自己设计和建造自动化程度较高的现代连栋玻璃温室。1979~1987年间,我国先后从美国、荷兰、日本等国引进现代化连栋温室用于蔬菜花卉生产,这次引进,只重视温室本身的技术,忽视了对我国气候的适应性和配套的栽培技术,运行中存在冬季能耗高、夏季降温困难等问题,经济效益不佳。

20世纪90年代中期,由于农业结构及种植业结构的合理化调整以及入世后国际经济贸易一体化的需要,极大地促进了我国设施农艺的发展。到2007年底,我国设施园艺面积已达250万 hm²,约占世界设施园艺总面积的85%,年产值达到2000多亿元。我国设施园艺总面积长期稳居世界第一,温室面积是欧洲、南美洲、东亚、美国总和的8倍多,其中塑料温室(含塑料大棚)面积是上述地区和国家总和的11倍多。尤其是设施蔬菜成为农业的支柱性产业和农民增收的主要途径,如:山东省农户纯收入的32.6%来自于设施蔬菜生产。全国各地广泛兴建的500余处农业高科技示范区(园),均以设施农艺为主要内容。于1997年6月正式运营开放的北京朝来农艺园成为集高科技生产、净菜加工、休闲娱乐、旅游观光、科普教育为一体的北京市一级农业公园。该园取得了绿色商标注册证书、无公害农产品认证证书和无公害农产品产地认定证书,被国家科委授予《工厂化高效农业朝阳示范区》、全国科普教育基地、全国农业旅游示范点,是北京市爱国主义教育基地和农业标准化基地。2004年12月16号正式揭幕的上海浦东凌空农艺大观园占地100多 hm^2,园里设有各类游乐活动设备(包括餐厅、游乐场、动物表演),上海地质科普馆坐落于大观园里。上海翔远集团浦东凌空农艺大观园,创办于21世纪第一春,有种植远销海外的绿色蔬菜——紫苏叶和珍贵瓜果的现代化高新农艺园,有培植160余个国家千奇百怪的名花异木的植物区,有养殖数以千计的鸵鸟、孔雀、猕猴、梅花鹿、各国名犬等珍稀动物的动物场,有骑鸵鸟、踩鸵鸟蛋和各国名犬表演的游乐园,有洁净幽雅的长堤垂钓池,有珍藏数千方侏罗纪木化石和钟乳石的展馆,有水车辘辘、纺车唧唧、炊烟袅袅的农家怀旧园,有品尝鸵鸟、孔雀肉和农家特色菜肴的鸵鸟农庄酒家,有极目远眺海天一色,尽情欣赏东海日出和落日余晖的海堤,有翘首仰望蓝天白云间各种型号飞机掠顶翱翔的浦东国际机场塔楼……丰富的内容,为改革开放的浦东增添了一道亮丽的风景线,创建了一个规模化的绿色系列食品生产基地,营造了一个人与动物、植物和谐相处的生态乐园,构筑了一个都市人旅游休闲的新热点和中小学生素质教育生动课堂。

中国政府与以色列政府合作建立了"中以示范农场",同时几乎我国所有的省、市、自治区都引进了现代化温室成套技术,引进的国家基本涵盖了现代化温室发达的国家和地区,包括荷兰、法国、以色列、西班牙、美国、日本、韩国。在引进温室成套设施硬件的同时,还引进了配套品种、栽培技术、专家系统等成套技术,总体上取得了很大的成功和良好的效果,对我国现代温室、设施栽培和温室制造业等起到了非常明显的促进作用,使我国的设施农艺进入了一个蓬勃发展的新阶段。

(二)我国设施农艺取得的主要成绩

1.初步形成了符合中国国情的以节能为中心的设施栽培生产体系

在我国北方广大地区大力推广节能型日光温室,冬季不加温在北纬40°左右的高寒地区生产出喜温果菜;南方大力推广塑料拱棚及遮阳网,克服了夏季蔬菜育苗的难题,解决了蔬菜夏淡季。加上全国蔬菜大流通、大市场,保护地蔬菜供应均衡稳定,丰富多彩。

2.设施蔬菜栽培达到较高水平

目前,我国大型连栋温室制造已形成产业,国产温室产品基本取代进口产品;高产栽培技术获得突破,沈阳示范基地的番茄每年产量达22.5万 kg/hm^2,辽宁的日光温室平均年产量12万 kg/hm^2,初步实现了高产出、高效益。日光温室黄瓜的最高年产量达到37.5万 kg/hm^2,接近或达到设施农艺发达的荷兰、日本等国的水平。

在产量上升的同时,我国设施蔬菜质量也得到提高,达到国际水准的设施蔬菜专用品种相继推出;一些新研发品种还"击败"了"外来高手",如"迷你2号"黄瓜凭借科技含量高、连续结果性好、抗病抗高(低)温且具有高品质风味特点替代了荷兰的"戴多星"。

3.提出了"都市农业"的概念

随着城市建设的发展,大中城市近郊区的耕地不断减少,近年来在城市周边,设施蔬菜生产与大都市的第二、第三产业密切结合,将现代化的设施农艺与观光旅游、向青少年进行农业科普教育等项内容结合起来,一举多得,拓展了设施园艺的功能。据统计,仅在北京地区就有十多处都市农业园区,成为大城市周边的新景观。

4.设施农业工程的科学研究,受到极大的重视与支持

"十一五"期间,国家把"设施农业专用品种创新与良种产业化"和"绿色环控设施农业关键技术研究与产业化示范"列为国家科技支撑计划重点项目,这两个项目分别投入4000万元和8300万元。此外,国家973计划"设施作物的环境适应机制与产品安全调控的基础研究"项目对生物学和生态学机理关键问题的研究,构建高效安全设施生产的理论技术体系,为实现作物生长、品质与安全的有效调控奠定理论基础,推动我国设施农业的可持续发展。

5.设施蔬菜的科学研究硕果累累

"十五"期间,我国成功研究开发了系列可控环境全季节生产技术,建立了设施蔬菜生育障碍防止技术体系。包括:

(1)蔬菜商品化育苗技术　确定了蔬菜穴盘育苗的秧苗质量标准;建立了蔬菜基质育苗水分管理指标系统以及提高果菜秧苗运输质量保持率的运输技术体系;建立了蔬菜商品化育苗工艺流程,并且对部分环节制定了相应的技术标准。研制出的蔬菜商品化育苗技术体系,与目前国内常规育苗技术比较,提高壮苗指数 15%～20%,降低育苗成本 15%～20%;研制出的无土育苗营养母剂,具有稳定持续供给营养、使用方便、成本低、效率高的特点。

(2)设施有机栽培技术　优化了温室蔬菜有机无土栽培基质配方,建立了有机基质栽培的精准肥水管理模式。引入 GMP(良好操作规范)和 HACCP(危害分析和关键点控制)理念,构建了标准化栽培技术体系和管理软件的框架;建立了蔬菜薄层有机基质栽培技术体系和环保型有机土壤栽培系统。采用经过处理过的玉米秸、麦秸、锯末、苇末等农业废弃物及牲畜粪便、生活垃圾,为有效利用处理农业废弃物和生活垃圾提供了可行方式,其社会效益、生态效益显著。

(3)设施园艺全季节高效栽培技术　研究了具有我国特点的日光温室环境因子(温度、光照、湿度、CO_2)变化规律以及和蔬菜作物生长发育的关系,研究蔬菜长季节栽培中养分需求规律、水分需求规律,提出了环境因子优化控制参数和技术,提出了新型温室结构,设计出了蓄热式滴灌系统,室内升温快、保温性能好、土壤温度高,利于根系活动。建立了主要园艺作物无公害全季节栽培技术规范,并应用于生产,使番茄产量达 $3.3×10^5$ kg/hm²,茄子产量达 307 860 kg/hm²,黄瓜产量达 $2.25×10^5$ kg/hm²,甜椒产量达 $1.8×10^5$ kg/hm²,创造出我国日光温室蔬菜生产的高效益,以较低的设施投入获得高额的产出。

(4)设施病虫生物-化学协同控制技术　建立了设施病虫生物-化学协同控制技术,开发出系列安全、低毒、高效的病虫害控制产品,对防止设施蔬菜生育障碍效果显著。将体现诱导抗性、保健壮体、生物防病、生态防病、无公害防病的特点,较目前生产减少化学农药用量 80%以上,降低成本 20%左右。研制出的天柱菌素属生物制剂,抗病毒、真菌效果显著,广谱、高效、无公害。

(5)可控环境农业数据采集与自动控制技术　建立了离子选择电极输出电势与营养液温度、离子浓度随时间变化的模型,完成离子选择电极测量数据的校正,有效地补偿了漂移和干扰的影响,实现了营养液浓度的在线检测,提高了测量精度。

在温室作物生育期的模拟方面,首次以生理发育时间为尺度,模拟预测作物发育阶段,克服了用积温预测作物发育的局限性,对温室番茄、黄瓜、甜椒和甜瓜生育期的预测

精度比传统的积温法提高 70% 以上。

我国设施蔬菜的发展为丰富消费者的菜篮子,提高人民生活水平,增加农民收入等方面发挥了重要作用。

(三)我国设施农艺发展中存在的问题

农业专家在"2006 年中国农业工程学会设施园艺工程学术年会"上指出,我国从设施园艺大国走向强国之路任重而道远。主要是因为目前我国在设施农艺生产上还存在一系列问题。

1. 投入大,运营成本高,效益较低

虽然我国以塑料拱棚和日光温室为主要设施类型的设施农业面积已居世界第一位,但我国与设施农业先进国家相比差距还较大。如荷兰的番茄产量约为 60 万 kg/(hm² · 年),黄瓜 75 万多 kg/(hm² · 年),而我国的高产栽培记录是沈阳示范基地的番茄,为 22.5 万 kg/(hm² · 年)。辽宁的日光温室平均产量为 11.25 万~15 万 kg/(hm² · 年),荷兰的产量是我国目前产量的 3~4 倍。

2. 环境调控技术与设备落后

设施栽培科技含量不高,无论设施本身还是配套设施多以传统经验为主,缺乏量化指标和成套技术,不符合农业现代化要求,与发达国家相比差距很大。尤其表现在作物的产量水平,尽管我国也有高产典型,但很不普遍,大面积平均单产与发达国家相距甚远。

3. 分散的农户经营,综合生产效率低

我国设施生产以个体农户为主,规模化产业化的水平很低,专用品种利用率低,栽培技术规范性差,新品种、新技术、新成果应用率低。小农经济的生产和经营与日益发展的市场经济矛盾越来越突出,很难走出国门与国际市场接轨。同时,由于缺乏有效的组织和引导,栽培蔬菜的种类和品种完全根据农民的喜好,导致种类混乱。

4. 土壤连作障碍严重

为提高设施的利用率,提高单位面积的产值,在同一座设施内多年连续种植经济效益较高的同一种作物,导致设施内土壤次生盐渍化、连作障碍、根结线虫严重,有的温室甚至无法再生产。

5. 化肥、农药过量使用,难以实现可持续发展

农产品品质下降,有害物质超标,同时污染地下水和土壤,生态环境破坏,形成恶性循环。目前,我国已颁布食品安全法,此问题亟待解决。

6. 抗御不利气候的能力低

大部分栽培用设施简陋,抵御自然灾害的能力差。2008 年春节前的冰雪灾害天气给我国南方多个地区的作物造成了很大损失,95% 左右的设施作物遭受损失,致使很多地方的菜价不同程度地上涨。

(四)我国设施农艺发展展望

随着国民经济的快速发展和人民生活水平的提高,设施农艺的发展趋势是提高水平、档次,逐步实现规范化、标准化、系统化,形成具有我国特色的技术和设施体系,重视现有技术和成果的推广应用,形成高新技术产业,实现大规模商品化生产。

其一,与现代工业技术进一步结合,提高硬件质量,增强配套能力。我国设施农业要在建筑结构工程、材料工程和节水节能工程方面进一步发展,在提高主体结构质量的同时,应不断增强配套能力。

其二,设施与设施农业产品生产向标准化发展,包括温室及配套设施性能、结构、设计、安装、建设、使用标准,设施栽培工艺与生产技术规程标准,产品质量与监测技术标准等。

其三,加强采后加工处理技术的研究开发,包括采后清洗、分级、预冷、加工、包装、储藏、运输等过程的工艺技术及配套设施、装备等,提高产品附加值和国际市场竞争力。

其四,与计算机自动控制技术结合。实现光、温、水、肥、气等因素的自动监控和作业机械的自动化控制等。

其五,与信息技术结合,建立以产品、技术和市场等为主要内容的网络化管理、模式化运行、远程服务等。

其六,与生物技术结合,开发出抗逆性强、抗病虫害、耐贮藏和高产的温室作物新品种,全面提高温室作物的产量和品质;利用生物制剂、生物农药、生物肥料等专用生产资料,向精确农业方向发展,为社会提供更加丰富的无污染、安全、优质的绿色健康食品。

第三节　本课程的特点、研究内容及学习方法

设施农艺是现代农业发展的方向,是一门涉及农艺学、环境调节工程学、建筑工程学及机械、电子等的跨学科综合性课程。它主要包括设施种类、装置和环境调控技术等方面的内容。

设施农艺学的任务是在学习设施工程技术的基础上,进一步掌握栽培设施的环境条件调控;要求在学习植物学、植物生理学及生物化学、农业气象学、土壤学及农业化学、植物保护学、农业机械学、电子计算机等课程的基础上,使学生了解现代设施农艺的基础理论和管理;了解栽培设施设计施工的一般程序和步骤;掌握生产中常用的各类设施的应用条件及管理技术。

设施农艺学是一门应用技术很强的学科,因此,在学习过程中,必须注重理论与生产实践的紧密联系,同时培养自己综合分析问题和解决问题的能力。

当今设施农艺发展异常迅速,为了及时了解其发展动态,无论在学习本课程期间,还是在学完本课程之后,仍需要经常阅读国内外有关文献,积极参与实践,不断提高自己的知识和技术水平。

复习思考题

1. 名词解释

设施农艺　设施栽培

2. 填空

(1)设施栽培主要包括两个方面的内容:①_____,②_____。

(2)设施栽培的作用有:①_____,②_____,③_____,④_____,⑤_____,⑥_____,⑦_____,⑧_____,⑨_____。

3. 简述设施农艺的特点。

4. 谈谈国内外设施农艺发展概况及我国的设施农艺发展方向。

第二章　农艺设施类型、结构及性能

本章学习目标

　　了解简易保护设施、夏季保护设施和现代化温室的类型、结构及性能;掌握育苗床、塑料薄膜拱棚和日光温室的种类、结构、性能;重点掌握电热温床的设置技术、地膜的应用技术,塑料大棚、高效节能日光温室和现代化温室的结构、性能、配套设备及应用。

　　农艺设施有许多类型,每种类型又有不同的结构。为了因地制宜搞好设施农艺的生产,获得优质高产高效的产品,首先必须了解和掌握各种设施的类型、结构、性能。目前我国农艺设施可分为简易保护设施、塑料拱棚、温室和植物工厂。

第一节　简易保护设施

　　简易保护设施主要包括地面简易覆盖和近地面覆盖两类。其中地面覆盖又包括秸秆覆盖、浮动覆盖、砂石覆盖、草粪覆盖、瓦盆和泥盆覆盖等类型,近地面覆盖包括地膜覆盖、风障畦、阳畦和温床等类型。这些农艺设施取材容易,覆盖简单,价格低廉,效益显著,目前在很多地区应用。

一、地面简易覆盖

(一)秸秆覆盖

1.秸秆覆盖的原理

　　秸秆覆盖是在种植的畦面上或垄沟铺一层 4～5 cm 厚的农作物秸秆(多为稻草、麦秸、落叶、糠皮等)。铺盖秸秆后可调节地温,南方地区秸秆覆盖可减少太阳辐射能向地中传导,降低土壤温度;而北方地区秋冬季覆盖秸秆可减少土壤中的热量向外传导,从而保持土壤较高的温度,使冬季麦田 5 cm 地温可提高 0.5 ℃～1.9 ℃,小麦早返青。改善农田水分状况,有效抑制土壤蒸发,提高水分利用率;培肥地力,连续覆盖两年秸秆后,使 0～20 cm 土层的有机质含量增加 0.1%～0.15%;秸秆覆盖后可减少降雨时土壤溅到植株上,减少土传病害的侵染机会,从而减轻病害的发生。

2.秸秆覆盖时期

秸秆覆盖有生育期覆盖、休闲期覆盖和周年覆盖三种类型。

　　(1)生育期覆盖　　生育期覆盖是指在作物生长期内进行的覆盖。覆盖的时间和方法因作物而异。冬小麦可在播种后(出苗前)、冬前和返青前覆盖,以冬前覆盖为好。一般覆盖 3 750～4 500 kg/hm²。覆盖时力求均匀,需追肥时可在秸秆覆盖前进行。小麦成熟收获后将秸秆翻压还田。

春播作物的秸秆覆盖时间,玉米以拔节初期、大豆以分枝期为宜,覆盖秸秆前,结合中耕除草,追肥,然后用麦秸 4 500 kg/hm² 或粉碎的玉米秸 5 250～6 000 kg/hm² 均匀覆盖行间或株间。

(2)休闲期覆盖　即在农田休闲期进行的秸秆覆盖,用于抑制休闲期的土壤水分蒸发。主要用于冬小麦或秋作物的夏闲期的覆盖。操作方法是在麦收后及时翻耕,随即把秸秆覆盖在地面上。作物播种前 15 d 把秸秆翻压还田,结合整地施肥。

(3)周年覆盖　指农田全年内连续覆盖秸秆,以达到节水增产效果。春玉米于上年玉米收获秋耕后,用 4 500 kg/hm² 玉米秸秆覆盖,翌年春播前整地和免耕时去掉覆盖物,播后再覆盖好,直至玉米收获。

3.应用

秸秆覆盖在我国南方地区夏季蔬菜中应用较多,北方地区主要在大田作物和浅播的小粒种子(如芹菜、韭菜、芫荽等)播种时,为防止播种后土壤干裂以及越冬蔬菜防止冻害而应用。近年来,秸秆覆盖在设施果菜和果树的生产中也有应用。

(二)浮动覆盖

浮动覆盖也称直接覆盖,是指不用任何骨架材料,将覆盖材料直接覆盖在作物表面的一种保温栽培法,主要有露地浮动覆盖、拱棚浮动覆盖和温室浮动覆盖三种。常用的覆盖材料有无纺布、遮阳网、薄膜等。具体做法是:在蔬菜上应用,可做成 1.0～1.5 m 宽的低畦,作物播种或定植后,盖上覆盖材料,周围用绳索或土壤固定。在果树上使用时将覆盖物罩在树冠上,在基部用绳索固定在树干上。

采用浮动覆盖在生产上防止霜冻效果较好,覆盖后可使温度提高 1 ℃～3 ℃,春秋应用,可使耐寒或半耐寒蔬菜露地栽培提早或延迟 20～30 d,喜温蔬菜或果树提早或延晚 10～15 d。

二、近地面覆盖

(一)风障畦

是指在畦的北侧立一道挡风屏障的栽培畦。

1.结构

风障畦分为小风障畦和大风障畦。大风障畦主要由篱笆、披风和土被三部分组成,篱笆高 1.5～2.5 m,一般用芦苇、高粱秸等向南 75°左右夹设而成;披风草高 1.5 m,一般用稻草、苇席、废旧塑料薄膜等夹设在篱笆上制成,土背高 20～40 cm,主要用于固定篱笆。

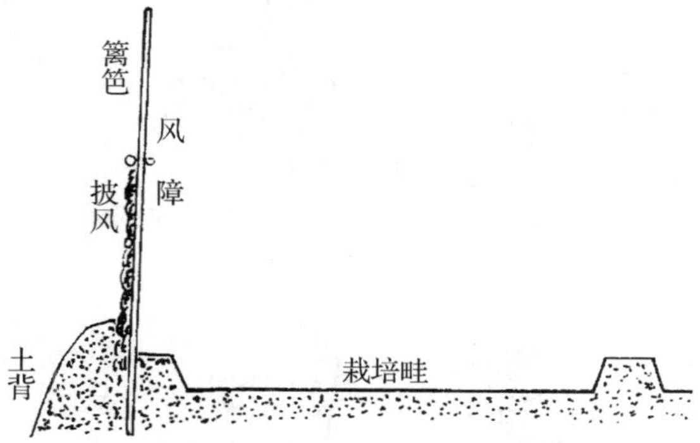

图 2-1　风障畦的结构

小风障畦一般只有篱笆和土背,不设披风,高 1 m 左右,防风范围小,在春季每排风障只能保护相当于风障高度 2～3 倍的栽培畦面积。

2.设置

风障的方位应与当地的季风方向相垂直,当风向和障面的交角小于 15°时,其防风效果仅为垂直时的50%。风障的长度一般要求不小于10 m,防止风障两头风的回流影响,风障的间距不同季节有所不同,一般冬季栽培,间距以风障高度的3倍左右为宜,春季栽培以风障高度的4～6倍为宜。

3.性能

风障具有明显的减弱风速稳定畦面气流的作用,一般可减弱风速10%～15%。同时风障能提高气温和地温。风障的增温和保温效果受天气的影响很大,一般规律是:晴天的增温保温效果优于阴天,有风天优于无风天。另外,距离风障和地面越近,增温效果越好。

风障能够将照射到其表面的部分太阳光反射到风障畦内,增强栽培畦内的光照。一般晴天畦内的光照强度较露地增加10%～30%,如果在风障的南侧贴一层反光幕,可较普通风障畦增加光照1.3%～17.36%,并且提高温度0.1 ℃～2.4 ℃。

(二)阳畦

1.结构

阳畦根据其结构特点可分为普通阳畦和改良阳畦两种。普通阳畦又称冷床,是在风障畦的基础上,将畦底加深、畦埂加高,并且用玻璃、塑料薄膜、草苫等覆盖,以太阳光为热量来源的小型保护设施。可分为抢阳畦和槽子畦。改良阳畦也称小暖窖、分为玻璃改良阳畦和塑料薄膜改良阳畦两种。

普通阳畦的结构主要有风障、畦框、透明覆盖物(玻璃、塑料薄膜)、保温覆盖物(草苫、蒲席等),槽子畦采用直立风障,抢阳畦采用倾斜风障。

风障同普通风障,畦框多用土培高后压实而成,也有用砖等砌制而成。抢阳畦南框一般高20～20 cm,北框高40～60 cm,宽30～40 cm。槽子畦四框接近等高,框高而厚。一般畦高40～60 cm,畦宽30～40 cm。畦面宽1.66 m,长6～7 m。

改良阳畦由土墙(后墙、山墙)、棚架(柱、檩、桄)、土棚顶、玻璃窗或塑料棚、保温覆盖物五部分组成。

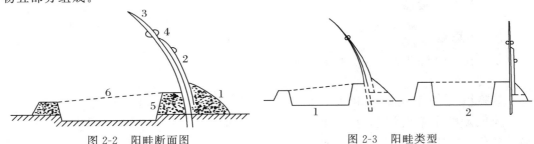

图 2-2　阳畦断面图
1.土背　2.披风　3.篱笆　4.横腰　5.畦框　6.覆盖物

图 2-3　阳畦类型
1.抢阳　2.槽子畦

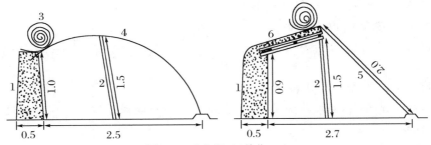

图 2-4　改良阳畦(单位:m)
1.土墙　2.立柱　3.草苫　4.塑料拱棚　5.玻璃屋面　6.后屋顶

后墙一般高 0.9～1 m,厚 40～50 cm,前柱高 1.5 m,土棚顶宽 1.0～1.5 m;玻璃窗长 2 m,宽 0.6～1.0 m,玻璃窗斜立于棚顶的前檐下,与地面约成 40°～45°角,栽培床南北宽约 2.65 m,每 3～4 m 长为一间。每间设立柱,立柱上加柁,上铺两根檩(檐檩、二檩),檩上放秫秸,然后再放土,前屋面晚上用草苫保温覆盖。

2.性能

阳畦的温度随着外界气温和设施的保温能力的变化而变化。一般保温性能较好的阳畦,其内外温度差可达 13.0 ℃～15.5 ℃。但保温较差的阳畦的最低气温可出现 −4 ℃以下的温度,而春季温暖季节白天最高气温又可出现 30 ℃以上的温度,因此利用阳畦进行生产既要防止霜冻,又要防止高温危害。

畦内存在局部温差,一般中心部位温度较高,四周温度较低;距北框近的地方温度较高,南框和东西两侧温度较低,抢阳畦距北墙 1/3 处温度最高。

改良阳畦的性能与普通阳畦基本相同。所不同的是改良阳畦有土墙、土棚顶及草帘覆盖,因此保温性能好,并且栽培管理方便。

3.设置

阳畦应设置在背风向阳处,育苗用阳畦要靠近栽培田。为方便管理以及增强阳畦的综合性能,阳畦较多时应集中成群建造。阳畦的前后间距不少于风障或土墙高度的 3 倍,避免前排对后排造成遮阴。

4.应用

普通阳畦主要用于蔬菜作物育苗,秋延后、春提早及假植栽培。在华北的一些温暖地区还可用于耐寒叶菜(如芹菜、韭菜)的越冬栽培。改良阳畦可用于春提早、秋延后果菜栽培,冬季可栽培叶菜,也可用于果树、蔬菜和花卉的育苗。

(四)温床

温床是一种在阳畦基础上发展而来的设施类型,同阳畦相比较,温床除利用太阳能增温外,还可利用酿热、火热、水热(水暖)、地热(温泉)和电热等进行加温。温床除在床底铺设增温设备外,其他结构基本同阳畦。

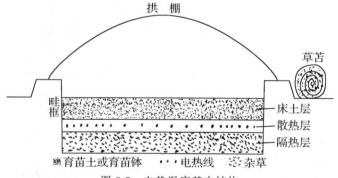

图 2-5　电热温床基本结构

我国各地利用的温床种类很多,目前主要是电热温床。

电热温床是指在畦土内或畦面铺设电热线,用电对土壤进行加温的育苗畦或栽培畦的总称。电热温床是利用电流通过电阻大的导体时,将电能变成热能而使床土增温,一般 1 kW·h 的电能可产生 $3.6×10^6$ J 的热量。电热温床由于用土壤电加温线加温,因而增温快、增温高、温度均匀。通过控温仪可以实现温度自动控制,能够根据不同秧苗对地温的要求进行调节。因此,有利于根系生长,缩短育苗期,培育壮苗。

1．电热温床的基本结构

完整电热温床是由保温层、散热层、床土和覆盖物四部分组成。隔热层是铺在床坑底部的一层厚 10～15 cm 的秸秆或碎草，主要作用是阻止热量向下层土壤中传递散失；散热层是一层厚约 5 cm 的细沙，内铺设电热线，沙层的主要作用是均衡热量，使上层土壤受热均匀；床土厚度一般 12～15 cm。育苗钵育苗不铺床土，而是直接将育苗钵排列到散热层上；覆盖物有透明覆盖物和不透明覆盖物。

2．电热线加温系统组成

（1）电热线　使用电热线前要进行电热线用量计算。

电热线根数(n）＝温床需要的总功率÷单根电热线的额定功率（取偶数）

温床需要总功率(P）＝温床面积×单位面积设定功率

单位面积额定功率主要是根据育苗期间的苗床温度要求来确定的。一般育苗床的功率密度（单位面积设定功率）以 80～120 W/m² 为宜，分苗床以 50～100 W/m² 为宜。因出厂电热线的功率是额定的，不允许剪短或接长，因此当计算结果出现小数时，应在需要功率的范围内取整数。单根电热线的额定功率见下表 2-1。

表 2-1　上海农机所生产的电热线的主要技术参数

型号	工作电压(V)	电流(A)	额定功率(W)	长度(m)	塑料外皮颜色
DV20406	220	2	400	60	棕
DV20608	220	3	600	80	蓝
DV20810	220	4	800	100	黄
DV21012	220	5	1 000	120	绿

（2）控温仪　控温仪的主要作用是根据温床内的温度高低变化，自动控制电热线的线路切断。不同型号控温仪的直接负载功率和连线数量不完全相同，应按照使用说明进行配线和连线。

（3）交流接触器　其主要作用是扩大控温仪的控温容量。一般当电热线的总功率≤2000W（电流 10A 以下）时，可不用交流接触器，而将电热线直接连接到控温仪上。当电热线的总功率＞2000W（电流 10A 以上）时，应将电热线连接到交流接触器上，由交流接触器与控温仪相连接。

（4）电源　主要使用 220V 交流电源。也可用 380V 电源与负载电压相同的交流接触器连接电热线。

此外还有开关、漏电保护器等。

3．布线技术

（1）确定电热线布线道数

电热线布线道数(d）＝（电热总线长—床面宽）÷床面长

为使电热线的两端位于温床的同一端，方便线路连接，计算出的道数应取偶数。

（2）确定电热线行距

电热线行距(h）＝床面宽÷（布线道数±1）

由于床面的中央温度较高，两侧温度偏低等原因，中央线距应适当大一些，两侧线距小一些，并且最外两道线要紧靠床边。内外线距一般差距 3 cm 左右为宜。为避免电热线间发生短路，电热线最小间距应不小于 3 cm。

（3）布线　布线前，先在床坑底部铺设一层厚度 12 cm 左右的隔热材料，整平，踩实后，再平铺一层厚约 3 cm 的细沙。取两块长度同床面宽的窄木板，按线距在板上钉钉。将两木板平放到温床的两侧，然后将电热线绕钉拉紧、拉直，或用小竹棍插在苗床的两头代替模板钉钉。拉好线后检查无交叉、连线后，在线上平铺一层厚约 2 cm 的细沙将线压住，之后撤掉两端木板或竹棍。

（4）线路连接　电热线数量少、功率不大时，一般采用图 2-6 中的 1，2 连接法即可。电热线数量较多、功率较大时，应采用 3，4 连接法。

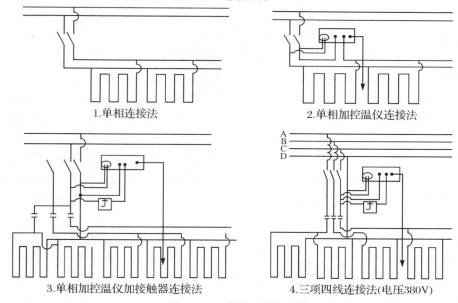

1.单相连接法　　　　　　2.单相加控温仪连接法

3.单相加控温仪加接触器连接法　　　4.三项四线连接法(电压380V)

图 2-6　电热线连接形式

4.使用电热温床时应注意的事项

①感温探头勿与电热线接触；②电热线不得随意剪短或接长，布线时不能交叉、重叠、结扎，只能并联，不能串联；③不得在空气中成圈通电试用，防止烧坏绝缘层；④回收电热线时，禁止硬拉或用铁器挖掘，线圈盘好后置于阴凉处保存，勿随意折叠放置，防止断线。

此外，电热温床育苗要特别注意节约用电。主要措施为：①种子进行浸种催芽，减少出苗时间；②灵活控制温度，把通电时间尽量缩短，维持作物根毛发生的最低温度（番茄 10 ℃、黄瓜 14 ℃、茄子 15 ℃、辣椒 15 ℃）；③根据幼苗需要和天气变化调整温度，如阴冷天通电、晴天断电，夜间通电、白天断电，夜间间隔通电等；④加强覆盖保温；⑤充分利用阳光。

5.应用

电热温床主要用于冬春季作物的育苗和扦插繁殖，以果菜类蔬菜育苗应用较多。由于其具有增温性能好、温度可精确控制和管理方便等优点，现在生产上已广泛推广应用。

三、地膜覆盖

地膜覆盖是用厚度 0.01～0.02 mm 的塑料薄膜紧贴在地面上进行覆盖的一种栽培方式，是现代农业生产中既简单又有效的措施之一。

(一)地膜覆盖的作用

（1）保温增温作用　地膜覆盖使白天的土壤蓄热增多，夜间失热少，可使北方地区和南方高寒地区地温提高 1 ℃～2 ℃，增加作物生长期的积温，促苗早发，延长作物生长时间。

（2）抑制蒸腾作用　地膜覆盖切断了土壤水分同近地面表层空气的水分交换通道，可有效地抑制土壤水分的蒸发，促使水分在表层土壤中聚集，因而具有明显保墒提墒作用。据测定，地膜覆盖棉田播种后 10 d，0~40 cm 土层含水量比露地棉田增加 12 个百分点，30 d 时 0~50 cm 土层失水量比露地减少 34.6%。

（3）改进作物群体中下部的光照条件　据测定，晴天地上 15 cm 处由于光照反射率高，地面覆盖作物中下部的光照强度要比露地高 3 倍，对促进中下部叶片的光合作用十分有利。在果园中还可促进果实着色，改善果实品质。

（4）改善土壤理化性状　地膜覆盖能有效防止土壤风蚀和雨水冲刷，减少耕作作业，因而与露地相比，土壤孔隙度增加，容重减少；土壤固相减少，液相气相增加，使土壤保持良好的疏松状态；增强微生物活动，有机物矿化加快，有效养分增加。据山东农科院测定，地膜覆盖区速效氮量比裸地区增加 28%~50%。

（5）减少耕层土壤盐分　在盐碱地覆盖地膜可抑制返盐，减少盐分对作物的危害。在山西高粱地试验，0~5 cm，5~10 cm 和 10~20 cm 土层中，覆盖区土壤含盐量比不覆膜区分别下降 77.4%，77.7% 和 83.4%。

（6）提高作物产量和水分利用效率　由于覆盖使农田生态条件改善，有利于出苗早、全、匀、壮，促进作物地上部和根系发育，因而具有良好的节水增产效果。各地生产实践证明，地膜覆盖的作物一般比露地增产 20%~50%，水分利用效率提高 30%~100%，高者可成倍增长。

（7）促进作物的生长发育　地膜覆盖后，一是为作物的种子萌发提供了温暖湿润以及疏松的土壤环境，种子萌发快，出苗早，一般低温期播种喜温性蔬菜可提早 6~7 d 出苗，二是蔬菜的茎叶生长加快，茎粗、叶面积以及株幅等增加比较明显；三是产品器官形成期提前，提早收获，一般果菜类蔬菜的开花结果期可提早 5~10 d，采收期提前 7~15 d，同时产品质量也得到明显的提高。

（二）地膜覆盖的方式

地膜覆盖的方式因当地自然条件、作物种类、生产季节及栽培习惯而异，可根据覆盖位置、栽培方式等进行划分。

1. 根据覆盖位置划分

（1）行间覆盖　即把地膜覆盖在作物行间。这种覆盖方式又分为隔行行间覆盖和每行行间覆盖两种。隔行行间覆盖是将作物行间按覆盖带与裸露带相间分布的方式安排，即每一个覆盖的行间，紧接着是一个裸露的行间；每行行间覆盖是在每个播种行的行间都覆盖一幅地膜。

（2）根区覆盖　即把地膜覆盖在作物根系分布的部位。此种覆盖方式又可分为单行根区覆盖和双行根区覆盖两种。

2. 根据栽培方式划分

（1）平作覆盖　即直接将地膜覆盖在整好的土壤表面。膜两侧 10~15 cm 压埋在畦两侧的沟内。铺膜时只在土床两侧开出埋膜沟，不大量翻动土壤。一般为单畦覆盖，但也可以连畦覆盖。平畦覆盖便于灌溉，初期增温效果较好，但后期由于随灌水带入的泥土盖在薄膜上面而影响阳光射入畦面，降低增温效果。

（2）高垄覆盖　该方式是在整地施肥后，按 45~60 cm 宽、10 cm 高起垄，每一垄或两垄覆盖一幅地膜。高垄增温效果比平畦高 1 ℃~2 ℃。

(3)高畦覆盖　高畦覆盖是在整地施肥后，将其做成底宽 1.0～1.1 cm、高 10～12 cm、畦面宽 65～70 cm、灌水沟宽 30 cm 以上的高畦，然后每畦上覆盖地膜。

（4）沟畦覆盖　俗称天膜，也称"先盖天，后盖地"。即把栽培畦做成沟，在沟内栽苗，然后覆盖地膜，当幼苗长至接触地膜时，将地膜割成十字孔，将苗引出，使沟上地膜落到沟内地面上。

采用沟畦覆盖既能提高地温，也能增加沟内的气温，这种方式兼具地膜和小拱棚的作用。可比普通高畦覆盖提早定植 5～10 d，早熟 1 周左右，同时也便于向沟内直接追肥灌水。

（5）阳坡垄地膜覆盖　即在阳坡垄的南坡面上开沟或挖穴，在沟（穴）内定植秧苗或者播种，覆盖地膜。这种方式园艺作物定植及播种期可较一般地膜覆盖提早到晚霜前 7～10 d，晚霜后放苗并培土护根，为防止高温伤害，可在高温时在沟上（穴）上开孔，地膜先盖天后铺地，可较阳坡垄栽覆盖栽培取得更明显的抗风防寒、早熟增产的作用。

(三)地膜覆盖度及用量计算

1.覆盖度

覆盖度是指在地膜覆盖栽培中，地膜覆盖面积占总面积的百分数。覆盖度可分为理论覆盖度和实际覆盖度，计算如下：

$$理论覆盖度＝地膜宽度÷（平均行距×覆盖行数）×100\%$$
$$实际覆盖度＝（地膜宽度－压边宽度）÷（平均行距×覆盖行数）×100\%$$

例如：地膜宽 70 cm，覆盖 2 行作物，平均行距 50 cm，则理论覆盖度为：

$$70÷（50×2）×100\%＝70\%$$

若地膜压边宽度为 20 cm（每边压 10 cm），则实际覆盖度为：

$$（70－20）÷（50×2）×100\%＝50\%$$

2.地膜用量计算

计算出地膜理论覆盖度后，就可以对地膜用量进行估算。计算公式如下：

$$地膜用量（kg）＝地膜比重×地膜厚度×覆盖面积×理论覆盖度$$

如普通地膜（高压低密度聚乙烯地膜），比重为 0.91 g/cm^3，厚度为 0.008～0.015 mm。某农户要种 667 m^2 地膜玉米，平均行距 60 cm，地膜幅宽 80 cm，每幅覆盖 2 行玉米，求用厚度 0.008 mm 的地膜多少 kg？

先求出理论覆盖度：80÷（60×2）×100%＝66.7%；

再求出地膜用量：0.91 g/cm^3×0.008 mm×667 m^2×66.7%＝3.24 kg。

(四)地膜覆盖的技术要求

1.整地

地膜覆盖的整地、施肥、作畦、覆膜等要连续作业，不失时机以保持土壤水分，提高地温。在整地时，应精细整地，确保覆膜质量。

2.作畦

畦面要平整细碎，以便使地膜紧贴畦面，不漏风，四周压土充分而牢固。

3.施肥

作畦时要施足有基肥和必要的化肥，增施磷、钾肥，同时后期要适当追肥，以防后期作物缺肥早衰。

4.灌溉

在膜下软管滴灌或微喷灌的条件下,畦面可稍宽、稍高;若采用沟灌,则灌水沟要稍宽。地膜覆盖虽然可以比露地减少浇水大约1/3,但每次灌水量要充足,不宜小水勤灌。

5.覆膜时间

在降雨多的地区,采用先播种后覆膜的形式,在降雨量少的地区,多采用趁墒整地作畦先覆膜后播种的形式。

6.后期破膜问题

一般情况下,地膜要一直覆盖到作物拉秧,但如果后期高温或土壤干旱而无灌溉条件,影响作物生育及产量时,应及时把地膜揭开或划破,以充分利用降雨,确保后期产量。

7.清除残膜

残存于土中的旧膜,会污染环境,影响下茬作物的耕作和生长,因此,应及时清除。

第二节　夏季保护设施

夏季保护设施是指主要在夏秋季节使用,以遮阳、降温、防虫、避雨为主要目的的一类保护设施,包括遮阳网、防虫网、防雨棚等。

一、遮阳网

俗称遮阴网、凉爽纱,国内产品多以聚乙烯、聚丙烯等为原料,经编织而成的一种轻量化、高强度、耐老化、网状的新型农用塑料覆盖材料。利用它覆盖作物具有一定的遮光、降温、防台风暴雨、防旱保墒和忌避病虫等功能,用来替代芦帘、秸秆等传统覆盖材料,进行夏秋高温季节蔬菜、花卉的栽培以及蔬菜、花卉和果树的育苗。遮阳网覆盖已成为我国南方地区作物夏秋栽培的一种简易实用、低成本、高效益的覆盖技术,在北方地区的蔬菜、花卉生产及育苗中也有广泛应用。

二、防雨棚

防雨棚是在多雨的夏秋季节,利用塑料薄膜等覆盖材料扣在大棚或小棚的顶部,四周通风不扣膜或扣防虫网防虫,使作物免受雨水直接淋洗和冲击的保护设施。防雨棚主要用于夏、秋季节蔬菜和果品的避雨栽培或育苗。

三、防虫网

防虫网是以高密度聚乙烯等为主要原料加入抗老化剂等辅料,经拉丝编织而成的20～30目等不同规格的网纱,具有强度大、抗紫外线、抗热、耐水、耐腐蚀、耐老化、无毒、无味等特点。由于防虫网覆盖简易、能有效防止害虫对夏季小白菜、叶菜等的危害,在南方地区作为无(少)农药蔬菜栽培的有效措施而得到广泛应用。

第三节　塑料薄膜拱棚

塑料薄膜拱棚是指将塑料薄膜覆盖于拱形支架之上而形成的设施。按照棚的高度和跨度不同，塑料薄膜拱棚一般可分为塑料小棚、塑料中棚和塑料大棚三种类型（表2-2）。

表 2-2　几种类型塑料薄膜拱棚的比较

类型	常用建筑材料	形状	棚高（m）	跨度（m）
小棚	竹竿、竹片	拱圆形、半拱圆形、双斜面型	≤1.5	≤3
中棚	竹木、钢架	拱圆形、半拱圆形、双斜面型	1.5～1.8	3～8
大棚	竹木、钢架	拱圆形、半拱圆形、双斜面型、连栋	≥1.8	≥8

一、塑料小棚

(一)类型和结构

塑料小棚的型式主要有拱圆形、半拱圆形和双斜面型三种。

1. 拱圆形塑料小棚

拱圆形塑料小棚是生产上应用最多的小棚。主要采用毛竹片、细竹竿、荆条或钢筋等材料，弯成宽 1～3 m、高 0.5～1.5 m 的拱形骨架，骨架上覆盖 0.05～0.1 mm 棚膜，外用压杆或压膜线等固定薄膜而成。

通常，单独使用小拱棚时，为提高小拱棚的防风保温能力，除在田间设置风障之外，夜间可在膜外加盖草苫等防寒物。该类型拱棚多用于多风、少雨、有积雪的地方。小拱棚也可在中棚、大棚或温室中实行多层覆盖。

2. 半拱圆形小棚

该类型小棚俗称改良阳畦或小暖窖，一般为东西延长，在棚的北侧筑起约 1 m 高、上宽 30 cm、下宽 30～50 cm 的土墙，拱架一端固定在山墙上，另一端插在栽培畦南侧土中，骨架外覆盖薄膜。

3. 双斜面型小棚

棚面成屋脊形，适于风少多雨的地区。小棚坚固，抗雨，建造省工，省料，保温透光，并有一定空间和面积，便于栽培和管理。

(二)性能

1. 光照

塑料小棚的透光性能比较好，春季棚内的透光率最低在 50% 以上，光强达 $5×10^4$ lx 以上。但是，薄膜附着水滴或被污染后，其透光率会大大降低，有水滴的薄膜透光率约为 55.4%，被污染的约为 60%。拱圆形小棚内光照比较均匀，但当作物长到一定高度时，不同部位作物的受光量具有明显的差异。半拱圆形小棚由于北部有土墙，因此，南部光照好，北部较差，光照不均匀。

2. 温度

一般情况下，小棚的气温增温速度较快，最大增温能力可达 20 ℃左右，在高温季节易造成高温危害，但降温速度也快。有草苫覆盖的半拱圆形小棚的保温能力仅有 6 ℃～12 ℃，特别是在阴天，低温或夜间没有草苫保温覆盖时，棚内外温差仅为 1 ℃～3 ℃，遇寒潮易发生冻害。

小拱棚内地温变化与气温相似,但其变化不如气温剧烈。一般棚内地温比气温高 5 ℃~6 ℃。

棚内的温度有季节性变化和日变化。从季节变化看,一般冬季是小棚温度最低时期,春季逐渐升高;从日变化看,小拱棚温度的日变化与外界基本相同,只是昼夜温差比露地大。

3. 湿度

塑料拱棚在密闭的情况下,地面蒸发和作物蒸腾所散失的水汽不能溢出棚外,从而造成棚内高湿。一般棚内相对湿度可达 70%~100%;白天通风时,相对湿度可保持在 40%~60%。平均比外界湿度高 20% 左右。此外,棚内的湿度随外界的天气的变化而变化,通常晴天湿度降低,阴天湿度升高。

(三)应用

(1)春提早、秋延后或越冬栽培耐寒蔬菜

小棚早春可提前栽培,晚秋可延后栽培,耐寒的蔬菜或花卉可用小棚保护越冬。种植的蔬菜主要以耐寒的叶菜类为主,如芹菜、蒜苗、小白菜、芫荽、菠菜等。

(2)春提早定植果菜类蔬菜

主要栽培的作物有黄瓜、番茄、青椒、茄子、西葫芦等。

(3)早春育苗

可为塑料大棚露地栽培的春茬蔬菜、花卉、草莓及西瓜、甜瓜等育苗。

(4)春提早栽培瓜果

主要栽培作物为草莓、西瓜、甜瓜等。

二、塑料中棚

中棚是介于小棚和大棚之间的中间类型,人可进入棚内操作。常用的中棚为拱圆形结构。

(一)结构

拱圆形中棚跨度一般为 3~6 m。跨度 6 m 时,脊高 2.0~2.3 m,肩高 1.1~1.5 m;跨度 3 m 时,脊高 1.5 m,肩高 0.8 m。另外,根据中棚跨度的大小和拱架材料的强度来确定是否设立柱。一般用竹木做骨架棚中需设立柱,而用钢管做拱架的中棚不需设立柱。按照材料的不同,拱架可分为竹片结构、钢架结构,以及竹片和钢架混合结构。

1. 竹片结构

拱架由双层 5 cm 竹片用铁丝上下绑缚在一起制作而成。拱架间距为 1.1 m。中棚纵向设 3 道横拉,主横拉位置在拱架中间的下方,用 1 寸钢管或木杆设置,主横拉与拱架之间距离 20 cm 立吊柱支撑。2 道副横拉各设在主横拉两侧部分的 1/2 处,两端固定在立好的水泥柱上,副横拉距拱架 18 cm 立吊柱支撑。拱架的两个边架以及拱架每隔一定距离在近地面处设斜支撑,斜支撑上端与拱架绑住,下端插入土中,竹片结构拱架,每隔 2 道拱架设立柱 1 根,立柱上端顶在横拉下,下端入土 40 cm。立柱用木柱或水泥柱,水泥柱横截面为 10 cm×10 cm。

2. 钢架结构

拱架分成主架与副架。跨度为 6 m 时,主架用钢管做上弦、Φ12 mm 钢筋作下弦制成桁架,副架用钢管做成。主架 1 根,副架 2 根,相间排列。拱架间距为 1.1 m。钢架结构也设 3 道横拉。横拉用 12 mm 钢筋作成,横拉设在拱架中间及其两侧部分 1/2 处,在拱架主架下弦焊接。钢管副架焊短接钢筋连接。钢架中间的横拉距主架上弦和副架约为 20 cm,拱架两侧的 2 道横拉距拱架 18 cm。钢架结构不设立柱,呈无柱式。

3.混合结构

混合结构的拱架分成主架与副架。主架为钢架,其用料及制作与钢架结构的主架相同,副架用双层竹片绑紧做成。主架1根,副架2根,相间排列。拱架间距1.1 m。混合结构设3道横拉。横拉用ϕ12 mm钢筋做成,横拉设在拱架中间及其两侧部分1/2处,在钢架主架下弦焊接,竹片副架设小木棍连接。其他均与钢架结构相同。

(二)应用

中拱棚可用于春早熟或秋延后生产绿叶菜类、果菜类蔬菜,也可用于蔬菜采种及花卉栽培。

三、塑料大棚

塑料大棚是用塑料薄膜覆盖的一种大型拱棚。它和温室相比,具有结构简单,建造和拆卸方便,一次性投资较少等优点;与中小拱棚相比,又具有坚固耐用,使用寿命长,棚体高大,空间大,必要时可安装加温、灌溉等装置,便于环境调控等优点。目前,在全国各地的春提早和秋延后的蔬菜栽培中,大棚被广泛地应用,南方部分气候温暖地区也可进行冬季生产。

(一)类型

目前生产中应用的大棚,从外部形状可分为拱圆形和屋脊形,但以拱圆形为绝大多数。从骨架材料上分,则可分为竹木结构、钢架混凝土结构、钢架结构、钢竹混合结构等。塑料大棚多为单栋大棚,也有双连栋大棚和多连栋大棚(图2-7)。

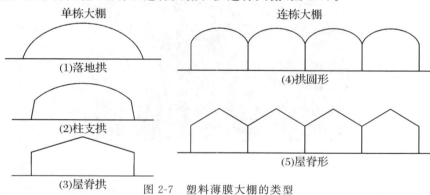

图 2-7 塑料薄膜大棚的类型

1.竹木结构大棚

竹木结构大棚为大棚原始类型,跨度8～12 m,高2.4～2.6 m,长40～60 m。骨架为竹竿、杨柳木、硬杂木等。组成是"三杆一柱"。3～6 cm粗竹竿或木杆作拱杆,拱杆间距0.8～1 m,立柱用木杆或水泥预制柱,建筑简单,成本低,但易遮光,操作不便(图2-8)。

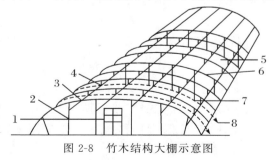

图 2-8 竹木结构大棚示意图

1.门 2.立柱 3.拉杆 4.吊柱 5.棚膜 6.拱杆 7.压杆 8.地锚

2.悬梁吊柱拱架大棚

包括悬梁吊柱竹木拱架大棚和钢架大棚。悬梁吊柱竹木拱架大棚是在竹木大棚的基础上改进而来,中柱 2.4～3 m 为一排,横向每排 4～6 根,用竹竿或木杆作横向拉梁把立柱连成一个整体,在每一拱架下设一立柱"吊柱",减少遮光部分,且抗风载能力较强,造价较低(图 2-9)。悬梁吊柱钢架拱架大棚则无立柱(图 2-10)。

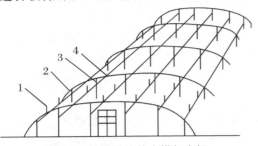

图 2-9　悬梁吊柱竹木拱架大棚

1.小支柱 2.拱杆 3.立柱 4.拉杆

图 2-10 悬梁吊柱钢架大棚

3.玻璃纤维增强型水泥大棚

以水泥为基材,玻璃纤维为增强材料的一种大棚。跨度 6～8 m,矢高 2.4～2.6 m,长 30～60 m。坚固耐用,成本低,但搬运不方便,需就地预制(图 2-11)。

图 2-11　玻璃纤维增强型水泥大棚

4.钢竹结构大棚

棚型结构同竹木结构,用钢材和竹木做拱架,每两个钢拱架之间加 4～5 个竹木拱架,节约钢材,操作便利。

5.普通钢架大棚

用角钢、槽钢、圆钢等轻型钢材焊接而成,骨架坚固,无立柱,棚内空间大,作业方便,但需 1～2 年涂一次防锈漆,造价较竹木结构大棚高。

6.装配式镀锌钢管大棚

采用热浸镀锌的薄壁钢管组装而成,具有重量轻、强度好、耐锈蚀的特点。易于安装拆卸,坚固耐用。

(二)结构

塑料大拱棚骨架由立柱、拱杆、拉杆、压杆(或压膜线)、木(竹)吊柱、棚膜和地锚所构成。其中立柱、拱杆、拉杆、压杆(或压膜线)俗称"三杆一柱"(图 2-12)。

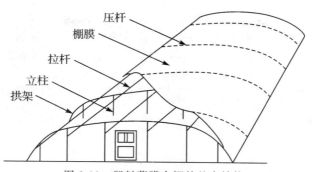

图 2-12　塑料薄膜大棚的基本结构

（1）立柱　立柱的主要作用是稳固拱架，防止拱架上下浮动以及变形。在竹拱结构的大棚中，立柱还兼有拱架造型的作用。立柱主要用水泥预制柱，部分大棚用竹竿、钢架等作立柱。竹拱结构塑料大拱棚中的立柱数量比较多，一般立柱间距 2～3 m，密度比较大，地面光照分布不均匀，也妨碍棚内作业。钢架结构塑料大拱棚内的立柱数量比较少，一般只有边柱，甚至无立柱。

（2）拱架　拱架的主要作用，一是大棚的棚面造型，二是支撑棚膜。拱架的主要材料有竹竿、钢梁、钢管、硬质塑料管等。

（3）拉杆　拉杆的主要作用是纵向将每一排立柱连成一体，与拱架一起将整个大棚的立柱纵横连在一起，使整个大棚形成一个稳固的整体。竹竿结构大棚的拉杆通常固定在立柱的上部，距离顶端 20～30 cm 处，钢架结构大棚的拉杆一般直接固定在拱架上。拉杆的主要材料有竹竿、钢梁、钢管等。

（4）塑料薄膜　塑料薄膜的主要作用，一是低温期使大棚内增温和保持大棚内的温度；二是雨季防雨水进入大棚内，进行防雨栽培。塑料大棚使用的薄膜种类主要有幅宽 1.5～2 m 的聚乙烯无滴膜、聚乙烯长寿膜以及蓝色聚乙烯多功能复合膜等，成本较高的蓝色聚氯乙烯无滴防尘长寿膜主要用在连栋塑料大棚上。

（5）压杆　压杆的主要作用是固定棚膜，使棚膜绷紧。压杆的主要材料有竹竿、大棚专用压膜线、粗铁丝以及尼龙绳等。

(三)性能

1.温度特点

（1）增、保温特点　塑料大棚的空间比较大，蓄热能力强，但由于 1 d 中只是一侧能够接受太阳直射光照射等缘故。因此，增温能力不强。一般低温期的最大增温能力（1 d 中大棚内外的最高温度差值）只有 15 ℃左右，一般天气下为 10 ℃左右，高温期达 20 ℃左右。

塑料大棚的棚体宽大，不适合从外部覆盖草苫保温，故其保温能力也比较差。一般单栋大棚的平均保温幅度为 3 ℃左右，连栋大棚的保温能力稍强于单栋大棚。

（2）日变化特点　大棚内的温度日变化幅度比较大。通常日出前棚内的气温降低到 1 d 中的最低值，日出后棚温迅速升高。晴天在大棚密闭不通风情况下，一般到 10 h 前，平均每小时上升 5 ℃～8 ℃，13～14 h 棚温升到最大值，之后开始下降，平均每小时下降 5 ℃左右。夜间温度下降速度变缓。一般 12 月至翌年 2 月的昼夜温差为 10 ℃～15 ℃，3～9 月份的昼夜温差为 20 ℃左右或更高。晴天棚内的昼夜温差比较大，阴天温差小。

（3）地温变化特点　大棚内的地温日变化幅度相对较小，一般 10 cm 土层的日最低温度较最低气温晚出现约 2 h。当气温低于地温前，地温值上升到最高。

2.光照特点

（1）采光特点　塑料大棚的棚架材料粗大，遮光多，其采光能力不如中小拱棚的强。根据大棚类型以及棚架材料种类不同，采光率一般从50.0%～72.0%不等，具体见表2-3。

表2-3　各类塑料大拱棚的采光性能比较

大棚类型	透光量(klx)	与对照的差值(klx)	透光率(%)	与对照的差值(%)
单栋竹拱结构大棚	66.5	−39.9	62.5	−37.5
单栋钢拱结构大棚	76.7	−29.7	72.0	−28.0
单栋硬质塑料结构大棚	76.5	−29.9	71.9	−28.1
连栋钢材结构大棚	59.9	−46.5	56.3	−43.7
对照(露地)	106.4		100.0	

双拱塑料大棚由于多覆盖了一层薄膜，其采光能力更差，一般仅是单拱大棚的50%左右。

大棚方位对大棚的采光量也有影响。一般东西延长大棚的采光量较南北延长大棚的稍高一些。

（2）光照分布特点　由于塑料大拱棚内的光线与棚面保持平行缘故，垂直方向上，由上向下光照逐渐减弱，大棚越高，上、下照度的差值也越大。

水平方向上，一般南部照度大于北部，四周高于中央，东西两侧差异较小。南北延长大棚的背光面较小，其内水平方向上的光照差异幅度也较小；东西延长大棚的背光面相对较大，其棚内水平方向上的光照分布差异也相对较大，特别是南、北两侧的光照差异比较明显。

(四)应用

塑料大棚主要用于喜温蔬菜、半耐寒蔬菜的春提前和秋延后栽培，以及果树的促成栽培。可以使春季果菜类蔬菜早熟栽培提早20～40 d，秋季可延后栽培25 d左右，或春季为露地栽培育苗，秋冬进行耐寒性蔬菜加茬栽培。在花卉上，可作花卉的越冬设施。在北方可以代替日光温室大面积播种草花，冬插落叶花卉，以及秋延后栽培菊花等花卉。在南方则可用来生产切花，或供亚热带花卉越冬使用。

第四节　温室

温室是以采光覆盖材料为全部或部分围护结构材料，可以人工调控温度、光照、水分、气体等环境因子的保护设施，是园艺设施中性能最完善的设施。可进行冬季生产。

我国温室的发展由低级到高级，由小型、中型到大型，由简易到完善，由单栋温室到几公顷的连栋温室群。结构形式多样，温室类型繁多，尤其以塑料薄膜日光温室为主的温室生产得到了迅速发展，高效节能日光温室是我国在北纬40°以南地区实现了冬季不加温生产果菜，这是我国在日光温室的研发与应用上的伟大创举。此外，我国还引进了国外的大型现代化温室，并在消化吸收的基础上，初步研究开发出我国自行设计改造的大型温室。

一、温室的类型

温室类型繁多，按照不同的划分方法，有不同的类型。

按覆盖材料，可分为硬质覆盖材料温室和软质覆盖材料温室。硬质覆盖材料温室最常见的为玻璃温室，近年出现有聚碳酸树脂板（PC板）温室；软质覆盖材料温室主要为各种塑料薄膜覆盖温室。

按屋面类型和连接方式，有单屋面、双屋面和拱圆形温室；又可分为单栋和连栋类型。

按主体结构材料，可分为金属结构温室，包括钢结构、铝合金结构；非金属结构包括竹木结构、混凝土结构等。

按有无加温，又分为加温温室和不加温温室，其中日光温室是我国特有的不加温或少加温温室。

按照温室的用途，分为5类温室：

1. 生产温室

（1）育苗温室　专门为园艺植物以及水稻等培育秧苗的温室。一般都安装采暖设备。

（2）栽培温室　栽植园艺植物的温室。一般育苗温室在育苗季节结束后又可用来做栽培温室用。

（3）专门用途温室　用于菌类、药材生产，鱼虾养殖、养鸡、养牛、养猪等动物生产，用于沼气池保温、海水淡化的温室。这些温室同用于植物生产的温室在环境条件及其工艺要求上有很大区别。

2. 试验温室

（1）人工气候室　对植物在严格的生长环境条件下进行研究试验的温室。它除具有一般现代温室的透光、保温、采暖、通风、降温、二氧化碳施肥、灌溉等环境性能及设备条件外，可进行人工补光、加湿除湿，模拟风、霜、冰冻等。还可根据实验研究的需要对上述各种环境因子进行单因子或多因子的各种程度的控制调节。

（2）普通实验温室　专供科学研究部门、各类学校等进行各种栽培试验、各种工程设备设施试验以及教学实验的温室。这种温室规模较小，要求有光照、采暖、通风、降温、灌水等基本设备，为了适应不同的试验要求，设计时应能使其平面与空间的分隔有较大的灵活性，环境因子的调节能适应使用的要求。

（3）杂交育种温室　专供科学研究部门、各类学校等进行各种植物的栽培试验、各种工程设备设施以及教学试验的温室。这种温室要求设置双重门并加纱门，通风换气的进风口和天窗、侧窗均需加设纱窗，以防昆虫飞入干扰试验。

（4）病虫害检疫隔离温室　专供培养各种病菌、害虫，以观察其生活习性、危害情况和应用各种药剂进行防治试验，以及对新引入的外地或国外的植物和寄出的植物进行检疫消毒；对被病虫危害的植物进行隔离防治温室，这种温室要求同其他温室以及生活区保持较远的距离，且建筑在全年主导风向的下方，以防危害人体健康和影响其他植物的正常栽培。在构造上要求密闭，尽量减少透风漏气。主要进出口应设双重门并加窗纱，必要时在各窗口和通风口加设纱窗。还应设专门的熏蒸间，对所用工具、材料进行消毒，熏蒸间应设抽风排气设备。在温室外部周围建宽 300 mm、深 500 mm 的混凝土隔离沟，并放入流水以防昆虫等进入温室。

3. 观光展览温室

包括观赏温室和陈列温室，一般建于植物园、公园或其他展览馆等公共场所内，展览各种植物展品和陈列各种植物品种供人们观赏、进行研究以及进行植物学知识学习及宣传之用。在建筑上要求其外观与功能和谐协调、与周围环境协调，而且便于管理、操作、栽培。

4. 庭院温室

兼有观赏和生产两种功能，常建于住宅庭院内。庭院温室一般面积不大，要求充分利用栽培空间,常采用地面、床面和空中吊养三层栽培。其结构、材料和设备根据种植者的经济实力有很大的区别。常采用单坡朝南的建筑形式,庭院温室在布局、外观、建筑形式、覆盖材料等方面应与庭院内的其他建筑物、道路、绿化等要协调,并注意解决好同住宅在采光、通风和环境卫生方面的矛盾。

5.餐饮温室

也称生态餐厅、阳光餐厅,是近年来逐渐兴起的一种崭新的餐饮形式,是传统餐饮行业与现代温室工程技术、园林景观设计、现代园艺种植技术、养殖技术、土木施工工程相结合的产物,营造一种处于幽雅的自然景观环境中的舒适、惬意的餐饮氛围,是建筑与环境、人与自然的完美融合,体现了当代都市人渴望回归自然、拥抱绿色的美好愿望。

二、日光温室

日光温室大多是以塑料薄膜为采光覆盖材料,以太阳辐射为热源,靠采光屋面最大限度采光和加厚的墙体及后坡、防寒沟、纸被、草苫等最大限度地保温,达到充分利用光热资源,创造植物生长适宜环境的一种我国特有的保护栽培设施。

(一)日光温室的基本结构

日光温室的种类很多,其结构有所不同,但基本结构主要有以下三部分。

(1)前屋面(前坡、采光屋面) 前屋面是由支撑拱架和透光覆盖物组成的,主要起采光作用,为了加强夜间保温效果,在傍晚到第二天早晨用保温覆盖物如草苫覆盖。采光屋面的大小、角度、方位直接影响采光效果。

(2)后屋面(后坡、保温屋面) 后屋面位于温室后部顶端,采用不透光的保温蓄热材料作成,主要起保温和蓄热的作用,同时也有一定的支撑作用。

(3)后墙和山墙 后墙位于温室后部,起保温、蓄热和支撑作用。山墙位于温室两侧,作用与后墙相同。通常一侧山墙外侧连接建有一个小房间作为出入温室的缓冲间,兼做工作室和贮藏间。

上述三部分为日光温室的基本组成部分,除此之外,根据不同地区的气候特点和建筑材料的不同,日光温室还包括立柱、防寒土、防寒沟等。

(二)日光温室的种类

目前,日光温室的类型多种多样,根据温室的性能和结构形状有以下几种类型。

1.日光温室Ⅰ型

半拱圆形竹木结构,采光面大,透光性好。该类型又有两种类型,长后坡矮后墙温室和短后坡高后墙温室。

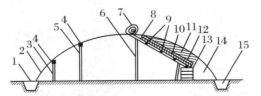

图 2-13 长后坡矮后墙日光温室(Ⅰ型)
1.防寒沟 2.薄膜 3.前柱 4.横梁
5.腰柱 6.中柱 7.草苫、纸背 8.椽
9.檩 10.箔 11.草泥层 12.防寒层
13.后墙 14.后墙外培土 15.取土沟

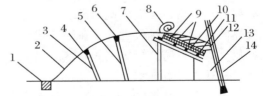

图 2-14 短后坡高后墙日光温室(Ⅰ型)
1.防寒沟 2.前屋面骨架 3.前柱 4.横梁
5.腰柱 6.棚膜 7.中柱 8.草苫、纸背
9.椽、檩 10.箔 11.草泥层 12.防寒层
13.后墙 14.风障

2.日光温室Ⅱ型

其代表是琴弦式温室,一坡一立式,前屋面为斜面,下部为一小立窗,窗高 0.6~0.8 m,倾角 70°,前屋面每隔 3 m 设一钢管桁架,纵向每隔 4 m 拉一道 8 号铁丝。后屋面短,空间大,但采光不如半拱圆形。

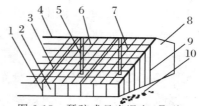

图 2-15　琴弦式日光温室(Ⅱ型)

1.前立柱　2.前立窗　3.钢管桁架　4.脊檩　5.中柱
6.横拉 8 号铁丝　7.细竹竿骨架　8.山墙　9.山墙外
8 号铁丝　10.固定 8 号铁丝的山墙外地下

3.日光温室Ⅲ型

其代表是辽沈型温室,无柱,后屋面采用聚苯板等复合材料保温,拱架采用镀锌钢管,配套有卷帘机、地下热交换设备。跨度 7.5 m,脊高 3.5 m,后屋面仰面 30.5°,后墙高 2.5m。性能好,在北纬 42°以南地区,冬季不加温进行喜温蔬菜生产。

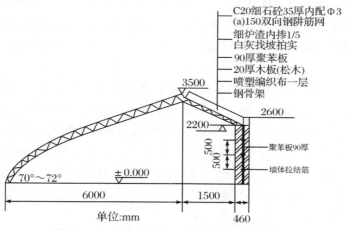

图 2-16　辽沈Ⅰ型日光温室结构示意图(Ⅲ型)

4.日光温室Ⅳ型

其代表是改进冀优型节能日光温室,跨度 8 m,脊高 3.65 m,后墙高 2 m,墙体 37 cm 厚砖墙,内填 12 cm 厚珍珠岩,钢架桁架结构。在华北地区冬季不加温进行喜温蔬菜生产。

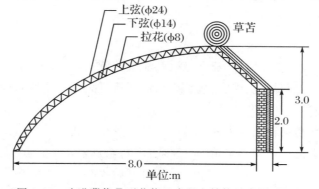

图 2-17　改进冀优Ⅱ型节能日光温室结构示意图(Ⅳ型)

(三)日光温室的性能

1.光照特点

日光温室的光照状况与大棚相同,与季节、时间、天气状况以及温室的建材、棚膜、管理技术等密切相关。不同之处是温室光照强度主要受前屋面角度、前屋面大小的影响。在一定范围内，前屋面角度越大，透明屋面与太阳光线所成的入射角越小，透光率越高，光照越强。因此，冬季太阳高度角低，光照弱。春季太阳高度角升高，光照强。

温室内光照存在明显的水平和垂直分布差异。温室内光照的水平分布是白天自南向北光照强度逐渐减弱；在栽培园艺植物时，由于前排遮阴，南北光差加大，造成前后排产量的差异。为充分利用温室光照，减少局部光差的影响，应注意冬春栽培品种的选择和不同种类的合理搭配。温室内光照垂直分布是自下而上光照逐渐增强。

2.温度特点

日光温室增温原理和大棚相同，其日变化也受温度升降的影响。由于昼夜热源方向不同，白天南高北低，高温区在南窗下，夜间受热源影响，北高南低。所以南侧昼夜温差大，北侧昼夜温差小。

日光温室的温度明显高于室外。增温效应最大在最冷的 1 月上中旬，以后随外界气温升高和放风管理，使最高气温的室内外温差逐渐缩小。晴天最高气温出现在 13:00，阴天最高气温常出现在云层较薄、散射光较强的时候，但也随室内外温差大小而有别，故时间不易确定。

不同天气条件对最高气温的影响表现出晴天增温效应最大，多云天气次之，阴天最差。通风对最高气温的影响与通风面积、通风口位置、上下通风口的高差、外界气温及风速都有关系。扒缝放风时，上下通风口同时开放，通风面积为膜面的 2%～3% 时，可使最高温度下降 10 ℃～14 ℃。单开上排或下排放风口，或减少放风面积时，对最高温度的抑制较小。外界气温低，风大或上下风口高差大时，通风对抑制高温的效果大，反之则小。所以，一般冬季和早春放风效果明显，而 3 月下旬至 4 月后放风效果较差，此时必须加大通风量。对远离门一端适当加大放风面积。

3.湿度条件

灌水量、灌水方式、天气状况、通风量和加温设备影响温室的湿度，晴天温度小于阴天，白天小于夜间，室内最高相对湿度出现在后半夜到日出前。温室容积小，湿度大。昼夜温差大，易因高温高湿引起病害，因此冬季在中午时也应作短时间通风降温。

(四)日光温室的用途

1.温室栽培种类

(1)蔬菜：黄瓜、西葫芦、番茄、茄子、辣椒、韭菜、蒜苗、芹菜、生菜、香菜、菜豆和甘蓝。

(2)果树及花卉：葡萄、桃、李、樱桃、草莓、唐菖蒲、郁金香、非洲菊、红掌、蝴蝶兰等。

2.温室茬口安排

秋冬茬：夏末秋初播种——中秋定植——秋末冬初收获。

冬春茬：夏末育苗——初冬定植——采收(冬初至夏末)。

早春茬：初冬育苗——1～2 月定植——3 月开始收获。

二、现代温室

现代温室通常简称连栋温室或俗称智能温室，是设施园艺中的高级类型，主要指设施内的环境能实现计算机自动控制，基本上不受自然气候条件下灾害性天气和不良环境条件的影响,能全天候周年进行作物生产的大型温室。该类温室用玻璃和硬质塑料板材和塑料薄膜进行覆盖,由计算机监测和智能化管理系统,根据作物的生长发育的要求调节环境因子。

(一)现代化温室的主要类型

1.芬洛型玻璃温室(Venlo type)

Venlo 型温室是我国引进玻璃温室的主要形式,是荷兰研究开发而后流行全世界的一种多脊连栋小屋面玻璃温室(彩图 2-18)。温室单间跨度一般为 3.2 m 的倍数,开间距 3 m、4 m 或 4.5 m,檐高 3.5~5.0 m。根据桁架的支撑能力,可组合成 6.4 m、9.6 m、12.8 m 的多脊连栋型大跨度温室。覆盖材料采用 4 mm 厚的设施专用玻璃,透光率大于 92%。开窗设置以屋脊为分界线,左右交错开窗,每窗长度 1.5 m,一个开间(4 m)设两扇窗,中间 1 m 不设窗,屋面开窗面积与地面积比率(通风比)为 19%。芬洛型温室的主要特点为:

(1)透光率高 由于其独特的承重结构设计减少了屋面骨架的断面尺寸,省去了屋面檩条及连接部件,减少了遮光,又由于使用了高透光率专用玻璃,使透光率大幅度提高。

(2)密封性好 由于采用了专用铝合金及配套的橡胶条和注塑件,温室密封性大大提高,有利于节省能源。

(3)屋面排水效率高 由于每一跨内有 2~6 个排水沟(天沟数),与相同跨度的其他类型温室相比,每个天沟汇水面积减少了 50%~83%。

(4)使用灵活且构件通用性强 这一特性为温室工程的安装、维修和改进提供极大方便。芬洛型温室在我国,尤其是我国南方应用的最大不足是通风面积过小。由于其没有侧通风,且顶通风比仅为 8.5% 或 10.5%。在我国南方地区往往通风量不足,夏季热蓄积严重,降温困难。近年来,我国针对亚热带地区气候特点对其结构参数加以改进、优化,加大了温室高度,并加强顶侧通风,设置外遮阳和湿帘-风机降温系统,增强抗台风能力,提高了在亚热带地区的效果。

2.里歇尔(Richel)温室

是法国瑞奇温室公司研究开发的一种流行的塑料薄膜温室,在我国引进温室中所占比重最大(彩图 2-19)。一般单栋跨度为 6.4 m,8 m,檐高 3.0~4.0 m,开间距 3.0~4.0 m,其特点是固定于屋脊部的天窗能实现半边屋面(50%屋面)开启通风换气,也可以设侧窗卷膜通风。该温室的通风效果较好,且采用双层充气膜覆盖,可节能 30%~40%,构件比玻璃温室少,空间大,遮阳面少,根据不同地区风力强度大小和积雪厚度,可选择相应类型结构。但双层充气膜在南方冬季多阴雨雪的天气情况下,透光性受到影响。我国研发的华北型现代化温室与里歇尔温室有许多相似之处,其骨架由热浸镀锌钢管及型钢构成,透明覆盖材料为双层充气塑料薄膜。

3.卷膜式全开放型塑料温室(full open type)

是一种拱圆形连栋塑料温室,这种温室除山墙外,顶侧屋面均可通过手动或电动卷膜机将覆盖薄膜由下而上卷起,达到通风透气的效果(彩图 2-20)。可将侧墙和 1/2 屋面或全屋面的覆盖薄膜全部卷起成为与露地相似的状态,以利夏季高温季节栽培作物。由于通风口全部覆盖防虫网而有防虫效果,我国国产塑料温室多采用这种形式。其特点是成本低,夏季接受雨水淋溶可防止土壤盐类积聚,简易,节能,利于夏季通风降温。

4.屋顶全开启型温室(open-roof greenhouse)

最早是由意大利的 Serre Italia 公司研制的一种全开放型玻璃温室,近年在亚热带地区逐渐兴起(彩图 2-21)。其特点是以天沟檐部为支点,可以从屋脊部打开天窗,开启度可达到垂直程度,即整个屋面的开启度可从完全封闭直到全部开放状态。侧窗则用上下推拉方式开启,全开后达 1.5 m 宽。全开时可使室内外温度保持一致,中午室内光强可超过室外,也便于夏季接受雨水淋洗,防止土壤盐类积聚。其基本结构与 Venlo 型相似。

(二)现代化温室的配套设备

现代温室除主体骨架外,还可根据情况配置各种配套设备以满足不同要求。

1.自然通风系统

依靠自然通风系统是温室通风换气、调节室温的主要方式,一般分为顶窗通风、侧窗通风和顶侧窗通风等三种方式。

2.加热系统

加热系统与通风系统结合,可为温室内作物生长创造适宜的温度和湿度条件。目前冬季加热多采用集中供热、分区控制方式,主要有热水管道加热和热风加热两种系统。

(1)热水管道加热系统　由锅炉、锅炉房、调节组、连接附件及传感器、进水及回水主管、温室内的散热管等组成。

(2)热风加热系统　是利用热风炉通过风机把热风送入温室各部分加热的方式。该系统由热风炉、送气管道、附件及传感器等组成。

热水加热系统在我国通常采用燃煤加热,其优点是室温均匀,停止加热后室温下降速度慢,水平式加热管道还可兼作温室高架作业车的运行轨道;缺点是室温升高慢,设备材料多,一次性投资大,安装维修费时费工。而热风加热系统采用燃油或燃气加热,其特点是室温升高快,但停止加热后降温也快。热风加热系统还有节省设备资材,安装维修方便,占地面积少,一次性投资小等优点,适于面积小、加温周期短的温室选用。温室面积规模大的,应采用燃煤锅炉热水供暖方式。

此外,温室的加温还可利用工厂余热、太阳能集热加温器、地下热交换等节能技术。

3.幕帘系统

幕帘系统包括帘幕系统和传动系统,帘幕按安装位置的不同可分为内遮阳保温幕和外遮阳保温幕两种。

幕帘的传动系统有钢索轴拉幕系统和齿轮齿条拉幕系统两种。前者传动速度快,成本低;后者传动平稳,可靠性高,但造价略高,两种都可自动控制或手动控制。

4.降温系统

包括微雾降温系统和湿帘降温系统。

(1)微雾降温系统　微雾降温系统形成的微雾在温室内迅速蒸发,大量吸收空气中的热量,然后将潮湿空气排出室外达到降温目的,如配合强制通风效果更好。其降温能力在 3 ℃～10 ℃,是一种最新降温技术。

(2)湿帘降温系统　湿帘降温系统是利用水的蒸发降温原理来实现降温的技术设

备。在温室北墙上安装特制的疏水湿帘,在南墙上安装风扇。当需要降温时启动风扇将温室内的空气强制抽出并形成负压。室外空气在因负压被吸入室内的过程中以一定速度从湿帘缝隙穿过,与潮湿介质表面的水汽进行热交换,导致水分蒸发和冷却,冷空气流经温室吸热后再经风扇排出达到降温目的。

5.补光系统

补光系统所采用的光源灯具要求有防潮设计、使用寿命长、发光效率高,如生物效应灯及农用钠灯等,悬挂的位置宜与植物行向垂直。

6.补气系统

补气系统包括两部分:

(1)CO_2 施肥系统　CO_2 气源可直接使用贮气罐或贮液罐中的工业用 CO_2,也可利用 CO_2 发生器将煤油或石油气等碳氢化合物通过充分燃烧而释放 CO_2,我国普通温室多使用强酸与碳酸盐反应释放 CO_2。

(2)环流风机　封闭的温室内,CO_2 通过管道分布到室内,均匀性较差,启动环流风机可提高 CO_2 浓度分布的均匀性。

7.灌溉和施肥系统

灌溉和施肥系统包括水源、储水池及供给设施、水处理设施、灌溉和施肥设施、田间管道系统及灌水器如喷头、滴头、滴箭等。

8.计算机自动控制系统

自动控制是现代温室环境控制的核心技术,可自动测量温室的气候和土壤参数,并对温室内配置的所有设备都能实现优化运行和自动控制,如开窗、加温、降温、加湿、光照和补充 CO_2、灌溉施肥和环流通气等。

(三)现代化温室的性能

1.温度

现代化温室具有热效率高的加温系统,在最寒冷的冬春季节,不论晴好天气还是阴雪天气,都能保证作物正常生长发育所需的温度,12月至翌年1月,夜间最低温度不低于15 ℃。上海孙桥荷兰温室,气温甚至达到18 ℃,地温均能达到作物要求的适温范围和持续时间。炎夏季节,采用外遮阳系统和湿帘风机降温系统,保证温室内温度达到作物对温度的要求。西南大学的现代化温室,在夏季室外温度达38 ℃时,室内温度不高于28 ℃,作物生长良好。

采用热水管道加温或热风加温,加热管道可按作物生长区域合理布局,除固定的管道外,还有可移动升降的加温管道,因此温度分布均匀,作物生长整齐一致。此种加温方式清洁、安全、没有烟尘或有害气体,不仅对作物生长有利,也保证了生产管理人员的身体健康。因此,现代化温室可以完全摆脱自然气候的影响,一年四季全天候进行作物生产,高产、优质、高效。但温室加热能耗很大,燃料费昂贵,大大增加了成本,据测定,在南方多雾的季节,400 ㎡ 的温室每天的加热燃油费用高达300~400元。双层充气薄膜温室夜间保温能力优于玻璃温室,中空玻璃或中空聚碳酸酯板材(阳光板)导热系数最小,故保温能力最优,但价格也最高。

表 2-4　不同温室覆盖材料性能比较

覆盖材料	普通农膜	多功能膜	多功能膜（双层）	玻璃（4 mm）	中空玻璃（12 mm）	聚碳酸酯板中空
导热系数 [kJ/(m² · ℃·h)]	29307.6～33494.4	16747.2～18840.6	14653.8～16747.2	23027.4～25120.8	12562.4～13397.8	10467～12562.4
透光率(%)	85～90	85～90	75～80	90～95	80～85	85～90

2. 光照

现代化温室全部由塑料薄膜、玻璃或塑料板材(PC 板)透明覆盖物构成,全面采光,透光率高,光照时间长,而且光照分布比较均匀。所以这种全光型的大型温室,即便在最冷的、日照时间最短的冬季,仍然能正常生产喜温瓜果、蔬菜和鲜花,且能获得很高的产量。

双层充气薄膜温室透光率较低,北方地区冬季室内光照较弱,对喜光的作物生长不利。在温室内配备人工补光设备,可在光照不足时进行人工补光,使作物优质高产。对南方多雾地区不宜采用。

3. 湿度

连栋温室空间高大,作物生长势强,代谢旺盛,作物叶面积指数高,通过蒸腾作用释放出大量水汽浸入温室空间,在密闭情况下,水蒸气经常达到饱和。但现代温室有完善的加温系统,加温可有效降低空气湿度,比日光温室因高湿环境给作物生育带来的负面影响小。

夏季炎热高温,现代化温室内有湿帘风机降温系统,使温室内温度降低,而且还能保持适宜的空气湿度,为作物创造了良好的生态环境。

4. 气体

现代化温室的二氧化碳浓度明显低于露地,不能满足作物的需要,白天光合作用强时发生二氧化碳亏缺。据测定,引进的荷兰温室中,白天 10:00～16:00 二氧化碳浓度仅有 0.024%,不同种植区有所区别,但总的趋势一致,所以需进行二氧化碳气体施肥,可显著提高作物产量。

5. 土壤

国内外现代化温室为解决温室土壤的连作障碍、土壤酸化、土传病害等一系列问题,越来越普遍地采用无土栽培技术,尤其是花卉生产,已少有土壤栽培。果菜类蔬菜和鲜切花生产多用基质栽培,水培主要生产叶菜,以生菜面积最大。无土栽培克服了土壤栽培的许多弊端,同时通过计算机自动控制,可以为不同作物、不同生育阶段以及不同天气状况下,准确地提供作物所需的营养元素,为作物根系创造了良好的土壤营养及水分环境。

现代化温室是最先进、最完善、最高级的栽培设施,机械化、自动化程度很高,劳动生产率高。它是用工业化的生产方式进行生产,也被称为工厂化农业。

(四)现代化温室的应用

目前,现代化温室主要应用于科研和高附加值的作物生产上,如喜温果菜类蔬菜、切花、盆栽观赏植物、果树、园林设计用的观赏树木的栽培及育苗等。

我国的现代化温室除少数用于培育林业上的苗木以外,绝大部分也用于园艺作物育苗和栽培,而且以种植花卉、瓜果和蔬菜为主。一些温室已实现了温室作物生产的工业化、集约化的生产方式,采用流水线生产工艺,充分利用温室的空间,加快作物的生长速度,使产量比一般温室提高 10～20 倍,充分显示了现代化设施栽培的先进性和优越性。

温室除了应用于作物生产、水产养殖及种养结合的生态模式以外,随着人民生活水平的日益提高,消费观念的转变,温室作为调节植物生长、控制局部气候的特殊建筑,已逐渐进入休闲观光、餐饮娱乐等行业领域,例如北京红太阳生态园主题餐厅、北京莱太花卉市场、北戴河集发生态农业观光园等。在这些温室中,设计师利用现代温室的调控手段,加上园林景观的环境,为消费者营造出小桥流水、鸟语花香、四季常青的自然生态环境。

第五节　植物工厂

植物工厂是在全封闭的大型建筑设施内,利用人工光源进行植物全年生产的体系,包括无土栽培、植物细胞和组织培养的工业化生产体系。日本对植物工厂的定义是:利用环境自动控制、信息技术、生物技术、机器人和新材料等进行植物周年连续生产的系统,也就是利用计算机对植物生育的温度、湿度、光照、二氧化碳浓度、营养液等环境条件进行自动控制,使设施内植物生育不受自然气候制约的省力型生产。

植物工厂所需要的温度、光照、湿度、水分、肥料、气体等均按照植物生长发育需求进行最优配置,完全摆脱了自然条件的束缚,不仅全部采用电脑监测控制,而且采用机器人、机械手进行全封闭的生产管理,实现从播种到收获的流水线作业,进行植物高效率、省力化的稳定生产。植物工厂是农作物设施栽培的最高层次。能够实现农业生产的工业化、机械化、自动化和智能化生产,大大降低劳动强度和节省劳动力资源,实现作物的周年均衡生产。但是,植物工厂是高投入、高科技、精装备的设施农艺技术,建造成本高,能源消耗大,生产成本高。

一、植物工厂的发展概况

1957年世界上第一家植物工厂诞生在丹麦。1964年奥地利开始试验一种塔式植物工厂(高30 m、面积5 000 m²),该植物工厂生产番茄,工作人员仅30人,平均日产番茄13.7吨。1971年丹麦也建成了绿叶菜工厂,快速生产独行菜、鸭儿芹、莴苣等。

1974年日本等国也逐步发展植物工厂,建成一座电子计算机调控的花卉蔬菜工厂,该厂由一栋二层的楼房(830 m²)和两栋栽培温室(每栋800 m²)构成。至1998年,日本已有用于研究展示、生产的植物工厂近40个,其中生产用植物工厂17个。

美国犹他州立大学试验用植物工厂种植小麦,全生育期不到2月,一年可收获4~5次。美国法依特法姆公司用完全控制工厂生产的生菜,从播种到收获仅用26 d。该公司还生产菠菜等。英国达雷卡德设施农业工程公司发明了一种工厂化栽培果树的方法,现已获得了成功。这种方法不把果树栽在土壤中,而是把枝条插在树枝形的橡胶管子上,合成营养液通过橡胶管输送到各个枝条上,每一根枝条都能像树一样开花结果。而且结果率和产量都很高,一年可收获3~5次,并全年连续生产。目前已用苹果枝、梨枝、桃枝建立了实验线,都获得了成功。

在美、日、英、荷等国,工厂化生产蘑菇有较大发展,每个蘑菇生产工厂多在1万 m²以上,每年可栽培6个周期以上,每周期约20 d,产蘑菇25~27 kg/m²。

二、植物工厂的类型

1.按照使用光源的不同

植物工厂根据对太阳光利用形式的不同,可分为三种类型:完全利用人工照明的完全控制型植物工厂(简称"完型")、完全利用太阳光照射的太阳光利用型植物工厂(简称

"太型")和人工照明与太阳光并用型的植物工厂(简称"综合型")。狭义的植物工厂专指人工光型的植物生产系统。

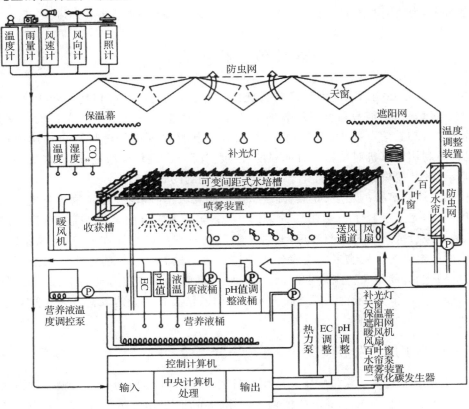

图 2-22　人工光和太阳光结合型的植物工厂示意图

完型不仅使用人工光源,连温度、湿度、二氧化碳浓度、培养液等,凡对植物生长有影响的主要环境条件,都用人工来控制,所以可以说是理想的植物工厂,但在现实上有能源成本的问题,必须设法降低成本。太型是水耕栽培法的延伸,在夏季如何降低设施内与营养液的温度是最大的重点课题。

太型及完型虽然同是植物工厂,但在基本精神上仍有很大的差异。太型会受到太阳光的决定性影响,此点与传统上的农业生产一样,即对气候与收获量不能够有正确的预测,与控制且栽培者的直觉与经验通常对生产结果的好坏有很大的影响。反之,完型可以根据定量测定过的栽培技术知识做计划生产。

太型植物工厂,事实上即为高精密环境控制温室的延伸,在干燥地区可以使用风机水雾法或风机湿帘法等冷却成本低廉的蒸发冷却设备,但在高温高湿的地区,多种降温方法的并用为必需的手段。选择耐热品种通常是第一步,遮阴次之,再辅以前述的各种蒸发冷却方法,仍可达到全年生产的目标。

2.按照对环境因子的调控

植物工厂分为温室型半天候的植物工厂与封闭型全天候的植物工厂两种类型。半天候就是其中有一些环境因子还是主要靠自然或受自然的影响,如光照、温度、湿度等,它的控制是因势利导地利用天然气候资源,并涉入部分人工环境。如光照可以采用自然光透入或遮阴与补光的结合,湿度因受外界气候的变化而影响的程度得以改善,也可结合除湿或弥雾及加湿装置来进行适当的控制。半天候的控制是植物工厂中实现成本降低的一种有效方法。

全天候植物工厂是在完全人工环境下的一种生产模式,这种植物工厂的最大特点是,工业化程度极高,内部设施及栽培模式已完全以工业的模式进行,建立有精密准确的自动化控制系统、植物标准化最优化的生长模式、最高效的立体利用、最为完善的流程管理系统等;从栽培模式来说,已完全实现了水培或气培;从空间利用来说,已从原本的平面模式转为集约化程度极高的立体生产;从空间建设来说,已从地上进入了地下,甚至在未来可以进入太空或极地及其他的星球;从管理来说,已实现了完全的数字化、智能化、自动化甚至是无人化;从产品的输出来说,就像工业产品一样,实现了完全的程序化可预测化和标准化;从环境来说,是温、光、气、热营养等因子的全方位人工环境,实现了闭锁型隔绝型、不受外界任何影响的人工生态系统。

3. 根据研究对象层次的不同

可分为以研究植物体为主的植物工厂,以研究植物组织为主的组织培养系统,以研究植物细胞为主的细胞培养系统等。

4. 根据生产对象不同

植物工厂可分为蔬菜工厂、花卉工厂、苗木工厂等。

三、植物工厂的主要设备

植物工厂与现代化温室最大的区别是光源的补充。严格地说,与现代化温室没有特殊的区别,可以说是现代化温室的延伸和发展。植物工厂主要设备有厂房、育苗及栽培装置、照明装置、空调设备、检测控制设备以及二氧化碳发生供给系统、空气环流机等。

(1)厂房建筑　我们从以下几个方面分析:从厂房造价来看,对长方形、正方形和圆形植物工厂来说,圆形造价最高,长方形最低;从植物工厂建筑物屋顶形状来看,以平顶造价最低,屋脊形、波浪形成本依次增加。因此,植物工厂以屋顶为平顶的长方形连栋温室最好。

(2)育苗与栽培装置　目前植物工厂生产通常以水培方式栽培,一方面是育苗;另一方面是生产生长期短、价值高的植物,如蔬菜中的叶菜、芽苗菜、食用菌等。

(3)照明设备　目前植物工厂使用的光源主要有高压钠灯、金属卤化物灯和荧光灯。以上人工补充光源比较费电,成本较高(一般植物工厂利用人工光源和空调产生的电费约占总成本的 $40\%\sim50\%$)。因此,以后要开发高效节能专用生物灯,以降低成本。

(4)空调设备　目前使用的空调以热泵温度调控方式的空调设备的性能为佳。

(5)检测调控设备　包括光照度、光量子、气温、湿度、二氧化碳浓度、风速等感应器;培养液的 EC 值、pH 值、液温、溶氧量、多种离子浓度的检测感应器;植物本身光合强度、蒸散量、叶面积、叶绿素含量等检测感应器。目前各厂家十分重视各种对植物非接触性破坏而获得各种检测资料的研发。

四、植物工厂的主要技术

植物工厂的建造是系统而庞大的工程,它所涉及的技术之广与所用的材料之多是传统农业无法比拟的,其中仅环境控制需要涉及环境闭锁密封、人工补光、微喷加湿、营养液配制与供给和计算机智能控制等。主要涉及的技术和设备包括以下几个方面:

(1)环境闭锁密封　植物工厂是在全封闭的环境下构建的植物种植系统,它要求栽培空间不受任何外界气候环境的影响,因此要对维护结构进行隔热和避光设计,以期实现能量损耗的最少化与节能化,能使工厂内外的能量交换最小化。

(2)人工补光技术　植物工厂内补光系统是最为重要的系统,它是构成植物生物量的一种主要能源,没有光照,植物光合作用就不能正常进行。随着二极管技术及激光技术的发展,目前新建造的植物工厂大多采用 LED(发光二极管)作为补充光源,它具有安装方便、光合效率高、省电节能的优点。

(3)微喷加湿技术　目前,植物工厂内用于加湿的方法有细雾微喷法与超声波雾化加湿法两种。微喷加湿系统对于植物工厂内外气候的创造很重要,对于需水量大的植物一般选用微喷法,如芽苗菜的植物工厂,就是在栽培床上方安装喷头以实现环境湿度的管理,而对于栽培一些需水较少的植物如蔬菜瓜果,只需要保持一定的空气湿度即可,因此可采用超声波雾化加湿技术。

(4)营养液栽培技术　营养液栽培技术的发展促进了植物工厂发展水平的提高,与土壤栽培相比,营养液栽培能加速作物生育进程,使一年的栽培茬数增加 $15\%\sim20\%$,如生菜和芹菜一年可栽培 6 茬,洋葱 4.8 茬。

(5)环境控制技术　植物工厂为达到周年连续生产的目的,其内部作物的生育受到光照、温度、湿度、CO_2 浓度、风速、风向及根区环境参数(如营养液的 EC 值和 pH 值、离子成分、液温和流速)等。

计算机自动控制技术及远程控制系统是植物工厂的中枢。一切环境因子的创造及栽培因子的监测都得通过该系统进行自动控制。例如,当温度传感器监测到温度过高超过限定值时,计算机就会发出制冷降温指令而开启制冷系统进行环境降温,当温度下降低于限定值时,计算机又会发出加温指令而开启加温设备进行环境加温。另外,光照的控制及湿度的控制、营养液浓度及溶氧量的控制等都是通过系统的闭环反馈控制来实现环境各种因子的相对稳定。日本植物工厂环境控制的方法主要有过程控制和计算机控制两大类,利用计算机网络或无线模块可以实现植物工厂的远程控制,即使在办公室也可监控和处理植物工厂内的所有运行数据,进行专家模式切换与图像处理和确定操作指令等,这也是植物工厂区别于常规农业的一个主要特点。

进入 21 世纪,植物工厂在农业中将发挥越来越重要的作用,对于解决粮食问题、环境问题,乃至于对宇宙开发中的食品问题,都开辟了一条新的途径。

复习思考题

1.计算题

(1)一苗床长 13.2 m,宽 1.5 m。用于番茄育苗,要求功率密度为 120 W/m²,问:

①需要哪种 DV 系列的电热线多少根?

②计算布线道数和布线间距。

(2)某农户欲种植 1 hm² 地膜玉米,玉米的行距为 50 cm 与 70 cm 的宽窄行种植,问需购买幅宽为 70 cm,密度为 0.9 g/cm³ 的普通地膜多少?

(3)在北纬 34°、东经 109°的地方建造高效节能日光温室的技术参数是多少?

2.地膜覆盖栽培的技术要点是什么?

3.地膜覆盖的生态效应表现在:①_____,②_____,③_____,④_____;

生理效应表现在:①_____,②_____,③_____,④_____。

　　4.什么是风障畦?性能如何?举例说明风障畦的应用。

　　5.冷床和温床在结构和性能上有何区别?酿热温床和电热温床的发热原理有何不同?

　　6.如何铺设电热温床?操作中应注意哪些事项?

　　7.配制酿热物有何要求?酿热温床如何设置?

　　8.大棚的骨架由①_____,②_____,③_____,④_____组成,⑤_____决定大棚的形状。

　　9.根据塑料大棚的性能,简述塑料大棚在当地的使用情况。

　　10.绘图说明高效节能日光温室的规格形式(以当地普遍适用的一种为例)。

　　11.屋脊型现代化温室的结构和附属设备有:①_____,②_____,③_____,④_____,⑤_____,⑥_____,⑦_____,⑧_____,⑨_____。

　　12.谈谈我国现代化连栋温室发展现状及前景。

　　13.谈谈植物工厂的发展前景。

第二章　农艺设施类型、结构及性能

第三章 设施覆盖材料的种类、性能及用途

本章学习目标

通过本章教学,使学生能够系统了解和掌握设施覆盖材料的种类及其性能,明确不同透明覆盖材料、半透明与不透明覆盖材料的特性,掌握设施覆盖材料的基本用途和范围,并对设施覆盖材料的发展趋势有初步了解。

设施覆盖材料种类多样,性能特征各异,在设施农业生产中占有很重要的地位。随着塑料薄膜、遮阳网、防虫网等现代覆盖材料在设施生产上的广泛应用,功能化覆盖材料的开发与研究趋向于系统化和专用化。因此,了解和认识设施覆盖材料的种类、性能及其用途,对科学应用覆盖材料具有重要的现实意义。

第一节 设施覆盖材料的性能

反映设施覆盖材料的性能质量的指标主要包括光特性、热特性、水特性、机械特性、耐候性等方面。

一、光特性

1.透过率

400~700 nm 的光波是作物光合成的有效辐射(PAR)波段,而 760~3000 nm 的光波有热效应,且透过率高,因而有利于作物的光合成和室内的增温。虽然光波中紫外线可以促进薄膜氧化与老化,并会诱导作物产生病害,但紫外线对作物发育还是有一定的积极作用。例如,315 nm 以下波长的紫外线,对大多数作物是有害的,345 nm 以下波长的近紫外线可促进灰霉病分生孢子的形成,370 nm 以下波长的近紫外线可诱发菌核病的发生。而 315~380 nm 波长的近紫外线能够参与某些植物花青素和维生素 C、维生素 D 的合成,并可抑制作物徒长。目前,生产上所采用的透光性材质,对可见光及光合成有效波长的透过率差异不大,而对紫外线及长波辐射透过率的差异很大。

2.散射光率

透过覆盖材料的光,不完全是平行光,当光通过材质时形成散射光,且形成一定比率。此比率愈高,温室内的光照和温度分布产生不均一性的情况愈少。一般材质透明性越好,其散射光率越小。散射光也是可见光,可参与光合作用,所以散射光强的材质对作物生长是有利的。常见覆盖材料的散射光率为:梨纹 PVC 为 60%,透明 FRA 为 28%,散光性 FRA 为 82%。

3.遮光性

日光照射至覆盖材料表面,有一部分被反射,一部分被吸收,而两者的量与入射量的比率,称为遮光率。通常遮光率越强,降温效果越好,当遮光率为 20％～40％时,能使设施内温度降低 2 ℃～4 ℃。

二、热特性

1.保温性

由于覆盖材料对长波辐射吸收性能的不同,而导致覆盖材料的保温性也有所不同。一般而言,对长波辐射透过率高的覆盖材料,其保温性较低;相反,对长波辐射透过率低的覆盖材料,其保温性较高。覆盖材料保温性常用热传导率衡量,热传导率是指由于温室内外表面的单位温度差异,而在单位时间、单位面积上自高温部向低温部的热量流量,通常以 kcal/(m² · h · ℃)为单位表示,当数值越高时,保温性越差。

2.隔热性

覆盖材料的保温性与隔热性是相关的。一般而言,保温性是防止热量由室内向室外逸散的性能,而隔热性是阻止热量由室外进入室内的性能。遮光材料的隔热是对太阳辐射热量的隔断能力,所以太阳辐射热量吸收率较高的材料,则隔热性较差。

3.通气性

由于覆盖材料都有孔隙,因而就具有了交换室内、外空气的性质。有通气性的材料,对防止白天温度过高十分有效。

三、水特性

1.防滴性

覆盖材料的表面凝结水,不会产生滴状而能成为薄膜状流去的性质,可称为无滴性或流滴或防滴性;相反,如有滴状的凝结水形成则称为有滴性。如果覆盖材料表面的温度比温室内空气的温度低,则温室内的覆盖材料表面会有水蒸气凝结,水蒸气凝结量与空气和覆盖材料表面的绝对湿度成正比。一般玻璃本身就具有防滴性,而塑胶覆盖材料则没有,而必须靠界面活性剂的处理,使其具有亲水性,进而具有防滴性。通常情况下,软质塑胶膜在制造过程中、硬质板和硬质薄膜则在成形后增加界面活性剂,均可使其产生防滴性。

2.防雾性

当覆盖材料表面结雾时,会降低透光率 5％～10％,同时也影响室内的增温效果。覆盖材料经过特殊的处理,可抑制温室内雾的产生,使水蒸气在覆盖材料表面凝结成水滴,并迅速流去,有效防止雾的形成。

3.透湿性

水蒸气从覆盖材料的一面通过到另一面的性质称为透湿性。透湿性的指标用透湿系数表示,它是指在覆盖材料两面的空气水蒸气压力差下,单位时间、单位面积所能通过的水蒸气的量。

四、机械特性

1.延展性

延展性是反映覆盖材料在安装作业过程中的难易程度。覆盖材料的延展性与其搬运性、加工性、黏着性有关。黏着性是指覆盖材料重叠在一起互相密着难以剥离的性质，一般 PVC 比 PE、EVA 黏着性高，尤其是在高温时，更加显著。

2.开闭性

开闭性反映可动式覆盖材料开闭的难易程度。覆盖材料开闭的效率与其黏着性、伸缩性、防滴性、贮藏性有关。隧道式温室所使用的覆盖材料（塑胶膜）打开进行换气时较容易，但关闭时就与其材料黏着性有很大的关系。另外，较易受外力伸缩的材料，其开闭性也较差。防滴性的覆盖材料在开闭时，落下的水滴较少，温室内的环境影响不大。

3.伸缩性

伸缩性以由外力（如温度、湿度、张力等）所引起覆盖材料的伸长量与原来长度的百分比表示，PVC 薄膜伸缩率为 230% 以上，EVA 薄膜为 430% 以上，PE 膜为 250% 以上。但值得注意的是，PE 薄膜和 EVA 薄膜在伸张过长时就会产生永久的变形，而硬质板也会因热膨胀而产生一定的伸长量。

4.强度

覆盖材料的构成分子间在受到外力时会产生分子间距离的改变，同时分子间也会产生内力来恢复其原来的平衡态，此内力即为应力，当应力超过某一定值时，材料会被破坏，这时的应力称为材料强度。玻璃的强度较优，但直角方向的冲击较弱是其缺点。硬质板比玻璃轻，强度较优，且耐冲击强。硬质膜的强度较硬，质板弱，但弯曲性较大。

五、耐候性

所谓耐候性，就是防止覆盖材料老化的性能，这一性能与覆盖材料的使用寿命有关。覆盖材料的老化至少应当包括两方面的含义：一是覆盖材料在强光和高温作用下，变脆弱而自动撕裂；二是透光性衰减，随覆盖材料使用时间的增长，透光率变低，以至于不能满足设施生产的需要，失去使用价值。塑料薄膜变脆的主要原因是：薄膜受到阳光中的紫外线作用，发生氧化；薄膜被紧绷在支架上，白天支架表面的温度高，尤其是夏季晴日，常常超过 50 ℃～60 ℃，加速氧化的过程。塑料薄膜紧贴支架的部分先变灰，而后变棕色，最终变脆、撕裂。硬质塑胶板，由于表面的氧化作用，颜色逐渐变黄（黄化），表面出现裂缝，露出纤维（开花），甚至在裂缝中滋生微生物；此外，高温还导致板材膨胀，冷却时会收缩，板材面临的温差会导致其破碎。覆盖材料的耐用年限因材质不同而异，如：玻璃使用年限最长达 40 年，硬质塑胶板可以达到 10 年以上，硬质塑胶膜为 5～10 年，软质塑胶膜为 2～5 年，塑胶布为 1～2 年。

第二节　透明覆盖材料

一、农用塑料薄膜

塑料薄膜具有质地轻、价格较低、性能优良、使用和运输方便等优点，因而，成为我国目前设施农业中使用面积最大的覆盖材料。农用塑料薄膜按母料构成可分为聚氯乙烯（PVC）薄膜、聚乙烯（PE）薄膜和乙烯-醋酸乙烯（EVA）多功能复合薄膜三大类型。

1.聚氯乙烯(PVC)薄膜

聚氯乙烯薄膜是以聚氯乙烯树脂为主原料,加入增塑剂经高温压延而成的薄膜。该类型薄膜具有保温性、透光性好,柔软易造型的特点,适合作为温室、大棚及中小棚的外覆盖材料。但同时具有密度大,成本较高,耐候性差,低温下变硬脆化,高温下易软化松弛、膜面吸尘,影响透光、残膜不可降解和燃烧处理等不足。

目前,生产上普遍使用的聚氯乙烯薄膜大都通过添加光稳定剂、紫外线吸收剂以提高耐候性,添加表面活性剂等措施,提高防尘和防雾滴的效果。另外,最近兴起的转光膜也是通过在聚氯乙烯原料中添加紫外线吸收剂以改变紫外线的透过率,有效地促进植物的生长,同时也可减少叶霉病和菌核病以及虫害的发生。

2.聚乙烯(PE)薄膜

聚乙烯薄膜是由低密度聚乙烯(LDPE)树脂或线型低密度聚乙烯(LLDPE)树脂吹制而成的薄膜,该薄膜除作为地膜使用外,也被广泛用作外覆盖和保温多重覆盖材料。与聚氯乙烯薄膜相比,聚乙烯薄膜具有比重轻、幅度大和覆盖比较容易的优点。另外,聚乙烯薄膜还具有吸尘少、无增塑剂释放,使用一段时间后的透光率下降要比聚氯乙烯薄膜低的特点。但聚乙烯薄膜对紫外线的吸收率较聚氯乙烯薄膜要高,容易引起聚合物的光氧化而加速薄膜的老化,因此,大多数聚乙烯薄膜的使用寿命要比聚氯乙烯薄膜短。

3.乙烯-醋酸乙烯(EVA)多功能复合薄膜

乙烯-醋酸乙烯多功能复合膜是以乙烯-醋酸乙烯共聚物为主原料,添加紫外线吸收剂、保温剂和防雾滴助剂等制造而成的多层复合薄膜。其外表层一般以线性低密度聚乙烯(LLDPE)、低密度聚乙烯(LDPE)或乙烯-醋酸乙烯(EVA)树脂为主,添加耐候、防尘等助剂,使其具有较强的耐候性,并可阻止防雾滴剂等的渗出,在中层和内层以不同的VA含量的乙烯-醋酸乙烯(EVA)为主,添加保温和防雾滴剂以提高其保温性能和防雾滴性能。乙烯-醋酸乙烯复合膜具有质轻,使用寿命长(3～5年)、透明度高、防雾滴剂渗出率低等特点。同时,由于乙烯-醋酸乙烯(EVA)多功能复合膜在红外线区域的透过率介于聚氯乙烯薄膜和聚乙烯薄膜之间,故保温性显著高于聚乙烯薄膜,夜间的温度一般要比普通聚乙烯薄膜高出2℃～3℃,对光合有效辐射的透过率也高于聚乙烯薄膜与聚氯乙烯薄膜。因此,乙烯-醋酸乙烯复合膜既克服了聚乙烯薄膜无滴持效期短和保温性差的缺点,也克服了聚氯乙烯薄膜密度大、幅窄、易吸尘和耐候性差的缺点,应用前景很好。

二、地膜

地膜具有提高土壤温度,保持土壤水分,改善土壤物理性状和养分供应,改善近地面的光照状况,促进作物根系生长,增强根系吸收能力,增加叶面积指数,促进作物光合作用,从而增加作物产量,提高作物品质的作用。为了确保地膜的质量和应用效果,地膜质量规格要符合以下标准:(1)强度高,纵横向拉力均衡,使用寿命长,便于"一膜多用"和回收加工利用。(2)在保证强度的条件下,实行薄型化,以节约成本,节省能源。(3)厚度均匀,无断头、破口,无明显折叠或扭曲。(4)全部双剖单幅收卷、卷紧、卷实,每卷重10～15 kg,不超过20 kg。目前,生产上常用的地膜有普通地膜、有色地膜、功能性地膜和降解地膜等类型。

1. 普通地膜

常用的普通地膜有高压低密度聚乙烯地膜、低压高密度聚乙烯地膜和线型低密度聚乙烯地膜3种：

（1）高压低密度聚乙烯地膜　高压低密度聚乙烯地膜是以低密度聚乙烯树脂（LDPE）为基础树脂吹制的地膜。为无色透明，厚度（0.014±0.002）mm，宽度40～200 cm，透明度好，增温保墒性能强，适用于各生态区、各种作物，不仅可覆盖各种垄形地面，也可用于各种小沟和低矮小拱垄栽培。

（2）低压高密度聚乙烯地膜　低压高密度聚乙烯地膜是以高密度聚乙烯树脂（HDPE）为基础树脂吹制的地膜。该膜强度高，光滑，但柔软性差，不易黏着土壤，故不适于沙土地覆盖，其增温保水效果与LDPE基本相同，但透明性及耐候性稍差。

（3）线型低密度聚乙烯地膜　线型低密度聚乙烯（LLDPE）地膜（简称线型膜）由LLDPE树脂经挤出吹塑成型制得。其特点除了具有LDPE的特性外，机械性能良好，拉伸强度比LDPE提高50%～75%，伸长率提高50%以上，耐冲强度、穿刺强度、撕裂强度均较高。其耐候性、透明性均好，易粘黏。

2. 有色地膜

有色地膜是在聚乙烯树脂中加入有色物质，制得具有不同颜色的地膜，由于它们具有不同的光学特性，对太阳辐射光谱的透射、反射和吸收的性能不同，因而对杂草、病虫害、地温变化、近地面光照进而对作物生长具有不同的影响。

（1）黑色地膜　黑色地膜是在聚乙烯树脂中加入一定比例的炭黑制成的地膜。厚0.015～0.025 mm，不透光，可防除杂草，地温比透明膜低，而保墒性能则比透明膜好。适合高温条件下栽培喜低温的作物，如白菜、萝卜、莴苣等。黑色膜本身能吸收大量热量，而又很少向土壤中传递，表面温度可达50 ℃～60 ℃，因此耐久性差，聚乙烯融化现象、破碎现象严重。为此，除增加薄膜厚度外，正在改用线型聚乙烯作原料，并加入适量的安定剂。

（2）绿色地膜　绿色地膜是在聚乙烯树脂中加入绿色原料制成的地膜。厚度范围是0.015～0.02 mm，覆盖后能阻止对光合作用有促进作用的蓝、红光的通过，使不利于光合作用的绿色光线增加，降低膜下植物的光合作用，抑制杂草生长。但绿膜增温效果差，加之绿色颜料昂贵，尚未进入生产应用阶段，仅在草莓、瓜类等经济价值较高的作物上试用。

（3）银色地膜　银色地膜有镀铝、三层结构和掺铅型三种。银色膜能反光，对紫外线反射作用强，可驱除有翅蚜，故又叫驱蚜膜。还可减轻病毒病、黄守瓜等病虫危害。适用于番茄、辣椒、甜瓜、萝卜、白菜、莴苣等作物。另外，银色膜不透光、地温低，促成栽培时不宜用。其反光作用，对果实着色有利，已用于苹果、桃、樱桃的栽培，并作为日光温室内镜面反光幕，提高室内光照强度。

（4）银黑两面膜　银黑两面膜的一面为银灰色，另一面为黑色。夏秋高温时使用银黑两面膜，既可驱蚜防毒，又可降温除草。覆膜时银灰面朝上，黑面贴地，银灰面有驱蚜防毒作用，黑面可阻止阳光透射，降温除草。又由于能反射更多的紫外光，因而银黑两面膜具有抑制蔬菜徒长的作用。

（5）黑白两面地膜　夏季高温时使用黑白两面地膜的降温除草效果比黑色地膜更好。黑白两面地膜一面为乳白色，另一面为黑色，覆膜时白色面朝上、黑色面贴地，白面增加光反射、黑面阻止阳光透射，因而白天降温效果比黑色地膜要好。

（6）乳白地膜　乳白地膜热辐射率达 80%～90%，接近透明地膜，透光率只有 40%，对于杂草有一定抑制作用。它主要用于平铺覆盖，可较好解决透明地膜覆盖草害严重的问题。

3. 功能性地膜

（1）除草地膜　除草地膜是在聚乙烯树脂中加入适量除草剂吹塑而成的地膜，厚度一般为 0.015 mm，有化学除草地膜和物理除草地膜两种类型。化学除草地膜是在地膜中添加活性高、持效期长、水溶性好的化学除草剂，可以长时间贮存。除草剂在地膜覆盖 3～10 d后随凝聚在膜上的水滴释放到土壤表面，进行芽前除草，达到除草的目的。适用于玉米、棉花、大蒜等作物及多种蔬菜。杀草广谱，可有效防止马唐、稗草、狗尾草、早熟禾和马齿苋、灰菜、苋菜等多种杂草。物理除草地膜是通过地膜的颜色，达到杀灭杂草的作用，物理除草地膜无药害，适于种植全期除草，可使作物根系发达，有利于改善作物品质。

（2）无滴地膜　无滴地膜除具有普通地膜的增温、保墒、防病虫害作用外，可比普通地膜提高透光率 10% 左右。因含有保温剂，该薄膜的红外线透过率较低，可提高薄膜保温性能，促进作物苗期苗壮生长。该膜适用于瓜果和其他作物育苗覆盖，流滴持效期在 20 d 左右。

（3）有孔膜　有孔膜是在地膜加工成型后，根据作物对株行距的要求，在膜上打上大小、形状不同的孔，铺膜后不用再打孔，即可播种或定植，既省工，又标准。当前，打孔的形式有切孔膜，即在膜上按一定幅度作断续条状切口，将适宜撒播或条播的作物，如胡萝卜、白菜等播种后，幼苗可自然地从切口处生长，不会发生烤苗现象。但增温、保墒效果差。另一种是适宜点播用的有孔膜，播种孔的直径为 3.5～4.5 cm。还有专供移栽定植大苗用的，孔径为 10～15 cm。其他形式的地膜，生产厂可根据用户需要加工。

（4）浮膜　浮膜是一种直接覆盖在蔬菜群体上的专用地膜。厚 0.02 mm，宽 1.5～2 m，膜上均匀分布着大量小孔，有利于膜内外水、气、热的交换，实现自然调节。这样，既可防御低温、霜冻，又可避免高温烧苗及高湿引起的病害。浮膜用法简单，只要将其直接宽松地搭在畦内作物上，四周用土压牢即可。这种覆盖方式盛行于欧美，我国早春菠菜、芹菜、茼蒿、水萝卜、苋菜、细香葱等蔬菜生产中也已使用。

（5）水枕膜　水枕膜是为了充分利用太阳能而使用的一种贮热薄膜。即在半径为 30 cm 的聚乙烯圆筒形膜袋内装入水，铺在棚室行间地面上。白天吸热，晚上散热，可以稳定和提高棚室的温度。有黑白两种颜色，常用的为黑色，很有发展前途。

（6）生物全降解液体地膜　生物全降解液体地膜以农作物秸秆为原料，由木质素、胶原蛋白、表面活性剂、土壤保水剂等天然高分子物质经特殊加工形成的高分子材料。使用时可将除草剂混入其中，兑入 2～3 倍的水，直接喷洒在农田表面，即可在表层形成能看得见的黑色的膜，能 100% 降解，这层膜物质可起到保持土壤水分，使 5～15 cm 土层温度上升 1 ℃～6 ℃。

三、塑料板材

1. 硬质塑料板材

硬质塑料板材是指厚度在 0.2 mm 以上的塑料材料,常见的硬质塑料板材有玻璃纤维增强聚酯树脂板(FRP 板)、玻璃纤维增强聚丙烯树脂板(FRA 板)、聚碳酸树脂板(PC 板)和聚氯乙烯板(PVC 板)等。

(1)玻璃纤维增强聚酯树脂板(FRP 板) 玻璃纤维增强聚酯树脂板是指用不饱和聚酯树脂浸渍玻璃纤维毡、玻璃纤维织物或短切纤维,然后凝胶固化而制得的制品,优质板材的透光度可达 85% 以上,可阻隔阳光中 90% 的紫外线辐射。在 -40 ℃~120 ℃ 温度范围内保持性能稳定,不会出现高温软化、高寒脆化现象。同时具有轻质、高强、抗冲击性能好等特点,特别是具有独特的透光性,用于温室采光效果显著,而且具有优良的耐腐蚀、耐大气老化性,可简化设计,安装、拆换简单,又可根据需要选择颜色。

(2)玻璃纤维增强聚丙烯树脂板(FRA 板) FRA 板是以聚丙烯树脂为主体,加入玻璃纤维增强而成,厚度 0.7~0.8 mm,波幅 32 mm。由于紫外线对 FRA 板的作用限于表面,所以 FRA 板耐老化,使用寿命可达 15 年,但耐火性差。FRA 板比玻璃轻,冲击强度强的波形板也具有相当弯曲强度,施工亦容易。并有相当耐久性,但安装时施予强制大变形时将缩短板的寿命。其光线透过率佳,在紫外光及红外光区域皆比玻璃容易透过,而对保温性关系密切的 6000nm 以上波长的光线却无法通过。

(3)丙烯树脂板(PMMA 板) PMMA 板以丙烯酸树脂为母料,不加玻璃纤维,厚度较厚,为 1.3~1.7 mm,波幅 63 mm 或 130 mm。PMMA 板透光率高,保温性能强,污染少,透光率衰减缓慢,但热线性膨胀系数大,耐热性能差,价格贵。虽然 PMMA 板比玻璃轻,难切割,但光线透过率亦与玻璃同等或稍微优越,机械性质和光线透过率的历时变化也小,呈安定状态。

(4)聚碳酸树脂板(PC 板) PC 板质轻且强韧又透明,其全光线透过率为 90%,属于紫外线不透过型,其耐热性、耐低温性以及保温性良好,其热传导率为 0.16 kcal/(m² · h · ℃)。PC 板吸水性小,耐水、耐弱酸,耐冲击性极强,比强化玻璃高 250 倍,比 PMMA 板高 150 倍。其对光线照射极为稳定,耐候性良好,一般可以耐用 10 年左右。PC 板在日光下曝露 5 年,其透光率会降低 15%。但 PC 板施工较难,成本较高。

(5)聚氯乙烯板(PVC 板) PVC 板材质地强韧且表面光滑,无特殊异味,透光率为 80%,热稳定性比软质 PVC 差,具耐燃性,不自燃,能自熄,耐光性良好。紫外线透过量少,兼具紫外线透过型与紫外线不透过型特点。耐低温性及耐寒性较差,随使用添加剂而引起之变化很大,施工容易,成本较低,在设施园艺上常用厚度为 0.8~1.3 mm,宽度为 1.8~2.4 m。

2. 半硬质膜

半硬质膜主要有半硬质聚酯膜(PET)和氟素膜(ETFE),半硬质膜的厚度为 0.150~0.165 mm,其表面经耐候性处理,具有 4~10 年的使用寿命。不同产品对紫外线的透过率显著不同,防雾滴效果同 PVC 薄膜相似。

(1)半硬质聚酯膜(PET 膜) PET 无毒、无臭、质轻且其面光滑又透明,全光线透过率为 90%。耐寒性（－70 ℃）与耐热性（150 ℃）均优；保温性良好，热传导率为 0.09 kcal/(m·h·℃)；其吸水性小，但耐热水；PET 耐油、耐溶剂但不耐弱酸；PET 经热处理后，抗拉强度、撕裂强度、耐折度比硬质聚氯乙烯薄膜大，耐候性也优，且纵向、横向强度显著提高，可使用 5~10 年。但 PET 施工较难，成本较高。

（2）氟素膜（ETFE 膜）　氟素膜以乙烯-四氟乙烯树脂为母料制作而成，对可见光和紫外线均具有较强的透过率，经数年使用后可见光透过率仍保持较高水平。氟素膜的使用寿命一般为 10~15 年，期间每隔数年需进行防雾滴剂喷涂处理，以保持防雾滴效果，该类型薄膜由于燃烧时会产生有害气体，回收后需由厂家进行专业处理。

3. 玻璃

玻璃是薄膜普及之前使用最多的覆盖材料，普通玻璃的可见光透过率为 90% 左右，对 2500 nm 以内的近红外线具有较强的透过率，对 330~380 nm 的近紫外线有 80% 左右的透过率，而对 300 nm 以下的紫外线则有阻隔作用。由于玻璃可吸收几乎所有的红外线，夜间的长波辐射所引起的热损失很少。另外，玻璃具有使用寿命长（20 年以上）、耐候性好、防尘和防腐蚀性好等优点，因此，玻璃是一种良好的覆盖材料。

但由于玻璃的密度大（2.5 g/cm³），对支架的坚固性要求较高，而且易破损，因而限制了其推广应用。近年来，荷兰等国家开发了一些高强度的玻璃，以减少支架的用量。此外，国外一些厂家开发出热射线吸收玻璃、热射线反射玻璃以及热敏和光敏玻璃等多功能玻璃。热射线吸收玻璃是在玻璃原料中加入铁和钾等金属氧化物，以吸收太阳光中的近红外线，由于目前此类产品大多为蓝、灰和棕色等，因此，可见光透过率比普通玻璃要低。热射线反射玻璃则采用双层玻璃并在两层玻璃之间填充热吸收物质以达到降低栽培环境温度的目的，但由于该玻璃在一定程度上吸收了可见光，因此还很难在设施中应用。根据温度或光线强度变化而发生颜色变化的热敏和光敏玻璃，虽然在设施上也有一定的应用前景，但由于性能和价格上的原因，目前还未能在生产上应用。

第三节　半透明与不透明覆盖材料

一、半透明覆盖材料

(一)无纺布

无纺布是以聚酯为原料经熔融纺丝，堆积布网，热压黏合，最后干燥定型成棉布状的材料，由于制品没有明显的经纬线，所以称为"无纺布"。无纺布质地轻柔，透光率为 20%~100%，材质是聚酯复层纤维。无纺布遮光率为 20%~50%，黑色不织布遮光率为 75%~100%，属紫外线透过型。透湿性、防雾性、展开性皆良好，在多湿环境下有防止水滴落下的吸湿性；在高温时，热气、温度、水分散逸容易。具有防霜、防风、防虫、促进发芽等效果。施工容易，成本较低，通用宽度 0.8~2.7 m。根据纤维的长短，无纺布分 2 种：即长纤维不织布和短纤维无纺布，短纤维无纺布强度差，不宜在设施园艺生产上应用，应用于设施园艺的是长纤维无纺布。无纺布根据每平方米的重量，可将无纺布分为薄型无纺布及厚型无纺布。无纺布的透光率随其重增加而减少，但保温性则随其重增加而增加。由于无纺布是由纤维组成,所以其覆盖散射光的比例大。无纺布的基础原料是聚酯,聚酯对热辐射有较强的吸收作用;另外,无纺布纤维间隙常常会挂上一层水珠形成水膜,可抑制在其覆盖下作物和土壤的热辐射,减弱冷空气的渗透,所以无纺布具有一定的保温性能。

(二)遮光网

遮光网是以聚乙烯、聚丙烯和聚酯胺等为原料,经加工编织而成的一种网状材料。质轻,柔软,遮光率为 50%～95%,通气性、耐候性、强度均良好。遮光网有调节光量与抑制温度上升和处理日照的功能;其间隙率和厚度相同时,黑色和银色的遮光率最高,白色最低。一般常用的宽度为 1～8 m,长度为 30～50 m。

目前常用的遮光网可分为网织扁纱网及针织网,其中扁纱材质者阳光吸收的能量容易转变为本身内能,针织者热累积不严重。该种材料重量轻,强度高,耐老化,柔软,便于铺卷;同时可以通过控制网眼大小和疏密程度,使其具有不同的遮光、通风特性,供用户选择用,遮光率高者可充作杂草抑制剂使用。

(三)防虫网

防虫网是以高密度聚乙烯等为主要原料,经挤出拉丝编织而成的 20～30 目(每 2.54 cm 长度的孔数)等规格的网。防虫网质软,轻便,透光性良好,光透过率 90%。具有耐拉强度大,优良的抗紫外线、抗热性、耐水性、耐腐蚀、耐老化、无毒、无味等特点。目前防虫网按目数分为 20、24、30、40 目,按宽度有 100、120、150 cm,按丝径有 0.14～0.18 mm 等数种。使用寿命约为 3～4 年,色泽有白色、银灰色等,以 20、24 目最为常用。由于防虫网覆盖能简易、有效地防止害虫对夏季作物等的危害,所以,在南方地区作为无(少)农药蔬菜栽培的有效措施而得到推广。

(四)发泡布

发泡布质地轻柔,密度为 0.03～0.05 g/cm³,透光率为 50%～57%,属于半透光材料。耐寒性、耐热性、保温性皆佳,热传导率为 0.035～0.039 kcal/(m·h·℃),防水性、耐药性皆优,最常用于设施园艺上的发泡布厚度为 2 mm,宽度为 0.9～1.2 m,长度为 2～130 m。施工容易,成本较低。

二、不透明覆盖材料

1. 草苫(帘)

目前生产上使用最多的草苫是稻草苫,其次是蒲草、谷草、蒲草加芦苇以及其他山草编制的蒲草苫。稻草苫一般宽度 1.5～1.7 m,长度为采光屋面长再加上 1.5～2 m,厚度在 4～6 cm,大经绳在 6 道以上。蒲草苫强度较大,卷放容易,常用宽度为 2.2～2.5 m。草苫的特点是保温效果好,取材方便。但草苫的编制比较费工,耐用性不太理想,一般只能使用 3 年左右。遇到雨雪吸水后重量增大,即使是平时的卷放也很费时费力。另外,草苫对塑料薄膜的损伤较大。但是目前尚缺少其他保温更好、更实用的材料取代草苫。草苫的保温效果一般为 5 ℃～6 ℃,但实际保温效果则因草苫厚度、疏密、干湿程度的不同而有很大差异,同时也受室内温差及天气状况的影响。

2.纸被

在严寒季节,为了弥补草苫保温能力不足,可以在草苫下面加盖纸被。纸被是用四层旧水泥袋纸或 4～6 层新的牛皮纸缝制成和草苫大小相仿的一种保温覆盖材料,纸被弥补了草苫缝隙,显著减少缝隙散热。近年来纸被来源减少,而且纸被容易被雨水、雪水淋湿,寿命也短,不少地区逐步用旧塑料薄膜替代纸被,有些则将旧塑料薄膜覆盖在草苫上,既保温又防止雨雪。

除草苫和纸被外,生产上也有采用棉布(或包装用布)和棉絮(可用等外花或短绒棉)缝制而成的棉被作为保温材料,保温性能好,其保温能力在干燥高寒地区约为 10 ℃,高于草苫、纸被的保温能力。但棉被的造价高,一次性投资大,防水性差,保温能力尚不够高。

3.保温被

为寻找可替代草苫的外覆盖材料,近几年,价格适中、保温性能优良、适于电动卷被的保温被已被广泛应用。一般来说,这种保温被由 3～5 层不同材料组成,由外层向内层依次为防水布、无纺布、棉毯、镀铝转光膜等,几种材料用一定工艺缝制而成,具有重量轻、保温效果好、防水、阻隔红外线辐射、使用年限长等优点,预计规模生产后,将会降低成本。这种保温被非常适于电动操作,能显著提高劳动效率,并可延长使用年限。

第四节　新型多功能覆盖材料

一、转光膜

转光膜是一类可转换光波波长的功能膜,是在具有保温、防寒、避风、挡雨作用的聚乙烯、聚氯乙烯等棚膜的基础上,通过添加光能转换剂将太阳光中对植物有害无用的紫外光转换成作物所需要的蓝紫光或红橙光,将被叶片反射掉的绿光转换成红橙光,从而改善透过膜的光质,增加红光和蓝光照射强度,以改善棚膜透过光质,促进大棚作物的光合作用,成为最有前途的功能性农膜和我国功能性农用薄膜的主要发展品种。

1.转光剂

转光剂是指能够将日光中近紫外光和(或)绿光转变成蓝光和(或)红光的农用薄膜助剂。根据国内外对转光剂的研究,转光剂的分类方法主要有 3 种类型:(1)按转光性质分:绿转红(GTR)、紫外转红(UVTR)、紫外转蓝(UVTB);(2)按发光性质分:红光剂(R)、蓝光剂(B)、红蓝复合剂(双能转光剂)(RB);(3)按材料性质分:稀土无机化合物(I)、稀土有机配合物(O)、荧光染料(D)。

对于转光剂的性能,必须标明其转光区域、发光性质、材料类别和主要化学组成,以便使用者选择和检测。转光剂性能标注的方法是:在材料类别和主要化学组成之间加一横线,主要化学组成用缩写表示。例如,CaS 是一种能将紫外光和绿光转换成红光的稀土无机材料,则记为 UV&GTRI-CaS;EuC 是一种能将紫外光转换成红光的稀土有机配合物,则记为 VUTRO-EuC。

2.转光膜性能

(1)透光性　在农膜中引进转光剂的目的是改善透过光的质量,但不能降低透光率。

一些荧光染料和稀土有机配合物型转光剂容易导致前期透光率较好,但在使用一段时间后透光率大幅度下降,因此,对有机转光剂进行凝胶化处理或对无机转光剂进行超微细化处理,可以有效避免转光膜透光率的下降问题。

(2)光谱匹配性 转光剂荧光发射光谱与植物光合作用光谱相匹配是优选转光剂的重要依据,筛选转光剂时,需要遵循以下原则:首先,转光剂的发射光谱要与植物最佳生长作用光谱相匹配;其次,转光剂的激发光谱要与叶绿素的反射光谱相匹配;第三,转光剂的被激发光谱与激发光谱的距离尽量大,以保证转光的高效能;第四,荧光衰减性小,以保证转光剂的释放稳定性;最后,成本要低,污染性要小。

(3)转光的抗衰减性 该特性是衡量转光膜应用性能优劣的重要指标。在风吹日晒的自然条件下,转光膜的荧光发射易快速衰减,很难实现通过透过光质的改善而促进光合作用的效果。

二、可降解膜

可降解膜是指在特定环境下,其化学结构发生变化,并用标准的测试方法能测定其物质性能变化的材料。可降解膜按照降解机理可分为光降解膜、生物降解膜和光-生物降解膜三大类。

1. 光降解膜

光降解膜主要是指利用紫外光引起光化学反应而分解的塑料膜,即塑料膜吸收紫外光后发生光引发作用,使键能减弱,分裂成较低分子量的碎片,较低分子量的碎片在空气中进一步氧化,产生自由基断链反应,进一步降解为能被生物分解的低分子量化合物,最后成为二氧化碳和水。这类对光敏感的塑料膜称为光降解膜。根据其制备方法可分为共聚型和添加型两种类型。

(1)共聚型光降解膜 共聚型光降解膜主要通过共聚反应在高分子主链引入羰基型感光基团而赋予其光降解特性,并通过调节羰基基团含量可控制光降解活性。通常采用光敏单体 CO 或烯酮类(如甲基乙烯酮、甲基丙烯酮)与烯烃类单体共聚,可合成含羰基结构的光降解型 PE、PP、PS、PVC、PET 和 PA 等。目前已实现工业化的光降解性聚合物有乙烯-CO 共聚物和乙烯-乙烯酮共聚物。

(2)添加型光降解膜 添加型光降解膜即在聚合物中添加少量的光引发剂或光敏剂和其他助剂。由于光敏剂被紫外光诱导后可离解成具有活性的自由基,当它添加到塑料膜中时能引发并加速塑料的光氧化,在塑料高分子链上产生了能吸收波长为 $280\sim321$ nm 紫外光的羰基,从而实现塑料的可控光降解。通用的光敏剂有:过渡金属络合物、硬脂酸盐、卤化物、羰基化合物(如蒽醌)、酮类化合物、多核芳香化合物及某些光敏聚合物和合成型光降解聚合物等。

2. 生物降解膜

生物降解膜指的是在土壤微生物和酶的作用下能降解的塑料膜。具体地讲,就是指在一定条件下,能在细菌、霉菌、藻类等自然界的微生物作用下,导致生物降解的高分子材料。理想的生物降解膜在微生物作用下,能完全分解为 CO_2 和 H_2O。生物可降解塑料膜按其降解特性可分为完全生物降解塑料膜和生物破坏性塑料膜。按其来源可分为天然高分子材料、微生物合成材料、化学合成材料、掺混型材料等。目前已研究开发的生物降解聚合物主要有天然高分子、微生物合成高分子和人工合成高分子三大类。

（1）天然可降解聚合物　天然高分子型是利用淀粉、纤维素、甲壳质、蛋白质等天然高分子材料制备的生物降解材料。这类物质来源丰富，可完全生物降解，而且产物安全无毒性，因而日益受到重视。其中淀粉及其衍生物因生物降解性好，价格低廉而被作为填充塑料的重点。

（2）人工合成可降解聚合物　人工合成型是在分子结构中引入某一易被微生物或酶分解的基团而制备的生物降解材料，大多数引入的是酯基结构。现在研究开发较多的生物降解高分子材料有脂肪族聚酯类、聚乙烯醇、聚酰胺、聚酰胺酯及氨基酸等。其中产量最大，用途最广的是脂肪族聚酯类，如聚乳酸（聚羟基丙酸）、聚羟基丁酸、聚羟基戊酸等。这类聚酯由于酯键易水解，而主链又柔，易被自然界中的微生物或动植物体内的酶分解或代谢，最后变成 CO_2 和水。

（3）微生物合成可降解聚合物　微生物合成高分子聚合物是由生物发酵方法制得的一类材料，主要包括微生物聚酯和微生物多糖，其中以前者研究较多。这类产品有较高的生物分解性，且热塑性好，易成型加工，但在耐热和机械强度等性能上还存在问题，而且其成本太高，还未获得良好的应用。

3. 光-生物降解塑料

光-生物降解塑料是结合光和生物的降解作用，达到较完全降解目的的可降解塑料。它兼具光、生物双重降解功能，是目前的开发热点之一。制备方法目前是采用在通用高分子材料（如聚烯烃）中同时添加光敏剂、自动氧化剂和作为微生物培养基的生物降解助剂的添加型技术途径。

光-生物降解塑料可分为淀粉型和非淀粉型，其中采用天然高分子淀粉作为生物降解助剂的技术较为普遍。如在高压聚乙烯膜中填充 5%～12% 淀粉和 0.1%～0.3% 的光敏剂，在自然曝露条件下可控高压聚乙烯膜的使用寿命。该膜在光敏剂作用下首先出现明显的光氧化降解，一段时间后，其表面出现裂纹、裸露出填充的淀粉细粒，才产生生物侵蚀，达到光-生物降解的双重效果。而采用高压聚乙烯、线性聚乙烯、高密度聚乙烯等作为基础原料，并添加含有光敏剂、光氧稳定剂等组成的光降解体系和含有氮、磷、钾等多种化学物质作为生物降解体系的浓缩母料，形成了非淀粉型光-生物降解体系，挤出吹塑可制成可控降解地膜。该降解地膜不仅具备普通地膜的保温和力学性能，而且可控性好，诱导期稳定，在曝晒的条件下，当年可基本降解为粉末状，在无光照（如埋于土壤下）的条件下，也可促进生物繁殖生长。

三、蓬勃发展中的几种新型覆盖材料

1. PO 膜

PO 农膜是以 PE、EVA 优良树脂为基础原料，加入保温强化剂、防雾剂、光稳定剂、抗老化剂、爽滑剂等系列高质量适宜助剂，通过 2～3 层共挤工艺路线生产的多层复合功能膜。使用寿命 3～5 年。

2.新型铝箔反光遮阴保温材料

由瑞典劳德维森公司研制开发的 LS 反光遮阳保温膜和长寿强化外覆盖膜,具有高效节能和遮阳降温的特点,产品性能多样化,达 50 余种,在欧美国家及日本发展很快,在世界发展设施园艺的国家推广应用。LS 反光遮阳保温材料是经特殊设计制造的一种反光遮阳保温膜,它具有反光、遮阳、降温、保温节能与控制湿度功能,及防雨、防强光、调控光照时间等多种功能。有温室遮阳膜和温室外遮光膜两种类型。

3.温敏膜

温敏薄膜利用高分子感温化合物在不同温度下的变浊原理以减少设施中的光照强度,降低设施中的温度。由于温敏薄膜是解决夏季高温替代遮阳网等材料的重要技术,因此,许多国家正在积极研究开发。

4.防病驱虫膜

病虫害忌避膜除通过改变紫外线透过率和改变光反射和光扩散来改变光环境外,还可通过在母料中加入或在薄膜表面粘涂杀虫剂和昆虫性激素,从而达到病虫害忌避的目的。

 复习思考题

1.名词解释

热传导率　耐候性　无纺布　转光剂　可降解膜

2.简答题

1)简述农用塑料薄膜的基本特性。

2)比较有色地膜的特点。

3)比较硬质塑料板材的特性。

4)简述防虫网的特点。

5)简述转光剂性能的标注方法。

6)简述生物降解膜的特性。

3.论述题

结合当地的生产条件,论述如何才能选好适合设施生产的覆盖材料。

第四章 设施机械化技术

本章学习目标

通过本章的学习,掌握育苗设备及栽植机械的类型及特点,了解供暖降温机械设备的类型和特性,了解施肥和卷帘设备应用方式及条件。

设施机械化技术是集机械工程学、生物科学和经济学为一体的一门边缘科学,是用机械作业逐步代替畜力和劳动者手工作业进行农业生产的技术。随着生产的发展与科技进步,采用先进的设施机械,取代落后的农具和手工作业,实现设施栽培机械化,是实现农业现代化、发展工厂化农业不可缺少的重要环节,也是农业现代化水平的重要标志。

实行设施机械化技术,可提高劳动生产率,有利于大规模产业化生产,提高作业精度,促进农业机械制造业、农机服务业等相关产业的发展,减轻劳动强度,推进设施农业向工厂化农业方向发展。

设施栽培用农机具系列有:①土壤消毒杀菌机械、耕耘机、耕地作畦机、开沟培土机具;②点播机、播种机、点播器、地膜覆盖机;③各种育苗设备,包括机械化育苗装置、移苗分苗设备、瓜类和茄果类嫁接装置;④管理机械,如中耕机、可乘型多功能管理机、深层注射式施肥机;⑤收获机具,如设施内简易收获车、搬运车、重物搬运机;⑥产品整理包装分选机组,包括生菜包装机、菜豆包装机、鲜花整理包装机、叶菜捆扎机、万能捆包机等。

第一节 育苗设备及栽植机械

一、育苗设备

育苗设备主要指在设施育苗过程中所使用的机械设备以及辅助设备,主要包括补光设备、增施 CO_2 设备、浇水设备、育苗容器、遮阴设备等。

1.育苗装置

(1)育苗架

为了充分利用温室或大棚的空间,广泛采用立体多层育苗架进行立体多层方式育苗。育苗架有固定式和移动式两种。固定式育苗架因上下互相遮阴和管理不方便逐渐被淘汰,而以活动式育苗架代替,它由支柱、支撑板、育苗盘支持架及移动轮等组成,其特点是不但育苗架可以移动,而且育苗盘支持架也可以水平转动,使育苗盘处于任何位置,保证幼苗得到均匀的日照,管理方便。

（2）育苗箱

用育苗箱育苗的优点是可以移动，管理方便。采用育苗箱育苗可进行机械化移栽。把育苗箱直接放在全自动移栽机的苗箱框内，工作时，育苗箱移动，由活塞推动的压苗棒将培育在育苗箱中的苗一格一格地压到移栽器上进行移栽，为机械化移栽创造了有利条件。

（3）育苗钵和育苗筒

育苗钵是指培育秧苗用的钵状容器。按钵的材料不同可分为塑料育苗钵和有机质育苗钵。其型号多样，上口直径 6～15 cm，高 10～12 cm 不等。育苗筒是圆形无底的容器，按制作材料分塑料筒和纸筒。

二、播种机械

根据精量播种的原理不同，精量播种机械设备可分为吸附式（吸嘴式、板式、齿盘转动式）和磁性播种机两种。

1. 吸嘴式气力播种机

吸嘴式气力播种机适用于营养钵育苗单粒点播，它由吸嘴、压板、排种板、盛种管及吸气装置等组成。吸嘴为吸种部件，它内部有孔道与吸气道相通，端部有吸气口，用以吸附种子，里边装一顶针，平时顶针缩入吸气口内，当压板下压顶针时，顶针由吸气口伸出将种子排出。该播种装置与制钵机配合使用，可实现边制钵边播种联合作业。已播种的营养块由输送带送出机外，并装入育苗盘进入催芽室，进行催芽管理。

2. 板式育苗播种机

板式育苗播种机由带孔的吸种板、吸气装置、漏种板和输种管、育苗盘和输送机构等组成。工作时，种子被快速地撒在吸种板上，使板上每个孔眼都吸附 1 粒种子，多余的种子流回板的下面。将吸种板转动到漏种板处，此时通过控制装置，去掉真空吸力，种子自吸种板孔落下并通过漏种板孔和下方的输种管，落入育苗盘对应的营养钵块上，然后覆土和灌水，将盘送入催芽室。这种类型的播种机可配置各种尺寸的吸种板，以适应各种类型的种子和育苗盘。该播种机适用于营养钵和育苗穴盘的单粒播种，有利于机械化作业，生产效率高，但要求种子饱满、发芽率高，不能进行一穴多粒播种。

3. 齿盘转动式播种机

齿盘转动式播种机由一组受光电系统控制的凹齿圆盘组成，播种前根据苗盘孔穴数目和种子粒径来选换齿盘。正常作业时，当控制播种器的光电板被传送带上行走过来的苗盘遮挡时，磁力开关自动打开，于是位于种子箱内的齿盘定向转动，此时齿盘上的每个凹齿从种子箱里舀上一粒种子。苗盘的纵向行数与凹齿圆盘的片数相等，苗盘在传送带上行走速度与圆盘的转速保持同步，圆盘上凹齿间距与苗盘的孔距相等，所以齿盘凹齿所舀的这粒种子在齿盘转动时能准确地落入苗盘的孔穴里。当苗盘离去之后，磁力开关关闭，齿盘停止转动，直至下一个苗盘出现。这样，在光电系统控制下，周而复始地连续作业。齿盘转动式播种机工作效率高，但播种时对种子粒径大小和形状要求比较严格，对非圆球形种子，播种之前需进行丸粒化加工。

4. 磁性播种机

磁性播种机的工作原理是利用磁铁吸引力的性质而制成的，在种子上附着带磁性的粉末,用磁极吸引,然后再用消磁的方法使被吸上的种子播下。磁性播种机的构造包括播种和电气设备两部分。交流电经整流器转换成直流电,通过电闸盒通到线圈上,此时磁极端部被磁化,吸引住几粒吸附着磁性粉末的种子,当闭闸后电流消失,被吸住的种子靠自重下落,播入纸钵内。反复进行这种操作实现播种作业。

磁性播种机的播量(即每穴粒数)可以调节,其方法是根据输出功率来控制。输出功率越大,则磁性吸附的种子粒数越多。磁性播种的生产率可以比人工提高4~6倍。

三、秧苗栽植机械

采用营养钵育苗可以进行钵苗移栽。钵苗移栽的特点是起苗方便,不易伤苗,栽后生长快,成活率高,但需要增设制钵设备并增加运土和运钵苗的工作量。

秧苗栽植是先将种子播于秧田里,北方地区可种于温室或塑料大棚内,提前育苗。当秧苗长至一定苗龄时,从苗畦内起出,进行选苗和整理后,用栽植机栽植。秧苗在栽植过程中易受损伤,成活率低,栽后缓苗慢。但它无需制钵设备,运苗工作量小,栽植机上的负荷小。

栽植机根据自动化程度又可分为简易栽植机、半自动栽植机和自动栽植机。依栽植机与拖拉机的联结方式,又可分为牵引式栽植机和悬挂式栽植机。

栽植机秧苗有4道工序,即开沟(或挖穴)、分秧、喂秧、栽植、覆土等。栽植机相应的工作部件为开沟器(或挖穴器)、分秧机构、栽植机覆土压密器(有些机器上还带有浇水装置)。

简易栽植机只有开沟和覆土压密器,栽植时,用人工将秧苗直接放入开沟器开出的沟内。半自动栽植机增加一个栽植器,用人工将秧苗放到栽植器内,由栽植器栽入沟内。自动栽植机则从分秧到覆土压密全部由机器完成。

第二节　设施施肥设备

一、气肥装置

气肥主要指 CO_2 气体,它是植物进行光合作用的重要原料之一,在温室生产中补施 CO_2 气体已成为提高幼苗质量、加速作物生长发育、增强作物抗病力、提高作物产品产量、品质、生产率和经济效益的重要技术措施之一。随着设施技术的快速发展和现代化温室管理水平的迅速提高, CO_2 补施技术更加要求精量化、自动化。因而, CO_2 气肥发生器成为现代设施生产的重要的气肥装置。

1. CO_2 气肥发生器的工作原理

采用含有碳酸根负离子的盐和酸为原料,经化学反应产生所需 CO_2 ,其化学反应式为:

$$2NH_4HCO_3 + H_2SO_4 = (NH_4)_2SO_4 + 2CO_2 \uparrow + 2H_2O$$

$$(NH_4)_2CO_3 + H_2SO_4 = (NH_4)_2SO_4 + CO_2 \uparrow + H_2O$$

$$CaCO_3 + 2NH_4HCO_3 + 2H_2SO_4 = CaSO_4 + (NH_4)_2SO_4 + 3CO_2 \uparrow + 3H_2O$$

以上化学反应的副产物中含有 $(NH_4)_2SO_4$,废液可作为优质肥料。

2. CO_2气肥发生器主要结构

二氧化碳气肥发生器主要由反应桶、定量桶、贮酸桶、过滤桶、输气管组成。

(1)反应桶　反应桶是该发生器的关键部件,是碳酸盐和酸液进行化学反应的装置。当硫酸定量地注入反应桶内时,与桶内的碳酸氢铵发生化学反应,产生二氧化碳气体由输气管送到温室内。

(2)定量桶　固定在反应桶内,定量桶内盛装硫酸溶液,用定量桶来控制每天进入反应桶内硫酸的数量。在定量桶下部安有阀门,用来控制硫酸进入定量桶的数量和向反应桶内排放硫酸。

(3)贮酸桶　贮酸桶安放在反应桶压盖上,可装62%的稀硫酸22 kg。贮酸桶下部安装有阀门,用来控制向定量桶内注入硫酸的数量。贮酸桶上部有压盖,其盖上部安装有两根平衡塑料管,一根平衡管下端安装在定量桶上,起到观察定量桶是否充满硫酸的作用。另一根平衡管下端安装在反应桶上,通过两根平衡管的连接使反应桶、贮酸桶、定量桶内的空气压力平衡,防止因桶内气压过高而损坏塑料桶。

(4)过滤桶　将反应桶内经反应后产生的二氧化碳气体通过排气管排放到过滤桶内,用水过滤气体中的杂质,保证二氧化碳气体无杂质。过滤桶上部安装有排气管和导气管,排气管与反应桶连接,导气管与温室内的输气管相连接。

(5)输气管　将二氧化碳气肥发生器内产生的二氧化碳通过输气管输送到温室各处,供作物吸收利用。

二、液肥装置

灌溉施肥是将灌溉与施肥有机结合的一项现代农业技术,主要是借助新型微灌系统,在灌溉的同时将肥料配兑成各种比例的肥液一起注入到农作物根部土壤。通过精确控制灌水量、施肥量、灌溉及施肥时间,不但可以有效提高水肥资源利用率,而且有助于提高产量,节省资源,减少环境污染。

1. 灌溉施肥机械的工作原理

系统根据用户设定好的施肥比例、施肥时间及循环模式、EC/pH平衡条件等各种逻辑组合,由控制器通过注肥器、电磁阀门和一套EC/pH监测系统适时、适量、定比例地将各种肥料注入到灌溉管道中,自动完成施肥任务,合理控制水肥供应。

2. 灌溉施肥机械的系统组成

灌溉施肥装置通常由注肥系统、混肥系统、控制系统、检测系统和其他配件等组成。

(1)注肥系统　一般采用注肥器作为吸肥设备,采用大功率专用电动水泵作为动力设备,来保持注肥器进出口两端的压力差,确保吸肥稳定、均匀。

(2)混肥系统　混肥系统有两种形式,其一是混肥罐,即将不同比例的不同肥液通过注肥器都注入到混肥罐,混匀后再进行施肥;其二是直接在施肥管道内部进行水肥混合。后者可以减小施肥机整体体积,降低成本,但也存在混肥不均匀的不足。

(3)控制系统　是施肥机最核心的功能单元,是负责人机交互、系统通讯、参数检测、逻辑判断、条件控制等为一体的主控单元。施肥机整体性能的体现主要在于控制系统的好坏。

(4)检测系统　最基本的是EC/pH检测,在整个配肥过程中,肥液EC和pH的控制对于作物来说是至关重要的,否则达不到施肥效果,因此,系统需要实时监测 EC/pH 的变化,并及时通过调配水肥比例和注酸通道对 EC/pH 进行有效控制;除 EC/pH 检测外,肥料罐(池)及混肥罐液位的实时变化、管道压力、流量等参数也需要进行检测,以保证整个系统的正常、稳定工作。

(5)其他配件　施肥机系统拥有一套精心设计的水路结构,包括有各种防腐、防酸型 PVC 管件、阀门、过滤器、流量计、流量调节计、压力表等,这些配件在牢固的施肥机钢体结构上组成了施肥机水路系统。

第三节　卷帘(拉幕)机械

采光是作物生长的重要因素,在保证温室温度的同时,需要不断地调控温室的光环境,所以无论是传统的保温覆盖物,还是现有的新型保温被,都有一个卷铺的问题。如果依靠人力拉卷,一个长 60m 的温室,一个壮劳力需要 50～60 min 才能完成,遇上雨雪天或大风天气则更费时费力,造成损失。采用电动(机械)卷帘机可在 3～6 min 内完成 1 卷(铺)作业,不但大大减轻了劳动强度,而且可以比人工提高功效 10～20 倍。根据基本工作原理,固定式卷帘机可分为 3 大类:绳拉式卷帘机、卷轴式卷帘机和手动式卷膜机。

一、绳拉式卷帘机

绳拉式卷帘机是第一代卷帘机,模拟人工卷帘的操作,将保温被连接成一体实现整体卷铺。绳拉式卷帘机将电机固定安装在温室的某一部位,有的安装在后墙上,有的安装在后墙一侧的地面上,用绳子、滑轮、卷绳轴、联轴器、减速机把保温被和电机连接在一起。电机转动通过减速机减速,带动卷绳轴转动把绳子缠绕在轴上。通过绳子拉紧使保温被卷起来,电机反转绳子放松则保温被放下来。此种形式的卷帘机优点是,可用功率大的电机卷较重的保温被、草帘、蒲帘,长度可达 100 m。但安装、施工比较复杂,风大时容易乱绳,对覆盖材料磨损较大,此类卷帘机一般用于卷草帘和蒲帘。

二、电动卷帘机

一个标准日光温室,人工卷(放)帘作业 1 次需要 2.5 h,而采用电动卷帘可在 8～10 min 内完成,比人工卷(放)帘提高工效 10～25 倍,不但大大减轻了劳动强度,而且温室每天可以增加光照时间 1～2 h,有利于温室采光集热,提高温室温度。

电动卷帘机有 3 种卷铺方式:牵引式、双跨悬臂式、侧置摆杆式。

1.牵引式卷帘机

牵引式卷帘机既能卷放草帘,又能卷放保温被,它是由卷帘机组、牵引轴、轴承座、轴承支架、牵引绳、卷帘杆等组成。卷帘机组安装在温室顶部中央,减速机的输出轴的链轮、链条带动牵引轴转动,牵引轴沿温室纵长方向经轴承座、架固定在温室顶部。其优点:①减速机价格便宜;②使用灵活,卷帘可靠;③由于是多点拉绳卷帘带动卷帘轴,所以沿温室两边上升同步性能较好,适合于较长温室使用。不足之处:①安装复杂;②由于放帘时靠重力下放,造成放帘不可靠,尤其是遇到下雨、雪天就更加困难。使用该机时就要考虑卷帘机、三脚架及变速箱的固定,后坡建造要用水泥固定,并且后墙要坚固。

2.双跨悬臂式卷帘机

双跨悬臂式卷帘机是一种自驱动型卷帘机,适用于卷铺草帘厚重覆盖材料。根据主机安置位置可分两种方式,一种双跨悬臂式卷帘机将主机置于温室后坡中央,一种主机安置在温室前方中央距温室1.3 m处的固定支架上。减速机的输出轴为双头,通过法兰盘分别与两边的卷帘轴连接,工作时电机转动通过减速器减速,带动卷帘轴转动,保温帘下端延轴外径缓慢卷起,贴棚面将帘卷至顶部。保温帘分为左右两部分,温室中央安装卷帘机的部位单放1块保温帘。该机优点是:卷帘、放帘安全可靠,操作方便,易安装。不足之处:①减速机价格太贵。②日光温室前坡沿温室长度方向,要求不平度要小,同步性较差,所以该机适合于60 m左右长的日光温室。③草帘使用寿命较短。

3.侧置摆杆式卷帘机

卷帘机是自驱动型卷帘机的又一种形式,适用于卷铺以保温被为主的轻质覆盖材料。该机由卷帘机组、卷帘杆、伸缩支杆和铰接支座构成。卷帘机组固定在伸缩支杆上端的机座上,伸缩支杆下端安装在温室侧墙边的铰接支座上。减速机的输出通过法兰盘与横贯温室全长的卷帘轴相连,卷帘机组被吊挂在侧墙外面。

三、手动卷膜机

温室大棚卷膜机用于卷动温室大棚表面的塑料薄膜。使用该产品可全面地改善温室大棚的换气条件,有效控制棚内温度、湿度,减少病虫害发生,为植物生长提供最佳环境。日本产"通气多"系列产品制作精细,防尘防雨,质量可靠。该系列产品共分为101型、104型和棚肩型3种。101型适于长度小于70 m的温室大棚,104型适用于长度小于100 m的温室大棚,棚肩型适用于连栋大棚和其他需要上部通风的温室大棚。使用卷膜机开启薄膜通风时,压膜线过紧易损伤薄膜,且操作费力。因此,为了减少薄膜的损伤,且操作轻松,每次卷放薄膜前要先放松压膜线。该装置由棘轮、棘爪、联轴器和轴组成,结构简单,操作方便。

第四节　供暖、降温机械设备

一、供暖机械设备

作物的生长有其相应的适宜温度范围,通过环境控制来达到相应的温度条件。一般情况下,通过选用不同材质的覆盖层、改变覆盖层的层数(单层或双层)来提高保温性能,通过调节卷帘机械系统、开窗通风机械系统可满足作物温度要求。我国北方冬季气温较低,温室栽培一些喜温的蔬菜品种如黄瓜、番茄等时,必须配备供暖设施。

常用的使用效果较好的供暖设施有两种:一是水暖型——以水为介质,由锅炉、散热器、循环泵等组成,锅炉安装到温室外。其特点是干净,温度变化稳定,易于调节,但升降温具有滞后性。二是气暖型——以空气为热介质,由炉体直接加热空气,可以降低室内空气湿度,减少病害发生。其特点是升温快,降温也快。

二、湿帘风机降温系统

夏季由于强烈的太阳辐射和温室效应,棚室内的气温高达40 ℃甚至50 ℃以上,致使大量的温室不能常年种植,特别是多年生苗木、花卉等受到很大限制。湿帘风机降温系统是利用水分蒸发时空气中的湿热转变为潜热的原理进行降温,水分蒸发的多少与空气的饱和气压差成正比。空气越干燥,温度越高,经过湿帘的空气降温幅度越大。夏季高温天气,空气通过湿帘后一般都降低 4 ℃～7 ℃。该系统由 NB 型湿帘、9FJ 系列风机、水循环系统和自控装置组成,具有设备简单、能耗低、产冷量大、成本低廉(设备费相当于空调的 1/7,运行费相当于空调的 1/10)等特点,是我国北方地区温室、畜禽舍等大面积生产设施最经济有效的降温方式。

此外,还有通风开窗机械、气体调节机械、蔬菜自动嫁接机、蔬菜果品清洗机、叶菜捆扎机、果菜类包装机、捆秧机、温室病害臭氧防治器、地膜覆盖机、植保机械、土壤消毒机等,在此不再介绍。

复习思考题

1. 比较吸嘴式、板式、齿盘转动式播种机的异同。
2. 简述磁性播种机的工作原理。
3. 简述 CO_2 气肥发生器的工作原理。
4. 比较三种电动卷帘机的特性。

第五章 设施环境及其调控

设
施
农
艺
学

060

 本章学习目标

通过学习,了解设施环境的特点;掌握设施环境(光照、温度、水分、土壤和气体等)的调控措施;重点掌握各种环境条件对作物生长发育的影响和综合化、定量化、标准化环境控制指标与调节措施,具有设施内环境观测和调控的能力。

第一节 设施内光环境及其调控

光是温室作物进行光合作用,形成温室内温度、湿度环境条件的能源。光环境对设施栽培作物的生长发育会产生光效应、热效应和形态效应,直接影响其光合作用、光周期反应和器官形态形成,在设施农业生产中,尤其对喜温作物的优质高产栽培具有决定性的影响。

一、设施内的太阳辐射

太阳辐射能集中于短波波段,故将太阳辐射称为短波辐射。设施内的光照来源,除少数地区和温室进行补光育苗或栽培时利用人工光源外,主要依靠太阳光能。用表示太阳辐射能状况的辐射通量密度或光量子通量密度来表示光强,更客观地反映了光能对植物的生理作用(如图 5-1 所示)。同时温室作物生产中光环境功能的表达,也不仅依赖占太阳总辐射能量 50% 的可见光部分,还包括分别占太阳总辐射能量 43% 和 7% 的红外线辐射和紫外线辐射。

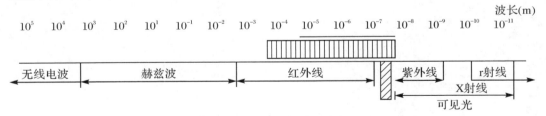

图 5-1 电磁波谱的波长分布

国际单位制(SI)常用辐射通量密度(radiant flux density,RFD)表示太阳光辐射总量,即单位时间内通过单位面积的辐射能量,其中光合有效波长域内能被植物叶绿素吸收并参与光化学反应的太阳辐射称为光合有效辐射(photosynthetically active radiation,PAR)。RFD 和 PAR 的单位均为 $W \cdot m^{-2}$ 或 $J \cdot cm^{-2} \cdot min^{-1}$ 或 $kJ \cdot cm^{-2} \cdot min^{-1}$(1 $W \cdot m^{-2}$ = 3.60 $kJ \cdot cm^{-2} \cdot min^{-1}$ = 0.86 $kcal \cdot cm^{-2} \cdot min^{-1}$),PAR 也可用 $\mu mol \cdot m^{-2} \cdot s^{-1}$ 表示,太阳辐射下 1 $W \cdot m^{-2} \approx 4.56 \ \mu mol \cdot m^{-2} \cdot s^{-1}$,PAR($W \cdot m^{-2}$)$\approx 0.45$ RFD($W \cdot m^{-2}$)。当

涉及与植物生理中光合作用有关的光能物理量时,则采用光通量密度(photon flux density,PFD,又称光量子通量密度),即单位时间内通过单位面积的入射光量子,以摩尔数表示,或以光合有效波长范围内的光量子通量密度,即光合有效光量子通量密度(PPFD)来表示,它们的单位均为 $\mu mol \cdot m^{-2} \cdot s^{-1}$。可见光波长域 lx 与 $W \cdot m^{-2}$ 的换算系数为 1 $W \cdot m^{-2} \approx 250$ lx。

二、设施内的光环境特征

温室内的光照条件受温室方位、骨架结构、透光屋面形状、大小和角度、覆盖材料特性及其洁净程度等多种因素的影响。温室内的光照环境除了从光照强度、光照时数、光的组成(光质)等方面影响园艺作物生长发育之外,还要考虑光的分布均匀性对其生长发育的影响。太阳辐射到达温室表面产生反射、吸收和透射而形成室内光环境,其主要影响因子是覆盖材料的透光性与温室结构材料。温室光环境包括光强、光质、光照时数和光的分布四个方面,它们分别给予温室作物的生长发育以不同的影响。

1. 光照强度

温室内光总辐射量低,光照强度弱。这是因为自然光是透过透明屋面覆盖材料才能进入的,这个过程中会由于覆盖材料吸收、反射、覆盖材料内表面结露的水珠折射、吸收等而降低透光率。尤其在寒冷的冬、春季节或阴雪天,透光率只有自然光的 $50\% \sim 70\%$,如果透明覆盖材料染尘而不清洁、使用时间长而老化,透光率甚至会降到自然光强的 50% 以下。温室内的光合有效辐射能量、光量和太阳辐射量受覆盖材料的种类、老化程度、洁净度的影响,仅为室外的 $50\% \sim 80\%$,这种现象在冬季往往成为喜光果菜类作物生产的主要限制因子。

另外,不同天气条件下光照强度的日变化也不一样(图 5-2,5-3)。温室内的光照变化趋势与外界基本上是同步的,温室内各点日变化从早晨开始逐渐上升,到中午 12:00～13:00 时之间达到最大值,然后逐渐下降,说明温室内的光照变化受外界环境的影响比较大。另外,从上午 10:00 左右开始,随着外界光照强度增加,连栋温室内的光照分布曲线开始明显分化。从晴天与多云天气结果的对比分析可以看出,晴天连栋温室内光照强度明显比多云天气条件下高,而且晴天的曲线分化比阴天明显。由于阴天外界的光环境中漫反射成分比重比晴天高,而晴天进入温室的光线以太阳直射光为主,因此阴天连栋温室内的整体透光率水平要比晴天的好。

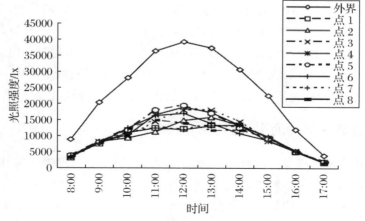

图 5-2 晴天连栋温室光照分布图

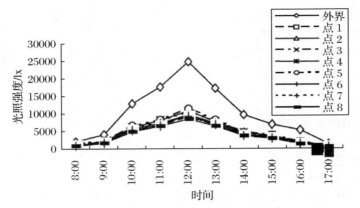

图 5-3　多云天气连栋温室光照分布图

2. 光照时数

温室内的光照时数会受到温室类型的影响。塑料大棚和大型连栋温室,因全面透光,无外覆盖,温室内的光照时数与露地基本相同。但日光温室等单屋面温室内的光照时数一般比露地要短。在寒冷季节为了防寒保温覆盖的蒲席、草苫揭盖时间直接影响温室内受光时数。在寒冷的冬季或早春,一般在日出后才揭苫,而在日落前或刚刚日落就需盖上,1 d 内作物受光时间不过 7～8 h,在高纬度地区冬季甚至不足 6 h。

3. 光质

室内光谱组成(光质)与自然光不同,辐射波长组成与室外有很大差异,这是由于透光覆盖材料对光辐射不同波长的透过率不同,主要影响的是 380 nm 以下紫外光的透光率,虽然有一些塑料膜可以透过 310～380 nm 的紫外光,但大多数覆盖材料不能透过波长 310 nm 以下的紫外光。当太阳短波辐射进入设施内并被作物和土壤等吸收后,又以长波的形式向外辐射时,大多被覆盖的玻璃或薄膜所阻隔,很少透过覆盖物,从而使整个设施内的红外光长波辐射增多,这也是设施具有保温作用的重要原因。此外,覆盖材料还可以影响红光和远红光的比例。

4. 光分布

温室内光照分布在时间和空间上极不均匀。特别是直射光日总量,在温室的不同部位、不同方位、不同时间和季节,分布都极不均匀,尤其是高纬度地区冬季设施内光照强度弱、光照时间短,严重影响温室作物的生长发育。同时由于设施墙体、骨架以及覆盖材料的影响,也会产生不均匀的光分布。温室栽培床的前、中、后排光照分布有很大的差异,前排光照条件好,中排次之,后排最低,反映了光照分布的不均匀。温室内不同部位的地面,距屋面的远近不同,光照条件也不同。一般靠近顶部光照条件优于底部,在作物生长旺盛阶段,由于植株遮阴往往造成下部光照不足,导致作物生长发育不良。

三、影响设施光环境的主要因素

影响设施透光率的主要因素有:室外太阳辐射能、覆盖材料的光学特性、温室结构和室内作物的群体结构与辐射特性。

温室的透光率指温室内地平面接受的光照强度与室外水平面光照强度之比,以百分率表示。太阳光由直射光和散射光两部分组成,温室内的直射光透光率(Td)与散射光的透光率(Ts)不同,若温室内全天的太阳辐射量或全天光照为 G,室外直射光量和散射光量分别为 Rd、Rs 的话,则 $G＝Rd×Td＋Rs×Ts$。一般 Ts 是温室固定系数,由温室结构与覆盖材料所决定,与太阳位置及设施构筑方向无关。

1. 散射光的透光率(Ts)

太阳光通过大气层时,因气体分子、尘埃、水滴等发生散射并吸收后到达地表的光线称为散射光。散射光与直射光一起称为全天光照,阴雨天时,全天光照量相当散射光量。散射光是太阳辐射的重要组成部分,在温室设计和管理上要考虑充分利用散射光的问题,若以 Ts_0 为洁净透明的覆盖材料水平放置时测得的散射光的透光率,r_1 为设施构架材料等的遮光损失率(一般大型温室在 5％以内,小型温室在 10％以内),r_2 为覆盖材料因老化的遮光损失率,r_3 为水滴和尘染的透光损失率(一般水滴透光损失可达 20％～30％,尘染可达 15％～20％),则某种类型的温室设施的 $Ts＝Ts_0(1-r_1)(1-r_2)(1-r_3)$。

2. 直射光的透光率(Td)

直射光的透光率依纬度、季节、时间、温室建造方位、单栋或连栋、屋面角和覆盖材料的种类等的不同而不同。

(1)构架率　温室由透明覆盖材料和不透明的构架材料组成。温室全表面积内,直射光照射到结构骨架(或框架)材料的面积与全表面积之比,称构架率。构架率越大,说明构架的遮光面积越大,直射光透光率越小,简易大棚的构架率约为 4％,普通钢架玻璃温室约为 20％,Venlo 型玻璃温室约为 12％。

(2)屋面直射光入射角的影响　影响太阳直射光透光率的主要因素是直射光入射角。太阳直射光入射角是指直射光照射到水平透明覆盖物与法线所形成的夹角。入射角愈小,透光率愈大,入射角为 0°时,光线垂直照射到透明覆盖物上,此时反射率为 0。图 5-4 表示入射角的大小与透光率与反射率的关系。透光率随入射角的增大而减小,入射角为 0°时透光率约为 83％,入射角为 40°～45°,透光率明显减少。若入射角超过 60°的话,反射率迅速增加,而透光率急剧下降。而且透光率与入射角的关系还因覆盖材料种类的不同而异,例如硬质覆盖材料中的波形板的透光率高于平面板材。

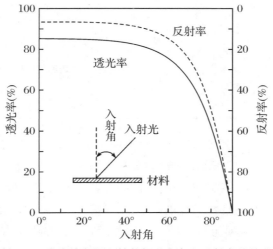

图 5-4　玻璃的太阳入射角与透光率和反射率的关系

3.覆盖材料的光学特性

不同的覆盖材料有不同的透光率,所以覆盖材料对温室光照有着决定性的影响。覆盖材料除透光率外,还影响温室内的光谱组成。由于各种覆盖材料的光谱特性不同,对各个波段的吸收、反射和透射能力各异,所以在某些情况下,虽然两种覆盖材料的平均透光率相同,但由于对各波长透光率不同,致使射入温室的光谱能量分布有很大差异(表5-1)。在相同的辐射能量下,光谱能量分布不同,对作物生长发育的有效性也不相同。

表5-1　清洁覆盖材料的散射光透过率

材料种类	普通玻璃	玻璃钢 FRA	玻璃钢 FRP	聚氯乙烯 PVC	丙烯 MMA
厚度(mm)	3～5	0.8	0.6～1.0	0.1	2.0
散射光透过率(%)	0	77.5	37.1	3.5	—

目前用于温室覆盖的材料主要有玻璃、玻璃纤维聚酯板(FRP板)、玻璃纤维丙烯酸树脂板(FRA板)、碳酸树脂板(PC板)、聚丙烯树脂板(MMA板)、聚氯乙烯薄膜(PVC)、聚乙烯薄膜(PE)、醋酸丙烯膜(EVA)以及硬质塑料膜 PET、ETFE 等。FRP板、PC板和PET板均不透过紫外线,PE膜、MMA板、FRA板、PVC膜和玻璃都能透过紫外线。由于紫外线部分290 nm以下的波长被臭氧层几乎全部吸收掉,不能到达地面,所以这四种材料紫外线部分的透过率,实质上不存在差异,但当PE、MMA和FRA加入紫外线吸收剂时,也不能透过紫外线。至于可见光部分,各种覆盖材料的透光率大都在85%～92%,差异不显著。玻璃则透过310～320 nm以上的紫外线域,而红外线域的透过率低于其他覆盖材料。

玻璃对可见光的透光率很高,近红外以及波长2 500 nm以内的部分红外线透光率也很高。玻璃能阻止波长为4 500 nm以上的长波红外线通过,这对保温有利。但300 nm以下波长紫外光基本不透过(图5-5)。

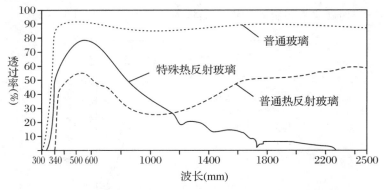

图5-5　普通玻璃和热反射玻璃(玻璃-膜-玻璃)的透光率

FRP板、PC板与玻璃一样,300 nm以下波长紫外线透光率低。FRA板和MMA板紫外线光透光率较高。其余特性与玻璃相似,但抗老化性能差,透光率年递减1%以上。

EVA、PE和PVC薄膜对可见光的透光率相近,都在90%左右。对近红外光到波长5 000 nm的红外线光的透光率,EVA、PE和PVC膜也比较接近。但EVA和PE膜可透过300 nm以下的紫外线,PVC只能透过300～380 nm的紫外线。PE膜对5 000～25 000 nm

的远红外辐射的透过率也高于 PVC 膜。所以 PE 和 EVA 膜对果色、花色和维生素 C 的形成有利，但保温性能不如 PVC 膜。

硬质塑料膜 PET、ETFE 的可见光透过率高达 90%～93%，紫外线透过率也是最好的，特别是 ETFE 膜 300 nm 以下的紫外线透光率都高达 70% 以上。

覆盖材料对太阳辐射的透光率除了自身的物理特性外，还受其表面附着的尘埃、水汽和自身的老化的影响。覆盖材料的内外表面很容易吸附空气中的尘埃颗粒，使透光率大为减弱，光质也有改变。如普通 PVC 膜使用半年后，透光率有时会降低到 70% 左右，不经常清除污染，则这种膜会因附着水滴而使透光率降低 20% 左右，因污染使透光率降低 15%～20%，因本身老化透光率降低 20%～40%，再加上温室结构的遮光，使温室等设施的透光率最低时仅有 40% 左右。

温室内的水汽冷凝到覆盖材料内侧，形成水珠，对太阳直射光产生折射，使直射光的透过率大大降低，光质也会改变。温室水汽在覆盖材料内侧的冷凝对透光率的影响和所形成的水珠状态有关，水珠状影响最大，膜状冷凝影响较小，当形成的水膜厚度不超过 0.1～1.0 mm 时，几乎没有影响，防雾膜、无滴膜就是在膜的表面涂抹亲水材料使冷凝的水汽不能形成珠状，减少其影响（图 5-6）。

防雾、流滴性膜，露水成膜状顺膜流下　　PVC等塑料膜，露水成滴，滴入室内

图 5-6　温室覆盖材料的结露状态

4. 温室结构方位的影响

温室内直射光透光率通常以直射光日总量床面平均透过率来表示：即把温室外水平面直射光强度与全天直射光照时间的平均计算值作为全天温室外平面接受的直射光能的总量（P），将温室内地表或作物群体冠层水平面接受直射光（Q）与 P 之比，即 $Q/P \times 100\%$ 来表示。以室内平均受光量计，不考虑不同部位光量分布不均匀的状况。

温室内直射光透光率与温室结构、建筑方位、连栋数、覆盖材料、纬度、季节等有密切关系，因此必须要选择适宜的温室结构、方位、连栋数和透明覆盖材料。一般而言，我国中高纬度地区，冬季以东西单栋温室的透光率最高，其次是东西连栋温室，南北向温室光透过率在冬季不及东西向，但到夏季，这种关系发生了逆转，南北向优于东西向。因此从光透过率的角度看，东西向优于南北向，但从室内光分布状况来看，南北向较东西向均匀，因为东西向温室由于建材和北屋面形成一阴影弱光带，使北侧几跨温室靠北边的床面透光率下降，形成光分布不均匀的状况。

就屋面角与透光率的关系而言，一般东西向单栋温室透光率随屋面角的增大而增大。而东西向连栋温室，随屋面角增大到约 30° 时透光率达最高值，再继续增大则透光率又迅速下降，这是由于屋脊升高后，直射光透过温室时要经过南屋面数增多的缘故。相反，南北栋温室的透光率与屋面角的大小关系不大。但不论何者，单栋温室的透光率均高于连栋温室。

此外,邻栋温室间距以及室内作物的群体结构和畦向等,都会影响温室内床面的日总量透光率。通常塑料温室拱圆形较屋脊形透光要好。南北向温室长 10 m 的比 50 m 的透光率高约 5%,而东西栋的透光率与温室长度几乎没有关系。连栋数目对南北向温室来说,连栋数与透光率关系不大,而东西向连栋温室连栋数越多,其透光率越低,但超过 5 栋后,透光率变化较小。作物群体结构依种类品种而异且与畦向有关,通常南北畦向受光均匀,日平均透射总量大于东西向的。

温室的直射光透过率与太阳和温室在几何学上的位置关系密切。即使同一栋温室,由于地球的公转,太阳的高度角随季节在变化,使透过率也发生着很大的变化。由单栋温室和连栋温室的直射光透过率的季节变化可以看出(图 5-7),东西栋向温室的直射光透过率在冬至的最高,高达 72%,以后逐渐下降,到夏至时最低,约 60%。从夏至到冬至的变化刚好相反,透射率会逐渐增加,到冬至时达到最高点。连栋温室东西栋向温室的直射光透过率比单栋温室低了许多,随季节的变化也小。南北栋向单栋温室直射光的透光率和东西向单栋温室刚好相反,冬至时透光率最低,约 55%,以后逐渐提高,到夏至时达到最高点,约 70%。夏至以后,逐渐降低,到冬至时达到最低点。南北栋向的连栋温室直射光的透过率和单栋呈现完全相同的变化趋势,只是透过率比单栋低 5% 左右。

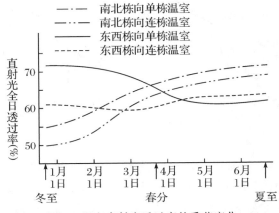

图 5-7 温室直射光透过率的季节变化

温室的走向不只影响直射光的透光率,还会影响温室内光的均一性。由图 5-8 所示四连栋温室截面直射光的全天透过率分布可以看出,东西栋向温室的直射光透射率比南北栋向的高,但均一性却很差。温室的天沟等骨架材料的阴影,温室北侧屋面由于入射角过大,入射光很少,会在温室内形成弱光带。相反,受到屋面、架材和侧壁的反射,会形成强光带。在东西栋向的情况下,从温室的截面看,太阳的位置从早到晚的变化很小,因而弱光带、强光带在一天中不太移动,导致温室内的直射光分布不均。在南北栋向温室的情况下,从温室截面位置看,太阳位置从早到晚在不断移动,架材等的阴影和过大入射角所形成的弱光带在不断移动,直射光的日均透光率被平均,不会形成特定的弱光带。因此,温室的栋向选择,不单要考虑直射光的日均透过率,还要考虑直射光分布的均一性。

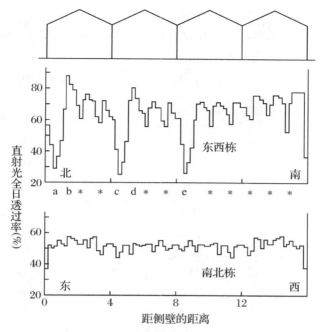

图 5-8　四连栋温室全天直射光透过率的分布

注：* 号部分是构造温室的架材的阴影，a、c、e 部分是北侧屋面下的北光带，b、d 部分是反射所形成的强光带

四、设施内光环境调控

(一)光照强度的调控

1.遮光

设施蔬菜软化栽培、芽苗菜、观叶植物、花卉和茶叶等进行设施栽培或育苗时，往往需要通过遮光措施来抑制气温、土温和叶温的上升，以促进作物生长发育，改善品质。另外进行短日照处理，也要利用遮光来调控光照时数或光强。遮光程度依作物不同而异。

遮光用资材依覆盖位置可分为外覆盖与内覆盖两类，也有在玻璃温室表面涂白进行遮光降温的(图 5-9)。外覆盖的遮光降温效果好，但易受风害等外界环境的影响；内覆盖受外界环境影响小，但易吸热再放出，抑制升温的效果不如外覆盖。

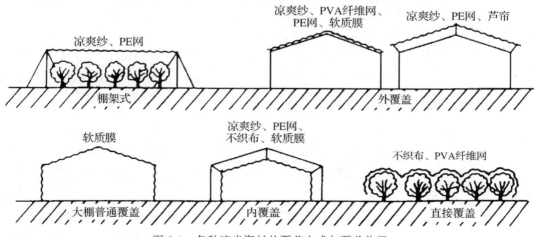

图 5-9　各种遮光资材的覆盖方式与覆盖位置

遮光资材中,遮阳网(冷爽纱)依原料不同有维尼纶、聚酯等编制而成白色、黑色、银灰和灰色等,强度和耐候性均强。但以维尼纶为原料的遮阳网,干燥时收缩率达2%～6%,覆盖时不能拉得太紧。PE网以PE为材料编压成网,通气性、强度、耐候性均佳。PVA纤维网以聚乙烯醇为原料,有黑色和银灰色两种,以维尼纶为原料的与冷爽纱相似,会收缩3%～4%,但通气性好。不织布光滑柔软,不易与作物发生缠绕牵挂。软质塑料膜以PE涂黑或涂铝箔,适于内覆盖(表5-2)。对遮光效果来讲,遮光的目的是降温或抑制升温,遮光率越大,抑制升温效果越大,在内覆盖方式下,银灰色较黑色网抑制升温的效果好。

表 5-2　遮光资材特性比较

种类	颜色	用途		适宜的覆盖方式						性能						
		降温	日长处理	搭遮阴棚	外部遮阴	外覆盖	内覆盖	隧道式覆盖	贴面覆盖	遮光率(%)	通气性	被覆性能	开闭性能	伸缩性能	强度	耐候性
遮阴纱	白	○①	×	○	○	×	○	○	○	18～29	○	○	○	△③	◎	◎
	黑	○	×	○	○	×	○	○	○	35～70	○	○	○	△	◎	◎
	灰	○	×	○	○	×	○	○	○	66	○	○	○	△	◎	◎
	银	○	×	○	○	×	○	○	○	40～50	○	○	△	△	◎	◎
聚乙烯网	黑	○	×	○	○	×	△	○	○	45～95	○	○	○	△	◎	◎
	银	○	×	○	○	×	△	○	○	40～80	○	○	○	△	○	◎
PVA撕裂纤维膜	黑	○	×	△	○	×	○	○	○	50～70	○	○	○	△	○	◎
	银	○	×	△	○	×	○	○	○	30～50	○	○	○	△	○	◎
无纺布	白	○	×	△	△	△	○	○	○	20～50	△	◎	◎	○	○	○
	黑	○	×	△	△	△	○	○	○	75～90	△	◎	◎	○	○	○
PVC软质膜	黑	×②	○	×	△	△	○	○	×	100	×	◎	◎	△	○	○
	银	△②	○	×	△	△	○	○	×	100	×	◎	◎	△	○	○
	半透光银	○	×	×	△	△	○	○	×	30～50	×	◎	◎	△	○	○
PE软质膜	银	△②	○	×	△	△	○	○	×	100	×	◎	◎	△	△	×
	半透光银	○	×	×	△	△	△	△	×	30	×	○	○	△	△	×
PP等铝箔膜		○	×	△	△	△	○	○	×	55～92	×	◎	◎	△	△	×
苇帘		○	×	○	○	○	×	△	×	70～90	○	△	△	○	◎	△

注:①◎优秀、○良好、△稍差、×差;②日长处理密闭时;③△示有伸缩性,聚酯制品用○表示。

2.人工补光

光照不足,影响作物的光合作用,导致作物生长受抑,从而严重影响作物的生长。人工补光是根据作物对光照的需求,采用人工光源改善温室的光照条件,调节对作物的光照。

采用人工补光,可以弥补温室栽培的光照不足,促进作物生长。人工补光的效果除取决于光照强度外,还取决于补光光源的生理辐射特性。生理辐射是指在辐射光谱中,能被植物叶片吸收光能而进行光合作用的那部分辐射。不同的补光光源，其生理辐射特性不同。在光源的可见光光谱（380～760 nm）中，植物吸收的光能约占生理辐射光能的60%～65%。其中，主要是波长为610～720 nm的红、橙光辐射，植物吸收的光能占生理辐射光能的55%左右。红、橙光的光合作用最强，具有最大的光谱活性，用富含红、橙光的光源进行人工补光，在适宜的光照时数下，会使植物的发育显著加速，引起植物较早开花、结实。采用红、橙光的光源进行人工补光，可促使植物体内干物质的积累，促使鳞茎、块根、叶球以及其他植物器官的形成。其次是波长为400～510 nm的蓝、紫光辐射，植物吸收的光能占生理辐射光能的8%左右。蓝、紫光具有特殊的生理作用，对于植物的化学成分有较强的影响，用富于蓝、紫光的光源进行人工补光，可延迟植物开花，使以获取营养器官为目的的植物充分生长。而植物对波长为510～610 nm的黄、绿光辐射，吸收的光能很少。所以，通常把波长范围在610～720 nm和400～510 nm两波段的辐射能称为有效生理辐射能，而不同波段有效生理辐射能占可见光波段总辐射能的比例则称为有效生理辐射比率，并以有效生理辐射效能来表征输入光源的电能转化为光合有效辐射能的程度。通过这些指标来评价人工补光的效果。

（1）人工补光光源及其生理辐射特性

用于温室人工补光的光源，必须具备设施作物必需的光谱成分（光质）和一定的功率（光量），且应经济耐用、使用方便。目前，用于温室人工补光的光源根据其使用及性能，大致可分为三类：

①普通光源　常用的有白炽灯和荧光灯。白炽灯依靠高温钨丝发射连续光谱。其辐射光谱大部分是红外线，红外辐射的能量可达总能量的80%～90%，而红、橙光部分占总辐射的10%～20%，蓝、紫光部分所占比例很少，几乎不含紫外线。因此，白炽灯的生理辐射量很少，能被植物吸收进行光合作用的光能更少，仅占全部辐射光能的10%左右。而白炽灯所辐射的大量红外线转化为热能，会使温室内的温度和植物的体温升高。

荧光灯的灯管内壁覆盖了一层荧光物质，由紫外线激发荧光物质而发光。根据荧光物质的不同，有蓝光荧光灯、绿光荧光灯、红光荧光灯、白光荧光灯、日光荧光灯以及卤素粉荧光灯和稀土元素粉荧光灯等。可根据栽培植物所需的光质选择相应的荧光灯。荧光灯的光谱成分中无红外线，其光谱能量分布：红、橙光占44%～45%，绿、黄光占39%，蓝、紫光占16%。生理辐射量所占比例较大，能被植物吸收的光能约占辐射光能的75%～80%，是较适于植物补充光照的人工补光光源，目前使用较为普遍。

②新型光源　目前用于人工补光的新型光源有钠灯、镝灯、氙灯、氩灯以及微波灯和发光二极管等。其中，高压钠灯和日色镝灯是发光效率和有效光合成效率较高的光源，目前在温室人工补光中应用较多。

高压钠灯光谱能量分布：红、橙光占39%～40%，绿、黄光占51%～52%，蓝、紫光占9%。因含有较多的红、橙光，补光效率较高，适宜于温室叶菜类作物的补光。

日色镝灯又称生物效应灯，是新型的金属卤化物放电灯。其光谱能量分布为：红、橙光占22%～23%，绿、黄光占38%～39%，蓝、紫光占38%～39%。日色镝灯虽蓝、紫光比红、橙光强，但光谱能量分布近似日光，具有光效高、显色性好、寿命长等特点，是较理想的人工补光光源。

氖灯和氦灯均属于气体放电灯。氖灯的辐射主要是红、橙光,其光谱能量分布主要集中在 $600 \sim 700$ nm 的波长范围内,最具有光生物学的光谱活性。氦灯主要辐射红、橙光和紫光,各占总辐射的 50% 左右,叶片内色素可吸收的辐射能占总辐射能的 90%,其中 80% 为叶绿素所吸收,这对于植物生理过程的正常进行极为有利。

除了这些常用的灯光外,还有一些新型的有广阔应用前景的灯,其一是微波灯,它是用波长 10 mm~1m 的微波(微波炉所用)照射封入真空管的物质,促使其发光,可以获得很高的照度。用现有的生物灯,即使多盏灯并用,在其下 2 m 位置平面的光合有效光量子密度(PPFD)最大也不过 500 μmol·m^{-2}·s^{-1},而微波等即使开启一盏灯,2 m 下方的平面可以有 1200 μmol·m^{-2}·s^{-1} 的 PPFD,这个强度相当于上海夏天早晨10点的光强值。微波灯的特征除了强度大外,其光谱能量分布与太阳辐射相近,但光合有效辐射比例高达 85%,比太阳辐射还高,而且辐射强度可以连续控制,寿命也长,是今后最具推广价值的新光源(图 5-10)。

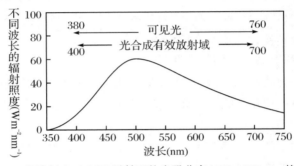

图 5-10　微波灯(3.5 kW)照射面的光强分布(350~750 nm 的波长)

近年来受到关注的另一光源是发光二极管(LED)。LED 的特征是光谱单纯,即可以获得单峰光谱。红光光谱与光合有效光谱接近,从光合的角度看是效率最好的光源,但仅有红光的栽培会引起形态异常。为此,需要和蓝光 LED 或荧光灯同时并用。LED 本身发热少,光谱中不含光合成不需要的红外光,近距离照射植物也不会改变植物温度。单个 LED 发射的光强弱,将数个 LED 灯安装在板上,近距离照射,效果好。虽然已开发了从蓝光到红外光的各种光谱的 LED,但红光 LED 以外的 LED 的价格仍然高。但 LED 抗机械冲击力强,寿命长。

③专用光源　这类光源是专为植物光照而开发的。其生理辐射能的分布和配比较合理,红、橙光的有效生理辐射能占 58%,蓝、紫光的有效生理辐射能占 32%,有效生理辐射能比率高达 90%。由于其光谱能量分布曲线和植物叶绿素光合作用的光谱特性曲线很相似,所以该灯的光能利用率和光合效应均较高。

(2)人工光源的选择

选择人工光源时,首先必须满足光谱能量分布和光照强度的要求。光谱能量分布应符合植物的需用光谱;而光照强度方面,当要求的光照强度很大时,希望其体积小、功率大,以减少灯遮挡自然光面积。此外,还应选择有较高的发光效率,较长的使用寿命,价格比较合理的人工光源。表 5-3 是补光栽培中应用的各种光源发光效率的比较表。单用人工照明进行栽培时,必须考虑光谱分布的影响。金属钠灯的光谱分布在橙黄色波长处出现峰值,红光和蓝光少。

表 5-3　补光栽培中应用的各种光源发光效率的比较

	发光效率 (lm/W)	光合效率/W (相对值)	寿命 (khr)	稳定器	光合效率/ 单灯价格 (相对值)	垂直投影 面积 (m²/kW)
白炽灯:						
300 W 反射型	5.2	1.0	2	无	100	0.048
荧光灯:40 W						
普通型、白色	55*(1)	5.8	10	无	45	3.73
普通型、昼光色	48*(1)	4.9	10	无	38	3.73
植物用、BR 型	17*(1)	4.7	10	无	31	3.73
高压水银灯:						
400 W 反射型	33	3.9	12	有	130	0.064
金属卤化物灯:						
"阳光灯"400 W 反射型	24	3.6	6	有	36	0.057
"BOC 灯"400 W 反射型	40	6.0	6	有	53	0.064
高压钠灯:						
普通 400 W 反射型	68	7.8	12	有	92	0.064
色调改良型 400 W 反射型**	57	8.2	12	有	98	0.073

注:* 使用反射伞罩时的推定值;** 从普通型估计值。

(二)光照长度的调控

为了控制作物光周期反应,诱导成花、打破休眠或延缓花芽分化,要进行长日照处理和短日照处理。短日照处理的遮光一般叫黑暗处理,遮光率必须达到100%,在菊花和草莓栽培中应用,如菊花遮光处理,可促进提早开花。

进行长日照处理的补光栽培一般叫电照栽培,同样在菊花、草莓等植物的栽培中广泛应用。如菊花电照处理可延长秋菊开花期至冬季三大节日期间开花,实现反季节栽培,增加淡季菊花供应,提高效益。而草莓电照栽培,可阻止休眠或打破休眠,提早上市。补光强度、方法依作物种类而异。一般长日照处理用照度几十勒克斯即可满足要求,光源多以 5~10 W/m² 的白炽灯。如是栽培补光,弱光时采用 100~400 W/m²,以高压气体放电灯、荧光灯,或以荧光灯加 10%~30% 白炽灯为宜。

一般照光方法有:1)从日落到日出连续照明的彻夜照明法;2)日落后连续照明 4~8 h 的日长延长法;3)在夜间连续照明 2~5 h 的黑暗中断法;4)在夜间 4~5 h 内交替进行开灯和关灯的间歇照明法。间歇照明法一般在 1 h 内开灯数分钟到 20 min,电力消耗少,但需要反复开关电源的定时器,并会影响灯泡的寿命。

(三)光质的调控

植物的光合作用、形态建成等与光质(即光谱)关系密切,因此需要了解各波长光的作用,配置适当光谱比例的光非常重要。光照处理与红光和远红光关系很大,通常利用的白炽灯就富含这两种光波。温室利用自然光的场合,由于覆盖材料的不同,各种光波域的透过率也不同。以聚丙烯树脂为原料的薄膜中混入能遮断红光和远红光的色素制成的转光膜,可调节室内 600~700 nm 的红光(R)和 700~800 nm 的远红光(FR)的光量子比(R/FR),控制茎节的伸长。

覆盖材料的光波透过率中另一重要波长域为紫外线,紫外线和茄子、葡萄、花卉等园艺作物的着色关系密切,对蜜蜂等昆虫的活动也非常重要。例如,紫茄子温室栽培若无紫外线就着色不好,月季花的着色与紫外线也有关系。温室草莓、甜瓜栽培放蜂传粉的话,用除去紫外线的薄膜覆盖会影响蜜蜂传粉,但是能抑制蚜虫的发生,并促进茎叶的伸长。

图 5-11 所示为不同覆盖材料的透光率。FRP、PC 板、PET 不能透过紫外线,但玻璃、PVC、FRA、mmA、PE 可以透过紫外线。当然,即使能够透过紫外线的 PVC、mmA、FRA 等材料在合成时添加紫外线吸收材料等辅料后,也不能透过紫外线。

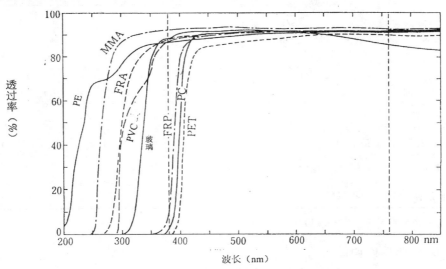

图 5-11　各种覆盖材料对不同波长光的透过率

第二节　设施内温度环境及其调控

温度是作物设施栽培的首要环境条件,因为任何作物的生长发育和维持生命活动都要求一定的温度范围,即所谓最适、最高、最低界限的"温度三基点"。当温度超过生长发育的最高、最低界限,则生育停止,如再超过维持生命的最高、最低界限,就会死亡。

所有作物对温度环境的要求都是对原产地生态环境条件长期适应的结果。原产热带、亚热带的植物多为喜温性作物,不耐低温,甚至短期霜冻就会造成极大危害;而原产温带气候条件下的则多为喜凉性作物,耐寒性较强。即使同一种作物,在其生长发育的不同时期,对温度的要求也不同。在同一天中也要求白天温度高,夜间温度低,昼夜要求有一定的温差,这就是"温周期"现象。特别是地温,对作物根系吸收水分和养分,促进土壤微生物的活动具有密切关系,作物栽培中特别重视地温的调节,在气温过高或过低时,地温如果适宜,可显著增加作物的耐热或耐寒性,夏季高温条件下喜温蔬菜如能保持根系 15 ℃～25 ℃的适温,则可显著提高产量和品质。

一、设施内温度的特点

太阳辐射是地球表层能量的主要来源。由于太阳辐射波长较地面和大气辐射波长(3～120 μm)小得多,所以通常又称太阳辐射为短波辐射,称地面和大气辐射为长波辐射。在无加温条件下,设施内温度的来源主要靠太阳的直接辐射和散射辐射,而且透过透明覆盖物,照射到地面,提高室内气温和土温,由于反射出来的是长波辐射,能量较小,大多数被玻璃、薄膜等覆盖物阻挡,所以温室内进入的太阳能多,反射出去的少。再加上覆盖物阻挡了外界风流作用,室内的温度自然比外界高,这就是所谓的"温室效应"。根据这个道理,我们可以知道温室的温度是随外界温度的变化而变化,它不仅有季节性变化,而且也有日变化,不仅日夜温差大,而且也有局部温差。

1.气温的季节变化

太阳辐射在大气上界的分布是由地球的天文位置决定的,称此为天文辐射。由天文辐射决定的气候称为天文气候。天文气候反映了全球气候的空间分布和时间变化的基本轮廓。太阳辐射随季节变化呈现有规律的变化,形成了四季。因此,在北方地区,保护设施内同样存在着明显的四季变化。按气象学规定,以候平均气温≤10 ℃,旬平均最高气温≤17 ℃,旬平均最低气温≤4 ℃作为冬季指标;以候平均气温≥22 ℃,旬平均最高气温≥28 ℃,旬平均最低气温≥15 ℃作为夏季指标;冬季夏季之间作为春、秋季指标,则日光温室内的天数可比露地缩短3~5个月,夏天可延长2~3个月,春秋季也可延长20~30 d,所以北纬41°以南至33°以北地区,高效节能日光温室(室内外温差保持30 ℃左右)可四季生产喜温果菜。而大棚冬季只比露地缩短50 d左右,春秋比露地只增加20 d左右,夏天很少增加,所以果菜只能进行春提前、秋延后栽培,只有多重覆盖下,才有可能进行冬春季果菜生产。

2.气温的日变化

在不同天气条件下,温室内外气温的日变化趋势比较一致,昼高夜低(图 5-12)。晴天时,温室内外气温的最低值相同,均出现在 5:00;最高气温均出现在 14:00,温室内偏高 4.2 ℃。气温日较差,温室内为 15.7 ℃,温室外为 11.5 ℃。11:00~16:00 温室内的气温常常高达 31 ℃~33 ℃。气温超过 30 ℃,易造成高温热害,抑制作物的正常生长。午夜前后,温室外气温比温室内要偏高 0.1 ℃~0.3 ℃。主要原因是晴天的夜里,温室外可以通过土壤白天储备热量来散热和空气的铅直乱流和平流由上层空气来补给热量,而温室内的辐射冷却,使气温更低。

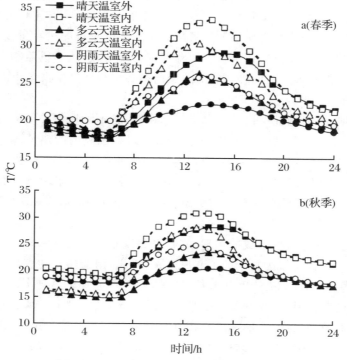

图 5-12　不同天气下温室内外气温的日变化

多云天,温室内外最低气温亦出现在 5:00,温室内偏高 0.7 ℃;最高气温出现在 13:00,温室内偏高 4.0 ℃。气温日较差,温室内为 12.0 ℃,温室外为 8.5 ℃。多云天全天温室内气温均高于温室外,白天偏高 1.8 ℃~4.8 ℃,夜里偏高 0.7 ℃~1.2 ℃。

阴雨天气条件下,温室内外最低气温同样出现在 5:00,温室内偏高 1.1 ℃;最高气温出现在 14:00,温室内偏高 3.6 ℃。气温日较差,温室内为 6.5 ℃,温室外为 3.8 ℃。阴雨天气,温室内气温与温室外相比,白天偏高 2.1 ℃~3.7 ℃,夜里偏高 0.8 ℃~1.4 ℃。

3.设施内"逆温"现象

通常温室内温度都高于外界,但在无多重覆盖的塑料拱棚或玻璃温室中,日落后的降温速度往往比露地快,如再遇冷空气入侵,特别是有较大北风后的第一个晴朗微风夜晚,温室大棚夜晚通过覆盖物向外辐射放热更剧烈。室内因覆盖物阻挡得不到热量补充,常常出现室内气温反而低于室外气温 1 ℃~2 ℃的逆温现象。一般出现在凌晨,从 10 月至翌年 3 月都有可能出现,尤以春季逆温的危害最大。

此外室内气温的分布存在不均匀状况,一般室温上部高于下部,中部高于四周,中国北方日光温室夜间北侧高于南侧,保护设施面积越小,低温区比例越大,分布也越不均匀。而地温的变化,不论季节与日变化,均比气温变化小。

二、设施内热平衡原理

设施从外界得到的热量与自身向外界散失的热量的收支状态称为设施的热量平衡。在不加温条件下,温室表面主要从太阳的直接辐射和散射辐射中获得能量,也从周围物体的长波辐射中获得少量的热量;另一方面,温室的覆盖物表面向外界以长波辐射散热,并通过与周围空气对流交换散热。在温室内部、地面或作物上所获得的能量,首先是透过覆盖材料(薄膜或玻璃)进入室内的太阳辐射和长波辐射以及覆盖材料本身的长波辐射。地面或作物本身也向周围物体发射长波辐射散热,并通过空气对流交换散热,以及通过土壤水分蒸发和作物蒸腾作用散失潜热;另外,由于土壤的热容量较大,还要考虑土壤通过地面获得热量或反方向传给空气。温室中的湿度较高,在覆盖物内表面的水分凝结潜热交换,以及温室通风时内外空气的热交换都必须参加热量收支计算。

1.设施内的热收支

设施环境(以温室为例说明)是一个半封闭系统,它不断地与外界进行能量与物质交换,根据能量守恒原理,蓄积于温室内的热量 ΔQ＝进入温室内的热量(Q_{in})－散失的热量(Q_{out})。当 $Q_{in}>Q_{out}$ 时,温室蓄热升温;当 $Q_{in}<Q_{out}$ 时,室内失热而降温;当 $Q_{in}=Q_{out}$ 时,室内热收支达到平衡,此时温度不发生变化。不过,平衡是相对、暂时和有条件的,不平衡是经常的、绝对的。根据热平衡原理,人们采取增温、保温、加温和降温措施来调控温室内的温度。

2.设施的热量平衡方程

热量平衡是设施小气候形成的物理基础,也是设施建造设计和栽培管理的依据。实际上,设施内的热交换是极为复杂的。其原因是:首先,因为热量的表现形式和传递方式本身就是多种多样的,比如有光和热转换,有潜热交换,也有显热交换;有辐射传热、传导传热,还有对流传热。其次,设施是一个半封闭的系统,其内部的土壤、墙体、骨架、水分、植物、薄膜等各种物体之间,无时无刻不在进行着复杂的热交换。第三,设施的热状况因地理位置、海拔高度、不同季节与时刻和天气状况的不同而有很大的差异。第四,设施的热量收支还受结构、管理技术等的影响,从而使热平衡变得更为复杂。

设施环境作为一个整体系统,各种传热方式往往是同时发生的,有时彼此是连贯的,是某种放热过程的不同阶段。图5-13为温室的热收支模式图,图中箭头到达的方向表示热流的正方向。

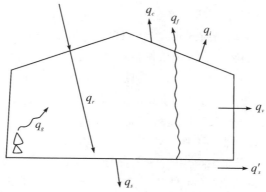

q_r:太阳总辐射能量　　q_f:有效辐射能量　　q_g:人工加热量　　q_c:对流传导失热量(显热部分)

q_i:潜热失热量　　q_s:地中传热量　　q'_s:土壤横向失热　　q_v:通风换气失热量(包括显热和潜热两部分)

图5-13　温室热量收支模式图

设施内的热量的来源,一是太阳总辐射(包括直射光与散射光,以 q_r 表示),另一部分是人工加热量(用 q_g 表示),即 $Q_{in}=q_r+q_g$;而热量的支出则包括如下几个方面:(1)地面、覆盖物、作物表面有效辐射失热(q_f);(2)以对流方式,温室内土壤表面与空气之间、空气与覆盖物之间热量交换,并通过覆盖物表面失热(q_c);(3)温室内土壤覆盖表面蒸发、作物蒸腾、覆盖物表面蒸发,以潜热形式失热(q_i);(4)通过排气将显热和潜热排出(q_v);(5)土壤传导失热(q_s)。因此,在忽略室内灯具的加热量,作物生理活动的加热或耗热,覆盖物、空气和构架材料的热容等的条件下,温室的热量平衡方程式可概括如下:

$$q_r+q_g=q_f+q_i+q_c+q_v+q_s \tag{5.1}$$

3.设施热支出的各种途径

(1)贯流放热

把透过覆盖材料或围护结构的热量叫做设施表面的贯流传热量(Q_t)。设施贯流放热量的大小与设施内外气温差、覆盖物及围护结构面积、覆盖物及围护结构材料的热贯流系数成正比。贯流系数是指每平方米的覆盖物或围护结构表面积,在设施内外温差为1℃的情况下每小时放出的热量,它是一项和建筑材料的热导率及材料厚度等有关的数值。

贯流传热是几种传热方式同时发生的(图5-14),它的传热过程主要分为三个过程:首先温室的内表面 A 吸收了从其他方面来的辐射热和空气中来的对流热,在覆盖物内表面 A 与外表面 B 之间形成温差,通过传导方式,将上述 A 面的热量传至 B 面,最后在设施外表面 B,又以对流辐射方式将热量传至外界空气之中。

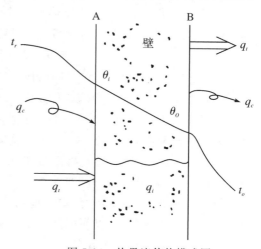

图5-14　热贯流传热模式图

贯流传热量的表达式如下：

$$Q_t = A_w h_t (t_r - t_o) \qquad (5.2)$$

式中：Q_t—贯流传热量，$kJ \cdot h^{-1}$；A_w—温室表面积，m^2；h_t—热贯流率，$kJ \cdot m^{-2} \cdot h^{-1} \cdot ℃^{-1}$；$t_r$—温室内气温；$t_o$—温室外气温。

热贯流率的大小，除了与物质的热导率 λ（即导热系数）、对流传热率和辐射传热率有关外，还受室外风速大小的影响。风能吹散覆盖物外表面的空气层，刮走热空气，使室内的热量不断向外贯流。风速 $1 \ m \cdot s^{-1}$ 时，热贯流率为 $33.47 \ kJ \cdot m^{-2} \cdot h^{-1} \cdot ℃^{-1}$，风速 $7 \ m \cdot s^{-1}$ 时，热贯流率大约为 $100.41 \ kJ \cdot m^{-2} \cdot h^{-1} \cdot ℃^{-1}$，增加了 3 倍。一般贯流放热在无风情况下是辐射放热的 1/10，风速增加到 $7 \ m \cdot s^{-1}$ 时就为 1/3，所以保护设施外围的防风设备对保温很重要。表 5-4 列出若干物质的热贯流率。

贯流放热在设施的全部放热量中占绝大部分。减少贯流放热的有效途径是降低覆盖物及围护结构的导热系数，如采用导热系数低的建筑材料，采取异质复合型建筑结构做墙体和后屋面，前屋面用草苫、纸被、保温被，室内张挂保温幕等，都可以取得良好的保温效果。

表 5-4　各种物质的热贯流率　（单位：$kJ \cdot m^{-2} \cdot h^{-1} \cdot ℃^{-1}$）

种类	规格（mm）	热贯流率	种类	规格（cm）	热贯流率
玻璃	2.5	20.92	木条	厚8	3.77
玻璃	3～3.5	20.08	砖墙（面抹灰）	厚38	5.77
聚氯乙烯	单层	23.01	钢管	—	47.84～53.97
聚氯乙烯	双层	12.55	土墙	厚50	4.18
聚乙烯	单层	24.29	草苫	厚40～50	12.55
合成树脂板	FRP,FRA,mmA	20.92	钢筋混凝土	厚5	18.41
合成树脂板	双层	14.64	钢筋混凝土	厚10	15.90

（2）换气放热

设施内的热量通过覆盖物及围护结构的缝隙，如门窗、墙体裂缝、放风口等，以对流的方式将热量传至室外，这种放热称为换气放热或缝隙放热。温室内通风换气散失热量，包括显热失热和潜热失热两部分，显热失热量的表达式如下：

$$Q_v = R \cdot V \cdot F (t_r - t_o) \qquad (5.3)$$

式中：Q_v—整个设施单位时间的换气失热量；R—每小时换气次数；F—空气比热，为 $1.3 \ kJ \cdot m^{-3} \cdot ℃^{-1}$；$V$—设施的体积，$m^3$。

由于换气方式或缝隙大小不同，引起的换气放热差异很大，在设施密闭情况下，换气放热只有贯流放热量的 10% 左右。在温室建造和生产管理中，应尽量减少缝隙放热，建造中注意温室门的朝向，避免将门设置在与季风方向垂直的方向，如华北地区冬春季多刮西北风，一般将温室的门设置在东部，设置西部时需要加盖缓冲间。覆盖薄膜时应密封塑料薄膜与墙体、后屋面、前屋面地角的连接处，并保持薄膜的完好无损，风口设置处两块薄膜搭接不宜过窄，以便把缝隙放热减少到最小限度。

换气失热量与换气次数有关。因此缝隙大小不同，其传热量差异很大，表 5-5 列出了温室、塑料棚密闭不通风时，仅因结构不严，引起的每小时换气次数。

表 5-5　每小时换气次数(温室密闭时)

保护地类型	覆盖形式	R(次・h^{-1})
玻璃温室	单层	1.5
玻璃温室	双层	1.0
塑料大棚	单层	2.0
塑料大棚	双层	1.1

　　此外,换气传热量还与室外风速有关,风速增大时换气失热量增大。因此应尽量减少缝隙,注意防风。由于通风时必有一部分水汽自室内流向室外,所以通风换气时除有显热失热以外,还有潜热失热。通常在实际计算时,往往将潜热失热忽略。普通设施不通风时仅因结构不严,由间隙逸出的热量,仅为辐射放热的 1/5～1/10。

　　(3)土壤传导失热

　　白天透入设施内的太阳辐射能,除了一部分用于长波辐射和传导,使室内的空气升温外,大部分热量是纵向的传入地下,成为土壤贮热。这部分补充到土壤中的热量,加上原来贮存在土壤中的热量通过纵向和横向向四周传导。冬季夜间温室土壤是一个"热岛",它向四周、土壤下部、温室空间等温度低的地方传热,这种热量在土壤中的横向和纵向传导的方式称为土壤传热。土壤传导失热包括土壤上下层之间的传热和土壤横向传热。但无论是垂直方向还是在水平方向上传热,都比较复杂(图 5-15)。土壤在水平方向上的横向传热,是保护设施的一个特殊问题。在露地由于面积很大,土壤湿度的水平差异小,不存在横向传热。温室则不然,由于室内外土壤温差大,横向传热便不可忽视,土壤横向传热约占温室总失热的 5%～10%。

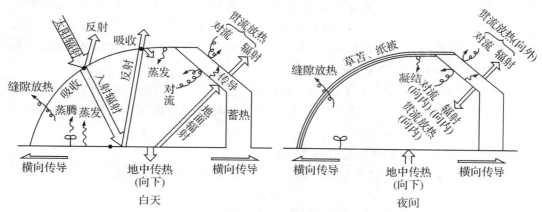

图 5-15　日光温室内热收支平衡示意图

　　减少土壤传热消耗是设施保温的重要方面,设置防寒沟是减少土壤中热量横向传导损失的有效方法;适时提早覆盖温室薄膜,加温温室的覆盖保温是增加土壤贮热、减少土壤热量纵向传导损失的积极措施。

三、设施温度环境调控

1.设施保温措施

　　设施保温措施主要应从减少贯流放热、换气放热和地中热传导三方面考虑,在白天采取各种措施尽量增加室内土壤以及墙体等对太阳辐射的吸收率。

（1）设施常用保温方式

主要包括日光温室前屋面的外保温和设施内覆盖保温。前屋面的外保温常见的有草苫、纸被和保温被等。

目前生产上使用最多的草苫是稻草苫,其次是蒲草、谷草加芦苇以及其他山草编制的草苫。草苫最好用稻草苫,一般宽 1.5～1.7 cm,长度为采光屋面之长再加上 1.5～2.0 m,厚度在 5 cm 以上,大经绳在 6 道以上。草苫的特点是保温效果好,取材方便。但草苫的编制比较费工,耐用性不很理想,一般只能使用 3 年左右,遇到雨雪吸水后重量加大,即使是平时的卷放也很费时费力。但是目前尚缺少其他保温更好、更为实用的材料取代草苫。草苫的保温效果一般为 5 ℃～6 ℃,但实际保温效果则因草苫厚薄、疏密、干湿程度的不同而有很大差异,同时也受室内外温差及天气状况的影响。

保温被早期多采用棉布(或包装用布)和棉絮(可用等外棉花或短绒棉)缝制而成。保温性能好,其保温能力在高寒地区为 10 ℃,高于草苫、纸被的保温能力。但棉被造价高,一次性投资大,防水性差,保温能力尚不够高。近几年,各地有关部门为寻找可替代草苫的外覆盖材料作了多方面的探索,已经研制出一些造价适中,保温性能优良,适于电动卷放的保温被。这种保温被一般由 3～5 层不同材料组成,由外层向内层依次为防雨布、无纺布、棉毯、镀铝转光膜、防雨布等。几种材料用一定工艺缝制而成,具有重量轻、保温效果好、防水、阻隔红外线辐射、使用年限长等优点,预计规模生产后,会将成本降低。这种保温被非常适于电动操作,显著提高劳动效率,并可延长使用年限。

连栋温室的保温多是通过内覆盖实现的,如日本和韩国温室等,在温室内部均设置了自动或半自动内覆盖装置,覆盖材料为塑料薄膜、无纺布、遮阳网等。温室内设置保温幕容易实现自动化操作,不损伤薄膜,但保温效果低于草苫。由于连栋温室实际生产中难以实现草苫覆盖,因此连栋温室或塑料大棚在为了提早或延后生产以及为减少人工加温的热消耗,秋冬季或冬春季都应该增设内覆盖。有时内覆盖往往是 2～3 层,采用不同性质的材料,以提高保温效果,减少热损失。

目前我国的日光温室主要是以外覆盖材料和保温被来保温的,内覆盖保温采用的很少,开发前景广阔。如果内外覆盖结合进行,会取得较好的保温效果。日光温室内覆盖材料可以用旧薄膜、无纺布等。

（2）采用多层覆盖,减少贯流放热量

多层覆盖是最经济有效的方法(图 5-16)。多重覆盖的保温效果,如表 5-6 所示。

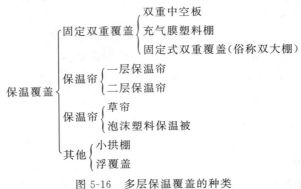

图 5-16　多层保温覆盖的种类

表 5-6　无加温温室多层覆盖室内外温差

层数 温差	单层覆盖	双层覆盖	三层覆盖		四层覆盖
			无小棚	一重为小棚	
平均(℃)	+2.3	+4.8	+6.3	+9.0	+9.0
标准差	±1.1	±1.4	±1.4	±0.7	±0.7
最小(℃)	-1.7	+1.7	+4.1		+8.0
最大(℃)	+4.5	+7.0	+7.6		+9.0
备注					大部分一层为小棚膜

注:单层为一重固定膜,双层为一重固定、一层保温幕;三层为一重固定+2层保温幕或二重固定膜、一层保温幕(含一重小拱棚膜);四层为一重固定+2层保温幕+小棚膜或二重固定膜、二层保温幕。

　　我国长江流域一带塑料温室(大棚)近年推广"三棚五幕"多重覆盖保温方式,这是利用大棚+中棚+小棚,再加地膜和小拱棚外面覆盖一层幕帘或厚无纺布。使该地区喜温果菜原来只有春提早和秋延后栽培,发展到能进行冬春茬栽培,显著提高大棚利用率和增加经济效益。我国北方高效节能日光温室,不仅采光性密封性好,由于采用外覆盖保温被、草帘等方式,使保温性显著提高,在北方可以基本不加温在深冬生产出喜温果菜。高效节能日光温室内多种覆盖,可使室内气温在原有的基础上又提高 3 ℃~5 ℃,节能30%~40%(图 5-17)。

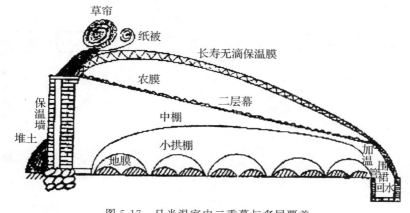

图 5-17　日光温室内二重幕与多层覆盖

　　(3)增大温室透光率

　　选择科学合理的日光温室建造方位和场地,选用高透光率、无滴、防雾、防尘的透明覆盖材料,经常清洁屋面,尽量争取获得最大透光率,使室内土壤积累更多热能。

　　(4)增大保温比

　　保温比是指土地面积与保护设施覆盖及围护材料表面积之比,即保护设施越高,保温比越小,保温越差;反之保温比越大,保温越好。但日光温室由于后墙和后坡较厚(类似土地),因此增加日光温室的高度对保温比的影响较小。而且,在一定范围内,适当增加日光温室的高度,反而有利于调整屋面角度,改善透光,增加室内太阳辐射,起到增温的作用。

　　(5)设置防寒沟,防止地中横向传热

　　在温室建造过程中,一般在前地角处设置防寒沟,以切断室内土壤与外界的联系,减少地中热量横向散出,尤其是可以防止靠近南部土壤温度过低对作物造成的冷害。其规格根据当地冻土层深度而定,一般为宽30 cm、深50 cm即可,沟内填充稻壳、蒿草等热导率低的材料。据测定,防寒沟可使温室内5 cm地温提高4 ℃左右。

(6)增加墙体保温材料

日光温室的墙体和后屋面则要求既能承重、隔热,又能载热,即白天蓄热,夜间放热。与普通日光温室相比,高效节能日光温室在提高温室前屋面采光性能的同时,加强了墙体和后屋面的保温蓄热性能,白天得到的热量,只有一小部分透过墙体和后屋面散失到室外,大部分热量则蓄积在土壤、墙体和后屋面,夜间再传递到室内,使室内外最低温度的差值可达到25 ℃~30 ℃。为增加墙体和后屋面的保温蓄热能力,需设计异质复合墙体,内层要选择蓄热系数大的建筑材料,外层要选择热导率小的建筑材料,在温室砖墙体内部填充相变材料和炉渣、秸秆等保温材料;二是要加大厚度,要视建材和外界温度状况以及作物需要的适温而定。

(7)改变墙体建筑材料形状与结构

通过利用空心炉渣砖和凹凸不平内墙砖面建造温室可以大大增强白天太阳光能吸收,加大墙体热量贮存能力,可提高室温2 ℃~3 ℃。

2.设施加温措施

加温技术是现代设施园艺最基本的环控技术。由于投入的设备费和运营费用大,要求采用高效、节能、实用的加温技术。设施常用的采暖方式有热风、热水、蒸汽采暖,电热采暖、辐射采暖、火炉采暖等,其采暖效果、控制性能、维修管理等见表5-7。

表5-7　采暖方式的种类与特点

采暖方式	方式要点	采暖效果	控制性能	维修管理	设备费用	适用对象	其他
热风采暖	直接加热空气	停机后缺少保温性,温度不稳定	预热时间短,升温快	因不用水,容易操作	比热水采暖便宜	各种温室	不用配管和散热器,作业性好,燃气由室内补充时,必须通风换气
热水采暖	用60 ℃~80 ℃热水循环,或由热水变换成热气吹入室内	因水暖加热温度低,加热缓和,余热多,停机后保温性好	预热时间长,可根据负荷的变动改变热水温度	对锅炉要求比蒸汽的低,水质处理较容易	需用配管和散热器,成本较高	大型温室	在寒冷地方管道怕冻,需充分保护
蒸汽采暖	用100 ℃~110 ℃蒸汽采暖,可转换成热水和热风采暖	余热少,停机后缺少保温性	预热时间短,自动控制稍难	对锅炉要求高,水质处理不严格时,输水管易被腐蚀	比热水采暖成本高	大型温室群,在高差大的地形上建造的温室	可作土壤消毒,散热管较难配置适当,容易产生局部高温
电热采暖	用电热温床线和电暖风加热采暖器	停机后缺少保温性	预热时间短,控制性最好	操作最容易	设备费用最低	小型育苗温室,土壤加温辅助采暖	耗电多,生产用不经济
辐射采暖	用液化石油气红外燃烧取暖炉	停机后缺少保温性,可升高植物体温	预热时间短,控制容易	使用方便容易	设备费用低	临时辅助采暖	耗气多,大量用不经济,有二氧化碳施用效果
火炉采暖	用地炉或铁炉,烧煤,用烟囱散热取暖	封火后仍有一定保温性,有辐射加温效果	预热时间长,烧费劳力,不易控制	较容易维护,但操作费工	设备费用低	土温室	必须注意通风,防止煤气中毒

(1)热风采暖

从设备费看,热风采暖是最低的。按设备折旧计算的每年费用,大约只有水暖配管采暖费用的 1/5,对于小型温室,其差额就更大。如果把热风炉设置在温室内,直接向温室内吹出热风,这种系统的热利用率一般可达 70%～80%,国外的燃油热风机,有的热利用率可达 90%。热风采暖系统有热风炉直接加热空气及蒸汽热交换加热空气两种。后者适用于有集中供暖设备的温室。热风加热系统的供热风管安装在顶部时,应在下侧开两排通风孔,热风管道安在地面时,应在上侧开两排通风孔。热风管道的距离应该是越远离热风机,孔距越短,以使供热温度均匀。一般由风机通过热交换器对供热管道正压通风。供热管道除通过其外表产生对流、辐射散热外,主要通过通风孔直接吹出热空气进行加热。

热风炉设置在温室内时,要注意室内新鲜空气的补充。单层覆盖的温室缝隙漏风换气量是每小时 1～2 m³/m²,新鲜空气补充是足够的。但是,日光温室密闭性较强或采用多层覆盖保温时,冷风渗入量很少,温室内就容易发生缺氧或逆火倒烟、煤气中毒等危险。因此,这种温室需要在热风炉处安装补充新鲜空气用的硬质通风管道。

(2)热水采暖

热水采暖系统是由热水锅炉、供热管道和散热设备三个基本部分组成。

热水采暖的热稳定性好,温度分布均匀,波动小,生产安全可靠,供热负荷大,适合于大中型连栋温室补温或日光温室群短时间补温。热水采暖中热水的循环有自然循环和机械循环两种。自然循环热水采暖系统要求锅炉位置低于散热管道散热器位置,提高供水温度,降低回水温度,以提高自然循环系统的作用压力,可用于管路不太长的日光温室。当温室规模较大,系统管路过长,增加管径又不经济时应采用机械循环。

散热器是热水采暖系统中重要的散热设备。种类很多,有光管散热器、铸铁柱型散热器、铸铁圆翼散热器、热浸镀锌钢制圆翼散热器,温室中多为光管散热器和铸铁散热器。

对于温室等设施来讲,其热水采暖的系统形式大多为单层布置散热器,同程式采暖居多。布置该种系统管路时,可根据温室、大棚的实际情况来布置管路。例如在日光温室中,拱角部分散热量较大,可将系统回水管道布置在拱角部位,以弥补热量散失,提高温室内空气温度的均匀性。

热水采暖系统运行稳定可靠,是目前最常用的采暖方式。其优点是温室内温度稳定、均匀、系统热惰性大,节能;温室采暖系统发生紧急故障,临时停止供暖时,2 h 不会对作物造成大的影响。其缺点是系统复杂,设备多,造价高,设备一次性投资较大。

(3)炉火加温

目前农村常用的日光温室加温设备多为一条龙式的火炉,也可采用火墙、土暖气。火炉的数量应依温室的长度和各地气候的寒冷程度而定。温室较长时,中部火炉的间距可大些,两端的宜小些,目的是尽量使温室内温度均匀,各个火炉的烟流方向应一致,一般不搞两火共用一个烟道。烟道常用不带釉的瓦管或瓷管相接而成,也可用砖砌成,但要稍离开后墙,室内烟道还要有一定的倾斜度。

一条龙的火炉用煤作燃料,以地面烟道做放热器,其加温系统包括炉坑、炉火、出火口、烟道及烟筒五个部分。

(4)土壤加温

设施冬季生产地温低是影响园艺作物正常生长发育的主要障碍。提高地温常见的有酿热物加温、电热加温和水暖加温 3 种方法。

酿热物加温是将马粪、厩肥和稻草落叶等加入栽培床内,用水分控制其发酵过程中产生的热量的加温方式,其产热时间短,不易控制。

电热加温目前采用得较多,需要使用专用的地热线,采用控温仪容易实现对地温的精确控制,对于用电方便的地区或冬季温度较低的地区,苗床使用效果良好。

水暖加温一般是在温室内地下 20～35 cm 深处埋设塑料管道,用 40 ℃～50 ℃温水循环,对提高地温有明显效果,由于可以相应降低室内空气加温温度,可以节省燃料。

3. 设施降温措施

我国大部分地区尤其是华南地区夏季由于太阳辐射强烈、温室效应明显,设施内气温往往超过 40 ℃～50 ℃,远远超出设施作物生育适温,容易造成高温胁迫,导致作物生长发育不良。依靠自然通风不能满足作物的生长发育要求,必须进行人工降温。因此设施栽培夏季降温是迫切需要解决的问题。从温室热收支平衡原理而言,设施降温一般可从增大温室的通风换气量、减少进入温室的太阳辐射能和增加温室的潜热消耗三个方面入手。

(1)遮阴降温

遮阴降温就是利用不透光或透光率低的材料遮住阳光,阻止多余的太阳辐射能量进入温室,保证作物能够正常生长,又降低了温室内的空气温度。由于遮阴的材料不同和安装方式的差异,一般可降低温室温度 3 ℃～10 ℃。遮阴方法有室内遮阴、室外遮阴和屋面喷白降温。遮阴材料有苇帘、黑色遮阳网、银色遮阳网、缀铝条遮阳网、镀铝膜遮阳网、石灰水等。

1)室外遮阴降温系统

室外遮阴是在温室骨架外另外安装一遮阴骨架,将遮阳网安装在骨架上,遮阳网可以用拉幕机构或卷膜机构带动,自由开闭。驱动装置可以手动或电动,使用时可根据需要进行手动控制、电动控制或与计算机控制系统联接进行自动控制。

遮阳网室外安装的优点是:降温效果好,直接将太阳能阻隔在温室外,各种遮阳网降温效果差别不大,都可以使用。缺点是:室外遮阴骨架需要耗费一定的钢材;室外气候恶劣时,对遮阳网的强度要求较高;各种驱动设备在露天使用,要求设备对环境的适应能力较强,机构性能优良。

2)室内遮阴系统

室内遮阴系统是将遮阳网安装在温室内,在温室骨架上拉接一些金属或塑料的网线作为支撑系统,将遮阳网安装在支撑系统上,整个系统简单轻巧,不用另制金属支架,造价较室外遮阴低。室内遮阴网一般采用电动控制,或电动控制与手动控制相结合。

室内遮阴系统在降温理论上比室外遮阴系统复杂。室外遮阴是太阳照射在室外的遮阳网上,被网吸收或反射,都是发生在温室外,由于这部分能量没有进入温室不会对温室的温度产生影响。而室内遮阴则是在阳光进入温室后进行遮挡,这时遮阳网要反射一部分阳光,因反射光波长不变,则这部分能量又回到室外,另外的一部分被遮阳网吸收,升高了遮阳网的温度,然后再传给温室内的空气,使温室内的空气温度升高。室内遮阴的效果主要取决于遮阳网的反射能力,不同材料制成的遮阳网使用效果差别很大,以缀铝条的遮阳网效果最好。

另外,室内遮阴系统一般还与室内保温幕系统共设,夏天使用遮阳网,降低室温,到冬季将遮阳网换成保温幕,夜间使用,可以节约能耗 20% 以上。

3）屋面喷白降温

屋面喷白降温是温室特有的降温方法，尤其是玻璃温室。它是在夏天将白色涂料喷在温室的外表面，阻止太阳辐射进入温室内。其遮阴率最高可达85％，可以通过人工喷涂的疏密来调节其遮光率，到冬天再将其清洗掉。屋面喷白降温的优点是不需要制造支撑系统，因此造价低、施工方便；缺点是不能调节控制，对作物的生长有影响。

（2）自然通风降温

采用自然通风降温，主要考虑当地的室外温度、顶窗和侧窗的位置及数量。自然通风降温最好的降温效果可达到室内外温差3℃～5℃。采用自然通风降温的设施主要以单栋小型为主，它是利用设施内外的气温差产生的重力达到换气的目的，效果比较明显。连栋温室的通风效果与连栋数有关，连栋数越多，通风效果越差。一般自然通风降温主要有以下几种方式：

1）底窗通风型

从门和边窗进入的气流沿着地面流动，大量冷空气随之进入室内，形成室内不稳定气层，把室内原有的热空气顶向设施的上部，在顶部就形成了一个高温区。这种通风类型在夏季对作物的生长没多大的影响，但如果是寒冷的冬天，就会对作物造成危害。因为在棚四周或温室的底部和门口附近的秧苗会受到"扫地风"的影响，因此在初春，应避免底窗、门通风。必须时，在门下部50 cm高处用塑料薄膜挡住，日光温室和塑料大棚目前底窗与侧窗通风时，多用扒缝方式，通风口不到底，多在肩部开缝（即肩部通风）。

2）天窗通风型

天窗通风包括开天窗和顶部扒缝，天窗面积是固定的，通风效果有限，不如扒缝的好。天窗的开闭与当时的风向有关，顺风开启时效果好；逆风开启时增加进风量，排气的效果就差。天窗的主要作用就是排气，所以最好采用双向启闭的风窗，尽量保持顺风开窗的位置，才有利于排气。扒缝通风的面积可随室温和湿度高低调节，调节控制效果好。

3）底窗（侧窗）结合天窗通风型

天窗主要起排气作用，底窗或扒缝主要是进气，从侧面进风，冷气流进室内，将热空气向上顶，所以排气效果明显。一般进入设施内的风速，迅速衰减一半，并且继续削弱，春季通风时间极短或不通风，通风面积控制在2％～5％。随季节和外温的变化，开窗时间、面积要随之加长、加大。在5月中旬以后，最高气温可以达到40℃左右，此时开窗或扒缝面积要占到围护结构总面积的25％～30％。

4）屋面全开启式通风型

全开启式新型温室打破了传统的温室顶部固定的方式，采用以温室天沟为固定轴，整个屋面能够绕天沟旋转，达到温室顶部全开的目的，给作物的生长提供全部的自然光照，满足作物生长所需要的多种光谱能量的需求。屋面全开启联栋温室顶部大角度张开，使温室内外完全相通，通风效果良好，通风效率近100％，与传统的温室相比，极大地降低了温室的运行成本。白天当温室温度偏高时，顶窗开启后，配合内遮阴的遮阴效果和温室侧开窗的通风，使温室在温度高时转变为遮阴棚，达到有效降温的目的；当晚上温度偏低时，将温室顶部关闭，在配合内保温遮阴系统，又能达到高档温室的保温效果。

（3）强制通风降温

也称机械通风降温，一般只用于联栋温室。在通风的出口和入口处增设动力扇，吸气口对面装排风扇,或排气口对面装送风扇,使室内外产生压力差,形成冷热空气的对流,从而达到通风换气的目的。强制通风一般有温度自控调节器,它与继电器相配合,排风扇可以根据室内温度变化情况自动开关。通过温度自动控制器,当室温超过设定温度时即进行通风。强制通风存在耗电高的缺点。一般强制通风的方式大致可以分为以下几种:

1)低吸高排型。即吸气口在温室的下部,排风扇在上部。这种通风方式风速较大,通风快,但温度分布不均匀,在顶部及边角常出现高温区。

2)高吸高排型。即吸气口和排风扇都在温室上部,这种配置方式往往使下部热空气不易排出,常在下部存在一个高温区域,对作物生长不利。

3)高吸低排型。即吸气口在上部,排风扇位于下部。室内温度分布较均匀,只有顶部小范围内的高温区。强制通风降温是由控温仪按照作物生长需要的温度及实际室内温度高低发出信号,排风扇自动开关,高温、高湿及有害气体随时排除,所以其效果比自然通风降温的好。

(4)屋面喷淋降温法

在屋脊的顶端设置水管、喷头,利用微喷系统将水直接喷洒在温室屋顶,流水层可吸收投射到屋面的太阳辐射 8% 左右,并能利用水分蒸发带走潜热,降低屋顶温度,室温可降低 3 ℃~4 ℃。此种方法在 Venlo 型的玻璃温室结构中应用较多,但需要考虑安装费和清除玻璃表面的水垢污染问题,且水质硬的地区需对水进行软化处理后再使用。

(5)雾帘降温法

雾帘降温法是相对于屋面喷淋法而言的,屋面降温法是在温室屋顶喷淋冷却水,利用水的传导冷却、水吸收红外辐射和水的汽化蒸发达到温室内的降温效果。而雾帘降温法是在温室内距屋面一定距离铺设一层水膜材料,在其上用水喷淋,依靠水的蒸发吸热以及空气和水膜之间的热对流交换来降温。实验证明,与屋面喷淋相比,室内水膜的降温效果更好,温室内水膜下方的平均气温可以降低到比外界气温低 2 ℃左右。

(6)湿帘-风机降温系统

这种降温措施是现代化大型温室内的通用设备,主要利用水的蒸发吸热原理达到降温的目的。该系统的核心是能让水均匀地淋湿湿帘墙,当空气穿透湿帘介质时,与湿润介质表面进行水汽交换,将空气的显热转化为汽化潜热,从而实现对空气的加湿与降温。一般是湿帘安装在温室的北侧一端,风机安装在温室的南侧一端,当需要降温时,通过控制系统的指令启动风机,将室内的空气强行抽出,造成负压,同时水泵将水打在对面的湿帘上。室外空气被负压吸入室内时,以一定的速度从湿帘的缝隙穿过,导致水分蒸发、降温,冷空气流经温室,吸收室内热量后,经风机排出,从而达到循环降温的目的。在湿帘-风机降温系统的设计中,温室通风量的确定要考虑温室所在地的海拔高度、室内太阳辐射强度、温室气流从湿帘到风机的允许温度升高值和湿帘与风机之间的距离等因素的影响。美国温室制造业协会制定的《温室设计标准》中指出,适度遮阳的温室,当温室所处地理位置的海拔高度小于 300 m,室内最大太阳辐射强度在 50 000 lx 左右,温室气流从湿帘到风机的允许温度升为 4 ℃,风机湿帘之间的最大距离大于或等于 30 m 时,温室通风量达到 2.5 m³/(min·m²) 即可满足温室夏季降温的要求。湿帘风机降温法是目前最为经济有效的降温方法,适用于我国各地使用。但是应注意,使用风机湿帘系统时,要求温室的密封性好，否则会由于热风渗透而影响湿帘的降温效果，而且对水质的要求比较高，硬水要经过处理后才能使用，以免在湿帘缝隙中结垢堵塞湿帘，且存在耗电高的问题。

（7）室内喷雾降温法

喷雾降温是利用加压的水，通过喷头以后形成细小的雾滴，飘散在温室内的空气中并与空气发生热湿交换，达到蒸发降温的效果。喷雾降温分为低压喷雾降温（<0.7 MPa）、中压喷雾降温（0.7～3.5 MPa）和高压喷雾降温（3.5～7.0 MPa）。由于低压喷雾装置从喷头喷出的雾滴还不够细，当喷雾进行后，室内的湿度增大，蒸发速度减弱，雾滴会落到植物的叶面和地面上，也会落到室内生产者的身上，因此很少单独采用。高压喷雾降温法也称为冷雾降温，是目前温室中应用较先进的降温方法。其基本原理是普通的水经过系统自身配备的过滤系统后，进入高压泵，水在很高的压力（4 MPa 以上）下，通过管路，流过孔径非常小的喷嘴（直径为 15 μm），形成直径为 20 μm 以下的细雾滴，雾滴弥漫整个温室与空气混合，从而达到降温的目的。冷雾滴的直径很小，悬浮在空气中，迅速蒸发，不浸湿地面。高压喷雾降温由于压力高，需要专门的增压设备（如旋涡泵）和增压后的输送高压铜管，成本较高，难以推广。

（8）集中雾化蒸发降温系统

马承伟等研究开发了一种用于农业建筑的集中雾化蒸发降温系统，进行了实际生产条件下的夏季降温试验。降温装置内部为过风断面，其为由下而上逐渐扩大的漏斗状，形成下高上低的变风速场，以延长雾滴与气流的接触时间，在较小的喷雾量下维持较高的雾滴密度分布。在装置内平均气流速度为 1.1～2.8 m/s、喷雾压力 0.06～0.16 MPa 和水气比 0.08～0.5 的条件下进行了试验，结果表明，该装置在 0.1～0.2 的较低水气比时，其降温效率可达 80% 以上，室内平均气温低于室外气温 2 ℃～5.5 ℃，比单纯采用机械通风低 4 ℃～7.5 ℃。室内相对湿度为 70%～95%，通风总压力损失为 40.3Pa。其降温效果与湿帘风机相比相差不多，湿度稍高，但同样存在温室内温度不均匀，风机耗电高的问题。

（9）其他新型降温技术

随着温室业的发展，新的降温技术引起了研究者的密切关注。

1）太阳能降温技术。在美国的东北部已开发成功一种能够独立解决能源问题的太阳能温室。温室的东、西、北三面墙上均装有 15 cm 厚的带玻璃罩的太阳能聚酯电池板，能将热储存在两边可容纳 13 6261 L 的水墙里，使水温上升 15 ℃～27 ℃，从而使温室达到高温时能降温、低温时能增温的目的。国内刘群生、王春彦等已研制出集热调温被动式温室，并对利用太阳能在夏季温室内降温进行了有益的尝试。

2）温室地热降温系统。考虑将室内的热空气抽入地中热交换器，使其与周围温度较低的土壤进行热交换，待其降温后从地下抽入室内，以达到降温目的。

第三节　设施湿度环境及其调控

水是作物体的基本组成部分。设施作物的一切生命活动如光合作用、呼吸作用及蒸腾作用等均在水的参与下进行。空气湿度和土壤湿度共同构成设施作物的水分环境，影响设施作物的生长发育。

一、设施内湿度环境特征

由于农业设施是一种封闭或半封闭的系统,空间相对较小,气流相对稳定,使得内部的空气湿度和土壤湿度有着与露地不同的特性。

1. 设施内空气湿度的形成

空气湿度常用相对湿度或绝对湿度来表示。绝对湿度是指单位体积空气内水汽的含量,以每立方米空气中水汽克数(g/m^3)表示。水蒸气含量多,空气的绝对湿度高。空气中的含水量是有一定限度的,达到最大容量时,称为饱和水蒸气含量。当空气的温度升高时,它的饱和水蒸气含量也相应增加;温度降低,则空气的饱和水蒸气含量也相应降低。因此冷空气的绝对湿度比热空气低,因而秧苗或植株遭受冷空气时容易失水和冷胁迫而发生干瘪现象。

相对湿度(RH)是在一定温度条件下空气中水汽压与该温度下饱和水汽压之比,用百分比表示。干燥空气的RH为0%,饱和水汽下RH为100%。当空气温度上升,饱和水汽压增大,相对湿度下降。

在一定温度下,空气中水汽压与该温度下饱和水汽压之差称为饱和差,以kPa表示。饱和差越大,空气越干燥,土壤蒸发越大。当空气中气压不变时,水汽达到饱和状态时的温度称为露点温度。此时,相对湿度为100%,饱和差为0。

常用露点温度表及干湿表等仪器测量空气湿度,在温室环境中,一般用干湿表测量空气中的温度和湿度。还可直接使用湿敏元件进行湿度测定,如半导体湿敏元件(硅湿敏元件)、湿敏电阻等。

空气的相对湿度决定于空气的含水量和温度,在空气含水量不变的情况下,随着温度的增加,空气的相对湿度降低;当温度降低时,空气的相对湿度增加。在设施内,夜间蒸发量下降,但空气湿度反而增高,主要是由于温度降低的原因。

设施内的空气湿度是由土壤水分的蒸发和植物体内水分的蒸腾在设施密闭情况下形成的。设施内作物由于生长势强,代谢旺盛,作物叶面积指数高,通过蒸腾作用释放出大量水蒸气,在密闭情况下会使棚室内水蒸气很快达到饱和,空气相对湿度比露地栽培高得多。高湿是设施湿度环境的突出特点。在白天通风换气时,水分移动的主要途径是土壤→作物→室内空气→外界空气。早晨或傍晚温室密闭时,外界气温低,引起室内空气骤冷而形成"雾"。如果作物蒸腾速度比吸水速度快,作物体内缺水,气孔开度缩小,使蒸腾速度下降。白天通风换气时,室内空气饱和差上升,作物容易发生暂时缺水。如果不进行通风换气,则室内蓄积蒸腾的水蒸气,空气饱和差下降,作物不致缺水。因此,室内湿度条件与作物蒸腾、土壤表面和室内壁面的蒸发强度有密切关系。

2. 设施内空气湿度特点

(1)空气湿度相对较大

一般情况下,设施内相对湿度和绝对湿度均高于露地,平均相对湿度一般在90%左右,经常出现100%的饱和状态。对于日光温室及大、中、小棚,由于设施内空间相对较小,冬春季节为保温又很少通风,空气湿度经常达到100%。

(2)季节变化和日变化明显

设施内湿度环境的另一个特点是季节变化和日变化明显。季节变化一般是低温季节相对湿度高,高温季节相对湿度低。如在长江中下游地区,冬季(1~2月)各旬平均空气相对湿度都在90%以上,比露地高20%左右;春季(3~5月)则由于温度的上升,设施内空气相对湿度有所下降,一般在80%左右,仅比露地高10%左右。因此,日光温室和塑料大棚在冬春季节生产,作物多处于高湿环境,对其生长发育是不利的。昼夜变化为夜晚湿度高,白天湿度低,白天的中午前后湿度最低。设施空间越小,这种变化越明显。一般在春季,白天温度高,光照好,可进行通风,相对湿度较低;夜间温度下降,不能进行通风,相对湿度迅速上升。由于湿度过高,当局部温度低于露点温度时,会导致结露现象出现。

设施内的空气湿度随天气情况不同也发生变化。一般晴天白天设施内的空气相对湿度较低,一般为70%~80%;阴天,特别是雨天设施内空气相对湿度较高,可达80%~90%,甚至100%。

(3)湿度分布不均匀

由于设施内温度分布存在差异,导致相对湿度分布也存在差异。一般情况下,温度较低的部位,相对湿度较高,而且经常导致局部地温部位产生结露现象,对设施环境及植物生长发育造成不利影响。

3. 设施内空气湿度的影响因素

在非灌溉条件下,设施内部空气中水分来源主要有三个方面:土壤水分的蒸发、植物叶面蒸腾和设施围护结构及栽培作物表面的结露。影响设施内空气湿度变化的主要因素是:

(1)设施的密闭性

在相同条件下,设施环境密闭性越好,空气中的水分越不易排出,内部空气湿度越高。因此,在设施作物生产的冬春季节,由于通风不足,常常导致空气湿度过高,病虫害发生严重。

(2)设施内温度状况

温度对设施内湿度的影响在于:一方面温度升高使土壤水分蒸发量和植物蒸腾量升高,从而使室内空气中的水汽含量增加,相对湿度相应增加;另一方面,由于叶面温度影响空气中的饱和含水量,温度越高,空气饱和含水量越高。因而在空气水汽质量相等的情况下,温度升高,空气相对湿度下降,反之空气相对湿度升高。所以在光照充足的白天,虽然设施内温度升高会导致土壤蒸发量和植物蒸腾量增加,但由于温度升高使空气饱和水汽压增加更大,总体上空气相对湿度仍然下降。在夜间或温度低的时候,虽然蒸发和蒸腾量减小甚至完全消失,但由于空气中饱和水汽压大幅度下降,仍会导致空气湿度明显升高。

4. 设施土壤湿度

设施内的土壤湿度与灌溉量、土壤毛细管上升水量、土壤蒸发量、作物蒸腾及空气湿度有关。与露地相比,由于设施内空气湿度高于室外,土壤蒸发量和作物蒸腾量均小于室外,因而设施土壤相对较湿润。

5. 设施内水分收支

设施内由于降水被阻截,空气交换受到抑制,设施内的水分收支与露地不同。其收支关系可用下式表示:

$$Ir + G + C = ET \tag{5.4}$$

式中：Ir—灌水量；G—地下水补给量；C—凝结水量；ET—土壤蒸发与作物蒸发量，即蒸散量。

一般而言，设施内的蒸腾量与蒸发量均为露地的70％左右，甚至更小。据测定，太阳辐射较强时，平均日蒸散量为2～3 mm，可见设施农业是一种节水型农业生产方式。设施内的水分收支状况决定了土壤湿度，而土壤湿度直接影响到作物根系对水分、养分的吸收，进而影响到作物的生育和产量品质。设施内水分移动途径见图5-18。

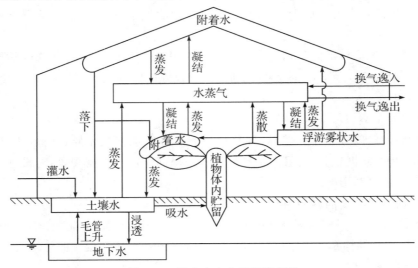

图 5-18　温室内水分运移模式图

二、湿度环境对设施作物生长的影响

1. 设施作物不同生长期对水分的要求

水分在植物体中的作用涉及细胞的分裂、伸长、膨大，生理代谢和生化反应等诸多过程，最终影响植株生长、发育和形态建成。设施条件下进行作物高效生产，由于栽植密度高，生长旺盛，消耗水分比露地更多。不同作物都要求有一个最适宜的空气湿度和土壤水分范围，过高或不足都会对作物生理代谢过程发生作用，给生长发育带来不利影响，导致产量和品质下降。为适应环境的湿度状况，作物在形态结构和生理机能上形成了各自的特殊要求。

设施内湿度对作物生长发育的影响表现在空气湿度和土壤水分两个方面。空气中水分主要影响作物的气孔开闭和叶片蒸腾作用。空气湿度过低，则蒸腾速度提高，作物失水也相应增加。如果土壤水分充足，根系吸水正常，体内水分平衡得以维持，有利于作物生长发育。反之，会造成叶片气孔开度减少，蒸腾速率下降，直接影响光合性能和体内水分吸收和运输，严重时，植株会失水萎蔫甚至叶片失水干枯。

空气湿度还直接影响作物生长发育，如果空气湿度过低，将导致植株叶片过小、过厚，机械组织增多，开花坐果差，果实膨大速度慢。在一定的温度条件下，其生长发育都存在一个最适宜的空气相对湿度。但是湿度过高，极易造成作物发生徒长，茎叶生长过旺，开花结实变差，生理功能减弱，抗性不强。湿度过高还会导致番茄、黄瓜等蔬菜作物叶片缺钙、缺镁，造成叶片失绿，光合性能下降，使产量和品质受到影响。一般情况下，大多数蔬菜作物生长发育适宜的空气相对湿度在50％～85％范围内。

设施同一作物在不同生长期对水分的要求也是不同的。种子发芽期需要大量的水分以便原生质的活动和种子中贮藏物质的转化与运转及胚根抽出并向胚芽供给水分。如果水分不足,种子虽能萌发,但胚轴不能伸长成苗。幼苗生长期因为根系弱小,抗旱能力较弱,因此土壤要经常保持潮湿。但过高的土壤湿度往往会造成幼苗徒长或烂根。营养生长期作物抗旱能力增强,但由于处于营养制造积累时期,生长旺盛,因此需水量大,对土壤含水量和空气湿度要求高。不过,湿度过高又容易引起病害。开花结果期作物对湿度要求比较严格,对土壤湿度仍有一定的要求,以维持正常的新陈代谢。缺水会引起植物体内水分从其他部位向叶面流动,导致发育不良甚至落花。开花结果期空气湿度宜低,以免影响开花、授粉和种子成熟。

2.设施湿度环境与作物生育的关系

设施内空气湿度的大小是水分多少的反映。水分不足,影响了作物细胞分裂或伸长,因而影响了干物质增长和分配及产量和品质。当植物体内水分严重不足时,可导致气孔关闭,妨碍二氧化碳交换,使光合作用显著下降。

湿度过大,易使作物茎叶生长过旺,造成徒长,影响了作物的开花结果。同时,高湿(90%以上)或结露,常是一些病害多发的原因。设施内高湿条件下的多发病害见表5-8。

表5-8　设施内高湿条件下的多发病害

蔬菜名称	多发病的种类
黄瓜	菌核病、灰霉病、霜霉病、疫病等
番茄	菌核病、灰霉病、条腐病、叶霉病等
茄子	灰霉病、菌核病、花叶病等
青椒	灰霉病、菌核病、花叶病等
草莓	芽枯病等

通常,多数蔬菜作物光合作用的适宜的空气相对湿度为60%～85%,低于40%或高于90%时,光合作用会受到阻碍,从而使生长发育受到不良影响。不同蔬菜种类或品种以及不同生育时期对湿度要求不尽相同,但其基本要求大体如表5-9。

表5-9　蔬菜作物对空气湿度的基本要求

类型	蔬菜种类	适宜相对湿度(%)
较高湿型	黄瓜、白菜类、绿叶菜类、水生菜	85～90
中等湿型	马铃薯、豌豆、蚕豆、根菜类(胡萝卜除外)	70～80
较低湿型	茄果类(豌豆、蚕豆除外)	55～65
较干湿型	西瓜、甜瓜、胡萝卜、葱蒜类、南瓜	45～55

3.设施内湿度环境与病虫害发生的关系

多数病害发生要求高湿条件。因此,当设施环境处于高湿状态时($RH>90\%$)常导致病害严重发生。尤其在高湿低温条件下,水汽发生凝结,不论是直接在植株上结露,还是在覆盖材料上结露滴到植株上,都会加剧病害发生和传播。在高湿条件下易发生的蔬菜病害有黄瓜霜霉病、甜椒和番茄的灰霉病、菌核病、疫病等。有些病害在低湿条件、特别是高温干旱条件下容易发生,如各种作物的病毒病。在干旱条件下还容易导致蚜虫、红蜘蛛等虫害发生。几种主要蔬菜病害的发生与湿度的关系见表5-10。

表 5-10　几种主要蔬菜病虫害与湿度的关系

蔬菜种类	病虫害种类	要求相对湿度(%)
黄瓜	炭疽病、疫病、细菌性病害等	＞95
	枯萎病、黑星病、灰霉病、细菌性角斑病	＞90
	霜霉病	＞85
	白粉病	25～85
	病毒性花叶病	干燥(旱)
	瓜蚜	干燥(旱)
番茄	绵疫病、软腐病等	＞95
	炭疽病、灰霉病等	＞90
	晚疫病	＞85
	叶霉病	＞80
	早疫病	＞60
	枯萎病	土壤潮湿
	病毒性花叶病、病毒性蕨叶病	干燥(旱)
茄子	褐纹病	＞80
	枯萎病、黄萎病	土壤潮湿
	红蜘蛛	干燥(旱)
辣椒	疫病、炭疽病	＞95
	细菌性疮痂病	＞95
	病毒病	干燥(旱)
韭菜	疫病	＞95
	灰霉病	＞90
芹菜	斑点病、斑枯病	高温

因此,从创造植株生长发育的适宜条件、控制病害发生、节约能源、提高产量和品质、增加经济效益的综合方面考虑,设施内空气湿度以控制在 80%～85% 为宜。

三、设施湿度环境的调控

设施的湿度调控包括空气湿度调控和土壤含水量调控。

1.设施内空气湿度的调控

空气湿度的调控涉及除湿和增湿等方面的问题。一般情况下,在设施栽培条件下,经常发生的是空气湿度过高,因此,降低空气湿度即除湿是湿度调控的主要内容。

(1)除湿目的　尽管除湿目的多种多样,但从环境调控的观点上讲,主要是防止作物沾湿和降低空气湿度,最终目的一个是抑制病害发生,另一个是调整植株生理状态。设施环境除湿目的见表 5-11。

表 5-11　设施内除湿目的

	直接目的	发生时间	最终目的
防止作物沾湿	1 防止作物结露	早晨、夜间	防止病害
	2 防止屋面、保温幕上水滴下降	全天	防止病害
	3 防止发生水雾	早晨、傍晚	防止病害
	4 防止溢液残留	夜间	防止病害
调控空气湿度	1 调控饱和差(叶温或空气饱和差)	全天	促进蒸发蒸腾、控制徒长、增加着花率、防止裂果、促进养分吸收、防止生理障碍
	2 调控相对湿度	全天	促进蒸发蒸腾、防止徒长、改善植株生长势、防止病害
	3 调控露点温度、绝对湿度	全天	防止结露
	4 调控湿球温度、焓(潜热与显热之和)	白天	调控叶温

（2）除湿方法　空气除湿方法可分为两类，即被动除湿和主动除湿，其划分标准是看除湿过程是否使用动力（如电力能源），如果使用，则为主动除湿，否则为被动除湿。

1）被动除湿

指不需要人工动力的除湿方法，被动除湿方法很多，目前较多使用的有：

①自然通风　通过打开通风窗、揭薄膜、扒缝等通风方式通风，达到降低设施内湿度的目的。目前亚热带地区使用一种无动力自动锅陀状排风扇安置于大棚温室顶部，靠棚内热气流作用使风扇转动。

②覆盖地膜　覆盖地膜可以减少地表水分蒸发，从而减少设施内部空气中的水分含量，降低相对湿度。没有地膜覆盖，温室大棚内夜间相对湿度达 $95\%\sim100\%$，覆盖地膜后则可降至 $75\%\sim80\%$。

③科学灌溉　采用滴灌、渗灌、地中灌溉，特别是膜下滴灌，可有效降低空气湿度。减少土壤灌水量，限制土壤水分过分蒸发，也可降低空气湿度。

④采用吸湿材料　覆盖材料选用无滴长寿膜，在设施内张挂或铺设有良好吸湿性的材料，用以吸收空气中的湿气或者承接薄膜滴落的水滴，可有效防止空气湿度过高和作物沾湿，特别是可防止水滴直接滴落到植物上。如大型温室和连栋大棚内部顶端设置的具有良好透湿和吸湿性能的保温幕，普通钢管大棚或竹木结构大棚内部张挂的无纺布幕，也可以在地面覆盖稻草、稻壳、麦秸等吸湿性材料，达到自然吸湿、降湿的目的。

⑤农业技术措施　适时中耕，通过切断土壤毛细管阻止地下水分通过毛细管上升到地表，蒸发到空间。通过植株调整、去掉多余侧枝、摘除老叶，可以提高株行间的通风透光、减少蒸腾量、降低湿度。

2）主动除湿

主动除湿主要靠加热升温和通风换气来降低室内湿度，包括普通换气、热交换型除湿换气、强制空气流动、冷却除湿以及强制除湿等方法。其中热交换型除湿换气是用通风换气的方法来降低湿度，主要目的是在日出后 $1\sim2$ h 将作物体上结露吹干，当换气扇运转时，使室内得到高温低湿的空气，同时排出高温高湿的空气，还可以从室外空气中补充 CO_2 浓度。

设施环境湿度过高，常导致作物表面结水，即形成沾湿，设施除湿和防止作物沾湿的方法见表 5-12。

表 5-12　温室作物沾湿的防止方法

	方法	效果
设施资材防湿法（被动）	地膜覆盖	防止土壤水分蒸发
	秸秆覆盖	防止土壤水分蒸发、吸湿
	提高透光率	室内保持干燥
	内覆盖透湿性保温幕	防止屋顶水滴落下
	防雾滴膜的使用	通过薄膜内面结露除湿
	围护部使用隔热性强的资材	防止作物直接结露
除湿操作（主动）	控制灌水	减少蒸发、蒸腾
	通风换气	降低相对湿度
	加温供暖	降低相对湿度、促进除去覆盖面结露
	室内空气流动	促进作物植株表面干燥
	冷冻机、热泵	冷却部结露除湿
	吸湿性材料的利用	吸湿（可再生利用）

3) 增加空气湿度

作物的正常生长发育需要一定的水分,水分过高对作物不利,但过低同样不利。所以,当设施湿度过低时,应补充水分。另外,在秧苗假植或定植后的 3～5 d,由于其根系尚未恢复生长,对水分的吸收能力弱,而叶子仍然进行蒸腾而消耗水分,这时需要保持一定的湿度。园艺设施在进行周年生产时,到了高温季节还会遇到高温、干燥、空气湿度不够的问题,当栽培要求空气湿度高的作物,如黄瓜和某些花卉,还需要提高空气湿度。

加湿方法常见的有喷雾加湿、湿帘加温、喷灌等。

2. 设施土壤含水量调控

设施土壤含水量调控一般是指设施灌溉。目前,我国温室等设施已开始普及推广以管道输水灌溉为基础的各种灌溉方式,包括直接利用管道进行的管道输水灌溉,以及具有节水、省工等优点的滴灌、微喷灌、渗灌等先进的灌溉方式。

(1) 设施灌溉系统的组成

采用灌溉设备对温室进行灌溉就是将灌溉用水从水源提取,经适当加压、净化、过滤等处理后,由输水管道送入田间灌溉设备,最后由温室田间灌溉设备对作物实施灌溉。一套完整的温室灌溉系统通常包括水源、首部枢纽、供水管网、田间灌溉系统、自动控制设备等五部分,如图 5-19 所示。当然,简单的温室灌溉系统也可以由其中某些部分组成。

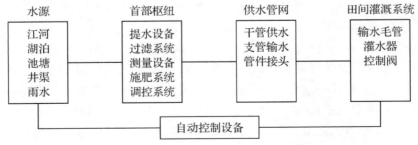

图 5-19　温室灌溉系统组成

1) 水源

江河湖泊、井渠沟塘等地表水源或地下水源,只要符合农田灌溉水质要求,并能够提供充足的灌溉用水量,均可以作为温室灌溉系统的水源。如有多处水源可供选择时,应尽量选择杂质少、位置近的水源,以降低灌溉系统中净化处理设备和输配水设备的投资。水源条件较差时,可考虑通过修建引水、蓄水等工程来保证温室灌溉用水的要求。含沙量大的水源,如果采用滴灌、微喷灌等对水质要求高的灌溉系统时,应考虑修建沉淀池去除水中的沙粒等固体杂质,防止堵塞灌溉系统。

温室供水可在灌溉时直接从水源提取,但更多的是在温室内、温室周围或温室操作间修建蓄水池(罐),以备随时使用,也可防止由于水源短暂的意外中断而影响温室的正常生产。

2)首部枢纽

温室灌溉系统中的首部枢纽由多种水处理设备组成,用于将水源中的水处理成符合田间灌溉系统要求的灌溉用水,并将这些灌溉用水送入供水管网中,以便实施田间灌溉。

完整的首部枢纽设备包括水泵与动力机、净化过滤设备、施肥(加药)设备、测量和保护设备、控制阀门等,有些温室灌溉还需要配置水软化设备或加温设备等。

3)供水管网

供水管网一般由干管、支管两级管道组成,干管是与首部枢纽直接相连的总供水管,支管与干管相连,为各温室灌溉单元供水,一般干管和支管应埋入地面以下一定深度以方便田间作业。温室灌溉系统中的干管和支管通常采用硬质聚氯乙烯(PVC)、软质聚乙烯(PE)等农用塑料管。

4)田间灌溉系统

田间灌溉系统由灌水器和田间供水管道组成,有时还包括田间施肥设备、田间过滤器、控制阀门等田间首部枢纽设备。

灌水器是直接向作物浇水的设备,如灌水管、滴头、微喷头等。根据温室田间灌溉系统中所用灌水器的不同,温室中常用的灌溉系统有管道灌溉系统、滴灌系统、微喷灌系统、喷雾灌溉系统、潮汐灌溉系统和水培灌溉系统等多种。

5)自动控制设备

现代温室灌溉系统中已开始普及应用各种灌溉自动控制设备,如利用压力罐自动供水系统或变频恒压供水系统控制水泵的运行状态;又如采用时间控制器配合电动阀或电磁阀对温室内的各灌溉单元按照预先设定的程序自动定时定量地进行灌溉;还有利用土壤湿度计配合电动阀或电磁阀及其控制器,根据土壤含水情况进行实时灌溉。目前,先进的自动灌溉施肥机不仅能够按照预先设定的灌溉程序自动定时定量地进行灌溉,还能够按照预先设定的施肥配方自动配肥并进行施肥作业。

采用计算机综合控制技术,能够将温室环境控制和灌溉控制相结合,根据温室内的温度、湿度、CO_2浓度和光照水平等环境因素以及植物生长的不同阶段对营养的需要,即时调整营养液配方和灌溉量。自动控制设备极大地提高了温室灌溉系统的工作效率和管理水平,已逐渐成为温室灌溉系统中的基本配套设备。

(2)设施主要灌溉系统

设施中使用的灌溉系统有多种,可依据温室灌溉系统中所用灌水器的形式进行区分。每种灌溉系统有自身的性能和特点,只有全面了解和掌握温室各种灌溉系统的性能和特点,才能根据温室生产的需要合理选择使用。以下简要介绍温室中主要使用的灌溉系统。

1)管道灌溉

管道灌溉系统是直接在田间供水管道上安装一定数量的控制阀门和灌水软管

（图 5-20），手动打开阀门用灌水软管进行灌溉的系统。这是目前温室中最常用的灌溉方法之一，如土壤栽培温室中的沟灌和其他温室栽培中的人工灌溉，操作人员手持灌水软管直接向灌溉目标灌溉。多数情况下，一根灌水软管可以在几个控制阀门之间移动使用以节约投资。灌水软管一般采用软质塑料管或橡胶管、软管、橡胶软管、涂塑软管等。如果需要，还可以在软管末端加上喷洒器或喷水枪以获得特殊的喷洒灌溉效果。

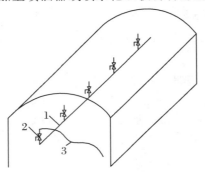

图 5-20　温室管道灌溉系统
1.供水管　2.控制阀门　3.灌水软管

管道灌溉系统具有适应性强、安装使用简单、管理方便、投资低等突出优点，而且几乎不存在灌溉系统堵塞问题，只需要采用简单的净化过滤措施即可，对水源的物理水质要求不高，因此在温室中被广泛采用。但单纯依靠管道灌溉系统进行灌溉，存在着劳动强度大、灌溉效率低、难以准确控制灌水量、无法随灌溉施肥和加药等不足，因此温室生产中常将管道灌溉与滴灌等其他灌溉系统结合使用，以获得更好的灌溉效果。

2）滴灌

滴灌系统是指所用灌水器以点滴状或连续细小水流等滴灌形式出流浇灌作物的灌溉系统（图 5-21）。滴灌系统的灌水器常见的有滴头、滴箭、发丝管、滴灌管、滴灌带、多孔管等。温室生产中，宜将滴灌系统与微喷灌或管道灌溉结合使用，低温季节采用滴灌系统进行灌溉，高温干燥季节结合微喷灌或管道灌溉进行降温加湿、调节温室田间气候，才能获得更好的收获。

（a）采用滴灌的盆栽花卉

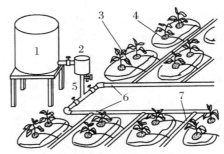

（b）采用滴灌的袋培果菜生产
1.营养液罐　2.过滤器　3.水阴管
4.滴头　5.主管　6.支管　7.毛管

图 5-21　温室灌溉系统

3）微喷灌

微喷灌系统是指所用灌水器以喷洒水流状浇灌作物的灌溉系统（图 5-22）。温室中采用微喷头的微喷灌系统，一般将微喷头倒挂在温室骨架上实施灌溉，以避免微喷灌系统对田间其他作业的影响。

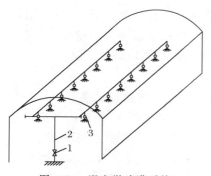

图 5-22　温室微喷灌系统	图 5-23　温室自行走式喷灌机
1.控制阀门　2.供水管　3.微喷头	1.喷灌机行走轨道　2.喷灌机主机　3.三喷嘴微喷头

4）自行走式喷灌机

温室用自行走式喷灌机实质上也是一种微喷灌系统,但自行走式喷灌机是一种灌水均匀度很高、可移动使用的微喷灌系统。工作时,自行走式喷灌机沿悬挂在温室骨架上的行走轨道运行,通过安装在喷灌机两侧喷灌管上的多个微喷头实施灌溉作业(图5-23)。

温室自行走式喷灌机通常还配有施肥或加药设备,以便利用其对作物进行施肥或喷药作业;同时采用可更换喷嘴的微喷头,可根据作物或喷洒目的不同选择合适的喷嘴进行喷洒作业。此外,喷灌机上所用喷头也必须有防滴器。

由于投资较高,温室自行走式喷灌机多用于穴盘育苗、观叶性花卉栽培等有特殊灌水要求的温室生产中。

5）微喷带微灌

微喷带微灌系统是采用薄壁多孔管作为灌水器的灌溉系统。多孔管是一种直接在可压扁的薄壁塑料软管上加工出水小孔进行灌溉的灌水器。这种微灌技术的特点之一是可用作滴灌,也可用作微喷灌。将其覆盖在地膜下,利用地膜对水流折射可以使多孔管出水形成类似滴灌的效果;将其直接铺设在地面,多孔管出水可形成类似细雨的微喷灌效果。温室中,低温季节将其覆盖在地膜下作为滴灌用,高温季节揭开地膜就可作为微喷灌用,是一种经济实用的温室灌溉设备,尤其适合在塑料大棚、日光温室等对灌溉要求不高的生产性温室中。微喷带微灌系统的优点是抗堵塞性能好,不需用很精细的水源净化过滤设备,能滴能喷,投资低等,缺点是其灌水均匀度较低,使用年限短。

6）渗灌

渗灌是利用埋在地下的渗水管,将压力水通过渗水管管壁上肉眼看不见的微孔,像出汗一样渗流出来湿润其周围土壤的灌溉方法。渗灌与温室滴灌系统的滴灌带灌溉相近,只是灌水器由滴灌带换成了渗灌管,由此在灌水器的布置上也发生了变化:滴灌带一般布置在地面,而渗灌管则是埋在地下。灌溉时,水流通过输水管进入埋设在地下的渗水管,经管壁上密布的微孔隙缓慢流出渗入附近的土壤,再借助土壤(基质)的毛细管作用将水分扩散到整个根系层供作物吸收利用。由于不破坏土壤结构,保持了作物根系层内疏松通透的生长环境条件,且减少了地面蒸发损失,因而具有明显的节水增产效益。此外,田间输水管道埋入地下后便于农田耕作和作物的栽培管理,同时,管材抗老化性也大大增强。

渗灌系统全部采用管道输水,灌溉水通过渗灌管直接供给作物根部,地表及作物叶面均保持干燥,作物棵间蒸发减至最小,计划湿润层土壤含水率均低于饱和含水率,因此,渗灌技术水的利用率理论上是目前所有灌溉技术中最高的一种。

温室采用渗灌系统具有省工、节水、易于实现自动控制、田间作业方便、设备使用年限长等优点,但因种植作物必须准确地与地下灌溉系统相对应,且灌溉均匀度低、系统抗堵塞能力差、检查和维护困难等原因限制了这一系统在温室灌溉领域内的应用。

　　7)潮汐灌溉

　　潮汐灌溉就是将灌溉水像"潮起潮落"一样循环往复地不断向作物根系供水的一种方法。"潮起"时栽培基质部分淹没,作物根系吸水,"潮落"时栽培基质排水,作物根系更多地吸收空气。这种方法很好地解决了灌溉与供氧的矛盾,基本不破坏基质的"三相"构成。

　　潮汐灌溉可适用于具有防水功能的水泥地面上地面盆花栽培或具有防水功能的栽培床或栽培槽栽培。潮汐灌溉如同大水漫灌一样,在地面或栽培床(槽)的一端供水,水流经过整个栽培面后从末端排出。常规的潮汐灌灌水面基本为平面,水流从供水端开始向排水端流动的过程中,靠近供水端的花盆接触灌溉水的时间较长,而接近排水端的花盆接触灌溉水的时间相对较短,客观上形成了前后花盆灌溉水量的不同,为了克服潮汐灌的这一缺点,工程师们对栽培床作了改进,即在栽培床或地面上增加纵横交错的凹槽,使灌溉水先进入凹槽流动,待所有凹槽都充满灌溉水后,所有花盆同时接受灌溉。

　　此外,设施灌溉还有水培灌溉(即水培栽培)和喷雾灌溉(即雾培)等。

第四节　设施气体环境及其调控

　　CO_2 是作物进行光合作用的必需原料,O_2 则是作物有氧呼吸的前提,在设施栽培条件下,设施内与外界的空气流通受到限制,在没有人为补充 CO_2 的情况下,容易造成温室内 CO_2 的匮乏,限制作物光合效率的提高。大气中 CO_2 和 O_2 含量发生变化,将影响到作物的生长发育、生理生化特性等一系列生命过程。与此同时,空气中的有害气体虽然含量甚微,但它们的存在仍有可能对农作物造成不可逆的副作用,必须了解并掌握这些有害气体的减除方法。

一、设施内的空气流动与调控

　　在田间自然条件下,由于空气的流动,作物群体冠层风速一般可达 1 m/s 以上,从而促进田间作物群体内水蒸气、二氧化碳和热量等的扩散。在设施条件下,尤其是冬季温室密闭状态下,室内气流速度较低。为了促进设施内气温分布均匀,缓解群体内低二氧化碳浓度和高相对湿度,必须促进室内空气的流动,以实现温室作物的优质高产。

　　1.空气流动速度与作物的生长发育

　　空气流动达到作物的叶片表面时,气流与叶片摩擦产生黏滞切应力,形成一个气流速度较低的边界层,称为叶面边界层。由于进行光合作用的 CO_2 和水汽分子进出叶面时,都要穿过这一边界层,因而其厚度、阻力和气流,都对叶片的光合、蒸腾作用构成重要影响,从而影响作物的生长发育。研究资料表明,叶面边界层厚度和阻力的大小与气流速度的大小密切相关,当气流速度在 0.4～0.5 m/s 以下时,叶面边界层阻力和厚度均增大;而在 0.5～1 m/s 的微风条件下,叶面边界层阻力厚度显著降低,有利于 CO_2 和水汽分子进入气孔,促进光合作用,这是设施作物生长的最适气流速度。但风速过大,则叶面气孔开度变小,光合强度受抑制,如能增加空气湿度,则光合强度还能增强一些;但在低相对湿度、高光强和高气流速度下,都会使光合强度下降。

2.换气与室内气流

为调控温室内气温、湿度和CO_2而进行换气时,温室内产生气流。研究表明,温室内栽培番茄时,温室面积200 m^2,番茄LAI＝3.5,开启天窗进行自然通风换气时,室内绝大部分部位的气流速度都是10 cm/s以下,开启排风扇进行强制通风(105 m^3/min排风量)时,室内气流速度虽比自然通风高,但是也不超过30 cm/s的风速,群体内大部分低于10 cm/s。可见靠这些换气方式,都达不到温室番茄最适的室内气流50～100 cm/s的要求。

3.气流环境的调节

通常在温室内设置排风扇进行强制通风,以求室内环境条件均一化,提高净光合速率和蒸腾强度,促进温室作物的生长发育。但在冬季密闭状态下,引起室内相对湿度上升,CO_2浓度低下,因此通风换气必须与CO_2施肥相结合。为促进温室内空气流动,将环流风扇安装在室内,冬季温室密闭时启动,搅拌空气使其流动,可使室内大部分部位的气流速度达到50～100 cm/s,为温室作物生长最适的气流速度水平。

二、设施内的二氧化碳环境及其调控

全球大气CO_2浓度已从工业革命前的280 $\mu mol/mol$上升到2005年的379 $\mu mol/mol$。随着世界人口和经济活动的增加,预计至21世纪末,大气CO_2浓度将增加一倍。同时CO_2也是由人类活动引起的最重要的温室气体之一。

1.CO_2浓度升高对植物的影响

(1)CO_2浓度升高对植物生长发育和产量的影响

CO_2是作物光合作用的原料,CO_2浓度增加及其温室效应引起的气候变化,对植物的生长发育会产生显著影响。高CO_2浓度能够促进植物地上部与根系(包括根重、根长及根表面积)的生长,提高生物量及产量,缩短植物的生育期,使植物开花期提早。高浓度CO_2能部分地抑制呼吸作用,减少呼吸消耗,同时CO_2作为光合作用的原料,浓度升高能增强光合作用和增大叶的总非结构糖浓度。

(2)CO_2浓度升高对植物叶片形态结构的影响

CO_2浓度倍增使C_3植物叶片近轴面气孔密度有减少的趋势,叶片厚度普遍增加,表皮细胞密度下降,叶绿体超微结构呈现出明显的差异,最典型的特征是淀粉粒积累增多,基粒和基粒类囊体膜发育良好,而且其数目均增多。

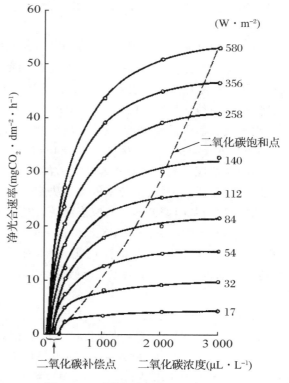

图 5-24 不同光强下黄瓜光合强度与二氧化碳浓度的关系

（3）CO_2 浓度升高对植物光合生理生态特性的影响

大气 CO_2 升高带来的全球气候变化对生态系统最直接、最重要的影响是其引起的光合作用变化（图 5-24）。CO_2 浓度升高不仅能够显著提高植物的碳同化速率，同时还能通过扩大光源利用范围来促进植物的光合作用。C_3 植物的光合作用受 CO_2 浓度倍增促进显著高于 C_4 植物，提高的程度随土壤含水量的减少而增加。在 CO_2 浓度日益升高的环境条件中，C_3 植物将具有更高的潜在光合能力和更强的竞争优势。

大量研究表明，大气中 CO_2 浓度增加，短期内会使植物光合作用速率上升，但经过较长一段时间后，光合作用速率将逐渐下降，植物适应后出现光合下调现象，即光合作用恢复到原来的水平甚至下降。目前就作物对 CO_2 浓度增加的光合适应或驯化现象说法不一，许多学者认为这是由于光合产物碳水化合物供大于求，导致终产物反馈抑制，源-库失调引起光合作用受阻。CO_2 浓度增加对作物光反应过程的影响因作物种类和品种不同以及短期响应和长期适应均存在明显差异。

（4）CO_2 浓度升高对植物蒸腾作用及水分利用效率的影响

气孔是协调 CO_2 气体交换和水分散失的最主要的门户，是调控植物资源有效利用的关键因子。无任何环境胁迫时，高 CO_2 浓度对 C_3 植物的生理生态指标产生的负效应中，气孔导度最为显著。环境中 CO_2 浓度升高会导致植物气孔的关闭，从而使气孔导度降低。大量研究表明，从叶片水平而言，随着空气中 CO_2 浓度增加，植物叶片净光合速率增加，蒸腾速率降低，因而使叶片的水分利用效率大大增加。从群体水平来说，由于植物在整个生育期内的耗水随空气中 CO_2 浓度增加变化不大，而其生物量积累和籽粒产量增加幅度相对较大，从该角度来说其水分利用效率还是提高了，且 C_3 植物比 C_4 植物提高较为明显。

（5）CO_2 浓度升高对植物呼吸作用的影响

大气 CO_2 浓度倍增对植物暗呼吸的影响目前存在两种截然相反的观点：一种认为暗呼吸随 CO_2 浓度的升高而减弱，可能是因为胞间 CO_2 浓度升高，暗固定 CO_2 加强等直接原因造成；另一种认为暗呼吸随 CO_2 浓度升高而增强，可能是高 CO_2 条件下，光合作用增强，碳水化合物含量增加，呼吸作用的底物增加，呼吸增强，同时高浓度 CO_2 刺激其他呼吸途径和生长加快需要更多的 ATP 和 NADPH 等间接原因引起的。

（6）CO_2 浓度升高对植物抗氧化能力的影响

植物抗氧化能力既由遗传基因类型决定，又受气候、环境等外界因素影响，表现出品种间差异及种内基因型差异。研究表明，高浓度 CO_2 条件下两种基因型大豆的抗氧化酶 CAT、GR、SOD、POD、APX、GPX 活性都下降，这可能是因为叶绿体中 CO_2 的分压提高，O_2 的分压降低，增强了 CO_2 的同化能力，体内过剩激发能减少，同时氧化作为电子受体形成活性氧的机会下降。高 CO_2 浓度下，水稻叶片 MDA 含量、POD 活性和可溶性蛋白质下降。

2.设施内 CO_2 浓度特点

以塑料薄膜、玻璃等覆盖的保护设施处于相对封闭状态，内部 CO_2 浓度日变化幅度远远高于外界，而且 CO_2 浓度垂直分布也呈明显的日变化（图 5-25）。设施内夜间，由于植物呼吸、土壤微生物活动和有机质分解，室内 CO_2 不断积累，早晨揭苫之前浓度最高，超过 $1000\ \mu L/L$。揭苫之后，随光温条件的改善，植物光合作用不断增强，二氧化碳浓度迅速降低，揭苫后约 2 h CO_2 浓度开始低于外界。通风前 CO_2 浓度降至一日中最低值。

通风后,外界 CO_2 进入室内,浓度有所上升,但由于通风量不足,补充 CO_2 数量有限,因此,一直到 16:00 左右,室内 CO_2 浓度低于外界。16:00 以后,随着光照减弱和温度降低,植物光合作用随之减弱,CO_2 浓度开始回升。盖苫后及前半夜的室内温度较高,植物和土壤呼吸旺盛,释放出的 CO_2 多,因此 CO_2 浓度升高很快。第二天早晨揭苫之前,CO_2 浓度又达到一日中的最高值。若在晴天的下午通风口过早关闭,由于植物仍具有较高的光合作用,温室 CO_2 浓度会再度降低。

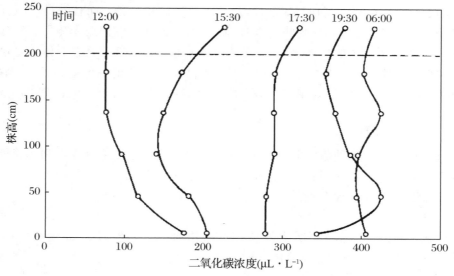

图 5-25　温室内砾培番茄二氧化碳浓度垂直分布日变化

　　由于设施类型、空间面积大小、通风状况以及栽培的作物种类、生育阶段和栽培床条件等不同,设施内部 CO_2 浓度会有很大差异。设施土壤条件对 CO_2 环境有明显影响,增加厩肥或其他有机物质的施用量,可以提高设施内部的 CO_2 浓度。无土栽培设施内,土壤散发的 CO_2 极少,特别是在换气量极少的冬季,CO_2 亏缺更加严重。

　　设施内不同部位的 CO_2 浓度分布并不均匀。从中午 CO_2 浓度分布来看,群体生育层上部以及靠近通道和地表面的空气中 CO_2 浓度较高,生育层内部浓度较低。由此可见,CO_2 供应源主要来自土壤和外界空气。但是即使 CO_2 浓度较高的部位也只有 220 $\mu L/L$ 左右,最低部位甚至只有 135 $\mu L/L$。在夜间,靠近地表面的 CO_2 浓度往往相当高,生育层内 CO_2 浓度较高,而上层浓度较低。设施内部 CO_2 浓度分布不均匀,会造成作物光合强度的差异,从而使各部位的产量和质量不一致。

　　3.设施 CO_2 施肥的生理作用

　　(1)形态和结构的变化

　　多数试验结果表明,CO_2 施肥蔬菜株高、茎粗、叶片数、叶面积、分枝数、开花数、座果率增加,生育速度加快。CO_2 施肥促进侧枝发育可能与对顶端优势的抑制有关,而对开花数的影响,一方面是由于施肥对花芽诱导和分化、发育与败育的直接效应,另一方面分枝数的增加和茎部伸长增加了单株花数。CO_2 施肥促进生长和花芽分化的原因,除了光合速率增加为细胞生长提供更丰富的糖源外,施肥还可诱导细胞生长,即 CO_2 溶于水提高细胞壁环境 H^+ 浓度,激活软化细胞壁的酶类,解除细胞壁中多聚物联结,使之软化松弛,膨压下降,从而促进细胞吸水膨大。

　　CO_2 施肥蔬菜比叶重上升,比叶重与淀粉含量均成线性相关。但是比叶重升高不完全归因于淀粉含量的增加,因为大多数情况下叶片厚度也同时增加,反映了施肥条件同化产物在叶片中的优先积累特性或者叶片输出同化产物的能力相对不足,其中库容限制可能是重要因素之一。施肥黄瓜叶片厚度减少,但栅栏组织在叶片总厚度中的比值上升。

（2）光合作用和呼吸作用的响应

相同条件下,提高大气中 CO_2 浓度,黄瓜叶片光合速率上升明显,原因在于增加了 Rubisco 羧化酶活性,降低了加氧酶活性,从而加速碳同化过程。而且,CO_2 加速降低光补偿点,增加光合量子产额,提高叶绿体 PSⅡ 活性,提高蔬菜利用弱光能力。另外,生长于 CO_2 倍增条件下的黄瓜叶片,PSⅡ 捕光叶绿体 a/b 蛋白质复合物聚合体态量增加,单体态量减少。这种变化既是植物光合机构对长期高 CO_2 浓度的一种适应,同时也提高了对光能的吸收、传递和转换效率,以提供充足的 ATP 和 NADPH 保证高效光合同化作用。

（3）生长异常现象

高浓度 CO_2 引起多种蔬菜生长异常,表现为叶片失绿黄化、卷曲畸形和坏死等症状。高 CO_2 浓度造成气孔正常调节功能的紊乱是伤害的重要原因。

4.提高设施内 CO_2 浓度的方法

（1）通风换气

当设施内 CO_2 浓度低于外界大气水平时,采用强制或自然通风可迅速补充 CO_2。此法简单易行,但 CO_2 浓度的升高有限。

（2）增加土壤有机质

增施有机肥不仅提供作物生长必需的营养物质,改善土壤理化性质,而且可释放出大量的 CO_2。但是有机质释放 CO_2 的持续时间短,产气速度受外界环境和微生物活动影响较大,不易调控,而且未腐熟厩肥在分解过程中还可能产生氨气、二氧化硫、二氧化氮等有害气体。

（3）生物生态法

将作物和食用菌间套作,在菌料发酵、食用菌呼吸过程中释放出 CO_2,或者在大棚、温室内发展种养一体,利用畜禽新陈代谢产生的 CO_2。此法属被动施肥,易相互污染,无法控制 CO_2 释放量。

（4）CO_2 施肥

在温室内施用 CO_2,始于瑞典、丹麦、荷兰等国家,20 世纪 60 年代,英国、日本、联邦德国、美国相继开展 CO_2 施肥试验,目前成为设施栽培中的一项重要管理措施。我国在该领域的研究和应用起步虽晚,但由于日光温室在北方地区大面积推广普及,冬季密闭严,通气少,室内 CO_2 亏缺严重,目前已相当普遍推广实用 CO_2 施肥技术,效果十分显著。一般地,黄瓜、番茄、辣椒等果菜类施用 CO_2 气肥的比不施的平均增产 20%～30%,并能促进开花,增加果数和果重,提高品质;叶菜类、萝卜等根菜类的增产效果大;鲜切花施用 CO_2 可增加花数,促进开花,增加和增粗侧枝,提高花的质量。

1）CO_2 施肥方法

设施内 CO_2 的增施主要采用以下四种方式:一是固体 CO_2 施肥法。二是采用 CO_2 发生器于棚内施用 CO_2 气肥(表5-13),放气量和放气时间可根据面积、天气、作物叶面系数等调节。反应物主要有:碳酸氢铵加硫酸、小苏打加硫酸、石灰石加盐酸等。三是采用燃料燃烧法。四是液态 CO_2 施用法,液态 CO_2 为酒精工业的副产品,也是制氧工业、化肥工业的副产品,经压缩装在钢瓶内,可直接在棚内释放。

①固体 CO_2 施肥法

固体 CO_2 施用法较简单,买来配好的固体 CO_2 气肥或 CO_2 颗粒剂,按说明使用即可。将固体 CO_2 气肥按 2 穴/m^2,每穴 10 g 施入土壤表层,并与土混匀,保持土层疏松。施用时勿靠近根部,也可将固体气肥施在水淹不到的地方,使用后不要用大水漫灌,以免影响 CO_2 气体的释放。

表 5-13　667 m^2 标准棚(1300 m^3)内施用 CO_2 气肥用料对照表

反应物	单位	数量				
CO_2 增加量	%	0.010	0.025	0.055	0.075	0.100
CO_2 达到量	%	0.040	0.055	0.085	0.105	0.130
液态 CO_2	kg	0.240	0.600	1.300	1.790	2.400
浓硫酸	kg	0.275	0.685	1.480	2.040	2.750
碳酸氢铵	kg	0.465	1.165	2.515	3.470	4.650
浓硫酸	kg	0.275	0.690	1.495	2.060	2.760
碳酸氢钠	kg	0.465	1.160	2.515	3.455	4.650
浓盐酸	kg	1.075	2.690	5.825	8.020	10.750
90%碳酸钙	kg	0.605	0.520	1.860	4.530	6.050

②CO_2 发生器施肥法

一般使用硫酸和碳酸氢铵发生化学反应产生 CO_2 气体,通常 667 m^2 用量标准为:每天称取 3.6 kg 碳酸氢铵＋2.25 kg 浓硫酸(1:3 稀释),均匀放入 30 个容器内进行反应(常用塑料桶,挂高 1.5 m),晴天日出后 0.5～1 h 使用,通风前半小时停用,使棚室内 CO_2 浓度达到 1000 mg/kg 左右(黄瓜需 CO_2 适宜浓度为 800～1000 mg/kg,番茄为 1000～1500 mg/kg),一般连施 30 d 以上,阴雨天不施。在实际操作过程中,可一次配 2～3 d 的硫酸量,每天上午只需向挂桶内定量撒碳酸氢铵即可。施用一般从植株的初花期开始到盛果期结束,施用时关闭温室,反应后废液(主要成分为硫酸铵和水)加 10 倍水稀释作土壤追肥。

③燃料燃烧法

在欧美、日本等国家,常利用低硫燃料如天然气、白煤油、石蜡、丙烷等燃料释放 CO_2,应用方便,易于控制。我国主要将燃煤炉具改造,增加对烟道尾气的净化处理装置,滤除其中的二氧化氮、二氧化硫、粉尘、煤焦油等有害成分,输出纯净的 CO_2 进入设施内部。

配合生态型日光温室建设,利用沼气来进行 CO_2 施肥,这是目前大棚蔬菜最值得推广的 CO_2 施肥技术。具体方法是:选用燃烧比较完全的沼气灯或沼气炉作为施气器具,大棚内按每 50 m^2 设置一盏沼气灯,每 100 m^2 设置一台沼气灶。每天日出后燃放,燃烧 1 m^3 沼气可获得大约 0.9 m^3 CO_2。一般棚内沼气池寒冷季节产沼气量为 0.5～1.0 m^3/d,它可使 333 m^2 大棚(容积为 600 m^3)内的 CO_2 浓度达到 0.1%～0.16%。在棚内 CO_2 浓度到 0.1%～0.12%时停燃,并关闭大棚 1.5～2 h,棚温升至 30 ℃时,开棚降温。施放 CO_2 后,水肥管理必须及时跟上。

④液态 CO_2（气瓶）

一般应用简单，常在大型温室内应用。具体方法是：根据气瓶的压力不同确定释放时间长短，最好配合 CO_2 测定仪及时了解室内 CO_2 浓度状态，达测定量浓度就可以停止施用。根据经验，一般 333 m^2 的日光温室需要释放 0.5 h 左右。

2）CO_2 增施时间

CO_2 施肥应在作物一生中光合作用最旺盛的时期和一日中光照条件最好的时间进行。苗期 CO_2 施肥利于缩短苗龄，培育壮苗，提早花芽分化，提高早期产量，苗期施肥应及早进行。定植后的 CO_2 施肥时间取决于作物种类、栽培季节、设施状况和肥源类型。以蔬菜为例，果菜类定植后到开花前一般不施肥，待开花坐果后开始施肥，主要是防止营养生长过旺和植株徒长；叶菜类则在定植后立即施肥。在日本，越冬栽培黄瓜 CO_2 施肥在开始收获前、促成栽培在定植后。在荷兰，利用锅炉燃气，CO_2 施肥常常贯穿作物全生育期。

一天中，CO_2 施肥时间应根据设施 CO_2 变化规律和植物的光合特点安排。在中国和日本，CO_2 施肥多从日出或日出后 0.5～1 h 开始，通风换气之前结束。严寒季节或阴天不通风时，中午停止施肥。在北欧、荷兰等国家，CO_2 施肥则全天候进行，中午通风开窗至一定大小时自动停止。此外，国外曾有夏季温室通风期 CO_2 施肥的报道，CO_2 浓度近于或略高于大气水平，既减少温室内外 CO_2 浓度差，降低渗漏损失，又能取得明显的增产效果。

3）CO_2 施用期间的栽培管理

CO_2 施肥必然改变了温室的环境条件，必须全面保证和调节各种条件，才能有效地发挥 CO_2 施肥的作用。

①光照管理　当光照强度一定时，增加 CO_2 浓度会增加光合量。当 CO_2 浓度一定时，增加光照强度，也会增加光合量。CO_2 施肥可以提高光能利用率，弥补弱光的损失。研究表明，温室作物在大气 CO_2 浓度下的光能转换效率为 5～8 μg /J，光能利用率 6%～10%，1200 $\mu L/L$ CO_2 浓度下光能转化效率为 7～10 μg /J，光能利用率 12%～13%。通常，强光下增加 CO_2 浓度对提高作物的光合速率更加有利，因此，CO_2 施肥的同时应注意改善群体受光条件。

②温度管理　在 CO_2 施肥的同时，提高管理温度是必要的。一般将 CO_2 施肥条件下的通风温度提高 2 ℃～4 ℃，同时将夜温降低 1 ℃～2 ℃，加大昼夜温差，以保证植株健壮生长，防止徒长。

③湿度管理　各种作物要求不同的空气相对湿度，只有相对湿度适宜，CO_2 施肥效果才能发挥作用。如黄瓜适宜的相对湿度为 80%，辣椒为 85%，番茄为 45%～50%。

④灌水和施肥管理　CO_2 施肥促进作物生长发育，增加对水分、矿质营养的需求。因次，在 CO_2 施肥的同时，必须增加水分和营养的供给，满足作物生理代谢需要，但又要注意避免肥水过大造成徒长。应当重视氮肥的使用。

4）CO_2 施肥浓度

从光合作用的角度，接近饱和点的 CO_2 浓度为最适施肥浓度，但是，CO_2 饱和点受作物、环境等多因素制约，实际操作中很难掌握，而且，施用饱和点浓度的 CO_2，在经济方面也不一定合算。通常，800～1500 $\mu L/L$ 作为多数作物的推荐施肥浓度，具体浓度依作物种类、生育时期、光照及温度等条件而定，如晴天和春秋季节光照强时施肥浓度宜高，阴天和冬季低温弱光季节施肥浓度宜低。近年来，依据温室内的气象条件和作物生育状况,以作物生长模型和温室物理模型为基础,通过计算机动态模拟优化,将投入与产出相比较确定瞬时 CO_2 施肥最佳浓度的研究取得较大进展。

三、设施内有害气体及其排除

随着设施瓜菜种植面积的扩大,时常会出现一些由于有害气体浓度过大造成的类似病害的症状,但是这些症状既没有真菌病害常见的霉状物,也没有细菌病害的腐烂状,一般通风换气后即可抑制病斑扩展。

1.设施常见有害气体及其危害症状

(1)氨气 对氨气敏感的蔬菜有黄瓜、番茄、辣椒等。当温室内氨气浓度达到 5 g/m³ 时,生长旺盛的中部叶片就会不同程度地受害,叶肉组织白化、变褐,最后枯死,如果通风换气排除氨气后,新发生的叶片可正常生长。当浓度达到 40 g/m³ 时,经过 24 h,几乎各种蔬菜都会受害而枯死。

(2)二氧化氮 对二氧化氮反应敏感的蔬菜有茄子、番茄、辣椒、芹菜、莴苣等。当温室内二氧化氮的浓度达到 2 g/m³ 时,叶片的叶缘和叶脉间形成白灰色或褐色坏死的小斑点,严重时整叶凋萎枯死。

(3)二氧化硫 对二氧化硫敏感的蔬菜有黄瓜、番茄、辣椒、茄子、西葫芦等。当浓度超过 1 g/m³ 时,在叶片上就会出现界限分明的点状或块状水渍斑。

(4)邻苯二甲酸二丁酯 该物质是塑料薄膜增塑剂,使用掺有该增塑剂的薄膜,当温室内白天温度高于 30 ℃时,邻苯二甲酸二丁酯便不断地游离出来,在不注意通风换气的情况下,积累到一定浓度,便对瓜菜造成为害。其受害症状为:在心叶和叶尖的幼嫩部位,沿着叶脉两侧的叶肉褪绿、变白、生长受阻。

(5)乙烯 温室前屋面覆盖的聚氯乙烯薄膜,覆盖后如不能及时通风,薄膜中释放出的乙烯浓度达到 0.1 g/m³ 时,敏感作物便开始出现叶片下垂弯曲,严重时叶片枯死,植株畸形。对乙烯敏感的作物有黄瓜、番茄。

2.有害气体的生成原因

(1)氨气 通常是由于施肥不当直接造成的,如直接在密闭的温室地面撒施碳铵、尿素、鸡粪、饼肥,或在温室内发酵鸡粪及饼肥等,都会直接或间接释放氨气。

(2)二氧化氮 常见于连作 3 年以上的温室。经测定是由于两方面原因造成的:一是土壤呈酸性(pH 值小于 5),二是氮肥施用量过大,在土壤硝酸细菌的作用下,使土壤酸化,造成亚硝酸态的转化强烈受阻,而铵态氮向亚硝酸态的转化受影响较小,由于转化的不平衡,使亚硝酸在土壤中大量积累。在土壤强酸性条件下,亚硝酸变得不稳定而气化。土壤中铵态氮越多,发生的亚硝酸气体越多,导致二氧化氮气体积累也越多。

(3)二氧化硫 多见于温室生产过程中,用硫黄粉熏蒸消毒,或深冬季节用燃煤加热升温不当,引起二氧化硫在温室内聚积过量造成。

此外,邻苯二甲酸二丁酯和乙烯等有害气体有时也是由于选用不适宜的塑料薄膜引起的。

3.预防措施

(1)施用充分腐熟的有机肥料 一般在有机肥施入前 2~3 个月,将其加水拌湿堆积后,盖严薄膜,经充分发酵后再施用,每 667 m² 施入量在 1.5 万 kg 左右也不会产生氨气和二氧化氮等有害气体。

(2)合理使用化肥 温室内使用化肥应注意以下几点:①温室内不施氨气、碳铵、硝铵等易挥发的肥料。②用尿素、三元复合肥等不易挥发的化肥作基肥时,要与过磷酸钙和部分腐熟的有机肥混合后沟施或翻耕深埋。③用尿素、硫酸钾三元复合肥等追肥时,一定要随追施随埋严,追施后及时浇水,严禁在温室追施或冲施未经发酵的人粪尿。

（3）通风换气排除温室内有害气体　根据温室内温度高低及外界天气情况,每天中午前后,可适当通风换气,避免有害气体大量积累。用硫黄消毒要在温室生产前进行,待充分排除二氧化硫气体后再栽植作物。深冬加温时要选用优质煤,并架设烟道排烟。

（4）选用适宜的塑料薄膜　使用的地膜、防水膜和前屋面膜,都必须是安全无毒的,不要用再生塑料薄膜。

第五节　设施土壤环境及其调控

土壤是作物赖以生存的基础,作物生长发育所需要的养分与水分,都需从土壤中获得,"根深才能叶茂",所以设施内的土壤营养状况直接关系作物的产量和品质,是十分重要的环境条件。

栽培设施内温度高、空气湿度大,气体流动性差,光照较弱,而设施内作物复种指数高,生长期长,施肥量大,根系残留也较多,再加上多年连作造成设施内养分不平衡,因而使得设施内土壤环境与露地土壤有很大的区别。

一、设施土壤特征

设施栽培由于倒茬困难,病虫害和土壤次生盐渍化等连作障碍问题不断加剧,连作容易造成相同病虫害的猖獗、某种元素缺乏、根系分泌的有机酸及有毒物不易消除和土壤pH值改变较大。连作障碍已成为制约蔬菜生产可持续发展的瓶颈问题。引起作物连作障碍的原因是复杂的,是土壤-作物系统内部诸多因素综合作用的外在表现,最终导致设施土壤不同于露地。

1. 设施土壤养分含量相对较高,并且出现表聚现象

由于设施内土壤有机质矿化率高,氮肥用量大,淋溶又少,所以残留量高。设施内土壤全磷的转化率比露地高2倍,对磷吸附和解吸附量也明显高于露地,磷大量富集,而钾的含量相对不足,氮钾比例失衡,这些都对作物生育不利。

设施内土壤有机质含量是露地菜田的1～3倍,腐殖质和胡敏酸比例高。随着温室棚龄的增加,温室土壤有机质含量有升高的趋势,并明显高于露地,8年温室有机质含量最高,比露地增加了103％,8年、5年和3年棚龄土壤有机质含量分别为6.34％、4.55％、3.43％,明显高于露地的3.12％。

2. 土壤酸化

土壤中盐基离子被淋失而氢离子增加、酸度增高的过程称为土壤酸化。设施内土壤的pH值随着种植年限的增加而呈降低的趋势,即土壤酸化（图5-26）。引起设施栽培土壤酸化的原因,一是施用酸性和生理酸性肥料,如氯化钾、过磷酸钙、硝酸铵等;二是大量施用氮肥,土壤的缓冲能力和离子平衡能力遭到破坏而导致土壤pH下降,从而出现化学逆境。土壤pH值的变化将会影响到土壤养分的有效性。在石灰性土壤上,pH值的降低能够活化铁、锰、铜、锌等微量元素以及磷的有效性,但是在酸性土壤上,pH值的降低会加重 H^+、铝、锰的毒害作用,磷、钙、镁、锌、钼等元素也容易缺乏。

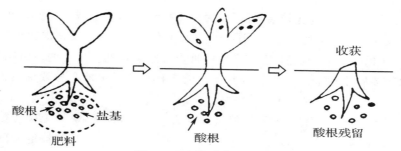

酸根　　　　盐基

肥料　　　　　　　酸根　　　　　　　　酸根残留

图 5-26　土壤酸化示意图

3.土壤次生盐渍化

土壤次生盐渍化是指土壤中可溶性盐类随水向表层运移而累积,含量超过 0.1% 或 0.2% 的过程。设施内施肥量大,并且长年或季节性覆盖,土壤得不到雨水的充分淋洗,加之设施中由下到上的水分运动形式,致使盐分在土壤表层聚集。土壤盐类积累后,造成土壤溶液浓度增加使土壤的渗透势加大,作物种子的发芽、根系的吸水吸肥均不能正常进行。而且由于土壤溶液浓度过高,营养元素之间的拮抗作用常影响到作物对某些元素的吸收,从而出现缺素症状,最终使生育受阻,产量及品质下降。同时,随着盐浓度的升高,土壤微生物活动受到抑制,铵态氮向硝态氮的转化速度下降,导致作物被迫吸收铵态氮,叶色变深,生育不良。造成设施土壤盐分积累的主要原因如下:

(1)化肥用量过高

温室积盐的主要原因是氮素化肥施用过量,其利用率不足 10%,其余 90% 以上被积累在土壤或进入地下水。也就是说,过量施用肥料和偏施氮肥是引起温室土壤次生盐渍化的直接原因。

(2)设施内土壤水分与盐分运移方向与露地不同

设施内土壤水分在耕层内的运移方向,除灌水后 1 d 左右的时间外,都是向着地表的方向。灌溉虽创造了水分由上而下移动的条件,但其中大部分甚至全部仍会通过蒸腾和蒸发而逸散,故大棚内水分由下而上移动是主流。由于地面蒸发强烈,土体水分沿着毛细管向上运行,形成这种上升水流使盐分向表土积聚。

(3)缺少雨水淋溶

土壤中可溶性盐分随地下水的上升,水逸盐留,由于设施的封闭特性以及特殊的覆盖结构,使得土壤盐分得不到雨水冲洗,造成盐分逐年积累,加之设施土壤的积温显著高于露地,土壤的矿化作用明显加剧,土壤自身矿化的离子和人为施入的肥料结合起来而使土壤盐分浓度在短短 2～3 年内就会明显上升。因此缺少降雨淋溶和土壤高矿化度是引起温室土壤次生盐渍化的另一主要因素。

4.土壤物理性状不良

保护地土壤与露地土壤相比,随着种植年限增加,土壤结构性得到明显改善,水稳性团粒结构(0.25～2 mm)增加,土壤毛细管空隙发达,持水性好;但非活性孔隙比例相对下降,土壤通气透水性差,物理性状不良。连作引起的盐类积累会使土壤板结,通透性变差,需氧微生物的活性下降,土壤熟化慢。

5.土壤微生物发生变化

由于设施栽培作物种类比较单一,形成了特殊的土壤环境,使硝化细菌、氨化细菌等有益微生物受到抑制,而对作物有害的微生物大量发展,土壤微生物区系发生了很大变化,而且由于设施内的环境比较温暖湿润,为一些病虫害提供了越冬场所。此外,连续种植同一作物或同源作物会使特定的病原菌繁殖,而使土传病害、虫害严重。随着连作年限的增加,真菌的数量减少,但是有害真菌的种类和数量增加。近年的研究结果表明,设施土壤微生物多样性有降低的趋势,土壤微生物多样性降低可能是导致病虫害大量发生的原因之一。

土壤微生物和酶是土壤生态系统的重要动力。微生物和酶既是土壤有机物质矿化的执行者,又是植物养分的活性库。同一种作物连作后,可以使某些特定的微生物群得到富集,特别是植物病原真菌,不利于土壤中微生物种群的平衡,而有利于植物根部病害的发生,使产量逐年降低。且土壤酶活性的强弱可作为评判土壤肥力的辅助指标。

6.设施土壤易发生植物自毒作用

自毒作用是指一些植物可通过地上部淋溶、根系分泌物和植株残茬等途径来释放一些物质对同茬或下茬同种或同科植物生长产生抑制的现象。自毒作用是一种发生在种内的生长抑制作用,连作条件下土壤生态环境对植物生长有很大的影响,尤其是植物残体与病原微生物的代谢产物对植物有致毒作用,并连同植物根系分泌物分泌的自毒物质一起影响植株代谢,最后导致自毒作用的发生。番茄、茄子、西瓜、甜瓜和黄瓜等作物极易产生自毒作用,而与西瓜同科的丝瓜、南瓜、瓠瓜和黑籽南瓜则不易产生自毒作用,其生长有时反而被其他瓜类的根系分泌物所促进。

二、设施土壤环境的调节与控制

过量施肥是设施土壤盐分的主要来源,目前我国在设施栽培尤其是蔬菜栽培上盲目施肥现象非常严重,化肥的施用量一般都超过蔬菜需要量的 1 倍以上,大量的剩余养分和副成分积累在土壤中,使土壤溶液的盐分浓度逐年升高,土壤发生次生盐渍化,生理病害加重。因此,非常有必要对设施土壤的理化性质和肥力等进行科学合理的调控。

1.增施有机肥

设施内宜使用有机肥,因为其肥效缓慢,腐熟的有机肥不易引起盐类浓度上升,还可改进土壤的理化性状,疏松透气,提高含氧量,提高地温,还能向棚室内放出大量的 CO_2 气体,减轻或防止土壤盐类浓度过高。设施内土壤的次生盐渍化与一般土壤盐渍化的主要区别在于盐分组成,设施内土壤次生盐渍化的盐分以硝态氮为主,硝态氮占到阴离子总量的 50% 以上。因此,降低设施土壤硝态氮含量是改良次生盐渍化土壤的关键。

使用作物秸秆是改良土壤次生盐渍化的有效措施,除豆科作物的秸秆外,其他禾本科作物秸秆的碳氮比都较高,施入土壤以后,在被微生物分解过程中,能够同化土壤中的氮素。使用秸秆不仅可以防止土壤次生盐渍化,而且还能平衡土壤养分,增加土壤有机质含量,促进土壤微生物活动,降低病原菌的数量,减少病害。

2.换土、轮作和无土栽培

换土是解决土壤次生盐渍化的有效措施之一,但是劳动强度大不易被接受,只适合小面积应用。轮作或休闲也可以减轻土壤的次生盐渍化程度,达到改良土壤的目的,如蔬菜保护设施连续使用几年以后,种一季露地蔬菜或一茬水稻,对恢复地力、减少生理病害和病菌引起的病害都有显著作用。

当设施内的土壤障碍发生严重,或者土传病害泛滥成灾时,可采用无土栽培技术,使得土壤栽培存在的问题得到解决。近年来山东农业大学园艺科学与工程学院研究的槽式有机基质无土栽培在防设施蔬菜枯萎病、根结线虫以及提高产量和品质方面取得了显著的效果。

3.平衡配方施肥

设施蔬菜配方施肥是在施用有机肥的基础上，根据蔬菜的需肥规律，土壤的供肥特性和肥料效应，提出氮、磷、钾和微量元素肥料的适宜用量以及相应的施用技术。该项技术可减少土壤中的盐分积累，是防止设施土壤次生盐渍化的有效途径，也是设施生产的关键技术之一。

4.合理灌溉

合理灌溉降低土壤水分蒸发量，有利于防止土壤表层盐分积聚。设施栽培土壤出现次生盐渍化并不是整个土体的盐分含量高，而土壤表层的盐分含量超出了作物生长的适宜范围。土壤水分的上升运动和通过表层蒸发是使土壤盐分积聚在土壤表层的主要原因。

灌溉的方式和质量是影响土壤水分蒸发的主要因素，漫灌和沟灌都将加速土壤水分的蒸发，易使土壤盐分向表层积聚。目前设施内的灌溉方法主要有膜下沟灌、喷灌、膜下滴灌、渗灌和涌泉灌等，其中滴灌和渗灌是最经济的灌溉方式，同时又可防止土壤下层盐分向表层积聚，是较好的灌溉措施。

5.土壤消毒

土壤中有病原菌、害虫等有害生物和微生物、硝酸细菌、亚硝酸细菌、固氮菌等有益生物。正常情况下这些微生物在土壤中保持一定的平衡，但连作时由于作物根系分泌物质的不同或病株的残留，引起土壤中生物条件的变化打破了平衡状况，造成连作的危害。由于设施栽培有一定空间范围，为了消灭病原菌和害虫等有害生物，可以进行土壤消毒。

（1）药剂消毒

根据药剂的性质，有的灌入土壤中，也有的洒在土壤表面。使用时应注意药品的特性，目前生产上常用药剂有甲醛、硫黄粉、氯化苦等，在施用时都需提高室内温度，使土壤温度达到 15 ℃～20 ℃以上，10 ℃以下不易气化，效果较差。采用药剂消毒时，可使用土壤消毒机，土壤消毒机可使液体药剂直接注入土壤一定深度，并使其气化和扩散。面积较大时需采用动力式消毒机，按照运作方式有犁式、凿刀式、旋转式和注入棒式 4 种类型，其中凿刀式消毒机，是悬挂刀轮式拖拉机上牵引作业。作业时凿刀插入土壤并向前移动，在凿刀后部有药液注入管将药液注入到土壤之中，而后以压土封板镇压覆盖。与线状注入药液的机械不同，注入棒式土壤消毒机利用回转运动使注入棒上下运转，以点状方式注入药液。

另外，还可以用甲霜灵、福美双、多菌灵等 4～5 kg/667 m² 进行土壤药剂消毒。

（2）蒸汽消毒

蒸汽消毒是土壤热处理消毒中最有效的方法，它是以杀灭土壤中有害微生物为目的。大多数土壤病原菌用 60 ℃蒸汽消毒 30 min 即可杀死，但对 TMV（烟草花叶病毒）等病毒，需要 90 ℃蒸汽消毒 10 min。多数杂草种子，需要 80 ℃左右的蒸汽消毒 10 min 才能杀死。土壤中除病原菌之外，还存在很多氨化细菌和硝化细菌等有益微生物，若消毒方法不当，也会引起作物生育障碍，必须掌握好消毒时间和温度。

在土壤或基质消毒之前，需将消毒的土壤或基质疏松好，用帆布或耐高温的厚塑料布覆盖在待消毒的土壤或基质表面上，四周要密封，并将高温蒸汽输送管放置到覆盖物之下。每次消毒的面积与消毒机锅炉的能力有关，要达到较好的消毒效果，每平方米土壤每小时需 50 kg 的高温蒸汽。

（3）太阳能消毒

在炎热的夏季，利用设施的休闲期进行太阳能消毒，消毒效果较好。先把土壤翻松，然后灌水，用塑料薄膜覆盖，使设施封闭 15～20 d，达到高温消毒的作用。

6. 施用微生物菌肥

微生物菌肥对改良设施土壤有良好的作用。研究表明，在棚室中每 667 m^2 施 6000 kg 腐熟有机肥的基础上，施用生物复合菌肥 6 kg、磷酸二铵 10 kg、硫酸钾 20 kg，可明显增加土壤肥力的持效性，至生育后期土壤中速效钾为单施有机肥的 117.6%，速效磷含量增加 21.2%，碱解氮含量增加 24.5%，能改善土壤微生物区系，能提高植株抗病能力，尤其是土传病害如菌核病、枯萎病，比单纯施化肥明显降低，而且土壤盐分浓度降低，对调节设施内土壤生态系统具有重要作用。

另外，近年来研究结果表明，微生物可以缓解自毒物质对作物生长发育的抑制作用，从而改善设施土壤状况，提高作物对水分和养分的吸收能力，促进根际微生物活力，增加有益菌群。

7. 利用化学他感作用

许多植物和微生物可释放一些化学物质来促进或抑制同种或异种植物及微生物生长，这种现象称为化学他感作用。已证明利用农作物间的化学他感作用原理进行有益组合，不仅可有效地提高作物产量，并且在减少根部病害方面也可取得令人满意的效果。例如，一些十字花科作物分解过程中会产生含硫化合物，因此向土壤中施入这种作物的残渣能减少下茬作物根部病害的发生。生产上，由于许多葱蒜类蔬菜的根系分泌物对多种细菌和真菌具有较强的抑制作用，而常被用于间作或套种。

8. 改进灌溉技术

以水化盐。利用自然降雨淋浴与合理的灌溉技术，以水化盐。

9. 增施有机改良剂

用壳质粗粉、植物残体、蚓粪、绿肥、饼肥、稻草、堆肥和粪肥等有机改良剂处理土壤后，能改良土壤结构，改善土壤微生物的营养条件，提高土壤微生物多样性，降解产生挥发性物质，从而抑制病原菌的生长。

10. 采用嫁接和无土栽培技术克服作物的自毒作用

第六节　设施环境的综合调控

设施农业，是集生物工程、农业工程、环境工程为一体的跨部门、多学科的系统工程，是在外界不适的季节通过设施及环境调节，为作物生长提供适宜的生长环境，使其在最经济的生长空间内，获得最高的产量、品质和经济效益的一种高效农业。在实际生产中，设施内的光照、温度、湿度、养分、CO_2 等环境因子互相影响、相互制约、相互协调，形成综合动态环境，共同作用于作物生长发育及生理生化等生命活动过程。因此，要实现设施栽培的高产、优质、高效生产，就不能只考虑单一因子，而应考虑多种环境因子的综合影响，采用综合环境调控措施，把多种环境因子都维持在一个相对最佳组合下，并以最少限度的环控设备，实现节能、省工省力，实现设施农业的可持续发展。

随着科学技术的发展和信息时代的到来，设施调控技术的发展已逐步由单因子调控向综合调控及高层次的自动化、智能化和现代化的方向发展，即形成所谓的智能温室，使设施内温度、湿度、光照、水分、CO_2浓度、营养液等环境因子自动调控到作物生育所需最佳状态，实现由传统农业向现代化集约型农业的转变。

一、设施环境综合调控的目的和意义

实际生产中，光、温、湿、气、土等环境因子是同时存在的，综合影响作物的生长发育，具有同等重要性和不可替代性，缺一不可又相辅相成，当其中某一个因子起变化时，其他因子也会受到影响随之起变化。例如，温室内光照充足时，温度也会升高，土壤水分蒸发和植物蒸腾加速，使得空气湿度也加大，此时若开窗通风，各个环境因子则会出现一系列的改变，生产者在进行管理时要有全局观念，不能只偏重于某一个方面。设施内环境要素与作物体、外界气象条件以及人为的环境调节措施之间，相互发生着密切的作用，环境要素的时间、空间变化都很复杂。

所谓综合环境调控，就是以实现作物的增产、稳产为目标，把关系到作物生长的多种环境要素（如室温、湿度、CO_2浓度、气流速度、光照等）都维持在适于作物生长的水平，而且要求使用最少量的环境调节装置（通风、保温、加温、灌水、使用二氧化碳、遮光、利用太阳能等各种装置），既省工又节能，便于生产人员管理的一种环境控制方法。这种环境控制方法的前提条件是，对于各种环境要素的控制目标值（设定值），必须依据作物的生长发育状态、外界的气象条件以及环境调节措施的成本等情况综合考虑，通过对环境状况和调控设备运行状况的实时监测，设定控制目标值，配置各种数据资料的记录分析，根据效益分析来进行有效的综合环境调控。

设施内不同作物以及同一作物的不同生长发育阶段对环境因子的要求不同，所以在设施生产中，要结合实际的栽培作物来合理控制环境条件，促进作物的生长及光合作用。因此日光温室黄瓜生产环境因子调控可以采取如下措施：冬季清晨，温度较低，而CO_2浓度较高，此时低温就成为黄瓜叶片光合作用的限制因子，如果将 12 ℃ 或者是更低的温度提高到 15 ℃，黄瓜叶片的净光合速率会明显提高（图 5-14），加温的成本却比较低，因此适当加温是比较经济的方法。光合作用在适合的温度条件时，虽然未放风，但室内 CO_2浓度通过植株的光合作用已有消耗，此时可人工增施 CO_2 至 1500 $\mu L \cdot L^{-1}$，但没有必要再升高 CO_2 浓度。冬春季节温度较低的时间里，可以尽量缩短放风时间，保持较高的CO_2 浓度来促进黄瓜叶片的光合作用，有利于提高黄瓜的产量。

表 5-14 黄瓜叶片光合速率的最适环境因子组合

温度/℃	$CO_2/\mu L \cdot L^{-1}$	光量子通量密度/$\mu mol \cdot m^{-2} \cdot s^{-1}$	净光合速率/$\mu mol \cdot m^{-2} \cdot s^{-1}$
12	1000~1200	100~400	6.29~13.22
15	1200~1500	200~600	13.22~21.39
20	1500	400~800	14.45~27.26
25	1500	600~800	30.93~34.43
30	1500	600~1000	29.56~38.06
33	300	800~1200	17.92~20.72
35	300	800~1200	17.41~21.23

二、设施环境综合调控的方式

设施环境综合调控有三个不同的层次，即人工控制、自动控制和智能控制。这三种控制方法在我国设施农业生产中均有应用，其中自动控制在现代温室环境控制中应用最多。

1.设施环境的人工控制

单纯依靠生产者的经验和头脑进行的综合管理，是其初级阶段，也是采用计算机进行综合环境管理的基础。有经验的菜农非常善于把多种环境要素综合起来考虑，进行温室大棚的环境调节，并根据生产资料成本、产品市场价格、劳力、资金等情况统筹计划、安排茬口、调节上市期和上市量，为争取高产、优质和高效益进行综合环境管理，并积累了丰富的经验。

生产能手对温室内环境的管理，多少都带有综合环境管理的色彩。比如采用年前耕翻、晾垡晒土，多次翻土、晒土提高地温，多施有机肥提高地力，选用良种、营养土提早育苗，用大温差育苗法培育成龄壮苗，看天、看地、看苗掌握放风量和时间，浇水要和光温配合等，都综合考虑了温室内多个环境要素的相互作用及其对作物生育的影响。

依靠经验进行的设施环境综合调控，要求管理人员具备丰富的知识，善于并勤于观察情况，随时掌握情况变化，善于分析思考，能根据情况做出正确的判断，让作业人员准确无误地完成所应采取的措施。

2.设施环境的自动控制

所谓自动控制，是指在没有人直接参与的情况下，利用控制装置或控制器，使机器、设备或生产过程的某个工作状态或参数自动地按照预定的规律运行。例如温室内浇灌系统自动适时地给作物灌溉补水等，这一切都是以自动控制技术为前提的。

(1)自动控制的基本原理和方式

自动控制系统的结构和用途各不相同，自动控制的基本方式有开环控制、反馈控制和复合控制。近几十年来，以现代数学为基础，引入电子计算机的新控制方式也有了很大发展，例如最优控制、极值控制、自适应控制、模糊控制等。其中反馈控制是自动控制系统最基本的控制方式，反馈控制系统也是应用最广泛的一种控制系统。

1)开环控制方式

指控制装置与被控对象之间只有顺向作用而没有反向联系的控制过程，按这种方式组成的系统成为开环控制系统，其特点是系统的输出量不会对系统的控制作用发生影响。开环控制系统可以按给定量控制方式组成，也可以按扰动控制方式组成。

2)反馈控制方式

是一种把系统的被控量反馈到它的输入端，并与参考输入相比较的控制方式。在反馈控制系统中控制装置对被控对象施加的控制作用，是取自被控量的反馈信息，用来不断修正被控量的偏差，从而实现对被控对象进行控制的任务，这就是反馈控制的原理。反馈控制就是采用负反馈并利用偏差进行控制的过程。其特点是不论什么原因使被控量偏离期望值而出现偏差时，必定会产生一个相应的控制作用去减小或消除这个偏差，使被控量与期望值趋于一致。可以说，按反馈控制方式组成的反馈控制系统，具有抑制任何内、外扰动对被控量产生影响的能力，有较高的控制精度。

3)复合控制方式

是指按偏差控制和按扰动控制相结合的控制方式。按扰动控制方式在技术上较按偏差控制方式简单,但它只适用于扰动是可测量的场合,而且一个补偿装置只能补偿一个扰动装置,对其余扰动均不起补偿作用。因此,比较合理的一种控制方式是把按偏差控制与按扰动控制结合起来,对于主要扰动采用适当的补偿装置实现按扰动控制,同时再组成反馈控制系统实现按偏差控制,以消除其余扰动产生的偏差。这样,系统的主要扰动已被补偿,反馈控制系统就比较容易设计,控制效果也会较好。

(2)自动控制系统的分类

自动控制系统可以从不同的角度进行分类。为了全面反映自动控制系统的特点,常常将各种分类方法组合应用。

1)线性控制系统和非线性控制系统

若组成控制系统的元件都具有线性特性,则称这种系统为线性控制系统。这种系统的输入与输出间的关系,一般用微分方程、传递函数来描述,也可以用状态空间表达式来表示。线性系统的主要特点是具有齐次性和适用叠加原理。如果线性系统中的参数不随时间而变化,则称为线性定常系统;反之,则称为线性时变系统。

在控制系统中,如有一个以上的元件具有非线性,则称该系统为非线性控制系统。这时要用非线性微分(或差分)方程来描述其特性。非线性控制系统一般不具有齐次性,也不适用叠加原理,而且它的输出响应和稳定性与其初始状态有很大的关系。

严格地说,绝对的线性控制系统(或元件)是不存在的,因为所有的物理系统和元件在不同的程度上都具有非线性特性。例如放大器和电磁元件的饱和特性;运动部件的死区、间隙和摩擦特性等。为了简化对系统的分析和设计,在一定的条件下,对于非线性程度不太严重的元部件,可采用在一定范围内线性化处理的方法,这样非线性系统就近似为线性系统,从而可以用分析线性系统的理论和方法对它进行研究。

2)恒值控制系统、随动系统和程序控制系统

恒值控制系统的参考输入是一个常值,要求被控量也等于一个常值。但由于扰动的影响,被控量会偏离参变量而出现偏差,控制系统便根据偏差产生控制作用,以克服扰动的影响,使被控量恢复到给定的常值。在恒值控制系统中,参据量可以随生产条件的变化而改变,但是一经调整后,被控量就应与调整好的参据量保持一致。

随动控制系统的参据量是预先未知的随时间任意变化的函数,要求被控量以尽可能小的误差跟随参据量的变化。在随动系统中,扰动的影响是次要的,系统分析、设计的重点是研究被控量跟随的快速性和准确性。

程序控制系统的参据量是按照预定规律随时间变化的函数,要求被控量迅速、准确地复现。机械加工使用的数字程序控制机床便是一例。程序控制系统和随动系统的参据量都是时间函数,不同之处在于前者是已知的时间函数,后者则是未知的任意时间函数,而恒值控制系统也可视为程序控制系统的特例。

3)连续控制系统和离散控制系统

若控制系统中各部分的信号都是时间的连续函数,则称这类系统为连续控制系统。在控制系统各部分的信号中只要有一个是时间的离散信号,则称这种系统为离散控制系统。显然,脉冲和数码都属于离散信号。计算机控制系统是一种常见的离散控制系统。

(3)对自动控制系统的基本要求

自动控制理论是研究自动控制共同规律的一门学科。尽管自动控制系统有不同的类型,对每个系统也都有不同特殊的要求,但对于各类系统来说,在已知系统的结构和参

数时,我们感兴趣的都是系统在某种典型信号输入下,其被控量变化的全过程。例如,对恒值控制系统是研究扰动作用引起被控量变化的全过程;对随动系统是研究被控量如何克服扰动并跟随参据量的变化过程。但是,对每一类系统被控量变化全过程提出的共同基本要求都是一样的,且可以归结为稳定性、快速性和准确性,即稳、准、快的要求。

1）稳定性

稳定性是保证控制系统正常工作的先决条件。一个稳定的控制系统,其被控量偏离期望值的初始偏差应随时间的增长逐渐减小或趋于零。具体来说,对于稳定的恒值控制系统,被控量因扰动而偏离期望值后,经过一个过渡过程时间,被控量应恢复到原来的期望值状态;对于稳定的随动系统,被控量应能始终跟踪参据量的变化。反之,不稳定的控制系统,其被控量偏离期望值的初始偏差将随时间的增长而发散。因此,不稳定的控制系统无法实现预定的控制任务。

2）快速性

为了很好完成控制任务,控制系统仅仅满足稳定性要求是不够的,还必须对其过渡过程的形式和快慢提出要求,一般称为动态性能。例如,对用于稳定的高射炮射角随动系统,虽然炮身最终能跟踪目标,但如果目标变动迅速,而炮身跟踪目标所需过渡过程时间过长,就不可能击中目标;对用于稳定的自动驾驶仪系统,当飞机受阵风扰动而偏离预定航线时,具有自动使飞机恢复预定航线的能力。但在恢复过程中,如果机身摇晃幅度过大,或恢复速度过快,就会使乘员感到不适;函数记录仪记录输入电压时,如果记录笔移动很慢或摆动幅度过大,不仅使记录曲线失真,而且还会损坏记录笔,或使电器元件承受过电压。因此,对控制系统过渡过程的时间（即快速性）和最大振荡幅度（即超调量）一般都有具体要求。

3）准确性

理想情况下,当过渡过程结束后,被控量达到的稳态值（即平衡状态）应与期望值一致。但实际上,由于系统结构、外作用形式以及摩擦、间隙等非线性因素的影响,被控量的稳态值与期望值之间会有误差存在,称为稳态误差。稳态误差是衡量控制系统控制精度的重要标志,在技术指标中一般都有具体要求。

3. 设施环境智能化综合调控

（1）智能控制技术概况

近年来,智能控制技术在很多领域得到了广泛应用,如制造业、工业工程、能源工程、生物医学工程、汽车、飞行器以及室内设施装备等。智能控制是一种直接控制模式,它建立在启发、经验和专家知识等基础上,应用人工智能、控制论、运筹学和信息论等学科相关理论,驱动控制系统执行机构实现预期控制目标。

智能控制具有处理非线性、时变和不确定信息等优点。理想的智能控制系统除了满足一般控制系统的性能要求外,还应具有自学习、自适应、自组织和自结构等功能。自学习为系统对一个未知控制环境提供的信息进行识别、记忆和学习,并利用积累的经验进一步改善自身性能的能力;自适应为系统适应受控对象的动力学特性变化、环境变化和运行条件变化等的能力,其实质是不依赖于模型的自适应估计;自组织为控制系统对于复杂任务和分散的传感信息具有的自组织和自协调功能,从而使控制系统具有主动性和灵活性,可以在任务要求的范围内自行决策并主动采取行动;自结构为控制系统具有的参数自调整与结构自构建的能力,它通过引入学习机制,根据给定的学习数据集,运用少量的规则解释控制系统内知识,在系统运行的初始阶段,系统内没有规则,规则通过在线学习建立和调整,同时对数学模型的结构和参数进行确认。

为了实现预期的控制要求,使控制系统具有更高的智能,目前普遍采用的智能控制方法包括专家控制、模糊控制、神经网络控制和混合控制等。其中,混合控制将基于知识和经验的专家系统、基于模糊逻辑推理的模糊控制和基于人工神经网络的神经网络控制等方法交叉并融合,相互优势互补,使智能控制系统性能更理想,成为当今智能控制方面的研究热点之一。近年来,基于混合控制理论的方法在智能控制方面的应用研究非常活跃,取得了令人鼓舞的成果,并形成了模糊神经网络控制和专家模糊控制等多个研究方向。

(2)设施环境的智能化的主要表现

1)作物生长评估系统的建立及其知识表达

设施农业的发展使得对作物生长影响因子的研究,从局限于对单因子作用转化到对作物综合影响因素、影响因子之间的互动性研究,从而建立更为严密的作物生长评估体系。反过来,根据作物评估体系建立机电控制数据模型,从而达到环境控制系统的智能化。在设施农业中,作物评估体系和环境控制系统的关系十分密切,事实上,作物评估体系也是计算机环境控制系统的有机组成部分。研究作物评估系统逐步成为设施环境调控研究的一个方向。

2)模糊控制理论在设施环境调控中的应用

利用模糊理论可以对任意精度逼近一个非线性函数的能力,针对温室生物环境控制的复杂性,目前很多的专家已经开始研究模糊理论在设施环境调控方面的应用。

3)设施生产环境自动化、智能化控制

设施蔬菜生产要实现产业化和现代化,必须将现代科学技术引入到设施蔬菜生产中,特别是20世纪发展最快的计算机技术应用到设施蔬菜生产的环境控制上,使环境控制实现自动化。

(3)智能控制技术在现代温室环境控制的应用

现代设施环境智能控制系统是一个非线性、大滞后、多输入和多输出的复杂系统,其问题可以描述为:给定温室内动植物在某一时刻生长发育所需的信息,该信息与控制系统感官部件所检测的信息比较,在控制器一定控制算法的决策下,各执行机构合理动作,创造出温室内动植物最适宜的生长发育环境,实现优质、高产(或适产)、低成本和低能耗的目标。温室环境智能控制系统的拓扑结构如图5-27所示,智能控制系统通过传感器采集温室内环境和室内作物生长发育状况等信息,采用一定的控制算法,由智能控制器根据采集到的信息和作物生长模型等比较,决策各执行机构的动作,从而实现对温室内环境智能控制的目的。

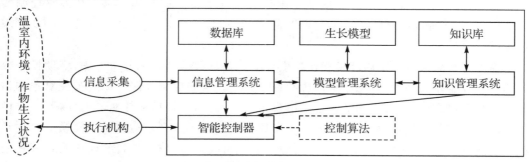

图5-27　温室环境智能控制系统拓扑结构

1）温室环境智能控制硬件结构

温室环境控制是在充分利用自然资源的基础上，通过改变温室内的环境因子（温度、湿度、光照、CO_2 和施肥等）来获得作物最适宜的生长发育环境，其控制涉及硬件结构和控制算法等问题。

现代温室环境智能控制多采用分布式控制系统结构。整个控制系统不存在中心处理系统，由许多分布在各温室中（或实现温室环境控制的不同控制功能）的可编程控制器或子处理器组成，每一控制器连接到中心监控计算机或主处理器上。各子处理器处理所采集的数据，并完成实时控制功能，主处理器存储和显示子处理器传送来的数据，并向各子处理器发送控制设定值和其他控制参数。分布式控制系统有系统网络、现场控制站、操作员站和工程师站等 4 个基本组成部分，完成数据采集、控制和管理等特定功能。这些特定功能模块通过网络连接，组成完整的控制系统，实现分时控制、集中管理和集中监视的目标。

在分布式温室环境智能控制硬件系统框架下，可以采用单片机（MCP）、可编程控制器（PLC）或工业控制机（IPC）等来完成现场控制站（器）的功能，并各具特点。基于 MCP 的温室环境智能控制系统，从信息采集到控制算法等所有性能都由单片机完成，一旦单片机出现故障，系统将会失控。但由于其操作简单和价格低廉，在一定时期内仍有一定的应用前景。

基于 PLC 的温室环境智能控制系统利用 PLC 复杂的逻辑控制功能和强运算能力，通过总线技术可以实现多站点的网络化分布式控制。现场控制器可以独立于中心监控机或主处理器工作，具有高可靠性、丰富的内置集成功能，较强的通讯能力和丰富的扩展功能，非常适于现代温室的控制要求。基于 IPC 的温室环境智能控制系统的现场控制功能由工业控制机完成。由于 IPC 配备了各种接口板及标准通讯接口，具有硬件开发量少和软件组态方便等特点，为温室群控和网络化的实现提供了方便。控制系统的系统网络可以采用 CAN 总线、现场总线（Field Bus）和工业以太网（Industrial Ethernet）等多种形式。

2）温室环境智能控制算法

温室环境智能控制系统是在系统硬件的支持下执行软件（包括控制算法）的过程，控制算法在很大程度上决定了智能控制系统的性能。近年来，对温室环境智能控制系统控制算法的研究方兴未艾。

PID 控制算法在温室环境控制中应用最早。它根据输入的偏差值，按比例、积分和微分的函数关系运算，将其结果用以输出控制。常规 PID 控制器的参数不易在线调整，容易产生超调，抗干扰能力差，不能满足现代温室环境智能控制的要求。在温室控制实际应用中，为了提高控制系统的动态调节品质和控制精度，通常需要对常规的 PID 控制算法进行改进。

模糊控制算法将温室内环境和作物生长状况等参数综合起来分析考虑，借助模糊数学和模糊控制相关理论，实现温室环境的智能控制。模糊控制算法不需要被控对象的精确数学模型，根据实验结果和经验总结出模糊控制规则，经过模糊控制器的模糊化、模糊推理和去模糊化等过程，使被控环境因子参数相互影响耦合到最适宜状态。模糊控制具有响应速度快、超调小和过渡时间短等优点，但当系统输入、输出数目和模糊语言变量划分等级增大时，模糊规则数目以幂级数增加，导致控制系统的性能降低。

设施农艺学

114

神经网络是由许多神经元按照一定的拓扑结构相互连接的网络结构。它具有多种模型，如反向传播 BP 模型（Back Propagation）、自适应线性元件 ADALine 模型（Adaptive Linear Element）和汉明网络模型（Hamming Network）等。根据 Kolmogorov 定理，3 层 BP 神经网络可以逼近任一连续函数，能实现任意复杂非线性映射问题。神经网络算法不需要精确的数学模型，其网络结构具有自组织、自学习和非线性动态处理能力，适于温室环境智能控制的要求。但在 BP 算法中，如果权值的初值选择不当，会出现收敛速度很慢甚至不收敛的现象，使得其稳定性分析相当困难。因此，在实际应用中多将神经网络算法与其他控制算法结合，以达到最优的控制效果。

由于现代温室环境智能控制系统是一个非线性大滞后、多输入和多输出的复杂系统，单一的控制算法很难满足现代温室环境智能控制的要求，将多种控制算法交叉与融合的混合控制算法在温室环境智能控制方面的应用和研究异常活跃。

3）温室内生物信息获取方法

为了使温室环境智能控制系统能精细调控温室内各环境因子，给室内生物（动物或植物）创造最适宜的生长发育环境，研究温室内生物信息获取方法和技术十分必要。国内外许多学者和研究人员对温室内生物信息获取方法开展了研究工作。早在 1989 年，日本学者 Hashimoto 就提出了 SPA（Speaking Plant Approach）的控制思想，其核心是利用图像传感器对温室内植物进行无损检测，通过采集植物的实时生长信息并反馈给控制器，结合人工智能的方法实现温室环境的智能控制。美国 Rutgers 大学 K. C. Ting 教授和北京农业信息化工程技术研究中心赵春江、西南大学谢守勇等开展了计算机视觉对植物生长信息获取的课题研究，以实现对温室内植物生长发育信息的无损检测。中国农业大学王忠义和陈瑞生等以植物电信号为生理反馈信息，利用神经网络建立了植物电位与环境因子的定量关系，为实现温室内植物生理指标的智能控制提供理论依据。

探索新型的设施内环境和室内生物信息获取方法，建立作物生长发育状况与设施内环境因子之间的数学模型，开展设施内小气候模拟研究，建立以设施外气候条件和设施内配套条件为驱动变量的设施小气候模拟模型，进行设施内环境的数字仿真和试验研究，能进一步为实现设施内作物生理指标的智能控制、智能控制系统硬件配置及结构优化提供理论依据。

（4）设施环境智能控制系统

当前，随着国民经济的迅速增长，计算机技术作为高新技术的重要手段之一，已经广泛地应用于现代农业领域。传统的设施管理采用模拟控制仪表和人工管理方式，其落后的管理方式已不能适应当前农业技术的发展，要改变这种情况，将计算机技术引入农业设施，实现农业设施的计算机智能控制，是最有效的途径之一。

设施环境智能控制系统将成为现代农业发展的重要手段和措施。它的功能在于以先进的技术和现代化设施人为控制作物的环境条件，使作物生长不受自然气候的影响，做到常年工厂化，且进行高效率、高产值和高效益生产。

1）系统组成

为实现对温室环境因子（湿度、温度、光照、CO_2、土壤水势等）的有效控制，本系统采取数据采集和实时控制的硬件结构。该系统可以独立地完成温室环境信息的采集、处理和显示（如图 5-28 所示）。该系统设计由 A/D、D/A 的多功能数据采集板、上位机、下位机、继电器驱动板及电磁阀、接触器等执行元件组成。这些执行元件形成测量模块、控制输出模块及中心控制模块三大部分。

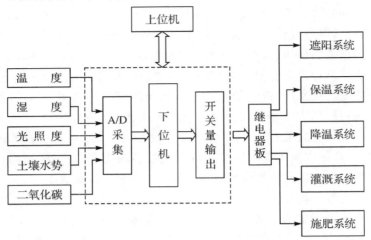

图 5-28　系统结构框图

测量模块是由传感器把作物生长的有关参量采集过来,经过变送器变换成标准的电压信号送入 A/D 采集板,供计算机进行数据采集。传感器包括温度传感器、湿度传感器、土壤水分传感器、光照传感器以及 CO_2 传感器等。

控制输出模块实现了对温室各环境参数的控制,采用计算机实现环境参数的巡回检测,依据四季连续工况设置受控环境参数,对环境参数进行分析,通过控制通风、遮阳、保温、降温、灌溉、施肥设备等,根据温室某环境因子超出设置的适宜参数范围时,自动打开或关闭控制设备,调节相应的环境因子。

中心控制模块由下位机为控制机,检测现场参数并可直接控制现场调节设备,下位机也有人机对话界面以便于单机独立使用。上位机为管理机,针对地区性差异、季节性差异、种植类差异,负责控制模型的调度和设置,使整个系统更具有灵活性和适应性。同时,上位机还具有远程现场监测,远程数据抄录以及远程现场控制的功能,在上位机就有身临现场的感觉。另外,上位机还有数据库、知识库,用于对植物生长周期内综合生长环境的跟踪记录、查询、分析和打印报表,以及供种植人员的技术咨询。

2)系统工作原理

植物生长发育要求有适宜的温度、湿度、土壤含水量、光照度和 CO_2 浓度。所以本系统的任务就是有效地调节上述环境因子使其在要求的范围内变化。环境因子调节的控制手段有暖气阀门、东/西侧窗、排风扇、气泵、水帘、遮阴帘、水泵阀门等。根据不同季节的气候特点,环境因子调节的手段不同,因此控制模式也不同。

设施环境因子参考模型的建立以温度控制为核心,根据设施作物在不同生长阶段对温度的要求不同分期调节。同时,要随作物一天中生理活动中心的转移进行温度调节。调节温度以使作物在白天通过光合作用能制造更多的碳水化合物,在夜间减少呼吸对营养物质的消耗为目的。调节的原则是以白天适温上限作为上午和中午增进光合作用时间带的适宜温度,下限作为下午的控制温度,傍晚 $4\sim5$ h 内比夜间适宜温度的上限提高 $1℃\sim2℃$,以促进运转。其后以下限为通夜控制温度,最低界限温度作为后半夜抑制呼吸消耗时间带的目标温度。调节方法 1 d 分成 4 个时间带,不同时间带控制不同温度,这也叫变温控制,如图 5-29 所示。

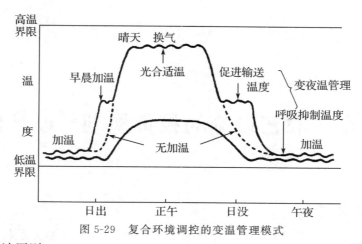

图 5-29　复合环境调控的变温管理模式

3）系统设计原则

通过对我国温室产业的发展现状和国外先进监控系统的分析研究,并考虑到我国温室产业的特殊性和我国的国情,日光温室环境控制系统的设计应遵循简单、灵活、实用、价廉的原则。

简单指结构和操作简单,系统的现场安装简单,用户使用方便,且具有一定的智能化程度,能通过对室内环境参数的测量进行自动控制。

灵活指系统可以随时根据季节的变化和农作物种类的改变进行重新配置和参数设定,以满足不同用户生产的需求。

实用指所设计的系统应充分考虑我国农业生产的实际情况,特别是我国东北的寒冷地区,保证对环境的适应性强、工作可靠、测量准确、控制及时。

价廉指为便于在我国的日光温室中应用及推广,研制的系统应保持在一般农户可以接受的水平上。

复习思考题

1. 设施光环境的主要特点及影响因素包括哪些方面?
2. 设施的保温措施和加温措施各有哪些?
3. 如何对设施空气湿度进行调控? 设施灌溉系统主要包括哪些?
4. 设施内二氧化碳施肥有哪些方法?
5. 造成设施土壤连作障碍的原因是什么? 如何有效防止连作障碍?
6. 简述设施环境综合调控的三个不同层次。

第六章　农艺设施的投资规划与设计建造

本章学习目标

掌握农艺设施的总体设计及结构设计的原则与要求；重点掌握主要农艺设施的建筑和结构设计、设备配置和建造施工及应用。了解建筑施工的要求和步骤及设施建造的招标和标书的撰写。

第一节　农艺设施的规划设计要求

近年来，随着我国设施农业的发展，栽培设施有了长足的发展，温室和大棚正在由小型发展到大型，由单栋发展到连栋；由竹木结构向钢结构、钢筋混凝土结构，由半永久式向永久式发展。内部设施也正在由简单向复杂，由原始向先进，由手动操作向机械化及自动化方向发展。农艺设施的设计必须符合作物设施栽培的特点和要求，其与一般工业及民用建筑的设计不同，主要有以下特点与要求。

1. 功能要求

温室的平、剖面应根据功能的需要建造，根据功能把温室分为生产性温室、科研试验性温室和观赏展览性温室等类型，各种温室平、剖面的设计都有所不同。

2. 节能要求

设施的建筑构造除满足各自的使用功能外，还应满足节能方面的要求。通过合理的构造，降低屋面和墙体的传热系数，增加透光率，使温室最大限度地吸收太阳能，并减少内部热量的流失，最有效地利用太阳能，达到节约能源的目的。为了使设施屋面能充分透过太阳光，减少遮光，要求结构简单、轻质、建材截面积小，以减少阴影遮光面积。设施屋面要求倾角合理，除满足采光的要求外，还应保证下雨时薄膜屋面上（尤其是屋脊附近）的水滴容易顺畅流下，不发生积水。夜间应有密闭度高、保温性能好的结构和设备，现代化温室或条件好的日光温室还应有采暖设备。高温时应有通风换气等降温设备。夏初之前和夏末之后主要通过侧窗和天窗的自然通风来降温并改善内部环境。

透明覆盖材料要求透光率高，可选用塑料薄膜、玻璃和聚碳酸酯板材。

3. 环境要求

设施环境必须适于作物的生长和发育，为取得高产、优质的产品，要随着作物的生育和天气的变化，不断地调控设施内小气候。特别是春夏季的高温高湿和秋冬季的低温弱光，不仅影响作物的生育，还容易诱发病虫害，所以要求具有灵敏度高、容易调控的结构和设备,要求土壤肥沃,理化性状好,为调节土壤水分应有性能良好的排灌设备。

设施环境不仅要适于作物生育,也应适于劳动作业和保护劳动者的身体健康。如采暖、灌水等管道配置不合理或立柱过多时,会影响平地等作业;结构过于高大时,会影响放风扣膜作业,而且也不安全;设施内高温、高湿,不仅容易使劳动者疲劳,降低劳动效率,而且因病虫害多,经常施农药,直接影响作业者的健康,其残毒会影响消费者的健康。此外,还要考虑废旧薄膜和营养液栽培时废液的处理问题,否则易造成公害。

4.可靠性要求

设施在使用的过程中结构会承受到各种各样的荷载作用,如风荷载、雪荷载、作物荷载、设备荷载等。正常使用时,在这些荷载作用下结构应该是可靠的,即温室的结构应能够承受各种可能发生的荷载作用,不会发生影响使用的变形和破坏。

设施的围护结构(包括侧墙和屋顶)将承受风、雪、暴雨、冰雹以及生产过程中的正常碰撞冲击等荷载的作用,玻璃、塑料薄膜、PC 板等围护材料都应该能够在上述荷载作用下牢固可靠,应该保证这些荷载能够通过连接传递到主体结构。

设施的主体结构应该给围护构件提供可靠的支撑,除了上述荷载外,主体结构还将承受围护构件和主体结构本身的自重、固定设备重量、作物吊重、维修人员、临时设备等造成的荷载。

5.耐久性要求

设施在正常使用和正常维护的情况下,所有的主体结构、围护构件以及各种设备都应该具有规定的耐久性。设施的结构构件和设备所处的环境是比较恶劣的(对构件本身来讲),设施内部温度较高,湿度较大,光辐射强烈,空气的酸碱度也较高,这些都将影响设施的耐久性。温室主体结构和连接件的防腐处理一般应保证耐久年限 10～20 年。

6.标准化和装配化要求

随着现代化温室的发展,温室的形式日益多样化,不同形式的温室,其体型、尺寸差别比较大。同时,目前我国各温室企业的温室设计、制造生产,其构件互不通用,无法实现资源共享,生产效率低下。只有通过温室的标准化,不同的温室采用系列化、标准化的构件和配件组装而成,实现温室的工厂化、装配化生产,才能使温室的制作和安装简化,缩短建设周期,降低生产和维护成本,提高生产效率。

7.建造成本要求

建造成本要求不要太高,农艺设施生产的产品是农产品,价格低,所以要求尽量降低建筑费和管理费,一般根据经济情况考虑建筑规模和设计标准,根据当地的气候条件选择适用的设施类型。

第二节　场地的选择与布局

一、场地的选择

日光温室建筑场地的好坏与结构性能、环境调控、经营管理等方面关系很大,因此在建造前要慎重选择场地。

(1)为了充分采光,要选择南面开阔、高燥向阳、无遮阴的平坦矩形地块

因坡地平整不仅费工增加费用,而且挖方处的土层遭到破坏,使填方处土层不实,容

易被雨水冲刷和下沉。向南或东南有小于10°的缓坡地较好,利于设置排灌系统。

(2)为了减少温室覆盖层的散热和风压对结构的影响,要选择避风地带

冬季有季候风的地方,最好选在上风向有丘陵、山地、防风林或高大建筑物等挡风的地方,但这些地方又往往形成风口或积雪过大,必须事先进行调查研究。另外,要求场地四周不要有障碍物,以利高温季节通风换气和促进作物的光合作用。所以要调查风向、风速的季节变化,结合布局选择地势。在农村宜将温室建在村南或村东,不宜与住宅区混建。为了利于保温和减少风沙的袭击,还要注意避开河谷、山川等造成风道、雷区的地段。

(3)应选择土壤肥沃疏松,有机质含量高,无盐渍化和其他污染源的地块

一般要求壤土或沙壤土,最好3~5年未种过瓜果、茄果类蔬菜的土壤,以减少病虫害发生。但用于无土栽培的日光温室,在建筑场地选择时,可不考虑土壤条件。为使基础牢固,要选择地基土质坚实的地方。否则,地基土质松软,如新填土的地方或沙丘地带,基础容易下沉。避免为加大基础或加固地基而增加造价。

(4)需选择靠近水源、水量充足、水质好的地方

温室主要是利用人工灌水,要求灌溉水无有害元素污染,pH中性或微酸性,冬季水温高(最好是深井水),有利地温回升;要求地下水位低,排水良好。高地下水位不仅影响作物的生育,还易引发病害,也不利于建造锅炉房等附属设施。

(5)应选离公路、水源、电源等较近,交通运输便利的地方

日光温室相对于连栋温室,虽然用电设备相对较少,但管理照明、保温被卷放、通风、临时加温、灌溉等用电设施有日益增多的趋势,因此建设地点的电力条件应该保证。为了使物料和产品运输方便,通向温室区的主干道宽度要保证,以便于管理、运输。

(6)温室区位置要避免建在有污染源的下风向,以减少对薄膜的污染和积尘

如果温室生产需要大量的有机肥(一般单位面积黄瓜或番茄年需有机肥10~15 t/hm²),温室群位置最好能靠近有大量有机肥供应的场所,如工厂化养鸡场、养猪场、养牛场和养羊场等。

二、农艺设施园区布局

设施生产一般采取集中管理,各种类型相结合的经营方式。小规模设施要考虑设施之间以及它们与其外部之间的联系进行布局。规模大的还要考虑锅炉附属建筑物和办公室、休息室等非生产用房的布局。

设施群的布局首先要考虑方向问题;其次考虑道路的设置、设施入门的位置和每栋间隔距离等。场内道路应该便于产品的运输和机械通行,主干道路宽要6m,允许两辆汽车并行或对开,设施间支路宽最好能在3 m左右。主路面根据具体条件选用沥青或水泥路面,保证雨雪季节畅通。

大型连栋温室或日光温室群应规划为若干个小区,每个小区成一个独立体系,安排生产不同作物种类或品种。所有公共设施,如管理服务部门的办公室、仓库、机场、机井、水塔等应集中设置,集中管理。每个小区之间的交通道路实际规划中应在保证合理的交通路线的前提下,最大限度地提高土地利用率。为了管理方便,公共设施区一般规划在南面为好。

规划使用频率高的路线及搬运重物的路线应该短,且尽量不要交错。因此,应该把和每个设施都发生联系的作业室、锅炉房等共用附属建筑物放在中心部位,将农艺设施生产场地分布在周围,便于运输。

第三节 设施建筑计划的制订

农艺设施一次性投资较大,使用年限较长,为取得较高的经济效益,除了考虑地理、气象等自然条件外,还要考虑劳动力、资金等经济条件。所以在工程设计前还要作投资计划,进行成本核算,做好建造规划。设施的建筑计划可分为生产性建筑计划和非生产性建筑计划。

一、生产性建筑计划的制订

生产性建筑计划应根据设施的建造设计来制定,建造设计一般要考虑类型和规模(长、宽、高、屋面角度)、门窗的形式、数量和造价等问题。我国农艺设施的类型很多,规格也不尽相同。

1.设施方位

为了保证设施的采光,一般单屋面温室布局均为坐北朝南,但对高纬度(北纬40°以北)地区和晨雾大、气温低的地区,日出时不能立即揭帘受光,方位可适当偏西,以便更多地利用下午的弱光;相反,对于冬季不太寒冷且大雾不多的地区,方位应适当偏东,以充分利用上午的阳光,提高光合效率。无论方位南偏西还是南偏东,偏离角应根据当地的地理纬度和揭帘时间来确定,一般为5°~10°,不宜太大。全光连栋温室或塑料棚方位多为屋脊南北延长,屋面东西朝向,防止骨架产生死阴影。

2.设施(温室)间距

以每栋不互相遮光和不影响通风为宜,从采光考虑,在风大的地方,为避免道路变成风口,温室或大棚要错开排列。

如果并排建造2栋以上温室,2栋之间距离要保证前栋温室不挡后栋温室光线(图6-1)。相邻两温室间隔距离 L 可用下式计算:

$$L=(H+h_1)/\tan h-b \tag{6.1}$$

式中:H—日光温室高度,m;h_1—卷起后的棉被(或草苫)的高度,m;h—当地冬至日正午太阳高度角,度;b—日光温室后墙及后坡水平宽度,m。

3.长度

单屋面日光温室或塑料大棚的长度一般以50~60 m为宜。过长易造成通风困难,现代化温室一般强制通风有效距离在30~40 m,也不宜过长。灌水水道过长会导致浇水不均匀,管道灌水一般在50 m以内。长度过长,采收或某些作业时,跑空的距离增加,给管理上带来不便。塑料大棚和连栋温室的屋顶走向多为南北延长,因此主要靠东西侧墙透光,长度(L)越短,即长、宽(B)比 L/B 越小,光照越好;东西延长的日光温室则相反,因东西两侧山墙不透明,L/B 越小,山墙阴影占的比率越大,光照越差。

4.宽度

又称"跨度"。单屋面温室如跨度加大,高度也相应增加,必然增加建材。若高度不变,则屋面角度必相对变小,特别是大棚几乎接近平顶,棚顶外面容易积水,内面增加屋内湿度;若改为连栋式,则要增加柱子,给管理带来不便。宽度对光线分布也有影响,宽度过大,内部光线减少,光线分布不均匀程度也随之增加,特别是连栋温室的天沟下更明显。日光温室或塑料大棚跨度过宽影响通风效果,夏天不易降温,但保暖性能好。塑料大棚的宽度一般为高度的2～4倍。

大型连栋温室的跨度,是指每一单栋的宽度,多为3.2 m的倍数,国外现代化温室跨度最大可达12.8 m。近年来,荷兰现代化温室有跨度减小而高度增加的趋势,跨度6.4 m、脊高达6 m以上,成为"瘦高形",目的是为了产生"烟囱"效应,夏季高温时,只利用顶窗自然通风,排除顶部热空气,而4 m以下作物生育层温度并不太高,可不用安装湿帘风机强制通风设备,降低造价且节约能源。

5. 高度

园艺设施的高度,一是指脊部(最高点)到地面的垂直高度,又称脊高;另一是指侧高,即侧墙顶部到地面的垂直高度,也称"檐高(H)"。侧墙光线主要从侧面照射进去,高的温室或大棚,屋内光线好,作物的遮阴也少。东西延长的农艺设施的地窗角度大时光线好。冬季东西延长比南北延长的光照强,H/B越大,两者光照差异也越大,即H/B大的光线分布均匀。檐高的屋内空气流通好,温度分布较均匀,有利栽培。空间过大保温比变小,保温效果差,使采暖费用增加,所以高度也是有一定限度的。

根据风压高度变化系数,农艺设施的高度由2 m增到4 m,每增高1 m,风压约增加10%,影响不十分明显。所以目前钢架塑料大棚侧高多在1.5 m以上,脊高3 m左右;大型现代化温室侧高多在3 m以上,甚至>4 m,脊高多在4.5 m以上。

6. 温室内地面标高

为了防止室外雨水聚集倒灌入温室,一般温室内地面比室外地面高15 cm。但是,许多日光温室为了保温的需要,采取室内地面低于室外地面的做法,以提高地温和室内的气温。在北纬43°～50°地区,宜将室内地面降低0.3～0.5 m,即采用半地下式温室。

7. 屋面坡度

塑料大棚或温室的屋面坡度越大,光照、温度、湿度条件越好,对栽培有利,但建筑费、采暖费用增加。从结构力学来看,屋面坡度(即三角形角度)大的比角度小的骨架更稳定,雨雪容易滑落;坡度小的虽然保温比大,但增加温差,结露时容易滴水。屋面形状有平面和拱圆形两种,一般玻璃、塑料板材屋面多为平面屋脊形,塑料薄膜多为拱圆屋面。从太阳光线射入情况比较,拱圆屋面更有利。

8. 温室面积

目前日光温室净跨度一般为6.0～8.0 m,长度为50～100 m,1栋温室面积最好为300～667 m²,这样基本上满足生产及管理上的需要。但有时受用地限制,面积也可适当减小,可根据具体情况确定,如庭院建造温室面积可小些,但不宜小于50 m²。

9. 总体规模

建设总体规模的确定,一方面与生产用地的面积有关,也和经济实力与技术力量和经营管理能力有关。更重要的是要做充分的市场调查,以合理确定产品的定位(内销、外销、出口)。如果市场需求好、产品定位较高、回报率也高,能在短期内获得较高的经济效益,自身经济实力强,能保证一次性投资费用和后续资金,企业或单位人才技术也有保证时可较大规模地规划设计。如果不具备以上条件,则可逐步运作、滚动发展为宜,不要贪多贪大,最忌建设规模很大,建成之后没有流动资金保证,也缺乏管理和生产技术及营销人才,规模越大损失也越大。

二、非生产性建筑物计划的制定订

生产性建筑规模较大时,生产上必需的附属建筑物,如锅炉房、水井(水泵室)、变电所、作业室、仓库、煤场、集中控制室等的建筑面积,应根据园艺设施的栽培面积及各种机械设备的容量而定。在计划时,安装机械的房屋面积要宽松些,以便操作和维修保养。非生产性建筑计划可根据生产经营规模,其建筑物可设办公室、田间实验室、接待室、会议室、休息室、更衣室、值班室、浴室、厨房、厕所等。这些房子可以单独修建,也可以一室多用。设施内易形成高温、高湿环境,与外部温、湿度差异很大,多在门口处修缓冲室,可缓冲温、湿差的剧烈变动对作物和人体健康的不良影响,还能兼作休息室。

第四节 设施基地建设项目投资估算与经济分析

农艺设施基地建设一次性投资大,因此必须在建设前进行投资估算和经济分析。投资估算包括固定资产投入、固定资产投入的不可预见费、勘察设计费等。然后计算生产运行成本,包括直接生产成本、间接生产成本和生产不可预见费等,根据投资估算和生产运行成本进行经济分析,经济分析的关键是产值利润率、投资回收期。若产值利润率小于 15%,投资回收期大于 5 年,经济效益就比较差,对于这种情况,应该扩大或缩小经营规模,降低设施结构标准和设备标准或调整种植结构。

投资估算和生产运行成本的估算应根据当地建筑业材料、取费标准、生产资料价格标准和劳力市场、销售市场而定。

下面以建立高效蔬菜生产基地为例说明如下:

生产规模:包括温室大棚等农艺设施、露地蔬菜生产田、工厂化育苗中心等。

资金来源:申请银行贷款。

一、投资估算

1.固定资产投入

(1)种子包衣车间、播种车间、催芽车间、仓库、车库、办公室、会议室、实验室等土建费

(2)自动化播种、催芽设备等设备费

A.自动化播种机

B.催芽穴盘

(3)温室和塑料大棚造价

(4)供水管道

(5)水泵房及水泵

(6)购运输车费用

2.不可预见费(10%)(以上 6 项之和的 10%)

3.勘察设计费(1%)(以上 7 项之和的 1%)

4.年流动资金

二、生产运行成本

1.直接生产运行成本

(1)无滴膜

（2）种苗、农药、肥料、微肥、水费等

（3）架材费

（4）采暖费（温室）

（5）基质

（6）种子

（7）包衣剂

2.间接生产成本

（1）固定资产折旧费（使用年限 10 年）

（2）人工及福利费

（3）土地租赁费

（4）流动资金贷款还息

（5）固定资产投资贷款还息

（6）年办公费

3.生产不可预见费

三、经济效益分析

1.年产值

（1）温室大棚蔬菜年产值

（2）露地蔬菜年产值

（3）育苗中心商品苗年产值（包括自用）

2.年利润＝年产值－年成本

3.投资回收期＝固定资产投入/（年利润＋折旧）

4.产值利润率＝年利润/年总产值

5.全员劳动生产率＝年产值/从业人员数

6.人均利润＝年利润/从业人员数

第五节　设施建造的招标与标书的撰写

一、设施建造招标的法律依据

我国由政府及国家投资建造的大型设施都要进行招标。《招标投标法》是社会主义市场经济法律体系中非常重要的一部法律，是整个招标投标领域的基本法，一切有关招标投标的法规、规章和规范性文件都必须与《招标投标法》相一致。

招标投标法是国家用来规范招标投标活动、调整在招标投标过程中产生的各种关系的法律规范的总称。按照法律效力的不同，招标投标法法律规范分为三个层次：第一层次是由全国人大及其常委会颁布的《招标投标法》法律；第二层次是由国务院颁发的招标投标行政法规以及有立法权的地方人大颁发的地方性《招标投标法》法规；第三层次是由国务院有关部门颁发的招标投标的部门规章以及有立法权的地方人民政府颁发的地方性招标投标规章。

二、设施建造招标中应考虑的问题

1.明确招标范围

招标范围的确定是招标活动中较为复杂的一项工作,业主应当综合考虑招标项目的专业要求,招标项目的管理要求,对工程投资的影响,工程各项工作的衔接及竣工资料的整合等因素。要在招标前期做好招标范围的确定工作,权衡利弊,科学合理地确定招标范围。

2.工程主要材料价格的确定

工程招标范围确定以后,招标工程的工程量随之确定,但是随之而来便是建筑材料价格的确定,建筑材料价格直接影响工程总造价的确定,常见建筑材料价格可以通过地方政府造价站公布的工程造价信息获得,但是往往有些建筑材料无法从工程造价信息中查到,这就涉及许多无价材料价格的确定,这一直以来是工程实施阶段中较难解决的问题,这就需要业主项目部予以特别关注。在招标阶段,业主项目部一定要尽可能详细地明确各无价材料的种类、规格、数量、技术要求等,对一些设计文件中未明确的可根据建设单位的惯例或工作经验予以确定,对一些可能在施工过程中产生变更的无价材料应特别作出分析和明确。可参照如下方式确定:(1)对于重要设备、金额大、数量多的材料尽量采用招投标方式,以投标价为结算价,不取费不让利,材料采购保管费按有关规定执行。(2)材料金额不大、数量少的材料,如近期(3个月内)同类材料当地有投标价的可按投标价执行。(3)如近期同类材料无投标价的,由建设单位造价工程师和监理派人组成询价组进行市场调查,询价时要货比三家,合理确定价格。

3.确定投标人资格

确定投标人资格,主要是审查潜在的投标人或者投标人是否符合应具备的条件。这些条件包括:具有独立订立合同的权利;具有履行合同的能力,包括专业、技术资格和能力,资金、设备和设施状况,管理能力,经验、信誉和相应的从业人员;没有不良记录;最近3年内的工程实例以及是否骗取中标和严重违约及重大工程质量问题等。

由于我国目前较多的施工企业实行项目经理承包制,尽管某一企业综合实力较强,但各项目经理间的能力差异明显。因此建设单位应加强对投标人的项目班子各种实力的考察和控制,以便能选择出一批优秀的投标人和项目班子来参与竞标,确保项目的品质。

4.工程进度款的支付方式及过程的确定

投资控制的一个非常重要的方面,就是工程进度款的支付方式及过程。目前,常用的进度款支付方式主要有两种:一是按照施工进度,依据合同造价的百分比进行支付;二是按当月实际完成的工程量进行结算并按一定的比例进行支付。建设单位应根据工程的特性,结合建设单位的管理规程,充分分析以上两种模式的利弊。若造价工程师在现场施工期间参与程度不大,即人员安排不充分时建设单位常用第一种支付模式,这种模式在施工期间与施工单位的扯皮较少,但问题暴露较迟,大部分纠纷在最后结算时一次性解决,增大了后期结算的难度;采用第二种模式支付时,建设单位项目部的要求较高,应参与现场管理、及时进行工程计量签证等,在每一次支付过程中都要与施工单位进行结算,此种结算方式问题较易早暴露,一旦甲乙双方出现分歧时,造价工程师将起着非常重要的作用。

5.工程总造价调整方式的确定

工程变更中设计变更是影响工程造价的主要因素,业主必须在招标文件内合理确定工程变更的处理办法,一般应明确以下几点:(1)明确变更审批程序。无论是建设单位还是施工单位提出的设计变更,均应在规定的时间内以书面的形式通知对方并通过双方签字认可方可生效。(2)业主在进行变更时应慎重考虑,因为不同的施工方法对工程造价的影响很大,这就要求业主的造价工程师精通各项施工方法并选择出既经济又有效的施工方案。(3)明确变更价款的确定程序。设计变更确定后应在规定的时间内提出变更价款的报告,经造价工程师确认后调整合同价款。一般合同内有适用的价格,按合同已有的价格计算;合同内有类似的,可参照此价确定变更价格;合同中没有适用的,由承包人提出,经造价工程师确认后执行。

三、设施建造标书的撰写

标书是以订立招标采购合同为目的的民事活动,属于订立合同的预备阶段,包括招标和投标文书。所谓招标,是指招标人对货物、工程和服务事先公布采购的条件和要求,邀请投标人参加投标,招标人按照规定的程序确定中标人的行为。投标是指投标人应招标人的邀请,按照招标的要求和条件,在规定的时间内向招标人递价,争取中标的行为。

招标书实质是一种要约邀请,是招标人在修建工程、开展业务、进行交易时公布项目信息,通过一定程序的比价方式从中选择最佳对象,确定承办者的经营手段,它具有公平性和选择性的特点。投标书实质上是一项有效期至规定开标日期为止的发盘,内容必须十分明确,中标后与招标人签订合同所要包含的重要内容应全部列入,并在有效期内不得撤回标书、变更标书报价或对标书内容作实质性修改。为防止投标人在投标后撤标或在中标后拒不签订合同,招标人通常都要求投标人提供一定比例或金额的投标保证金。招标人决定中标人后,未中标的投标人已缴纳的保证金即予退还。

1.招标书的组成

招标书一般由标题、正文、落款三部分组成:

(1)标题　一般由招标单位名称、招标项目和文种构成,如《某市水利大厦建造工程招标启事》。有的为了突出招标单位名称和招标内容,也可以把两项分开来写。如《某市城乡建设局招标公告》,招标内容"城市洪水项目"用小号字体写在标题下。

(2)正文　招标书的正文一般包括开头和主体两部分。

开头,即招标书前言。要求简明扼要,说明招标目的、原因、依据、项目名称等内容。

主体,是招标书的核心。重点写明招标项目概况、招标对象、技术质量要求、招标方式与程序、投标期限、开标时间、投标地点、对投标书的编制要求等。工程项目招标要写清工程期限、承包方式,以及对投标单位的资质要求等。主体部分的内容和有关的事项一般应采用分条列项的写法。

(3)落款　招标书在正文结束后,在落款位置要写清招标单位的全称、详细地址、联系方式、联系人姓名、招标书发布时间,以便投标人及时参加投标。

2.投标书的写作

(1)标题　通常只写文种,即"投标书"或"投标申请书"。

(2)抬头　顶格写招标单位的名称。

（3）正文 正文主要是表明投标人的态度及能力,通常内容有：①介绍投标单位的技术力量和设备条件；②完成落实标的的实施方法；③总工期及安排；④造价和各项费用预算。

（4）落款 署名和日期。

3.撰写标书应注意的问题

（1）内容符合政策法规,撰写时严肃认真,真实可靠,不准弄虚作假,招标书一经公布,就受到法律保护,同时也受法律的监督。

（2）内容简洁明了,准确具体,不要使人产生歧义和疑问,只要把主要内容予以公告即可,不必写得过分详细。有关具体要求和参考资料可另备文件提供备索。

（3）言辞要中和,语气和缓而真诚,切忌使用命令式,给投标人造成不必要的心理压力。

第六节　高效节能日光温室的设计与建造

一、节能日光温室的采光设计

节能日光温室在冬、春、秋三季进行反季节作物生产,以冬季生产为关键时期,特别是 11 月份至翌年 3 月份 5 个月的光照和温度条件必须满足喜温作物生长发育的需要。

1.日光温室的最佳方位角

节能日光温室在冬季太阳高度角低,为了争取太阳辐射多进入室内,建造日光温室应采取东西延长,前屋面朝南的方位,但根据具体情况,有时候前屋面应适当偏东或偏西。作物上午的光合作用强度较高,日光温室前屋面采取南偏东 5°～10°,可提早 20～40 min 接受到太阳的直射光,对作物光合作用有利。但是高纬度地区冬季早晨外界气温很低,提早揭开草苫,室内温度下降较大,所以,北纬 40° 以北地区,如辽宁、吉林、黑龙江和内蒙古地区,为保温而揭苫时间晚,日光温室前屋面应采用南偏西朝向,以利于延长午后的光照蓄热时间,为夜间贮备更多的热量。北纬 39° 以南,早晨外界气温不很低的地区,可采用南偏东朝向,但若沿海面近的地区,虽然温度不很低,但清晨多雾,光照不好,也可采取南偏西朝向。但是不论偏东还是偏西朝向,偏角均不宜超过 10°。

建造节能日光温室的方位角是正南、正北,不是磁南、磁北。各地有不同的磁偏角,确定方位角时必须进行矫正。

2.日光温室的采光屋面角

根据前面有关温室光照环境的内容,为提高温室屋面的透光率,应尽量减小屋面的太阳光线入射角。入射角越小,透光率越大；反之,透光率就越小。太阳光在日光温室前屋面的入射角 θ,当太阳正对日光温室前屋面时,可以计算为：

$$\theta = 90° - \beta - \alpha \tag{6.2}$$

式中：α—太阳高度角,度；β—屋面倾角,度。

如日光温室前屋面与太阳光线垂直,即入射角为 0° 时,理论上此时透光率最高。但这种情况在节能日光温室生产上并不实用,因为太阳高度角不断变化,进行采光设计是考虑太阳高度角最小的冬至日正午时刻,并不适用于其他时间。况且这样设计温室,由上式可知,前屋面倾角 β 必然很大,非常陡峭,既浪费建材,又不利于保温(图 6-1)。

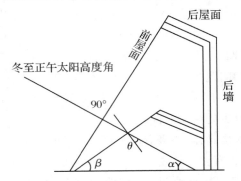

图 6-1　太阳高度角和采光屋面角示意图

由于透光率与入射角的关系并不是直线关系,入射角在 $0°\sim40°$ 之间,透光率降低不超过 5%;入射角大于 $40°$ 后,随着入射角的加大,光线透过率显著降低。因此,可按入射角 θ 小于 $40°$ 的要求设计屋面倾角,即取屋面倾角 $\beta\geqslant50°-\alpha$,这样不会产生屋面倾角很大的情况。但是如果只按正午时刻计算,则只是正午较短时间达到较高的透光率,午前和午后的绝大部分时间,阳光对温室采光面的入射角将大于 $40°$,达不到合理的采光状态。

张真和提出合理采光时段理论,即要求中午前后 4 h 内(一般为 10:00～14:00),太阳对温室前屋面的入射角都能小于或等于 $40°$。这样,对于北纬 $32°\sim43°$ 地区,节能日光温室采光设计应在冬至日正午入射角 $40°$ 为参数确定的屋面倾角基础上,再增加 $9.1°\sim9.28°$,这是第二代节能日光温室的设计方法。这样 10:00～14:00 阳光在采光面上的入射角均小于 $40°$,就能充分利用严冬季节的阳光资源。因此,屋面倾角可按下式计算:

$$\beta\geqslant50°-\alpha+(5°\sim10°) \tag{6.3}$$

式中,太阳高度角按冬至日正午时刻计算。例如,北京地区冬至日太阳高度角 α 为 $26.5°$,则由上式可知合理的屋面倾角为 $28.5°\sim33.5°$。

但如果是主要用于春季的温室,因太阳高度角比冬季大,则屋面倾角可以取小一些。

目前,日光温室前屋面多为半拱圆式,前屋面的屋面倾角(各部位的倾角为该部位的切平面与水平面的夹角)从底脚至屋脊是从大到小在不断变化的值,要求屋面任意部位都满足上述要求也是不现实的。实际上,只要屋面的大部分主要采光部位满足上述倾角的要求即可。例如,可取底脚处为 $50°\sim60°$,距离底脚 1 m 处 $35°\sim40°$;2 m 处 $25°\sim30°$,3 m 处 $20°\sim25°$,4 m 以后 $15°\sim20°$,最上部 $15°$ 左右。

3. 日光温室的跨度和高度

日光温室的跨度影响着光能截获量、温室总体尺寸、土地利用率。跨度越大截获的直射光越多,如 7 m 跨度温室的地面截获光能为 4 m 跨度温室的 1.75 倍(图 6-2)。

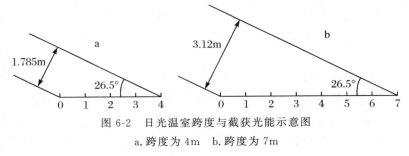

图 6-2　日光温室跨度与截获光能示意图

a.跨度为 4m　b.跨度为 7m

实际上,日光温室后墙也参与截获光能,其跨度和高度均影响光能截获量。在跨度相等的条件下,温室最高采光点的空间位置成为温室拦截光能多少的决定性因素。例如,一个 8 m 跨度温室,若将温室前缘与地面的交点作为直角坐标系的原点(图 6-3 中的 O 点),然后在横坐标 5.0 m 和 6.6 m 处分别向上引垂线,如在相同高度 3.6 m 处设采光点,于是得坐标点 $K_1(5.0, 3.6)$ 和 $K_2(6.6, 3.6)$ 两个最高采光点。最高采光点 K_2 处的截获直射光量为 K_1 处的 1.13 倍。而将 K_2 点下降到高度 2.6 m 处时,所拦截的直射光量仅为 3.6 m 处的 85.2%。可见,最高采光点越高,日光截获量越大,当然单纯提高采光点会导致温室造价增加。因此,日光温室节能设计中需找到各种要素、参数的最佳组合。

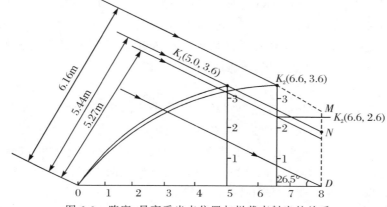

图 6-3 跨度、最高采光点位置与拦截直射光的关系

我国的日光温室经过半个多世纪的发展,各地均优选出一些构型,如河北、山东、内蒙古、宁夏及京、津、唐地区等,其代表性的温室,跨度和最高采光点位置的相互关系有较佳的组合。例如,河北的冀优 II 型和冀优改进型,日光温室的跨度是 6.0 m 和 8.0 m,相应的最高采光点为 3.0 m 和 3.6 m(图 6-4)。寒温带南缘的辽宁、吉林和黑龙江南部各地区一些有代表性的日光温室,如鞍山 II 型、改进型一斜一立式、辽沈 I 型日光温室,其跨度依次为 6.0 m、7.2 m 和 7.5 m,相对应的最高采光点依次为 2.8 m、3.0 m、3.2～3.4 m。

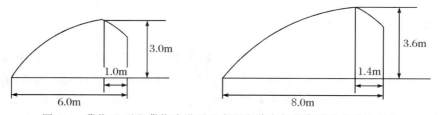

图 6-4 冀优 II 型和冀优改进型日光温室跨度与最高采光点位置参数

数十年作物栽培实践结果表明,在使用传统建筑材料、采光材料并采用草苫保温的条件下,在中温带地区建日光温室,其跨度以 8 m 左右为宜;在中温带与寒温带的过渡地带,跨度以 6 m 左右为宜;在寒温带地区,如黑龙江和内蒙古北部地区,跨度宜取 6 m 以下。这样的跨度有利于使日光温室同时具备造价低、高效节能和实现周年生产三大特性。

4. 采光屋面形状的确定

理想的采光屋面形状应能同时满足以下 4 个方面要求:①能透进更多的直射辐射能;②温室内部能容纳较多的空气;③室内空间有利于作业;④造价较低。

当跨度和最高采光点被设定之后,温室采光屋面形状就成为温室截获日光能量的决定性因素(此处不涉及塑料膜品种、老化程度、积尘厚度、磨损程度等因素),因此设计者对棚形设计应予以高度重视。

节能型日光温室屋面形状有两大类:一类是由一个或几个平面组成的折线型屋面,其剖面由直线组成;一类是由一个或几个曲面组成的曲面型屋面,其剖面由曲线组成。折线型屋面的屋面倾角就是直线与水平线的夹角。曲面型屋面,其剖面曲线上各点的倾角(曲线的切线与水平线的夹角)都不相等,比较复杂,其各点在某时刻透入温室的太阳直接辐射照度是不相同的,整个屋面透入温室的太阳直接辐射量需要逐点分析进行累计,根据累计的辐射量,可对不同曲线形状屋面的透光性能进行比较。

实践证明,在我国中温带地区(指行政区划中的山西、河北、辽宁、宁夏,以及内蒙古、新疆的部分地区)建设日光温室时,圆与抛物线组合式曲面比单圆、抛物线、椭圆线更好。圆与抛物线采光面不但比上述几种类型的入射光量都多,而且还比较易操作管理,容易固定压膜线,大风时不致薄膜兜风,下雨时易于排走雨水。

5.日光温室后坡面仰角

日光温室后坡面仰角是指日光温室后坡面与水平面之间的夹角。日光温室后坡面角的大小对日光温室的采光和保温性均有一定的影响。后坡面仰角应视温室的使用季节而定,至少应略大于当地冬至日正午的太阳高度角,在冬季生产时,尽可能使太阳直射光能照到日光温室后坡面内侧;在夏季生产时,应避免太阳直射光照到后坡面内侧。一般后屋面角取当地冬至正午的太阳高度角再加5°~8°。

6.日光温室的后坡水平投影长度

日光温室后坡的长短直接影响日光温室的保温性能及其内部的光照情况。当日光温室后坡长时,日光温室的保温性能提高,但这样当太阳高度角较大时,就会出现温室后坡遮光现象,使日光温室北部出现大面积阴影;而且日光温室后坡长,其前屋面的采光面将减小,造成日光温室内部白天升温过慢。反之,当日光温室后坡面短时,日光温室内部采光较好,但保温性能却相应降低,形成日光温室白天升温快,夜间降温也快的情况。日光温室的后坡面水平投影长度一般以1.0~1.5 m为宜。

二、节能日光温室的保温设计

节能日光温室在密闭的条件下,即使在严寒冬季,只要天气晴朗,在光照充足的午间室内气温可达到30 ℃以上。但是如果没有较好的保温措施,午后随着光照减弱,温度很快下降。特别是夜间,各种热量损失有可能使室温下降到作物生育适温以下,遇到灾害性天气,往往发生冷害、冻害。因此,不搞好保温设计,就不能满足作物正常生育对温度条件的要求。日光温室的保温性与温室墙体结构、后屋面及前屋面的覆盖物等有关。

1.日光温室墙体的材料、结构与厚度

日光温室的墙体和后坡,既可以支撑、承重,又具有保温蓄热的作用。因此,在设计建造墙体和后坡时,除了要考虑承重强度外,还要考虑材料由导热、蓄热性能和建造厚度、结构等。但一般地讲,日光温室墙体和后坡的保温蓄热是主要问题,为了保温蓄热的需要,一般都较厚,承重一般容易满足要求。现在日光温室墙体和后坡多采用多层复合构造,在墙体内层采用蓄热系数大的材料,外层为导热系数小的材料。这样就可以更加有效地保温蓄热,改善温室内环境条件。

（1）墙体厚度

鞍山市园艺研究所对墙体厚度与保温性能进行了研究，采用3种不同厚度的土墙：①土墙厚50 cm，外覆一层薄膜；②土墙厚100 cm；③土墙厚150 cm，其他条件相同。结果表明：自1月上旬至2月上旬，②比①室内最低气温高0.6 ℃～0.7 ℃，③比②室内最低气温高0.1 ℃～0.2 ℃。室内最高气温差分别为0.2 ℃～0.5 ℃和0.1 ℃～0.3 ℃。由此可见，随着墙体厚度的增加，蓄热保温能力也增加，但厚度由50 cm增至100 cm，增温明显，由100 cm增至150 cm，增温幅度不大，也就是实用意义不大。根据经验，单质土墙厚度可比当地冻土层厚度增加30 cm左右为宜。据北京地区生产实践证明：节能型温室的墙体厚度，土墙以70～80 cm为宜；砖墙以50～60 cm为宜，有中间保温隔层则更好。

（2）墙体的材料与构造

节能型日光温室墙体有单质墙体，如土墙、砖墙、石墙等，以及异质复合墙体（内层为砖，中间有保温夹层，外层为砖或加气混凝土砖）。异质复合墙体较为合理，保温蓄热性能更好。经研究表明，白天在温室内气温上升和太阳辐射的作用下，墙体成为吸热体，而当温室内气温下降时，墙体成为放热体。其中墙体内侧材料的蓄热和放热作用对温室内环境具有很大的作用。因此，墙体的构造应由3层不同的材料构成。内层采用蓄热能力高的材料，如红砖、干土等，在白天能吸收更多的热并储存起来，到夜晚即可放出更多的热。外层应由导热性能差的材料，如砖、加气混凝土砌块等以加强保温。两层之间一般使用隔热材料填充，如珍珠岩、炉渣、木屑、干土和聚苯乙烯泡沫板等，阻隔室内热量向外流失。

墙体材料的吸热、蓄热和保温性能主要从其导热系数、比热容和蓄热系数等几个热工性能参数判断，导热系数小的材料保温性好，比热容和蓄热系数大的材料蓄热性能较好。表6-1列出温室常用墙体材料的热工性能参数供参考。

表6-1　日光温室墙体材料的热工性能参数

材料名称	密度 ρ (kg/m^3)	导热系数 λ [W/(m·℃)]	蓄热系数 S_{24} [W/(m^2·℃)]	比热容 c [kJ/(kg·℃)]
钢筋混凝土	2500	1.74	17.20	0.92
碎石或卵石混凝土	2100～2300	1.28～1.51	13.50～15.36	0.92
粉煤灰陶粒混凝土	1100～1700	0.44～0.95	6.30～11.40	1.05
加气、泡沫混凝土	500～700	0.19～0.22	2.76～3.56	1.05
石灰水泥混合砂浆	1700	0.87	10.79	1.05
砂浆黏土砖砌体	1700～1800	0.76～0.81	9.86～10.53	1.05
空心黏土砖砌体	1400	0.58	7.52	1.05
夯实黏土墙或土坯墙	2000	1.10	13.30	1.10
石棉水泥板	1800	0.52	8.57	1.05
水泥膨胀珍珠岩	400～800	0.16～0.26	2.35～4.16	1.17
聚苯乙烯泡沫塑料	15～40	0.04	0.26～0.43	1.60
聚乙烯泡沫塑料	30～100	0.042～0.047	0.35～0.69	1.38
木材（松和云杉）	550	0.175～0.350	3.90～5.50	2.20
胶合板	600	0.17	4.36	2.51
纤维板	600	0.23	5.04	2.51
锅炉炉渣	1000	0.29	4.40	0.92
锯末屑	250	0.093	1.84	2.01
稻壳	120	0.06	1.02	2.01

引自：马承伟《农业设施设计与建造》，2008。

2. 后屋面的结构与厚度

日光温室的后屋面结构与厚度也对日光温室的保温性能产生影响。一般由多层组成，有防水层、承重层和保温层。一般防水层在最顶层，承重层在最底层，中间为保温层。保温层的材料通常有秸秆、稻草、炉渣、珍珠岩、聚苯乙烯泡沫板等导热系数低的材料。此外，后屋面为保证有较好的保温性，应具有足够的厚度，在冬季较温暖的河南、山东和河北南部地区，厚度可在 30～40 cm，东北、华北北部、内蒙古寒冷地区，厚度为 60～70 cm。

3. 前屋面保温覆盖

前屋面是日光温室的主要散热面，散热量占温室总散热量的 73%～80%。所以前屋面的保温十分重要。节能型日光温室前屋面保温覆盖方式主要有 2 种。

一种是外覆盖，即在前屋面上覆盖轻型保温被、草苫、纸被等材料。外覆盖保温在日光温室中应用最多。草苫是最传统的覆盖物，是由芦苇、稻草等材料编织而成的，由于其导热系数小，加上材料疏松，中间有许多静止空气，保温效果良好，可减少 60% 的热损失。在冬季寒冷地区，常常在草苫下附加 4～6 层牛皮纸缝合而成的纸被，这样不仅增加了覆盖层，而且弥补了草苫稀松导致缝隙透气散热的缺点，提高了保温性。但草苫等传统的覆盖材料较为笨重，易污染，损坏薄膜，易浸水、腐烂等，因而近十年来研制出了一类新型的称为保温被的外覆盖保温材料，这种材料轻便、洁净、防水，而且保温性能不逊于草苫。保温被一般由 3 层或更多层组成，内外层由塑料膜、防水布、无纺布（经防水处理）和镀铝膜等一些保温、防水和防老化材料组成，中间由针刺棉、泡沫塑料、纤维棉、废羊绒等保温材料组成。目前市场上出售的保温被，其保温性能一般能达到或超过传统材料的保温性能，但有的保温被的防水性和使用寿命等性能还有待提高。

另一种是内覆盖，即在室内张挂保温幕，又称二层幕、节能罩，白天揭晚上盖，可减少热损失 10%～20%。保温幕多采用无纺布、银灰色反光膜或聚乙烯膜、缀铝膜等材料。

4. 减少缝隙冷风渗透

在严寒冬季，日光温室的室内外温差很大，即使很小的缝隙，在大温差下也会形成强烈对流交换，导致大量散热。特别是靠门一侧，管理人员出入开闭过程中，难以避免冷风渗入，应设置缓冲间，室内靠门处张挂门帘。墙体、后屋面建造都要无缝隙，夯土墙、草泥垛墙，应避免分段构筑垂直衔接，应采取斜接的方式。后屋面与后墙交接处，前屋面薄膜与后屋面及端墙的交接处都应注意不留缝隙。前屋面覆盖薄膜不用铁丝穿孔，薄膜接缝处、后墙的通风口等，在冬季严寒时都应注意封闭严密。

5. 设置防寒沟

防寒沟一般设在温室南侧，挖一条宽 30～40 cm、深度不小于当地冻土层厚度、略长于温室长度的沟，在沟中填充马粪、稻壳、麦糠或碎秸秆等，踩实后再盖土封严，盖土厚 15 cm 以上，可减少温室内热量通过土壤外传，阻止外面冻土对温室的影响，可使温室内土温提高 3 ℃以上。如果盖土不严或土层过薄，均会影响防寒效果。也可在温室四周设置防寒沟或铺设聚苯泡沫板保温。

三、日光温室的建造

以砖石钢骨架结构日光温室为例介绍日光温室的建造。

1. 场地定位及平地放线

场地定位和平地放线是建筑施工的第一个步骤。场地定位就是依据设计图先将场内道路和边界方向位置定下来。道路和边线定位的方法是,首先用罗盘仪测出磁子午线,然后再根据当地磁偏角调整并测出真子午线,再测出垂直道路的东西方向线(即东西道路的方向线)。

场地道路定位后,要对温室建设用地进行平整,清除各种杂物,再对各栋温室定位。温室定位一般依据主干道路方位进行就可以了。按照设计的尺寸把每个温室占地边界划定后,每一栋温室在自己占有的地块里所处位置一定要合适。对于每一栋温室来说,前后都应预留出走道、取土和培土的地方,而且要求每栋室温都应依据统一规划布置的位置来修建,这样才可以使每栋温室的建造不和相邻温室发生矛盾,也可避免造成前一栋温室对后一栋温室遮光。为此,各地在建温室群时,一定要细致做好土地调查工作。

2. 温室基础

为防止土壤冻融的影响,温室基础的埋深应大于当地的冻土深度。在北纬 38°~42° 地区,基础一般埋深 0.5~1.2 m;北纬 43°~46° 地区,埋深 1.0~1.8 m;北纬 47°~48° 地区,埋深 1.6~2.4 m;北纬 49°~50° 地区,埋深 2.2~2.8 m。基础下部全部采用干沙垫层 30 cm,可防止由于冻融引起墙体开裂。

3. 墙体建造

传统温室墙体采用实心砖墙,但若想增加保温性能,单纯采用增加墙体厚度的方法是很不经济的。东农 98-I 型节能日光温室的墙体建造方法如下:温室前墙厚 24 cm,高出地平面 6 cm,上设预埋件;后墙的厚度可根据不同纬度来确定,一般内墙为 24~37 cm,外墙为 12~24 cm,中间为空心,内加聚苯乙烯泡沫板,两侧用塑料薄膜包紧;如温室内墙里侧采取红砖勾缝,内墙也可采用蜂窝状墙体,便于贮热;温室外墙外侧采取水泥砂浆抹面,上留防水沿,防止雨水直接淋蚀温室后墙;内外墙间采用拉筋连接。

4. 前屋面的建造

温室前屋面钢筋拱架的上弦多采用 φ14~16,下弦 φ12~14,腹筋 φ8~10,拱架间距 0.9~1 m,拱架间设置 3 道 φ10 纵向水平拉筋。上下弦最大间距 250 mm,拱高 500~600 mm。采光屋面为圆拱形,拱架底角为 65°。温室后坡面角为 30°~34°,脊高 3.2~3.5 m。

5. 后坡的建造

后坡水平投影宽度 1.3~1.5 m。通常采用聚苯乙烯发泡板做保温层,其厚度根据当地气温条件,在 5~15 cm 范围选取。后坡的组成为:下层为 2~3 cm 厚承重木板,往上依次为油毡纸或厚塑料膜(隔绝水汽)、聚苯乙烯泡沫板(保温)、油毡防水层(二毡三油)、40 mm 厚水泥砂浆面层(抹至后墙挑檐)。保温层也可以采用 5~6 cm 厚的聚苯乙烯发泡板,上铺 10~20 cm 厚的珍珠岩或炉渣,之上用铁丝网覆盖后,用水泥砂浆抹平,上面再做防水层。

6. 通风口

通风口位置可设在距内墙面最高点 20 cm 以下,规格为 500 mm×500 mm,间距 5 m,双层窗。墙体厚如果超过 1.5 m,通风口可设在后坡上,但要做好防水、防雨处理。

7. 前屋面覆盖

前屋面的薄膜要在霜冻出现以前覆盖,尤其是日照率低的地方应提早覆盖,以利冬前蓄热,安全越冬生产。节能日光温室前屋面长短有差异,塑料薄膜的规格也不一致,这样就要在覆盖前按所需宽度把薄膜进行烙合或剪裁。应选用耐低温、抗老化的长寿无滴膜。目前使用的薄膜主要是聚氯乙烯无滴膜和聚乙烯长寿无滴膜,前者幅宽多为 3 m,后者幅宽 4 m。覆盖薄膜要考虑放风方法，一般用 1.2 m 宽的薄膜，一边卷入麻绳或塑料绳固定在拱架下部做围裙，其上部覆盖一整块薄膜，上边卷入细竹竿固定在后屋面上，下部超过围裙 30 cm 左右，用压膜线压紧。覆盖薄膜宜选晴暖无风天气中午进行，以便于把薄膜绷紧压平。

8. 安装或修建辅助设备

节能日光温室的辅助设备是指生产运行中具备的辅助设备，以及可以提高劳动效率和有利于作物生长发育的设备。

(1)灌溉系统　日光温室的灌溉以冬季早春寒冷季节为重点，不宜利用明水灌溉，最好采用管道灌溉或滴灌。在每栋温室内安装自来水管，直接进行灌水或安装滴灌设备。地下水位比较浅的地区，可在温室内打小井，安装小水泵抽水灌溉。不论采取哪种灌溉系统，都应在田间规划时确定，并在建造温室施工前建成。

(2)作业间　每栋温室都应设作业间。作业间是管理人员休息场所，又是放置小农具和部分生产资料的地方，更主要的是出入温室经过作业间起缓冲作用，可防止冷空气直接进入温室。

(3)卷帘机　节能日光温室前屋面夜间覆盖草苫，白天卷起夜间放下，若卷放草苫由两个人操作，则需要时间较长，特别是遇天气时阴时晴，草苫不可能及时揭盖，对作物的生育极为不利。利用卷帘机揭盖草苫，可以在很短时间内完成草苫的揭盖工作。卷帘机分为人工卷帘和电动卷帘两种。使用卷帘机的温室长度以 50～60 m 为宜。

(4)加温设备　在北纬 43°以北地区，由于冬季寒冷，仅靠太阳热能是不能维持蔬菜生产的，特别是果菜类的生产，必须设有辅助热源进行临时加温。一般多采用砖砌炉加设烟道的加温方式。炉子由砖砌筑而成，烟道为缸瓦管，或由砖、瓦砌成，烟气经烟道由烟囱排走。有条件的地区可采用暖气统一供暖，或采用暖风机临时加温。

(5)反光幕　节能日光温室栽培室的北侧或靠后墙部位张挂反光幕，可利用反光，改善后部弱光区的光照，有较好的增温补光作用。

(6)蓄水池　节能日光温室冬季灌溉由于水温低，灌水后常使地温下降，影响作物根系正常发育。农民很早就有用大缸在室内蓄水的经验，经过预热的水比刚引上来的地下水温度高，灌溉效果好。但是大缸盛水量少，多摆大缸又占地较多，影响生产。近年来，有些地区在日光温室中建蓄水池用于蓄水灌溉，避免用地下水灌溉引起的不良后果(用明水灌溉的地区尤为重要)。采用 1 m 宽，4～5 m 长，1 m 深的半地下式蓄水池，内用防水水泥砂浆抹平，防止渗漏，池口白天揭开晒水，夜间盖上，既可提高水温又防水分蒸发。

(7)挖防寒沟　同节能日光温室保温设计。

第七节　温室节水灌溉系统的设计与施工

一、温室节水的必要性

我国是一个水资源相对贫乏的国家，与发达国家相比，我国灌溉水利用率相当低，农业用水面临资源短缺和浪费严重的双重困扰，农业节水问题亟待解决。

我国作为农业大国，设施农业将在农业产业结构调整和可持续发展战略上占据重要地位。设施农业节水通常以温室种植业为研究重点，因为温室种植业的灌溉用水是非常巨大的,温室节水不仅可以提高水的利用率,增加设施农业效益,还可以改善温室作物的水环境。

采用微灌技术是充分利用灌溉水的有效措施,微灌不易产生地表径流和深层渗漏,比地面灌溉省水 1/3～1/2,比喷灌省水 15％～20％。此外,由于日光温室是一个相对独立的小环境,采用传统的大水漫灌或沟灌不仅浪费了大量宝贵的水资源,而且随着使用时间的延长、病虫害的加重、养分流失、连作障碍及地温降低,经济效益会受到极大影响。

二、微灌工程的规划设计要点

微灌是通过低压管道系统将灌溉水和含有化肥或农药的水溶液输送到田内,然后通过灌水器变成细小的水流或水滴,直接送到作物根区附近,均匀适量地灌于作物根部土壤中的灌水办法。微灌包括滴灌、渗灌、微喷灌、小管出流灌等,它是当今世界上用水量最省、灌水质量最好的现代灌溉技术。微灌主要用于果树、蔬菜、花卉及其他经济作物的灌溉。

微灌系统规划设计的要点如下:

(1)根据作物布局、栽培措施和地形条件等,初步提出水扭曲和管路系统的布置方案。

(2)根据作物的类别和可能的水头压力,选择适当的灌水器类型。

(3)根据当地作物、土壤及气象等自然条件,进行分析后确定微灌作物的耗水量及微灌用水量。

(4)根据作物的灌溉用水量、灌水轮灌周期和管路的布置形式,计算管路的供水流量、压力和管径。对不太合理的,要进行调整,最后确定出合理的布置方案。

(5)根据管路系统的总水头和总流量,选配适当的水泵和动力。

(6)编制工程预算。

三、微灌工程技术

下面以滴灌为例介绍微灌工程技术。

滴灌是滴水灌溉的简称,它是一种机械化、自动化灌水新技术,是将水进行加压过滤后,必要时连同可溶性化肥(农药)一起,通过低压管道系统输送至滴头,然后将水和养分均匀而缓慢地滴入作物根区土壤中的灌水方法。

(一)滴灌系统的规划设计

设计滴灌系统前,必须搜集必要的资料,如地形资料,包括比例尺为 1/2000～1/500 的地形图、水源位置、土壤、气象和水源(包括水位、水量、水质)资料。在地形图上应标明滴灌面积所在位置、水源位置、现有田块布置,对村庄和道路等水源水质要进行分析,测定其 pH 值,泥沙及污物含量,硼、锂含量等。在工程总体规划的基础上可进行系统设计(包括系统总体布置、滴头的选型、管网水力计算、加压泵选型设计和首部枢纽的设计等)。

1.滴灌系统的总体布置

滴灌采用压力管道系统,但其工作压力较低,用水率较小。滴灌管网通常由干管、支管和毛管 3 级构成。干管作为输水系统输送全部水并调节滴灌系统水压;支管把水送到毛管,它也需要适当设计,以使水能均匀地流入毛管;毛管是与支管连接的带有滴头的小管径塑料管或有出口的塑料薄膜滴管带,通过毛管设计对田块进行均匀地灌水。在布置时,首先要根据作物种类,合理选择滴灌系统类型,合理布置各级管道,使整个系统长度最短,控制面积最大,水头损失最小,投资最低。

(1)滴灌系统类型选择

滴灌系统分固定式和移动式,在实际应用中应视具体情况而定。

①在固定式滴灌系统中,干管、支管、毛管全部固定。

②在移动式滴灌中,干管、支管固定,毛管可以移动。

通常,对于蔬菜灌水频繁,供水时间长,移动毛管不方便,以固定式为好;对大田作物,采用移动式滴灌系统,可以降低工程造价和减少塑料管材用量;在果园滴灌中,由于果树的株行距都较大,水果产值较高,有条件的地方可以用固定式滴灌系统,也可以用移动式滴灌系统。

(2)滴灌系统管道的布置

滴灌系统管道的布置一般分干管、支管和毛管 3 级,布置时要求干管、支管、毛管 3 级管道尽量互相垂直,以使管道长度最短,水头损失最小。

在平原地区,毛管要与垄沟方向一致;在山区及丘陵地区,干管多沿山脊或在较高位置平行于等高线布置,支管垂直于等高线布置,毛管平行于等高线并沿支管两侧对称布置,以使同一毛管上各滴头的出水量均匀。

滴灌系统的布置形式,特别是毛管布置是否合理直接关系到工程造价的高低,材料用量的多少和管理运行是否方便等。一条毛管总长 40～50 m,其中有一段不装滴头,称为辅助毛管,其长度为 5～10 m。辅助毛管的作用是使毛管灌水段可以在左右一定范围内移动。这样,一条毛管就可以在支管两侧 60～80 m 宽,4～8 m 上下的范围内移动,控制灌溉面积 0.03～0.07 hm²,使滴灌田的建设投资降低,其布置形式见图 6-5。

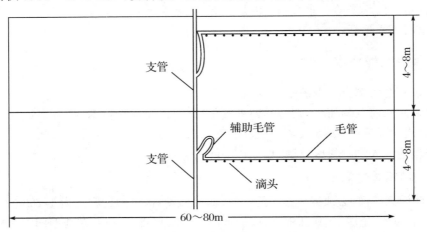

图 6-5　可移动式滴灌毛管的布置方式

2.滴头的选择

微灌的土壤湿润比,是指被湿润土体占计划湿润层总土体的百分比,通常以地面以下 20～30 cm 处湿润面积占总灌溉面积的百分比来表示。一般情况下作物根层体积的 1/3～3/4 应得到充分湿润。若根部土体湿润比较大,这一设计就安全可靠。但湿润比太大,滴灌的许多优点将会消失,因此,必须正确地选择土壤湿润比。土壤湿润比与滴头的流量、灌水器间隔以及土壤类型有关。滴头的选择原则如下:

(1)流量符合设计要求,组合后既能满足作物的需要,又不产生深层渗漏与径流。每滴头的流量不可太小,但也不能太大,选在 5～8 L/h 较为适宜,此种情况下流量对压力温度变化的敏感性较小。

（2）工作可靠，不易堵塞，一般要求流量孔口大，出流流速大。

（3）性能规格整齐划一，制造误差应小于10%。

（4）结构简单，价格便宜。

3.管网的布置

（1）毛管布置　在滴管系统布置中，毛管用量直接关系到工程造价和管理运行是否方便。毛管和滴头的布置方式取决于作物种类、生长阶段和所选灌水器的类型。毛管是将水送到每一棵作物根部的最后一级管道。毛管的布置有以下几种：

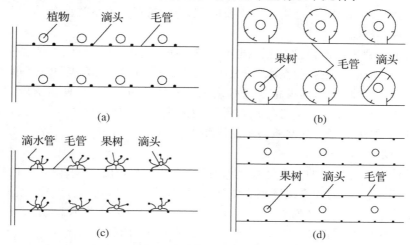

图 6-6　毛管与滴头的布置

①单行毛管直线布置　毛管顺作物方向布置，一行作物布置一根毛管，滴头安装在毛管上（图6-6(a)）。这种布置方式适于大田作物、幼树和窄行密植作物（如蔬菜），也可用滴灌管（带）代替毛管和滴头。

②大垄单管双行　大豆、棉花、黄瓜、西红柿等可采用大垄双行种植，单根滴灌管布置于垄中间。

③单行毛管环状布置　当滴灌成龄果树时，可沿一行树布置一根输水毛管，围绕每一棵树布置一条环状灌水管（图6-6(b)）。这种布置形式由于增加了环状管，使毛管长度大大增加，同时增加了工程费用。

④单行毛管带微管布置　这种布置是从毛管上分出微管式滴头，微管的出水口环绕作物四周布置，和环状布置相似。每一行树布置一条毛管，用微管与毛管相连，在微管上安装有滴头（图6-6(c)）。这种布置可以大大减少毛管的用量，而微管的价格又很低，故能减少工程费用。

⑤双行毛管平行布置　当滴灌高大作物时，可采用双行毛管平行布置的形式，沿树行两侧布置两条毛管（图6-6(d)）。这种布置形式使用的毛管数量较多。

（2）毛管的长度与直径

确定毛管的长度与直径一般从经济方面考虑，减小毛管的直径与长度可得到便宜的滴灌系统，如采用沿毛管的间距为1 m，滴水量为4 L/h的滴头时，允许选用长度为60 m，直径则为12 mm的毛管，其压力损失为44%，如采用滴水量为10 L/h的滴头，要达到同样的输出距离，则必须增大毛管直径为16 mm。根据实践经验，果园滴灌系统毛管长度一般为50～80 m，大田移动滴灌系统，毛管灌水段长度以30～50 m为宜，辅助毛管长度为5～10 m，这样毛管可以在10～20 m范围内移动。

（3）干管、支管的布置

干管、支管的布置取决于地形、水源、作物分布和毛管的布置。其布置应达到管理方便，工程费用少的要求。在山丘地区，干管大多沿山脊布置，或沿等高线布置。支管则垂直于等高线，向两边的毛管配水。在平地，干管、支管应尽量双向控制，两侧布置下级管道，以节省管材和投资。

（4）确定系统管网

在以上数据确定后，就可以对系统管网进行设计了。管网的设计主要是确定干管、支管、毛管的管径和长度，各毛管调压管长度、系统总扬程和水泵类型等。

4. 设计首部枢纽

集中安装管网进口部位的加压、调节、控制、净化、施肥（药）、保护及测量等设备组合，总称为首部枢纽，它主要包括水泵、过滤器、施肥器、水表、压力表、进排气阀和控制设备等。在选择这些设备时，其设备容量必须满足系统的过水能力，使水流经过各设备时的水头损失比较小。在布置上必须把容易锈蚀的金属件和肥料（农药）注入器放在过滤装置上部，以确保进入管网的水质满足灌溉要求。

5. 管道的水力计算

管网设计应进行必要的水力计算，以选择最佳管径和长度，力求做到管道铺设最短、压力分配合理、灌水均匀和方便管理。先计算田间灌水量，确立支管管径，根据支管数和长度设计主管的管径及水泵的型号。若滴灌工程单元规模大，主管、支管管径应设多级规格。滴灌系统中所用的管道大多为塑料管。管道的外径有 65 mm、50 mm、40 mm、32 mm、20 mm、15 mm 等多种规格的 PE 塑料管和相应的连接件。具体计算如下：

（1）毛管的水力设计

毛管设计包括毛管的内径和长度两个内容，其要求满足所需的均匀度和经济合理。通常采用一种滴头来限制毛管长度，以使压力变化不超出要求范围的方法设计，具体设计步骤如下：

① 初步选定管径（已知管道出水量）。

② 假定管道长度，计算总水头损失和任一管段面的压力水头 H_i

$$H_i = H - \Delta H_i \pm \Delta H_j \tag{6.4}$$

式中：H_i—— 任意管段面的压力水头；

H—— 进口压力水头；

ΔH_i—— 沿管长任一段的水头损失 m；$\Delta H_i = R_i \Delta H$（$\Delta H$：全管长的水头损失），$R_i = 1 - 2(1-i)$，$i$ 为相对管长，即距进口端任一管段长度 l 与全管长 L 之比；

ΔH_j—— 任一断面处由管坡引起的压力水头变化。下坡取"—"号，上坡取"+"号。

③ 求沿管长压力分布曲线，得最大压力水头以及进口工作压力。

④ 校核滴头工作压力的变化是否在规定范围内。

$$H_{var} = 1 - \frac{H_{min}}{H_{max}} \tag{6.5}$$

其中，H_{var}—— 校核滴头工作压力的变化；

H_{min}—— 毛管的最小压力；

H_{max}—— 毛管的最大压力（一般 H_{min} 和 H_{max} 不在同一毛管上）。

⑤ 若两头工作压力不符合要求，应改变毛管直径和长度，重新计算，直至符合要求为止。

（2）支管水力设计　支管是根据过水能力和均匀性设计的。过水能力是指支管管径应能满足所灌田块需水量要求。均匀性是指所设计的支管应能保持适当的压力变化，从而使进入毛管的流量有一个不大的变化，田间滴灌流量的总变化为沿支管、毛管流量的变化与沿毛管滴头流量的变化之和。前者应比后者小，具体计算方法可参照毛管设计。

（3）干管水力设计　　干管水力设计可按经济直径选择合理直径，然后计算沿程水头损失，求满足支管进口压力的干管工作压力

$$H_A = H_B + \Delta H \pm \Delta Z \tag{6.6}$$

式中：H_A—管段上端压力水头；

H_B—管段下端压力水头；

ΔH—AB 管段水头损失；

ΔZ—两端地形高差，上坡取"+"，下坡取"—"。

6.滴灌技术系统加压泵选型设计

（1）水泵流量

水泵流量等于全部干管流量之和。

（2）水泵的扬程

水泵扬程＝首部枢纽及主干管水头损失＋支管水头损失＋毛管上第一个滴水器的工作压力＋深井的动水位＋滴灌系统干管最大相对高差。

（3）系统总扬程

$$H = H_{0\pm} + (Z_1 + Z_2) + H_s \tag{6.7}$$

式中：$H_{0\pm}$—不考虑干管高差的输水主管道进口水头损失，m；

$(Z_1 + Z_2)$—滴头与水源动水位平均高差，m；

H_s—输水主管进口至水源的水头损失，m。

根据系统总扬程和总流量选择相应的水泵型号，一般所选水泵参数大于设计参数。

(三)滴灌灌溉制度的确定

滴灌系统的灌溉制度包括灌溉定额、灌水定额、灌水周期和一次灌水所需的时间等，各种作物的滴灌灌溉制度应根据作物不同生长阶段的需水量确定。

1.灌水定额

灌水定额是指一次灌水单位面积上的灌水量。由于滴灌灌溉仅能湿润作物根部附近的土体，而且地面蒸发量很小，所以滴灌的灌水量取决于湿润土层的厚度、土壤保水能力、允许消耗水分的程度以及湿润土体所占比例。滴灌设计灌水定额是指作为系统设计依据的最大一次灌水量，可用式(6.8)计算：

$$h = 1\,000\alpha\beta pH \tag{6.8}$$

式中：h—设计灌水定额，mm。

α—允许消耗水量占土壤有效水量的比例（%）。由于滴灌能及时、准确地向根层土壤供水，因此可以是每次的灌水量较小。对于需水较明显的蔬菜等作物 $\alpha = 20\% \sim 30\%$；对于一般旱作物，$\alpha = 30\% \sim 40\%$；而对于树根深的果树，则可取 $\alpha = 30\% \sim 50\%$。

β—土壤有效持水量（占土壤体积分数），%。

p—土壤湿润比，%；其数值大小与滴头流量、滴头间距及土壤的类别有关。

H—计划湿润层深度，m。蔬菜为 $0.2 \sim 0.3$ m，大田作物为 $0.3 \sim 0.6$ m，果树为 $1.0 \sim 1.2$m。

2.土壤湿润比

在微灌条件下的土壤湿润比，常以地面下 $20 \sim 30$ cm 处的湿润面积占总灌水面积的

比表示。湿润比高的系统,对土壤水分供应比较有保障,而且可使更多的土体起到储存和供养分的作用,但成本高,用水多;湿润比过小,作物受旱,不能高产。一般情况下,蔬菜行距较大而株距较小,其湿润比可按下式计算:

$$p=\frac{0.785D^2K}{S_eS_L}\times100\%$$ (6.9)

式中:S_e—毛管滴头间距,m;

S_L—毛管间距,m;

D—滴头湿润直径,m;

K—修正系数,常用蔬菜湿润比 $60\%\sim100\%$;干旱地区宜取上限值,湿润地区可取下限值。

如果滴头装配较密集时,与毛管平行方向可在地面上形成宽的湿润带。湿润带最好是现场实测。不同土壤质地湿润宽度见表6-3。

表 6-3 土壤质地湿润宽度

土质地	砂土及砂壤土	壤土	黏壤土及黏土
湿润宽度/cm	30	40	50

果树滴灌用的滴头配置较稀疏。此时,在地表形成孤立的湿润圆,各自以直径代替润湿宽度时,就能表示滴头流量与土壤入渗能力相一致的湿润面积。

3. 灌水周期

灌水周期是指两次滴灌之间的最大间隔时间,它取决于作物、土壤种类、气候和管理情况。对水分敏感的作物(如蔬菜),灌水周期应短;耐旱作物,灌水周期可适当延长些。在消耗水量大的季节,灌水周期应短。灌水周期可用式(6.10)计算:

$$T=\frac{m}{E}\eta$$ (6.10)

式中:T—设计灌水周期,d;

m—设计灌水定额,mm;

E—作物需水高峰期日平均耗水强度,mm;

η—灌溉水利用效率。

4. 一次滴灌时间(t)的确定

一次灌水延续时间用式(6.11)计算,即

$$t=\frac{mS_eS_L}{q}$$ (6.11)

对于蔬菜等密植作物,用式(6.12)计算

$$t=\frac{mS_eS_L}{q\eta}$$ (6.12)

式中:t—次灌水延续时间,h;

S_e—滴头间距,m;

S_L—毛管间距,m;

q—滴头流量,L/h。

而在进行果园滴灌时,以单株数为计算单元,则一次灌水时间应该按式(6.13)计算

$$t=\frac{mS_rS_L}{nq}$$ (6.13)

式中:S_r—滴头间距,m;

n——棵树下安装的滴头个数。

其余符号意义同前。

5.滴灌次数

作物全生育期灌水次数比常规地面灌溉多,它取决于土壤类型、作物种类、气候等。因此,同一种作物滴灌次数在不同条件下,要根据具体情况而定。

四、微灌工程的施工安装

(一)施工前的准备工作

(1)熟悉规划设计资料和施工现场:施工前应首先将规划设计资料复核一次,领会设计意图,并到施工现场核对。

(2)编制简明施工计划:根据工程规模编制相应的简明施工计划,以便指导各工种有条不紊地进行施工。

(3)核对设备材料:施工前要对设备材料进行核对,如有缺少及时补齐,以保证施工安装的顺利进行。

(4)准备施工工具:除了常用的开挖工具如锹、镐等以外,还应备齐安装方面的常用工具,工具数量视工程大小而定。

(二)施工安装

1.首部安装

(1)全面熟悉枢纽设计图上各系统的组装结构,了解设备性能,保证各部件安装正确,各部件布置要便于管理操作。

(2)安装时要保证各部件的同心,为便于维修拆卸,必须在关键部位安装活接头。

(3)注意设置进排气阀和放水阀。为了便于开机、停机时管路系统的排气与进气,首部需设置进排气阀,低处设置一放水阀门。

2.管道安装

这里仅介绍塑料管道的施工安装方法。水泥制品管或金属管的安装可参照有关标准。

(1)按照设计要求,干、支管的施工安装按放线、挖沟、铺设和回填的步骤进行。

①施工放线与土石方开挖:按照设计图实际踏勘施工地段,对管路中的阀门、变径及转弯处做好标记,并依照放线中心和设计槽底高程开挖。

②管道铺设:由枢纽起沿主、干管管槽向下游逐根连接。

③附件的安装:根据设计要求在管道施工时一次组装,连接可靠,不漏水。

(2)毛管与灌水器安装

①毛管与支管的连接:毛管与支管的连接主要用旁通。

②毛管安装:毛管一般垂直于支管,其铺设方式有两种:一是地面铺设;二是地下铺设。毛管安装时严禁扭、折、踩等。毛管尾部待冲洗后再安装堵头。

③灌水器安装:微灌灌水器形式有多种,安装方法同中有异,可参照安装说明书进行安装。总的要求是插接处不漏水,连接稳固,便于维修保养。

3.冲洗与试运行

冲洗与试运行的目的是为了尽量避免泥土、砂粒和钻孔时塑料粉末等污物随水进入管道而堵塞灌水器,影响灌水质量。

（1）冲洗与试压

①首部枢纽安装齐备。

②关闭主（干）管上支管进口阀门，先冲洗过滤器及干管内杂物，冲洗完毕后关闭排水阀，使主、干管内水压上升到设计指标进行耐压试验。

③打开支管末端排水口（或阀），再开支管进水阀门冲洗支管。

④将毛管与支管相连接，冲洗毛管，完毕后再堵住毛管末端，把压力升到设计运行水压标准，全面检查管路及附件是否漏水，工作是否正常。

⑤大型系统可以分区冲洗，分区使用。

（2）试运行

当全系统所有设备冲洗、试水正常后，就可进行系统的试运行。试运行时，可使各级管道和灌水器都处于正常工作状态，连续运转 4h 以上，进行全面观测，正常后可交付使用。

（3）回填

全系统经冲洗试压和初次试运行，证明工程质量符合要求后，才能将各级沟槽回填。回填时应注意以下几点：

①避免高温天气时回填，一般选择气候变凉，地表和地下温度接近时进行填土。

②回填前应清除沟内石块、砖砾等杂物，先用细碎土在管道两侧同时回填，禁止用大土块和在单侧回填。

③一次填土 10～15 cm 厚，压实后再覆盖另一层土，一直填到地面以上 10 cm 左右为止，经灌水（或降雨）塌陷后，管沟处即可与地面相平。

(三)微灌工程的管理

1. 运行管理

（1）水源工程管理

运行前要对泵站、管路和调蓄水池等工程设备进行全面检查，修复更换损坏部分。运行中若发现管道漏水、闸门失灵等问题，要及时检修。必须保证灌溉用水的水质、水量，及时清除进水池中的杂草和污物，以保证按计划要求按时按量供水。

（2）过滤器的运行管理

为保持好的过滤效果，清洗工作要经常进行。不同的过滤器，其清洗方式不同，均应按产品说明书的要求及操作步骤，保持过滤器处于良好的工作状态。

（3）管道运行管理

①为防止产生水锤，必须缓慢启闭管道上的阀门。

②灌水作业应按计划的轮灌次序进行，灌水期间应检查管道的工作状况，对损坏或漏水严重的管段及时修复。

2. 灌水器的堵塞及预防

（1）堵塞的原因

①悬浮固体堵塞：河、湖、渠、池中的水一般均含有微细的淤泥和黏土颗粒、藻类、植物纤维以及胶状物质等悬浮物，由于其直径较小，采用 200 目的滤网也难全部截住，如果集在灌水器内便会形成堵塞。

②化学沉淀堵塞：水源中含有一定量的矿物质成分，当水温和 pH 值改变时，常会发生不易溶于水的化合物沉淀。

③有机物堵塞:胶体形态的有机质,在温度和含气量适当及流速减小时,常在微灌系统内团聚和繁殖,严重时引起堵塞。

（2）灌水器堵塞的预防

①灌溉水源必须按水质标准预先处理,水源不符合微灌要求时,应改用其他灌水方法。

②对蓄水池、水箱等建筑物和设备应加盖,防污物、灰尘入内。

③根据水质选择适当的过滤器。

④在微灌系统中,不使用易产生颗粒沉淀的化肥和农药。

⑤加强水质检测。

⑥定期清洗、检查过滤设备及管道和灌水器等。

第八节　集水设施的设计与建造

一、发展集水(雨)灌溉的必要性

雨水是地球表面陆地上淡水的总来源。当雨水作为一种用来满足人们生活和生产及其生态环境需要的物质资料时,它就成为雨水资源。雨水转化为可利用资源的过程就是所谓的雨水资源化。在降水丰富的地区,如湖泊、河流、土壤、岩层等积蓄了大量的雨水,自然界将雨水转化为资源,供人们开发利用。而在干旱、缺雨的地方,由于自然界的蓄水、保水能力较差,雨水不能被保存下来成为区域性资源。因此,只有通过人为方式,修建各类集雨设施,从中获取必要的水资源。

西北和华北地区,有许多山丘区属于干旱、半干旱气候。受自然地理环境的影响,风沙天气多,降雨量少,而且降雨时空不均,年平均降雨量为200～400 mm,60%以上的降雨集中在7月、8月、9月等3个月,区域性、季节性干旱缺水突出,地表水和地下水开发利用难度大,水资源贫乏,水土流失严重,生态环境恶劣。根据山丘区秋季雨量比较集中且不易拦蓄的特点,因地制宜,通过修建路边、场边、地边、河边、院边小水窖、小水池、小水柜、小塘坝、小水库等形式的微型集雨工程,将有限的降雨积蓄起来。通过拦蓄天上水,解决水资源紧缺的问题,是获得水资源的最有效方法。

平原地区采取集雨灌溉的主要目的是进行用水的时空调节,即将雨季多余的降雨蓄积起来,用作干旱季节的补充灌溉,同时缓解雨季排水不畅的矛盾。

西南干旱山区和石山区雨水充沛,年降雨量一般在800～1200 mm,光热条件好,有利于农作物生长。但降雨量时间分布不均,85%的降雨集中在夏、秋两季,季节性干旱缺水问题十分突出。区域内石山面积占63%,大部分地区山高坡陡,岩石裸露,保水性能差,地下水埋藏深,雨季大量降水大多白白流走,水资源开发利用难度大。

采取工程措施将对农作物无效的降水蓄积起来,用作对农作物在一定时期一定量的补充灌溉,以改善作物生长的局部资源环境,以期达到降水资源的高效利用。

另外,利用温室顶部、大棚棚面集雨,发展设施农业是干旱、半干旱区的发展势头迅猛的一种新兴农业。由于棚膜集水效率高达90%,可充分利用温室顶部、大棚棚面收集雨水,在温室或大棚附近修建50～100 m³ 的水窖,在集水不足时,可以硬化温室或大棚周围的散地皮增加集流面。配合采用滴灌、微喷、渗灌、膜下灌等方法灌溉高效经济作物,这种形式已作为经济型农业进行推广。

二、半干旱区日光温室集雨灌溉系统的配置

日光温室与其他农业技术设施相比，具有成本低、操作简单，能充分利用当地的光、热资源，进行反季节栽培等优点。在干旱半干旱地区，集雨灌溉技术与日光温室的结合可以实现夏秋雨水冬春利用的目的。由于温室周围空地、后屋面等都可以作为集雨面，既可以提高土地的利用率，亦可以实现雨水资源的叠加、富集。

1. 日光温室集雨灌溉系统的配置原则

日光温室配置集雨灌溉系统，包括集雨面、贮水设施和灌溉系统等三大构件。构件间相互协调运行，为日光温室创造适宜的水环境。配置时应遵循以下原则：

(1)集雨量与需水量协调的原则　以降雨量为基础，以满足温室内作物需水量为条件，进行水量平衡计算，使日光温室雨水支持系统的水量输入、输出平衡。

(2)集雨量与贮水设施的调蓄能力协调的原则　按照当地降雨的时间分布规律，设计贮水设施的调节容积，以最大限度地调蓄雨水，既满足日光温室内作物的需水，又不致造成投资的浪费。

(3)灌溉设施高效节水的原则　在日光温室中，必须同时采用高效节水的灌溉设施和技术，以提高集雨量的利用率，适应水资源紧缺的环境。

(4)构件位置布设因地制宜的原则　集水面、贮水设施、输水管的位置就地就近布设，并与日光温室屋面设计充分配合，联合管理。

2. 一种集雨温室的介绍

这是一种适合干旱、半干旱区的多功能集水温室装置，它既具有拦蓄雨水用于家庭用水和温室农业灌溉用水，又具有保暖、延长作物生长期，进行高效种植的功能。

这种集雨温室主要由3部分组成(见图6-7)，集水坡面、集水温室和高、低位贮水器及其附件。其作用：一是能充分拦截天然降水，使两块地的雨水集中于一块地用，也就是通过集水坡面和温室棚面收集到的雨水，用于家庭用水和棚内灌溉；二是多雨时段雨水蓄积后，用于干旱少雨时段；三是温室具有一定的保温性，可以提早和延缓作物的生长期。由此可见，集水温室的实质是进行局部地区时空调水。此类温室主要适用于干旱半干旱地区，也可以推广到降水变率较大且水土流失比较严重的地区。

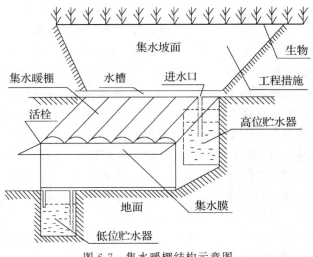

图6-7　集水暖棚结构示意图

（1）集水坡面　主要是利用干旱、半干旱区切割侵蚀破碎的山坡地,在坡面种植多年生植物(如草或灌木),利用植物生长后对土壤表面的覆盖形成生态工程集水场,这既有利于减少水土流失,保护生态环境,又能形成一个良好的天然集雨场地。

（2）集水温室　利用山体作为温室的后墙(北墙),可以起到很好的保暖效果,在不加温的情况下,可以延长作物的生长期,从而实现高效种植。

（3）贮水器　用来储蓄雨水,高位蓄水器蓄积的雨水用于灌溉,低位贮水器贮水用于家庭用水(因棚膜来水水质较好)。

集水温室设计的关键主要是集水坡面和贮水器大小以及进水口大小,集水坡面和贮水器大小的设计取决于家庭用水和灌溉需水量,即每日耗水量、最大降雨间隔日、人畜饮水定额以及不同种植作物的灌溉定额和灌溉制度;进水口大小的设计主要取决于一次降水强度、集水坡面面积和径流系数。

3.灌溉用水量的确定

日光温室主要种植蔬菜、瓜类、花卉、食用菌等高效经济作物。耗水量最大的是蔬菜,花卉次之,食用菌耗水量最少。据测定,蔬菜日耗水量为 $2.5\sim3.0$ mm/d,花卉为 $2.0\sim2.5$ mm/d,食用菌为 $1.0\sim1.5$ mm/d。单座日光温室作物生育期需水量计算式为:

$$W_{xp}=10^{-3}B_tLH_rT \tag{6.14}$$

式中:W_{xp}—保证率等于 P 的年份作物需水量(m^3),因温室处于封闭状态,无外来水补给,各年份 W_{xp} 可视为定值;

B_t—日光温室田面宽度,m;

L—日光温室长度,m;

H_r—作物日耗水量,mm/d;

T—作物生育期,d。

以长度 $L=100$ m,田面宽度 $B_t=6.5$ m 的日光温室为例,单座日光温室作物全生育期需水量见表(表 6-4)。

表 6-4　各类作物单座日光温室的需水量

作物种类	生育期/d	日耗水量/mm·d^{-1}	生育期需水量/m^3
蔬菜、瓜类	140	2.5	227.5
花卉类	365	2.0	474.5
食用菌类	365	1.2	284.7

4.集流面规模设计

日光温室的集流面由温室棚膜、后屋面和人工集流面 3 部分组成,前两项依温室设计而定,人工集流面是通过硬化温室周围的空闲地面而成。本系统的特点是充分利用了温室群之间的空闲地、棚面及后屋面,提高集雨程度。温室集雨灌溉系统中各种集流面所汇集的水量应满足温室内种植作物所需的水量,即:

$$\sum S_{pi}F_{pi}\geqslant W_{xp} \tag{6.15}$$

式中:S_{pi}—保证率等于 P 的年份某种集流面面积(m^2);

F_{pi}—保证率等于 P 的年份该种集流面单位面积可集水量(m^3/m^2),用式(6.16)确定:

$$F_{pi}==E_{yi}R_p/1000 \tag{6.16}$$

E_{yi}—集流面集流效率与护面材料类型、降雨强度及保证率有关;

R_p—保证率等于 P 的全年降雨量,mm。

日光温室是多项农业技术的有机结合,技术含量投入产出高,因而对供水保证率 P 的要求也较高,一般选用 $P=95\%$。(表 6-5)列出了各类参数及计算结果。

表 6-5　日光温室集流面参数及计算结果

参数	集流面类型		
	人工混凝土护面	塑料棚	混凝土后屋面
E_{yi}	0.76	0.9	0.76
R_p/mm	305	305	305
$F_{pi}/m^3 \cdot m^{-2}$	0.232	0.275	0.232
S_{pi}	待定值	650	200
$S_{pi} \cdot F_{pi}$	0.2325 S_{pi}	178.8	46.4

将式(6.15)改写为:

$$S_{pl} = (W_{xp} - S_{p2}F_{p2} - S_{p3}F_{p3})/F_{p1} \tag{6.17}$$

将表(6.14)数值代入式(6.17)求得 $P=95\%$ 的情况下,各类日光温室所需人工混凝土集流面积,见表 6-6。

表 6-6　日光温室人工混凝土集流面参数

参　　数	温室种类		
	蔬菜、瓜果类温室	花卉类温室	食用菌类温室
W_{xp}/m^3	227.5	474.5	284.5
S_{pl}/m^2	780.6	1075.0	256.5
$S_{pl}F_{pl}/m^3$	181.1	249.3	59.5

在表 6-6 的计算中,因种植花卉和食用菌的日光温室常年进行生产,棚面可完全充当集流面,而蔬菜温室冬茬收获后需要整地、歇地,棚面集流时段短,所集水量不予计入。人工集流面一般采用 C15 混凝土现浇,厚度为 4～6 cm,分块尺寸以(150～200) cm×(150～200) cm 为宜,用分块缝作填充防渗材料。

5.贮水设施总容积的确定

考虑到日光温室内作物需水量是一个相对均衡的供水过程,降雨量分布不均,在北方地区降雨的 70%～80% 集中于 6～9 月份,贮水设施的容积(见表 6-7)一般按式(6.18)计算,即:

$$V = \alpha W_{xp} \tag{6.18}$$

式中:V—贮水设施总容积,m^3;

α—容积系数,依照当地降雨及作物需水量过程的特征,可在 0.65～0.8 之间取值。

表 6-7　不同日光温室贮水设施容积

参　　数	温室种植种类		
	蔬菜、瓜果类	花卉类	食用菌
W_{xp}/m^3	227.5	474.5	284.5
α	0.8	0.7	0.65
V/m^3	182	332	185

贮水设施容积过大会造成工程投资的浪费,过小则使收集的雨水盛不下而弃掉,因此 α 值的合理选取十分关键。贮水设施类型多样,甘肃定西区大多采用现浇混凝土直壁拱顶盖水窖、混凝土蓄水池等,单窖(池)容积一般为 30～50 m^3。

三、集水(雨)设施建造

集水(雨)灌溉过程中最重要的设施是集水面和蓄水设施,蓄水设施的结构、大小、形状、防渗层的施工质量等决定了蓄水装置的使用寿命、蓄水量的大小,它是整个集雨灌溉系统中使用效率最高的设备。蓄水设施主要有旱井、水窖、蓄水池、小塘坝等。

(一)水窖

根据各地土壤状况的不同,水窖的结构有圆形直立式水窖、圆形瓶状水窖、混凝土结构水窖等。

1. 圆形直立蓄水窖制窖技术

圆形直立蓄水窖制窖的流程包括制盖、开挖窖体、筑底、抹壁、刷浆、护养等工序。

(1)制盖 窖址选择确定后,铲除表层浮土,整修成直径为5～6 m的圆形水平平面。然后在平面的中央定中心,划一直径为3～4.5 m的圆(直径大小由土质状况等条件而定),沿圆的外边挖一宽为0.3～0.4 m,深0.8～1.0 m的环形土槽。在圆内做半球状土模型,顶部(圆心)留直径为0.8 m,高6 cm左右的土盘。紧靠半球状土模型的边线挖一宽5 cm、深30 cm的环状小槽。用4根长4.5～5 m的8或12钢筋弯成圆弧形,在土模型上摆放成"井"字形,然后用8铁丝在土模型的顶部的土盘周围和土模型环形小槽的外边际各放一道铁丝圈,两圈之间用24～30根铁丝连接,呈辐射状分布,铁丝与钢筋的交叉处用细铁丝扎紧,使铁丝与钢筋接成一个整体网架。然后用混凝土铸造,混凝土中石料与水泥的比例为4:1。混凝土配好以后,先浇筑土模型外沿环状小槽窖盖的外缘,筑造厚度为10 cm。自下而上筑造,厚度逐渐减少,至窖盖顶部以4～5 cm为宜。要求钢筋与铁丝整体网架置于混凝土中间,留出顶部土盘,作为出土口。筑造时一次性完成,筑造结束24 h后,用水泥浆刷一次、盖草、洒水、护养7～10 d。

(2)挖窖体 窖盖护养期满,从窖盖顶部的窖口开始取土。先从窖盖内取土,找到窖盖边缘再向下取土。取土时每下挖50 cm,在窖壁上沿等高线挖一道宽5 cm、深5 cm的楔形加固槽。

(3)抹壁 窖体挖成后,清除窖壁和加固槽内的浮土,在加固槽内固定一圈8铁丝,洒水弄湿窖壁。先用砂灰混凝土将加固槽填平,然后用1:3水泥浆自窖底而上抹壁两次,每次抹壁厚度为1～1.5 cm。

(4)筑底 先用石料与水泥4:1混凝土浇筑窖底厚8 cm,再用1:3水泥浆抹3～4 cm。

(5)刷浆 抹壁、筑底结束24h后,应及时刷浆,进行防渗处理。防渗浆由425水泥与石膏粉混合配制而成,比例为3:1。每间隔24 h,刷浆一次,共刷三次。刷浆结束后封闭窖口,待24 h后,开始洒水护养10～15 d后即可蓄水。

2. 混凝土结构水窖的制作技术

现以20 m³水窖为例作介绍。在地质结构比较松散破碎的地方,采用上述方法修建水窖,窖壁结构难以牢固。针对此类地质结构,可采用敞开式开挖施工混凝土窖壁结构。窖壁、窖底制作完后再搭架制作土模,浇筑顶盖混凝土,施工顺序与前者相反。

(1)基坑 窖址选好后按设计尺寸放线,2.0 m内可直接出土,2.0 m以下则可搭接长梯人工背运或用绳吊运土,也可搭架二次转运出土,一般需10 d左右可开挖成形,开挖过程中亦要放线控制基坑垂度和圆度,力求尽量标准。

（2）窖壁、窖底处理　基坑挖完后用组合木模（或钢模）支撑，一般制作两套为一副，每节高1.0 m，周转使用（也可采用砖内模方法浇筑混凝土，但比较麻烦），每7～10眼水窖配一副模板，每次浇筑一圈，分层浇筑，混凝土窖壁厚10 cm，用钢钎、手锤人工振捣，浇筑完并初凝后拆模，再用1∶2水泥砂浆抹面，窖底处理方法同前，最后制作土模浇筑顶盖混凝土。

（3）土模支撑方式　水窖顶盖与封闭式施工顺序相反，需先在窖内搭架构成一个平面才能制作土模，土模平面一般由骨架层、辅助层和铺土层3部分组成，支撑可采用立式架和平架两种方式。立式架又分为井字架、叉字架、独立架3种，垂直支撑间通过斜杆用长铁钉固定连接，形成静定结构。几种常见的支撑形式如图6-8，分述如下：

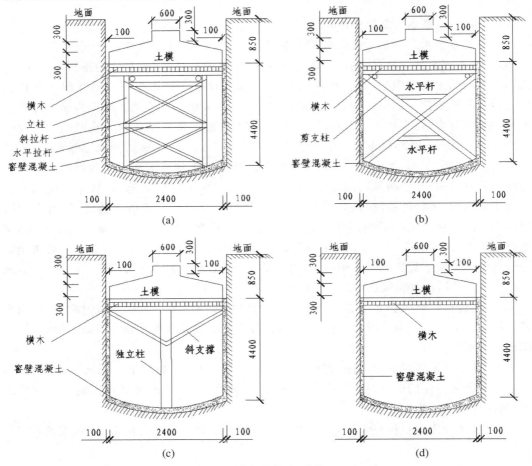

设 施 农 艺 学

148

图6-8　土模支撑形式（单位：mm）

a.井字架　特点是拆架方便，施工简单，可直接用绳子从窖口吊出，不损坏木料，不影响窖壁防渗体；缺点是用料较多，土模辅助层平面需预留进入孔，支撑工作量较大。

b.叉字架　特点是拆架较方便，可直接从窖口吊出，不损坏木料，不影响窖壁，但用料也较多，稳定性较差，亦需预留进入孔，支撑工作量也较大。

c.独立架　特点是拆架简单，不影响窖壁防渗结构，且用料相对较少，但支撑难度较大，稳定性不易掌握，亦需预留进入孔。

d.平架　特点是无需垂直支撑，用料较少，简单快捷，无需预留进入孔；缺点是横木两端伸入窖壁，拆架时影响窖壁结构，损坏木料，必须注意防渗处理。因此，常用的支撑形式有井字架和平架两种，效果较好。

（4）土模制作　在支撑好的平面上，周边用编织袋装土固边，然后填土，用坡尺控制拱坡做土模，最后用草泥抹边；中心做一圆土台或直接放置于窖口直径相近的圆形容器（如木盆、洗衣盆等）作模预留窖口，土模表面应压实拍光，以防顶盖混凝土变形，影响质量，待准备工作完成后即可开始浇筑顶盖混凝土。

（5）浇筑顶盖混凝土，安装窖口预制件　顶盖混凝土浇筑方法同前，浇筑完毕养护两周后即可拆架并回填土。窖台、窖盖通常采用 150 # 混凝土薄壁预制构件，厚 6 cm，可加工组合木模或钢模预制，拆模养护 14 d 后即可安装。

(二)蓄水池

地基挖好后，夯实原土。对于填方地基，要求其干容重不少于 1.6 g/cm³。其基础可采用 30 cm 三七灰土垫层，并且夯实。池底采用 150 # 混凝土，厚度在 10~15 cm 为宜。钢筋砖池壁，砌体为 75 # 水泥砂浆，砌 100 # 机砖结构，砖要预先浸透水，饱和度达到 80% 左右，采用"挤浆法"砌筑。灰缝的砂浆要求饱满厚度一致，竖向灰缝应错开，不允许有通缝。距池底高度每隔 30 cm 设 2 根直径 6~8 mm、间距 25~30 cm 的加固钢筋，以保证其稳定。为了保证防水层的抗渗性能，砂浆必须分多层涂抹。刚性防水层采用砂浆的配合比为 1:2.5~1:3，水灰比 0.5:0.55。施工时先将抹面层洗净润湿，涂刷一层水泥净浆，再抹上一层 5 mm 厚的砂浆，初凝前用木抹子抹面压实，防水层要铺设 4~5 层。外壁采用两层抹面，施工时必须注意提高砂浆的密实性，做好各层之间的结合，并加强养护以达到预期的效果。

复习思考题

1. 日光温室的屋面倾角应为多少？采光屋面形状如何确定？

2. 日光温室的跨度和高度对其使用性能有何影响？如何确定？

3. 合理的日光温室后坡面仰角和水平投影长度应为多少？为什么？

4. 应从哪些方面加强日光温室的保温性，提高其蓄热能力？

5. 墙体对于日光温室内的热环境有何作用？如何选择确定其材料、结构与厚度？

6. 后屋面对于日光温室内的光、热环境有何作用？如何选择确定其材料与结构？

7. 前屋面的保温覆盖有哪些？其保温性高低的评价指标是什么？

8. 日光温室建筑设计有哪些要点？

9. 日光温室一般选择使用哪些透明覆盖材料？

10. 如何选择建造日光温室的场地？

11. 如何确定前后温室的间距？

12. 试简述钢骨架砖石结构节能日光温室的建造施工步骤。

13. 滴灌系统的规划设计需注意哪些方面的问题？

14. 滴灌灌溉制度中灌水定额是如何确定的？

15. 如何计算滴灌灌水周期及一次灌水时间？

16. 如何维护滴灌系统，防止系统堵塞？

17. 集水(雨)灌溉系统的配置需注意哪些原则？

18. 如何确定贮水设施的容积？

19. 集流面由哪几部分组成？其规模设计是如何确定的？

20. 集水设施有哪些？如何建造？请举例说明。

第七章　无土栽培技术

本章学习目标

了解国内外无土栽培的发展简史、现状与应用前景,常用无土栽培的类型与特点,基质的再生处理,工厂化育苗的经营与销售;掌握无土栽培的含义,常用基质的种类、性能、应用特点及消毒处理技术,配制营养液原料的选择与识别;重点掌握营养液的配制与管理技术、工厂化育苗的关键技术。

第一节　概述

一、无土栽培的概念及分类

无土栽培(Soilless Culture,Hydroponics,Solution Culture)指不用天然土壤栽培植物的方法,国际无土栽培学会(ISOSC)为其下的完整定义则为:凡是用除天然土壤之外的基质(或仅育苗时用基质,定植后不再用基质)为作物提供水分、养分、氧气的栽培方式均可称为无土栽培。

无土栽培从早期的实验研究至今已有近170年的历史,栽培的类型及方式也从原来的基本模式发展到现今种类繁多的无土栽培类型和方法。目前比较常用的分类方式可总结如图7-1。

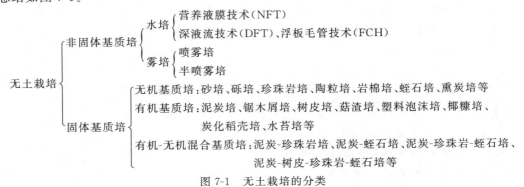

图 7-1　无土栽培的分类

二、无土栽培的发展简史与现状

人类从无意识的无土栽培萌芽阶段到有意识地开展试验性研究,再到现今大规模的商业化生产应用阶段,已经历了2000多年的历史。早在公元前,中国、古埃及、巴比伦、墨西哥已有文字记载着各种原始的无土栽培形式,据考证,中国南方水乡在距今1700年前的汉末时就有利用"架田"(菰的根、茎经多年聚结起来的板块)种稻、种菜的图文记载。而在哥伦布发现新大陆前,墨西哥的 Aztecs 也已有用 chinampas(芦苇编成的筏子)种植蔬菜和玉米,称之为"漂浮花园"。此外当地的印第安人在水中用轻质框架种植蔬菜也已有几个世纪的历史。但这些方法只是一种原始的、不完全的无土栽培形式。到 19 世纪 20 年代才开始正式采用无土栽培的方法栽培植物,20 世纪 60 年代萨克斯(J. V. Sachs)和克诺普(W. Knop)提出最早用于植物生理研究的无土栽培模式,距今只有近 140 多年的历史。

(一)国外无土栽培的发展简史与现状

1840 年德国化学家李比西(J. V. Liebig)提出矿质元素是植物的主要营养物质的"矿质营养学说",为无土栽培的科学发展奠定了理论基础。1860 年萨克斯首次用化学药品配制营养液栽培植物成功;1865 年,克诺普营养液诞生,此后许多标准营养液配方也相继问世,其中最具代表性的是美国科学家霍格兰和阿农 1938 年阐明了营养液中添加微量元素的必要性,并在此基础上研制的标准营养液配方至今仍被广泛使用。但直到 20 世纪 30 年代以前,无土栽培始终停留在实验阶段,二次世界大战期间,由于军队供给的需要,才开始用无土栽培的方法在波斯湾和太平洋的岛屿上生产蔬菜。

目前,应用无土栽培技术的国家和地区已达 100 多个,如意大利、荷兰、德国、瑞典、丹麦、西班牙、苏联、美国、日本、印度、斯里兰卡、科威特等国家都先后建立了无土栽培基地和水培场,其中以荷兰、日本、美国最具代表性。

荷兰是世界上无土栽培最发达的国家之一,其无土栽培发展速度快,1971 年仅 20 hm²,2000 年已达 1 万 hm² 以上;现代化程度高,温室作物栽培从播种、育苗、定植、管理、采收等均可实现微电脑自动化控制;栽培形式以岩棉培为主,温室番茄栽培更是 90% 采用岩棉培;栽培系统多采用完全封闭的循环式生产以减少环境污染;栽培作物当中花卉(主要是切花)占 50% 以上,其次是番茄、黄瓜和甜椒等蔬菜作物。

美国是世界上最早应用无土栽培技术进行商业化生产的国家,也是在世界范围传播无土栽培技术规模最大的国家,但是美国本土的无土栽培面积并不大,1984 年约为 200 hm²,1997 年也只有 308 hm²,且多数集中在自然条件比较差的干旱、沙漠地区,栽培形式则以岩棉培和珍珠岩袋培为主。虽然美国无土栽培的面积不大,但其掌握的无土栽培技术和科研水平却相当发达和先进,目前美国有关无土栽培技术的研究主要是为太空农业提供服务。另一突出特点就是在美国有上百万个家庭业余地搞庭院无土栽培,普及率很高且为之开发出了大量小规模、家用型的无土栽培装置。

日本的水培技术世界领先,且独自研发了深液流水培技术(DFT),栽培形式以水培和砾培为主,其中水培占 2/3,砾培占 1/3;栽培面积由 1971 年的 31 hm² 到 1999 年的 1 056 hm²;栽培作物主要是草莓、番茄、青椒、黄瓜、甜瓜等瓜果蔬菜,其次是花卉,少量果树;日本的山崎配方、园试配方至今仍为世界各国广泛使用,另外日本还开展了较多超前性的植物工厂研究,且正在逐步实现实用化,如三菱重工、M 式水耕研究所、日本株式会社、四国综合研究所、日本电力中央研究所等研制的植物工厂共达 40 多处,已基本可以实现机械化和自动化生产。此外,1981 年英国也在其北部的坎伯来斯福尔斯建成了面积 8 hm² 的"番茄工厂",加拿大的冈本农园等也建有植物工厂。

(二)国内无土栽培的发展简史与现状

我国无土栽培的萌芽状况开始很早,如早期的生豆芽、养水仙以及船户携带的"漂浮菜园"都已具有无土栽培的基本特征,到 20 世纪 30 年代曾留学英国的张四维在上海创办了中国最早的无土栽培商品蔬菜农场——四维农场(safeway Farm),该农场用煤渣为栽培基质,营养液循环供液,主要生产番茄,也种少量的黄瓜和西瓜,主要供应西餐馆,深受欢迎。1945 年由于二战,上海市场经济萧条,农场停办。此后近 30 年的时间里,我国的无土栽培发展速度很慢,20 世纪 50 年代末只有科学技术较发达的上海进行了少量无土栽培小型试验,70 年代也只有部分农业院校和科研单位开展实验研究工作。80 年代中期,我国农业部把无土栽培列为重点攻关课题,"七五"期间(1985~1990 年)引进了 NFT 法和岩棉栽培技术,开始对营养液的组成、浓度、pH 值等基础理论进行实验研究以来,现已在多方面取得了明显效果。如北京的基质培、蛭石袋培和温室夏季喷雾-水膜降温系统,江苏的农用岩棉开发和简易 NFT 栽培,山东研发的"鲁 SC-II 型"槽式栽培系统,南京农业大学提出的改良毛管法栽培系统,浙江的稻壳熏炭基质培和深水培,广州、深圳的深水培和椰糠基质培等都各具特色。其中由中国农业科学院蔬菜花卉所研究提出的用消毒鸡粪等代替营养液的有机生态型无土栽培新技术具有国际领先水平。到 2000 年我国无土栽培面积已由 20 世纪 80 年代后期的不足 10 hm² 扩大到了 500 hm² 以上,且仍保持较快的发展势头,栽培的作物也由少量几种蔬菜延伸到花卉、西瓜、甜瓜、草莓等 20 余种。同时,我国各地在结合当地经济水平、市场状况和资源优势的基础上,正努力摸索适合自己的无土栽培方式。目前,我国南方地区(以广东为代表)以深液流水培为主,槽式基质培也有一定的发展,少量的基质袋培;东南沿海地区(以江、浙、沪为代表)以浮板毛管、营养液膜水培为主,近年有机基质培发展较迅速;北方地区由于水质的影响,主要发展的是基质栽培,华北地区主要用炉渣、草炭、蛭石、锯末等,东北地区主要用草炭、锯末等,西北地区则主要是砂培,如新疆戈壁滩的砂培蔬果面积占到我国无土栽培总面积的 1/3。

三、无土栽培的特点及应用

(一)无土栽培的特点

1.无土栽培的优点

(1)能有效避免土壤连作障碍 由于园艺设施复种指数高,长期相对密闭,同一种蔬菜频繁连作情形时有发生,导致设施内土壤极易形成连作障碍,成为设施土壤栽培的一大难题。无土栽培作物连茬时只要对栽培设施进行必要的清洗和消毒,科学管理营养液,就可以有效避免土壤连作障碍的发生。

(2)能增强作物长势、提高产量和品质 由于无土栽培为作物提供了合理的养分和良好的根系环境,作物的生产潜力能得到充分的发挥,作物长势增强,生长量增加,同时品质也有所提高。如无土栽培生产的绿叶蔬菜粗纤维含量低,Vc 含量高;瓜果蔬菜着色均匀、口感好;产量是土壤栽培的数倍至数十倍。

(3)能省水、省肥、省工 无土栽培可减少土壤栽培中的水肥渗漏、流失、挥发、固定等,用水量仅为土壤栽培的 1/3~1/2,肥料利用率则由土壤栽培的 50%左右提高到 90%~95%;另外由于无土栽培省去了土壤耕作、施肥、除草等田间操作,且能逐步实现机械化和自动化,因而可节省大量人力投入。

(4)能极大地扩展农业生产的空间 无土栽培由于不受土壤的约束,可以利用荒滩、海岛、沙漠、戈壁等进行农业生产;也可利用阳台、屋顶等发展"家庭园艺";此外,无土栽培结合航天技术已应用于太空农业中。

（5）能减少病虫害，生产过程易实现无公害化　无土栽培环境相对可控，可为作物提供相对无菌少虫的环境，同时杜绝了土传病虫害的来源，生产过程中加强管理较易实现无公害生产。

2.无土栽培的缺点

无土栽培作为一种新的现代农业种植技术，具备许多传统土壤栽培无法比拟的优点，但同时也存在一些缺点和不足，主要表现在：

（1）一次性投资大，运行成本高　目前无土栽培技术在推广应用中面临最主要的问题就是一次性投资大，运行成本高，特别是大规模、现代化、集约化的无土栽培生产方式。例如广东省江门市引进荷兰专门种植番茄的"番茄工厂"，面积为 1 hm^2，总投资超过1000 万元人民币，平均每平方米投资 1000 元，这在我国目前的消费水平下，是难以通过种植作物收回如此巨大的投资的。近年我国结合国情，开发研制了一些投资小、运行费用低又实用的无土栽培形式，如浮板毛管水培、鲁 SC 型无土栽培、有机生态型基质培等。

（2）技术要求较高　无土栽培生产过程中营养液配方的选择、配制、供应以及对浓度、pH 值的调控相对于土壤栽培来说，均较为复杂。再加上还需对作物地上部的温度、光照、水分、气体等环境条件进行必要的调控，这就对种植者的技术提出了较高的要求，否则难以取得良好的种植效果。当然现在的有机基质培就大大降低了技术难度，另外也可通过选用厂家配制好的专用固体肥料，采用自动化设备来简化管理技术。

（3）管理不当，易发生某些病害的迅速传播　无土栽培是在相对密闭的棚室内进行的，容易形成高温、高湿、弱光照的环境条件，这些一方面有利于某些病原菌的滋生繁衍，且随着营养液的循环流动会迅速传播；另外还易引起营养液含氧量降低，导致植物根系功能受阻。如果管理不当，无土栽培的设施、种子、基质、生产工具等的清洗和消毒不够彻底，工作人员操作不注意等原因，也易造成病害的大量繁殖，严重时甚至造成大量作物死亡，最终导致种植失败。所以需要加强每一步的管理，杜绝病原菌的侵入和病害的发生。

(二)无土栽培的应用

无土栽培技术具有很多土壤栽培不可比拟的优点，在某些条件下它能够完成天然土壤的所有功能，其应用前景无疑是广泛而美好的，但是在现阶段及今后相对长的一段时间里，无土栽培的应用会受到经济条件、技术水平等诸多因素的限制，并不能大规模地取代土壤栽培，而是作为土壤栽培的一种补充形式存在。如：

1.在生产反季节或高档园艺产品中应用

目前多数国家用无土栽培种植一些在露地很难栽培，或能栽培但是产量低、品质差的一些高档园艺产品，如高糖生食番茄、七彩甜椒、迷你番茄、小黄瓜等供应高档消费或出口创汇的各种蔬菜；或是用于家庭、宾馆等特殊场所栽培盆栽花卉，因其花期长、花朵大、花色艳、香味浓而深受欢迎。

2.在不适宜土壤耕作的地方应用

在沙漠、盐碱地、南北极、海岛等不适宜土壤栽培的地方发展无土栽培可大面积种植蔬菜花卉等，能很好地解决当地人们的吃菜问题，甚至也关系到一些国土的安全和人民的信心问题。如新疆的吐鲁番西北园艺作物无土栽培中心在戈壁滩上建了 112 栋日光温室，占地 34.2 hm^2，采用槽式砂培种植蔬菜，取得了良好的经济效益和社会影响。

3.在土壤连作障碍严重的设施栽培中应用

一些发展设施园艺比较早的地区，土壤连作障碍严重，作物产量、品质下降，病虫害严重,直接影响了设施园艺的可持续发展。目前一些适合国情的无土栽培方式为解决这一难题提供了很好的技术保障。

4.在家庭园艺中应用

利用小型的无土栽培装置在庭院、阳台、楼顶制种菜养花,不仅具有很强的娱乐性,而且洁净卫生,便于操作,美化环境,可以满足人们回归自然的心理需求。

5.在观光农业、生态农业和科普教育中应用

近年发展的观光农业、生态餐厅、生态科技园区等已成为了展示未来农业高科技的示范窗口,里面采用最多的栽培方式就是科技含量较高的现代化无土栽培,尤其是一些造型美观、独具特色的立体栽培备受人们青睐,很多无土栽培基地已成为中小学生的农业科普教育基地。

6.在太空农业上应用

随着航天事业的发展,人们进驻太空的欲望越来越强烈,在太空中采用无土栽培方式生产食物是最有效的方法。如美国肯尼迪宇航中心用无土栽培生产宇航员在太空中所需的某些粮食、蔬菜已获得成功,并在进一步的深入研究中。

第二节　营养液的配制与管理

营养液是将含有植物生长发育所必需的各种营养元素的化合物和少量为提高使某些营养元素有效性的辅助材料,按一定的数量和比例溶解于水中配制成的溶液。无土栽培作物生长发育所需的养分和水分主要是靠营养液提供的,因此,营养液的配制与管理是无土栽培技术的核心。

一、营养液的配制

(一)营养液的原料及其要求

营养液的原料主要包括溶解化合物的水、提供各种营养元素的化合物及提高某些营养元素有效性的辅助物质。实际生产中选用经典营养液配方必须结合当地水质、气候及栽培品种等因素,对营养物质的种类、用量及比例等作适当调整,才能发挥出营养液的最佳使用效果。而调整的前提是我们需对营养液的原料要求有一个清楚的认识。

1.水的选用要求

配制营养液的用水十分重要,水源不同,水质会有差异,这种差异会或多或少影响到营养液中某些营养元素的有效性,严重时甚至会影响到作物的生长。如在研究无土栽培营养液新配方或营养元素缺乏症等试验时,要求使用蒸馏水或去离子水;生产中则经常选用自来水、井水或雨水等作为水源,有时单一水源不足时也可几种水源混合使用,不管采用何种水源,在使用前都必须经过检测以确定其适用性如何。

自来水,是经过处理且符合饮用水标准的,以其作为无土栽培的水源在水质上较为有保障,但因价格较高,生产成本也较高;井水,在使用时则需考虑当地的地层结构,如华北地区的地下水多为硬水,含钙盐、镁盐较多,近海地区的地下水中一般含大量的钠离子,使用时需加软水稀释后方可使用;雨水,空气污染不严重的地区可利用温室屋面汇集雨水避光贮存,经过必要的澄清、过滤或加入沉淀剂、消毒剂处理后也可成为营养液配制的良好水源,如当地年降雨量超过 1000 mm,就能完全用雨水作为无土栽培的水源;其他

河水、湖水、水库水等也都可用于无土栽培的水源，一般流经农田的水不宜使用。

无土栽培的水质要求比国家环保部颁布的《农田灌溉水质标准》(GB5084-85)的要求稍高，但可低于饮用水水质要求，具体可参考表7-1、表7-2。

表7-1　无土栽培水质的要求

硬度	≤15°
pH 值	5.5～8.5
悬浮物	≤10 mg/L
氯化钠	≤200 mg/L
溶存氧	≥3 mg/L
氯(Cl_2)	≤0.01%
重金属及有毒物质	在允许范围之内，具体见表7-2
EC 值	优质水：<0.2 ms/cm；允许用水：0.2～0.4 ms/cm；不允许用水：≥0.5 ms/cm

表7-2　无土栽培水中重金属及有毒物质含量标准

名称	标准(mg/L)	名称	标准(mg/L)
汞(Hg)	≤0.005	铜(Cu)	≤0.10
砷(As)	≤0.01	锌(Zn)	≤0.20
镉(Cd)	≤0.01	铁(Fe)	≤0.50
硒(Se)	≤0.01	氟(F)	≤1.00
铅(Pb)	≤0.05	DDT	≤0.02
铬(Cr)	≤0.05	大肠杆菌	≤1000 个/L

2.营养元素化合物的选用要求

植物生长所必需的17种营养元素有9种大量元素：碳、氢、氧、氮、磷、钾、钙、镁、硫和8种微量元素：铁、锰、锌、铜、硼、钼、氯、镍。其中碳、氧主要来自于大气中的二氧化碳和氧气，氢和部分氧由水提供，另外生产用水都含有足够植物生长需要的氯和镍存在，所以只剩12种营养元素需要配制营养液的化合物来提供（表7-3）。一般配制营养液选用化合物时会考虑以下几个方面：

（1）根据栽培目的选用化合物　当研究营养液新配方或探索营养元素缺乏症等精确试验时，需要使用化学纯以上的化学试剂以外，一般无土栽培生产上，除微量元素用化学纯试剂或医药用品以外，大量元素多采用成本最低的农业用化合物，在没有合格的农业原料时才选用工业用化合物代替。

（2）优先选择能提供多种营养元素的化合物含量高　能提供某种营养元素的化合物形态可能有很多种，但为了减少某些盐类伴随离子的影响及控制总盐分浓度，一般会选用能够同时提供两种植物必需营养元素没有多余伴随离子的化合物，或者选用元素含量高的化合物，这样可以减少化合物的种类，降低总盐分浓度。

（3）根据作物的特殊需要选择化合物　如铵态氮(NH_4^+)、硝态氮(NO_3^-)都是作物生长发育良好的氮源，但是由于其盐类伴随离子的酸碱性质的不同及植物对它们的吸收利用程度和喜好的差别，使之出现了"喜铵植物"和"喜硝植物"之分，针对植物的特殊需要应选择合适的化合物。

（4）选择溶解度大的化合物　如硝酸钙的溶解度大于过磷酸钙、硫酸钙等，使用效果好，配制方便，多被选用。

（5）选择纯度高的化合物　劣质原料中含有大量惰性物质，使用过程中易产生沉淀、堵塞管道，影响根系对养分的吸收；另外原料中本物以外的营养元素都应视为杂质，如磷酸二氢钾中含有的铁、锰等，虽然铁、锰也是植物所需的，但也要控制在一定的范围内，否则会干扰营养液的平衡。营养液配方中的标量是指纯品，称量时需按实际纯度折算原料用量。

（6）有毒物质不超标，取材方便，价格低廉　选用化合物时，在保证原料中本物符合纯度要求以外，同时要求有毒物质不超标，且应购买方便、价格便宜。

表 7-3　无土栽培常用化合物的种类

营养元素种类	常用化合物种类
氮源	硝酸钙、硝酸钾、硝酸铵、硫酸铵、磷酸二氢铵等
磷源	磷酸二氢钾、磷酸二氢铵等
钾源	硝酸钾、硫酸钾、磷酸二氢钾、氯化钾等
镁源	硫酸镁
钙源	硝酸钙等
铁源	硫酸亚铁、螯合铁等
其他微量元素	硼酸、硼砂、硫酸锰、硫酸锌、硫酸铜、钼酸铵等

3.辅助物质的选用要求

营养液配制中常用的辅助物质是螯合剂，它与某些多价金属离子结合可形成螯合物。配制营养液的螯合剂选用时主要有以下要求：（1）被螯合剂络合的阳离子不易被其他多价阳离子所置换和沉淀，又必须能被植物的根表所吸收和在体内运输与转移；（2）要求易溶于水，又必须具抗水解的稳定性；（3）治疗缺素症的浓度以不损伤植物为宜。

常见的螯合剂有乙二胺四乙酸（EDTA）、二乙酸三胺五乙酸（DTPA）、1,2-环己二胺四乙酸（CDTA）等，目前无土栽培中最常用的是铁与 EDTA-Na$_2$ 形成的乙二胺四乙酸二钠铁（EDTA-2NaFe），可有效解决营养液中铁源的沉淀或氧化失效问题。

（二）营养液的组成及配方

1.营养液的组成

营养液配方的组成涉及各种营养元素的离子浓度、比例、总盐量、pH 和渗透压等多种理化性质，将直接影响到植物对养分的吸收和生长发育状况。生产中需根据植物种类、水源、肥源和气候条件等具体情况，有针对性地确定和调整营养液的组成成分，使之更加有效地发挥营养液的功能。

营养液的组成应遵循以下原则：

（1）必须含有植物生长所必需的全部营养元素　无土栽培植物除有些微量元素因植物需要量很少，可由水源、固体基质或肥料中提供以外，其他主要是由营养液提供，所以要求其含营养元素必须齐全。

（2）各种营养元素必须保持根系可吸收的状态　为保证植物吸收营养元素的有效性，要求化合物在水中要有较大的溶解度，一般多为无机盐类。

（3）各种营养元素要均衡　各营养元素的数量和比例要符合植物生长发育的要求，达到生理均衡，以保证植物的平衡吸收和各元素有效性的充分发挥。在保证营养元素齐全的前提下，尽量减少化合物的种类，以防止带入植物不需要的有害杂质或引起离子过剩。

（4）各种营养元素能保持较长时间的有效性　要求各营养元素在栽培过程中能较长时间保持其有效状态，不易因氧化、根系的选择性吸收或离子间的相互作用而短时间内降低。

（5）总盐浓度要适宜　营养液中总盐浓度应适宜植物正常的生长，不会因浓度太低而缺肥或浓度太高引发盐害。

（6）酸碱度要适宜　配制好的营养液酸碱度应适宜，且被根系选择性吸收后的总体表现也应较为平稳。

2. 营养液的配方

在一定体积的营养液中，规定含有各种必需营养元素盐类的数量称为营养液配方。经过一百多年的发展，世界上已经研制出无数的营养液配方，仅 Hewitt E. J. 在其专著中就收录了 160 多种。表 7-4 列举了对多数作物都适用的微量元素配方。需要说明的是，即使选用的是通用营养液，最好也能根据植物种类、生育阶段、栽培方式、水质和气候条件等作适当调整，即优良的营养液配方既具有一定程度的通用性，又应具有专用性。

表 7-4　通用微量元素配方

化合物名称	每升水含化合物的量（mg/L）	每升水含元素的量（mg/L）
$Na_2Fe\text{-}EDTA$	20～40	2.8～5.6
或 $FeSO_4 \cdot 7H_2O + Na_2\text{-}EDTA$	13.9＋18.6	2.8
	27.8＋37.2	5.6
H_3BO_3	2.86	0.5
$MnSO_4 \cdot 4H_2O$	2.13	0.5
$ZnSO_4 \cdot 7H_2O$	0.22	0.05
$CuSO_4 \cdot 5H_2O$	0.08	0.02
$(NH_4)_6MoO_{24} \cdot 4H_2O$	0.02	0.01

（三）营养液的配制技术

1. 营养液的配制原则

营养液配制的总原则是确保营养液在配制后和使用时都不会产生难溶性化合物的沉淀。但是每一种营养液配方都潜伏着产生难溶性物质沉淀的可能性，如 Ca^{2+}，Fe^{3+}，Mg^{2+} 等与 PO_4^{3-}，SO_4^{2-}，OH^- 等在高浓度时都会产生沉淀，实践中多运用难溶性物质溶度积法则作指导，对容易产生沉淀的盐类化合物实行分别配制，分罐保存，使用前再稀释、混合或对营养液进行酸化保存。

2. 营养液配制前的准备工作

（1）根据植物种类、生育期、当地水质、气候条件、肥料纯度、栽培方式以及成本大小，正确选用和调整营养液配方，在小范围试验其可行之后再大面积应用。

（2）选择溶解度高、纯度高、杂质少、价格低的肥料。

（3）在配制营养液之前，先仔细阅读有关肥料或化学品的说明书或包装说明，注意盐类的分子式、含有的结晶水、纯度等。

(4)选择合适的水源并进行水质化验,以供参考。

(5)准备好 2～3 个贮液罐及其他必要物件。

3.营养液的配制方法

(1)浓缩液(母液)稀释法　程序大致可分为:分类—计算—称量—溶解—保存—稀释—调整—记录。

1)分类并确定浓缩倍数　首先将化合物分类,把相互之间不产生沉淀的化合物放在一起,一般分为三类:A 母液以钙盐为中心,即凡不与钙作用产生沉淀的化合物均可放置在一起溶解;B 母液以磷酸盐为中心,凡不与磷酸根作用产生沉淀的化合物均可放置在一起溶解;C 母液主要是铁和微量元素。其次确定浓缩倍数,一般大量元素一般浓缩 100～200 倍;微量元素可浓缩至 1000～3000 倍。

2)计算、称量和溶解　按照所选配方、所配体积、浓缩倍数及化合物的纯度等计算各化合物需称量的量,经反复核对后称量并溶解定容。需注意的是,在配制 C 母液时,需用两个塑料容器各装 1/3 的清水,分别溶解 $FeSO_4 \cdot 7H_2O$ 和 Na_2-EDTA,然后将溶解的 $FeSO_4 \cdot 7H_2O$ 溶液缓慢倒入 Na_2-EDTA 溶液中,边倒边搅拌,其他各种微量元素化合物分别溶解后再缓慢加入到此混合液中,边加边搅拌,最后加清水定容至所需体积,搅拌均匀即可。

3)保存　为防止母液在长期贮存时产生沉淀,可加入 1 mmol/L 的 H_2SO_4 或 HNO_3 调节其 pH 值至 3～4,然后置于阴凉避光处保存,其中 C 母液最好用深色容器贮存。

4)稀释　在贮液池中加入 1/2～2/3 的清水,量取 A 母液倒入其中搅拌均匀,然后用较大量清水稀释 B 母液后再缓慢倒入贮液池,边倒边搅拌,最后量取 C 母液按照 B 母液的方法加入到贮液池中,加水定容至最终体积,搅拌均匀。

5)调整　检测营养液的 pH 值和 EC 值,如果测定结果不符配方和作物要求,应及时调整。pH 值可用稀酸溶液如 H_2SO_4、HNO_3 或稀碱溶液如 KOH、NaOH 调整。调整完毕的营养液,在使用前先静置一会,然后在种植床上循环 5～10 min,再测一次 pH 值,直至与要求相符。

6)记录　做好营养液配制的详细记录,以备查验。

(2)直接称量配制法　大规模生产中营养液一次性用量大,为节约空间,减少操作步骤,大量营养元素也可用直接称量法配制,微量元素同 C 母液配制。即先在贮液池中加入 1/2～2/3 的清水,然后称取相当于 A 母液的各种化合物,溶解后倒入贮液池中搅拌均匀,并开启水泵循环 30 min 以上;再称取相当于 B 母液的化合物溶解并用大量清水稀释后缓慢加入贮液池,边加边搅拌;最后量取 C 母液稀释后缓慢加入、定容并搅拌均匀即可。

4.营养液配制的操作规程

为保证营养液配制过程中不出差错,需建立一套严格的操作规程,内容主要包括:

(1)仔细阅读肥料或化学品说明书,注意分子式、含量、纯度等指标,检查原料名称与实物是否相符,准备好盛装贮备液的容器,贴上标识。

(2)原料的计算过程和最后结果要经过多次核对,确保准确无误。

(3)各种原料分别称好后,一起放到配制场地规定的位置上,最后核查无遗漏,才动手配制。切勿在用料及配制用具未到齐的情况下匆忙动手操作。

(4)建立严格的记录档案,以备查验。

二、营养液的管理

这里营养液的管理主要指循环供液系统中营养液的管理,包括:营养液浓度、溶存氧、酸碱度、液温、供液时间与次数等方面的管理;非循环使用的营养液不回收使用,管理方法较为简单,将不在此介绍。

1.营养液浓度的调整

由于作物在生长过程中会不断吸收养分和水分,加上营养液水分的蒸发,导致营养液的浓度、组分在不断地发生变化。因此,需要对营养液的养分和水分进行监测和补充。

(1)水分的补充　水分的补充应每天进行,补充量的多少和补充次数则视作物长势、每株占液量和耗水多少而定。短期内可作如下简易管理:即在不影响营养液的正常循环流动的前提下,水泵启动前在贮液池内划上刻度,启动一段时间后关闭水泵,让过多的营养液全部回流到贮液池中,如其水位到加水的刻度线以下,即需加水至原来的液位。

(2)养分的补充　营养液浓度在降低到一定水平时,就需要补充养分。生产中通常不进行营养液单一营养元素含量的测定,也不单独补充某种营养元素,而是通过测定反映总盐离子浓度的 EC 值然后进行全面补充。

①补充养分的时机　一般是由营养液浓度降低的程度确定,如高浓度的营养液配方(总盐浓度＞1.5％)应每 2～3 d 测定一次 EC 值,当浓度降至配方浓度的 1/2～1/3 剂量时补充恢复至原浓度;低浓度营养液配方(总盐浓度＜1.5％)应每天检测,每隔 3～4 d 补充至原水平。

②补充养分量的确定　首先绘制所用配方不同浓度极差的电导率值与浓度极差的关系曲线,然后计算出需要补充的营养相当于剂量的百分数,最后据此计算各种化合物的用量。

③简便补充法　当所用营养液浓度原本就较低时,在确定营养补充的下限(如原始剂量的 2/5)后,当营养液浓度下降到此浓度以下就根据体积补充所用配方 1 个剂量的母液或化合物。此时营养液浓度会比初始浓度高,但因作物对养分浓度有一定的弹性范围,且原始浓度本来就不高,所以此法不会对作物产生什么不良影响,操作又简单方便。

2.营养液中溶存氧的调整

无土栽培尤其是水培,植物根系呼吸所用的氧气绝大部分依靠根系对营养液中溶存氧的吸收,只有一小部分来自输导组织从地上部分向根系输送的氧气,而且只有沼泽植物和少数旱生耐淹植物具有此功能。所以解决好营养液中溶存氧的问题才能保证植物根系的正常呼吸和营养吸收。

溶存氧是指在一定温度、一定大气压下单位体积营养液中溶解氧气的量,常用 mg/L 表示,有时也可用氧气占饱和空气的百分数表示。其数值可用溶氧仪测得,此法简便、快捷;也可用化学滴定的方法来测定,但操作手续烦琐。营养液温度越高,大气压力越小,溶解氧含量就越低,反之就越高,所以在夏季高温季节水培植物根系容易发生缺氧现象。当然,不同作物种类对营养液中溶存氧浓度要求不一样,如瓜类、茄果类耗氧量较大,叶菜类耗氧量较小,一般不耐淹作物水培时当溶存氧浓度保持在 4～5 mg/L 以上(即相当于 15 ℃～27 ℃饱和溶解度的 50％左右)都能够正常生长。

营养液中溶存氧的补充可通过自然扩散或人工增氧的方法进行。其中自然扩散增氧速度很慢而且数量很少,只适宜在耗氧量较小的苗期使用;人工增氧则可利用机械或物理的方法来增加营养液与空气的接触机会,如搅拌营养液、喷雾、通入压缩空气、循环流动、间歇供液、使用化学增氧器等,从而提高营养液中氧气的含量。

3.营养液酸碱度的控制

营养液的酸碱度过高或过低,一是直接伤害植物根系,一般能产生明显伤害的 pH 值在 4～9 之外,少数特别耐酸或耐碱的植物可以在此范围以外正常生长,如蕹菜在 pH 值为 3 时仍能生长良好;二是间接影响营养液中营养元素的有效性,如 pH 值过高(>7.0)会引起 Fe,Mn,Cu,Zn,Ca,Mg 等营养元素的有效性降低,尤其对 Fe 影响最大,pH 值过低(<5.0),则会对 Ca^{2+} 产生明显的拮抗作用,易引起植物缺钙症。

营养液的 pH 变化主要受营养液配方中生理酸性盐和生理碱性盐的用量和比例、栽培作物种类、每株植物占有营养液体积的大小、营养液的更换频率等多种因素的影响。生产上选用生理酸碱变化平稳的营养液配方,可减少调节 pH 值的次数,是营养液酸碱度控制最根本的方法。当然也可通过增加植株占有营养液的体积或更换频率,让其 pH 值变化速率变慢、变化幅度变小,但生产成本也在增加,所以多是采用酸碱中和的方法对其 pH 值进行调节。即 pH 值高于植物适宜 pH 值上限时,可用 1～3 mol/L 的稀 HNO_3 或 H_2SO_4 调节;pH 值低于植物适宜 pH 值下限时,也可用 1～3 mol/L 的 NaOH 或 KOH 调节。酸碱加入量的确定一般通过先取一定体积的营养液,用已知浓度的稀酸或稀碱滴定并记录其用量,然后据此计算出整个系统所需加入的酸碱总量。

4.光照与营养液温度管理

(1)光照管理　营养液宜避光保存,一是因阳光照射后 Fe 元素易氧化,其有效性降低;二是营养液见光表面易产生藻类,与作物竞争养分和氧气。

(2)营养液温度管理　营养液温度会直接影响植物根系的呼吸、对养分的吸收以及微生物的活动、溶存氧的多少等。稳定的液温可提高植物对不适气温的抵御能力,例如种植番茄的营养液温度保持 16 ℃,即便气温<10 ℃,其果实的发育也不会受到影响。虽然控制营养液温度很重要,但是,目前我国的无土栽培生产所用设施多较为简易,一般没有专门的营养液温度调控设备,多数利用一些保温措施来缓解液温的剧烈变化,如:采用隔热性能好的泡沫塑料、水泥砖块等建造栽培槽;把贮液池设立成地下式或半地下式;加大每株植物平均占有营养液的量等。当然,有条件的也可在地下贮液池中安装热水管或冷水管道,利用锅炉或厂矿余热加温或温度较低的地下水降温。

5.供液时间与供液次数

营养液的供液时间与供液次数应因时因地灵活掌握,但总的原则应遵循:保证营养供应及时、充分又经济、节约。具体实施则主要依据栽培形式、作物长势、环境条件而定。如 NFT 水培供液次数多,基质培供液次数少;作物生长盛期供液多,其他时期供液少;白天、晴天供液多,夜间、阴天供液少。

6.营养液的更换

循环使用的营养液在使用一段时间以后,需要适时更换。更换的时间主要取决于有碍作物正常生长的物质在营养液中累积的程度。这些物质主要包括:配营养液时所用化合物携带的非营养成分(如 $NaNO_3$ 中的 Na^+,$CaCl_2$ 中的 Cl^- 等);中和生理酸碱性所产生的盐;使用硬水作水源时所带的盐分;植物根系的分泌物和脱落物以及由此而引起的微生物分解产物等。这些物质积累过多会造成总盐浓度过高,病菌大量繁殖而使根系生长受阻,抑制作物生长,同时干扰了对营养液养分浓度的准确测量。

判断营养液是否更换的方法有:(1)使用过程中经连续测定,营养液的电导率值居高不降,经测定,营养液中大量元素含量又很低;(2)营养液中积累有大量病菌而致作物发病,且病害难以用农药控制;(3)营养液混浊;(4)无检测仪器时,也可根据经验来确定。如软水地区:一般生长期较长的作物(3～6个月/茬,如果菜类)可在生长中期更换1次或不换液,只补充消耗的养分和水分,调节 pH 值;生长期较短的作物(1～2个月/茬,如叶菜类),可连续种3～4茬更换一次,前茬收获后,将营养液中残根滤去,补足养分和水分即可进行下一茬的种植。硬水地区:生长期较短的叶菜一般每茬更换一次;生长期较长的果菜每1～2个月更换一次。

7.废液处理与再利用

无土栽培系统中排出的废液,并非含有大量的有毒物质而不能排放,而是因为排出的废液容易引起水体的富营养化和土壤盐渍化,对农业的可持续发展构成威胁。因此,对废液进行处理后重复循环再利用或回收作肥料等将是未来发展的必然趋势。其处理方法目前主要有杀菌和除菌、除去有害物质、调整离子组成等。其中杀菌和除菌的方法又可细分为:紫外线照射、高温加热、砂石过滤器过滤、引入拮抗微生物抑制病原菌、药剂杀菌等。经过有效处理的废液常用作土壤栽培的肥料,或用于其他作物的栽培。

第三节　固体基质的选用与处理

一、固体基质的选用

1.固体基质的作用

无土栽培当中,固体基质是被用来代替土壤,为植物根系提供良好的水、气、肥等生长条件的物质,因此它需具备土壤的多项功能,其中支撑固定植物、持水、透气作用是所有固体基质必须具备的三大功能,部分基质还同时拥有良好的缓冲作用和提供部分营养的作用。

(1)支撑固定植物的作用　无土栽培使用固体基质一个最主要的目的就是用它支撑固定植物,保持植物直立而不倾倒,为植物根系提供一个良好的生长环境。

(2)持水作用　任何固体基质都有保持一定水分的能力,这样就可在两次灌溉间隙为植物根系提供水分,但是不同基质持水能力相差很大。如颗粒较大的石砾只能吸持相当于其体积 10%～15% 的水分;而泥炭则可吸持其自身重量 10 倍以上的水分。

(3)透气作用　固体基质另一个重要作用就是透气,即利用基质空隙中的空气为植物根系呼吸过程提供充足的氧气。当然基质的持水性和透气性都依赖基质空隙,因此它们之间存在对立统一的关系,良好的基质必须能够较好地协调二者之间的关系才能让植物生长良好。

(4)缓冲作用　缓冲作用是指基质能够给植物根系的生长提供一个较为稳定环境的能力,即当根系生长过程中产生的一些有害物质或外加物质可能会危害到植物正常生长时,基质能利用本身的理化性质将这些危害减轻甚至化解。并非所有基质都具有缓冲作用,当然无土栽培基质也并不要求必须具备缓冲作用。如没有物理化学吸收能力的基质（河沙、石砾、岩棉等）不具缓冲能力,而许多具有物理化学吸收能力的基质（泥炭、蛭石等）具有较强的缓冲作用。

（5）提供部分营养的作用　一些植物性的有机基质（如泥炭、树皮、木屑、椰糠等）在具备以上作用外,同时还能为作物提供一定量的矿物质元素。

2.固体基质的分类

固体基质的种类很多,我们可根据基质的来源、组成、性质、组分等来划分:

（1）根据基质的来源可分为:天然基质和人工合成基质两类。如沙、石砾等为天然基质;岩棉、陶粒、泡沫塑料等为人工合成基质。

（2）根据基质的组成可分为:有机基质、无机基质、有机-无机混合基质。如珍珠岩、蛭石、岩棉、沙等为无机基质;泥炭、树皮、椰糠、菇渣等为有机基质;而把有机、无机基质按照一定比例混合制成的就为有机-无机混合基质。

（3）根据基质的性质可分为:活性基质和惰性基质两类。活性基质是指基质具有阳离子代换量,可吸附阳离子的或基质本身能够供应养分的基质,如泥炭、蛭石、蔗渣等;惰性基质是指基质本身不起供应养分的作用或不具有阳离子代换量、难以吸附阳离子的基质,如泡沫塑料、岩棉、石砾等。

（4）根据基质的组分可分为:单一基质和复合基质两类。单一基质是指使用一种基质作为植物生长的基质,如砂培、砾培、岩棉培中所用的都是单一一种机制;复合基质是指由两种或两种以上的单一基质按一定比例混合制成的基质,如泥炭-珍珠岩-蛭石混合使用。

3.固体基质的选用标准

固体基质的选用是以基质的适用性为主要标准,同时还要考虑其经济因素、市场需求和环境要求等问题。选用固体基质总的要求是:（1）基质不含有不利于植物生长发育的有毒、有害物质;（2）能为植物根系提供良好的水、气、肥、热、pH 等生长条件;（3）能适应现代化生产和管理条件,易于操作及标准化管理。其具体选用标准可从以下方面考虑:能适合多种植物、不同生长阶段的种植;容重轻,便于搬运;总空隙度大,达到饱和吸水量后还能保持大量通气空隙;吸水率大,持水力强;具有一定的弹性和伸长性;浇水少时不会开裂,多时不黏成团;绝热性好,不会因夏季过热或冬季过冷而损伤根系;本身不携带病虫草害;耐高温、冷冻、熏蒸不变形变质,以便重复利用;没有难闻的气味、难看的色彩,不会招诱昆虫和鸟兽;pH 容易调节;不污染土壤;容易清洗;不受地区性资源限制,便于工厂化批量生产;日常管理简便且价格不高。

二、常用固体基质的性质及利用

1.沙

来源广泛,大量分布在河流、大海、湖泊岸边、沙漠等地,不同来源的沙,其组成成分相差很大,一般含 SiO_2 在 50% 以上,没有阳离子代换量,容重为 1.5～1.8 g/cm³,使用时选用粒径 0.5～3 mm 的沙较理想,具体组成可参考如下:>4.7 mm 的占 1%,2.4～4.7 mm 的占 10%,1.2～2.4 mm 的占 26%,0.6～1.2 mm 的占 20%,0.3～0.6 mm 的占 25%,0.1～0.3 mm 的占 15%,0.07～0.12 mm 的占 2%,0.01 mm 的占 1%。

用作无土栽培的沙应确保不含有毒有害物质。例如,海边的沙含有较多的氯化钠,使用前需用清水冲洗。石灰性地区的沙一般含有较多石灰质,只有碳酸钙的含量低于20%的沙才可使用,否则需用过磷酸钙溶液进行处理。具体方法是:将2 kg重过磷酸钙溶于1 000 L水中,用其浸泡沙30 min,如果溶液中磷含量降低很快,可再加入重过磷酸钙,直至液体中的磷含量稳定在10 mg/L以上时再将液体排掉,然后清水稍作冲洗即可。

由于沙来源容易,价格低廉,透气性好,至今仍被世界各国(特别是干旱地区)广泛使用,如美国伊利诺伊斯的Urbana、中东地区、我国的广东等。但沙的容重大,搬运、消毒、更换时存在许多不便。

2. 石砾

主要来源于河边石子或石矿场岩石碎屑,其化学组成因来源不同而差异很大。一般选用非石灰性的石砾(如花岗岩等发育形成的)为好,否则也需用重过磷酸钙处理。粒径宜选1.6~20 mm范围内的,且最好一半以上的直径在13 mm左右。因石砾较为坚硬,不易破碎,使用时最好选用棱角不太利的石砾,特别是在露天风大的地方种植株型高大的植物时,更应注意,否则易划伤植物茎部。

石砾本身不具有阳离子代换量,通气排水性能良好,在早期无土栽培生产上起过重要作用,当今深液流水培时也还常用作定植杯中的填充物。但石砾持水能力较差,容重大(1.5~1.8 g/cm³),搬运、清理和消毒等日常管理困难,而且所建栽培槽需特别坚固(一般用水泥建成),这些使得石砾培在现代无土栽培中用得愈来愈少。特别是近20年来,石砾、沙已逐步被一些质轻的人工基质如岩棉、多孔陶粒等代替。

3. 多孔陶粒

又名海氏砾石、轻质陶粒或膨胀陶粒,是用团粒状陶土经1100 ℃高温陶窑加热制成,粉红色或赤色,内部为蜂窝状空隙构造,排水通气良好,容重为0.5~1.0 g/cm³,pH值4.9~9.0,有一定的阳离子代换量(CEC约为6~21 mmol/100 g),坚硬不易破碎,可单独使用也可与其他基质混合使用。反复使用多次后,颗粒内部及表面会吸附盐分,甚至滋生病菌,且难以用水清洗干净,从而造成通气、养分供应及消毒上的困难。

4. 珍珠岩

又称膨胀珍珠岩或海绵岩石,是将灰色火山岩(硅铝酸盐)破碎成颗粒后,瞬间加热至1000 ℃以上膨胀而成,为灰白色多孔性核状颗粒。

无土栽培常用粒径为2~4 mm,容重很小(0.03~0.16 g/cm³),浇水后常浮于表层,吸水量可达自身重量的3~4倍,孔隙度约为93%,其中通气空隙占53%,持水空隙占40%,pH值中性或偏酸性,适合种植南方喜酸性花卉和扦插育苗,化学稳定性好,能抗各种理化因子的作用,阳离子代换量<1.5 mmol/100 g,其养分大多数都不能被植物吸收利用。珍珠岩受压后极易破碎,从而影响其通气性,另外是粉尘污染较大,使用前最好用水喷湿,以免粉尘纷飞。

5. 蛭石

蛭石是由云母类矿物加热至800 ℃~1100 ℃高温膨胀形成的海绵状片层物质,容重小(0.09~0.16 g/cm³),总孔隙度可达95%,气水比1:4.34,具有良好的透气性和保水性,阳离子代换量很高(100 mmol/100 g),具有较强的保肥能力和缓冲能力,含有较多K、Ca、Mg等营养元素,且能被作物吸收利用。pH因产地不同而稍有差异,一般为中性至微碱性(pH6.5～9.0)，宜与酸性基质混合使用。无土栽培用的蛭石粒径应在 3 mm 以上，育苗用的可稍细些(0.75～1.0 mm)。因其使用一段时间后易破碎，结构遭到破坏，孔隙减少，影响透气排水，一般使用 1～2 次就需重新更换。

6. 岩棉

岩棉是一种人造矿物纤维，农用岩棉是由辉绿石、石灰石和焦炭按 3：1：1 的比例，在 1500 ℃～2000 ℃高温炉熔化后喷成 5～8 μm 纤维，再将其压成容重为 80～100 kg/m³ 的片，冷却至 200 ℃左右时，再加入酚醛树脂以减小表面张力以利岩棉较好地吸水，最后按需要固定成型。

岩棉外观为白色或浅绿色丝状体，总孔隙度可达 96％，吸水后会依厚度不同，含水量从下至上递减；空气含量则自下而上递增。具体分布情况见表 7-5。

表 7-5　岩棉块中水分和空气的垂直分布状况

高度（cm）(自下而上)		干物容积(%)	孔隙容积(%)	持水容积(%)	空气容积(%)
	1.0	3.8	96	92	4
下	5.0	3.8	96	85	11
↓	7.5	3.8	96	78	18
上	10.0	3.8	96	74	22
	15.0	3.8	96	54	42

现在世界上使用最广泛的岩棉是丹麦 Grodania 公司生产的，商品名为格罗丹(Groden)，主要有两种类型：一是格罗丹蓝，其空隙的 95％可为空气占据；二是格罗丹绿，其空隙的 95％可为水分所占据，使用时只要调整两种岩棉的混合比例就可得到所要的最佳气水比。

岩棉化学性质稳定，其主要成分多数不能被植物吸收利用，属于惰性基质，物理性状优良，新岩棉 pH 较高，可在使用前加适量酸调整，1～2 d 后即可降低，经过高温消毒，不携带任何病原菌，目前在全世界的无土栽培面积中，岩棉培居第一位，如西欧的荷兰、英国、比利时等都发展有大面积的岩棉栽培。

7. 泥炭

又名草炭，是由植物残体在水淹、缺氧、低温、泥沙掺入等条件下不断积累转化形成的天然有机矿产资源，是世界普遍认为最好的无土栽培基质之一，在世界各国均有分布，但以北方地区分布较多、质量较好。不同产地的泥炭理化性状有很大的不同，一般容重约为 0.2～0.6 g/cm³，总孔隙度为 77％～94％，持水量为 50％～55％，电导率为 1.1 mS/cm，pH 值为 3.0～6.5，盐基交换量属中等偏高，C/N 比值中等偏低，干物质中有机质含量 40.2％～68.5％。

泥炭用途很广，如扦插、移植、播种、盆栽植物等都可使用，尤其是现代大规模工厂化无土育苗，大多以泥炭为主要基质，用量可占到总体积的 20％～75％，再配合其他基质如珍珠岩、蛭石、树皮、煤渣、浮石等，混合使用，效果很好。

8. 炭化稻壳

又称砻糠灰或炭化砻糠，是将稻壳进行炭化处理形成的。容重为 0.15 g/cm³，总孔隙度 82.5％，其中大孔隙为 57.5％，小孔隙为 25％，pH 值 6.9～7.7，电导率为 0.36 mS/cm。

炭化稻壳经高温炭化,如不受污染,则不带病菌,且营养含量丰富,价格低廉,通透性良好,但持水孔隙度小,使用时需经常浇水,同时炭化过程形成的碳酸钾会使其 pH 值升至9.0 以上,使用前宜用水冲洗,多用于快速无土草皮生产,作盆栽基质使用时,比例不超过总体积的 25% 为好。

9. 甘蔗渣

甘蔗渣是制糖业的副产品,在我国南方地区如广东、海南、福建、广西等地原料丰富。新鲜蔗渣由于 C/N 比值高达 170 左右,不能直接作为基质使用,必须经过 3~6 个月的堆沤,具体方法是:将蔗渣淋水至含水量 70%~80%(以手握蔗渣刚有水渗出为宜)后堆成一堆即可;如能同时加入蔗渣干重的 0.5%~1.0% 的尿素,可以加速蔗渣的分解,加快C/N 比值的降低。一般育苗用蔗渣较细,最大粒径不超过 5 mm;袋培或槽培用蔗渣粒径也不宜超过 15 mm。

10. 椰糠

椰糠是椰子果实外壳加工过程中产生的废料,无土栽培上应用的多为短纤维(长度<2 mm),颗粒比较粗(0.2~20 mm)、总孔隙度高达 94%,透气排水性比较好,保水持肥能力也较强,pH 约为 6 左右,容重约为 0.08 g/cm³,C/N 比值 117,阳离子代换量 32~95mmol/100 g。可单独使用,也可与珍珠岩、火山灰等配成盆栽基质。经蔬菜及观赏作物的栽培试验表明,椰糠性能近似于同一级别的藓类泥炭,优于大多数其他级别的泥炭。椰糠在我国海南等地资源丰富具有很好的开发利用前景。

11. 树皮

树皮是木材加工过程的副产品,在盛产木材的地方(如加拿大、美国等地)常用来代替泥炭作为无土栽培的基质。松树皮和硬木树皮具有良好的物理性质,容重 0.4~0.53 g/cm³,通常与其他基质混合使用,用量占总体积的 25%~75%,栽培兰科植物时也可能单独使用。树皮的化学组成随树种的不同差异很大,有些树皮含有较多的酚类物质,这对植物生长是有害的,而且树皮的 C/N 比值一般都比较高,直接使用会引起微生物对氮素的竞争作用。为解决这些问题,必须将新鲜的树皮堆沤 1 个月以上,以降低 C/N 比值,分解有毒的酚类物质,增加树皮的离子代换量,杀灭树皮原有的病原菌、线虫和杂草种子等。

12. 水苔

亦称白藓,属苔藓植物,一般呈白绿色或鲜绿色,是栽培兰科植物(尤其是国兰和洋兰)或珍贵花木的理想基质,对肉质根的花草有很好的养护作用。水苔的 pH 值为4.3~4.7,电导率为 0.35~0.45ms/cm,通气孔隙度 70%~99%,持水量为自身重量的 2~4 倍,容重 0.9~1.6 g/mL,使用年限可达 3~5 年。干燥水苔使用前需充分浸泡待其吸水后方可用于栽培,一般栽培适合用浇水的方式,而不适合用浸水法,因浸水会使水苔过度潮湿影响植物生长,且水苔易长绿藻,加速水苔腐败。水苔除作盆栽基质以外,还可用作盆栽表面覆盖、玻璃瓶插鲜花等。

13. 其他基质

除上述介绍的一些传统基质和目前广泛应用的基质外,此外还有很多目前应用较少、新开发的优良基质也可用于园艺无土栽培。如火山岩(赤玉土、鹿沼土、浮石等)、沸石、彩砂、麦饭石等无机类型的基质和硅胶、脲醛泡沫塑料、树脂、水晶泥、竹炭等有机类型的基质。

三、固体基质的处理

(一)基质使用前的处理

有些无土栽培基质在使用前可能会含有一些杂质甚至携带一些病菌或害虫等,所以必须经过筛选、去杂质、清洗或必要的粉碎、浸泡、堆沤、消毒等前期处理,以利后续的利用。如过筛可去掉各种尖锐棱角的颗粒或碎玻璃等;用清水冲洗可去掉各种可溶性矿物质或过量的酸或碱等;腐熟、堆沤可降低 C/N 比,杀死寄生虫卵等。

(二)基质的再生处理方法

经过一个生长季或更多生长季使用后的基质,会吸附较多的盐类或聚集病菌和虫卵,尤其在连作条件下,更易发生病虫害,因此必须经过适当的再生处理(如洗盐、氧化、消毒处理等)才能继续使用或需彻底更换。

1.洗盐处理

为去掉基质内所含的盐分,可用清水反复冲洗以除去其多余的盐分,洗盐效果可通过分析处理液的电导率来监控。需说明的是,此法只适合盐离子交换量较低的基质(如沙子、砾石等),对离子交换量较高的基质(如泥炭、蛭石等)处理效果并不好。

2.氧化处理

有些栽培基质(如沙、砾石等)在使用一段时间后表面会发黑,这是由于环境缺氧引起硫化反应的结果,这种基质在重新使用时可将其暴露在空气中通风,空气中的游离氧会与黑色的硫化物发生反应,从而使基质恢复原貌,或者也可用双氧水对其进行处理。

3.消毒处理

目前国内外对固体基质消毒的方法主要有蒸汽消毒、化学药剂消毒和太阳能消毒。

(1)蒸汽消毒

蒸汽消毒就是将高温蒸汽(80 ℃～90 ℃)通入基质中杀灭病原菌的方法。消毒的基质量少时(1～2 m³)可装入专门的消毒厨中,通入高温蒸汽密闭约 20～30 min,即可杀灭大多数病原菌和虫卵。如消毒的基质量大,可将其堆成 20 cm 高的基质堆,盖上防水耐高温的布,通入 80 ℃～90 ℃蒸汽 1 h,即可达到较好的灭菌效果。需注意的是,每次消毒的基质不可过多,否则可能导致内部的基质达不到所要求的高温,病原菌不能被完全杀灭;同时消毒时的基质不可过干或过湿,含水量控制在 35％～45％灭菌效果好。蒸汽消毒简便易行、安全可靠,但需要专门的设备,成本高,在大规模生产中消毒过程较麻烦。

(2)化学药剂消毒

化学药剂消毒就是利用一些对病原菌和虫卵有杀灭作用的化学药剂来进行基质消毒的方法。此方法消毒的效果不及蒸汽消毒,而且容易对操作人员身体产生不利影响,但因其操作简单,成本低,特别适合大规模生产上使用。目前常用的化学药剂有:

①40％甲醛 俗称福尔马林,是良好的杀菌剂,但杀虫效果较差。进行基质消毒时先将厚度 10 cm 左右的基质铺在塑料薄膜上,用稀释 50 倍后的甲醛溶液(约 20～40 L/m²)将其喷湿,湿基质上面可再平铺基质继续喷洒,然后用塑料薄膜覆盖密闭 24h 以上,使用前将基质摊开风干 2 周左右或暴晒至少 2 d 以上,直至基质中没有甲醛气味方可使用。利用甲醛消毒时操作人员必须戴上口罩做好防护性工作。

②溴甲烷 对大多数线虫等害虫、杂草种子和一些真菌有很好的杀灭效果,对人也

有很强的毒害作用,使用时一定要遵守操作规程,注意安全。槽式基质培可将基质稍加翻动,挑除植物残根,然后在基质表面铺上管壁开孔的塑料管(也可直接利用原滴灌管),盖上塑料薄膜并将四周密闭,通入溴甲烷 $100\sim200$ g/m³,密闭 $3\sim5$ d 后打开塑料薄膜晾晒 $4\sim5$ d 至溴甲烷全部挥发后方可使用。袋式基质培需将基质倒出堆成一堆,然后在堆体不同高度施入溴甲烷并立即用塑料薄膜覆盖,其他同前。使用溴甲烷进行消毒时基质的湿度要求控制在 $30\%\sim40\%$,过干或过湿都将影响消毒效果。

③氯化苦 液态,施用可用注射器,能有效防治线虫、昆虫、轮枝菌和对其他消毒剂有抗性的真菌。消毒时先将基质堆成约 30 cm 厚,在基质上每隔 $30\sim40$ cm 的距离打一个 $10\sim15$ cm 深的小孔,每孔注入氯化苦溶液 5 mL,并立即用基质将注射孔堵上,如此可逐层堆放 $3\sim4$ 层之后用塑料薄膜将基质盖好,熏蒸 $7\sim10$ d 后,揭去薄膜将基质摊开晾晒 $4\sim7$ d 后方可使用。

④高锰酸钾 强氧化剂,只能用在石砾、粗沙等没有吸附能力且较容易用清水清洗干净的惰性基质的消毒上,不能用于草炭、木屑、岩棉、陶粒等有较大吸附能力的活性基质或难以用清水冲洗干净的基质上。因为吸附在基质中的高锰酸钾可能会造成植物锰中毒或高锰酸钾直接伤害植物。使用时用 0.2‰的高锰酸钾溶液浸泡基质 $10\sim30$ min 后,将高锰酸钾溶液排掉,用大量清水反复冲洗干净即可。其他易清洗的无土栽培设施、设备(如种植槽、管道、定植板和定植杯等)也可用于此方法消毒。切记浓度不可过高或过低,否则消毒效果不好,且浸泡时间不能过长(一般不超过 40 min~1 h),否则会在消毒物品产生锰的沉淀物,这些沉淀物经营养液浸泡之后会逐渐溶解出来而影响植物生长。

⑤漂白剂 主要有次氯酸钠或次氯酸钙,利用它们溶解在水中时产生的氯气来杀灭病菌,特别适合吸附能力弱又容易冲洗的基质(如沙子、砾石等)或其他水培设施和设备的消毒。具体方法是配制有效氯含量为 $0.3\%\sim1.0\%$ 的溶液浸泡基质 0.5 h 以上,然后用清水冲洗干净即可。另外次氯酸钙也可用于种子消毒,浸泡时间不要超过 20 min。

(3)太阳能消毒

太阳能以其廉价、安全、简单、实用的优势成为温室栽培中使用较普遍的土壤、基质消毒方式。具体方法是:夏季高温季节,在温室或大棚中将基质堆 $20\sim25$ cm 厚,浇水喷湿使基质含水量达 80%,然后用塑料薄膜覆盖;若是槽培可直接给槽里基质浇水后覆盖薄膜,最后密闭温室或大棚,暴晒 $10\sim15$ d 即可达到良好的消毒效果。

(三)基质的更换

当固体基质使用了一段时间之后,各种病菌、根系分泌物和烂根等大量累积,特别是某些有机基质,由于微生物的分解,使得有机残体的纤维断裂,通气性下降,保水性过高,从而影响作物生长,因此需更换基质。

即便使用基质进行无土栽培,也最好能够实行轮作,如前茬种番茄,后茬可改种瓜类蔬菜,因有时基质消毒不能保证彻底杀灭所有病菌和虫卵,轮作或更换基质会更保险。更换掉的旧基质要妥善处理以防对环境产生二次污染。如难以分解的基质(岩棉、陶粒等)可进行填埋处理,而较易分解的基质(如泥炭、蔗渣、木屑等)可消毒后添加一些新基质重复使用,或施到农田中改良土壤。何时更换基质并无统一标准,一般使用 $1\sim2$ 年的基质多数需要更换。

第四节 工厂化育苗技术

一、工厂化育苗的概况

1.工厂化育苗的概念

工厂化育苗是利用先进的育苗设施和设备,在人工控制的最佳环境条件下,充分利用自然资源,采用科学化、规范化的技术措施,运用机械化、自动化的手段,实现种苗快速、优质、高效、成批而又稳定的规模化生产和企业化经营的一种现代育苗方式。

2.工厂化育苗的特点

自 20 世纪 60 年代工厂化育苗在美国推广应用以来,目前已被越来越多的国家接受并应用,尤其在经济发达国家,工厂化育苗更是其秧苗的主要生产方式,并且大多具有以下特点:

(1)育苗设施现代化,设备智能化 工厂化育苗配备有:育苗温室、播种车间、催芽室、计算机管理控制室等现代化的育苗设施;控温、调湿、调光照、补充二氧化碳等环境监测控制系统;种子处理、精量播种、基质消毒、灌溉施肥等生产设备;种苗转移机、分离机、嫁接机器人等辅助设备,这些都为实现工厂化育苗的现代化和智能化提供了强大的"硬件"保障。

(2)生产技术标准化,工艺流程化 工厂化育苗生产时,通常是在结合秧苗生长发育规律及生理生态因子的基础上,先制定出各技术环节的具体指标,然后建立整个育苗技术体系,最后通过标准的工艺流程(种子处理→穴盘、基质消毒→播种→催芽→绿化→炼苗→销售)最终实现生产技术的标准化,这是工厂化育苗的核心"软件"部分。

(3)生产管理科学化,经营企业化 工厂化育苗另一显著特点就是引入了科学化的生产管理理念和企业化的经营管理方式。对上述提到的"软件、硬件"进行协调管理,保证生产的同时还注重秧苗的经营与销售,实现有计划、有组织、科学有序地现代化企业管理。

(4)穴盘育苗市场需求量和供应量大 美国、意大利、法国、西班牙、荷兰等国都发展有相当规模的穴盘育苗,其中美国的商品苗生产居世界第一,如美国拥有世界上最大的两个育苗公司 Speedling Transplanting 和 Green Heart Farms 公司,商品苗年产量均可达 10 亿株以上,其他公司如 Grower Transplanting、Plantel Nursery、Graven Transplant 等商品苗产量也可达到 2 亿~8 亿株不等。如今美国 100% 的芹菜、鲜食番茄、抱子甘蓝,90% 的青椒,75% 的花椰菜、青花菜,70% 的冬春生菜,30% 的甘蓝、加工番茄都是采用穴盘育苗移栽。

(5)宜地育苗,分散供苗,种苗生产的专业化程度高 发达国家注重农业的规模化经营,其中种苗的供应就是由大型的种苗公司选择在适宜的地区集中生产,然后分散供应。如美国加利福尼亚州的商品苗产量就占全美国市场需求量的 2/3。

3.工厂化育苗的优点

工厂化育苗相比传统育苗方式具有以下优点:

（1）节约种子、节省能源与资材、占地少　工厂化育苗节约种子，一般1穴1粒，如西芹穴盘育苗用种量为 5 g/667 m²，是常规育苗用种量的 1/10；基质用量少，穴盘苗 50 g/株左右，钵苗则需 500～700 g/株；占地少，营养钵育苗 100 株/m²，穴盘育苗可达 500～1000 株/m²。另外规模化育苗较传统分散育苗可节省电能 2/3 以上，在北方冬季育苗可节约能源 70％以上。

（2）种苗生产效率高，秧苗质量好　利用精量播种生产线，每小时可播种 700～1000盘，同时采用精准环境控制，基质消毒、施肥灌溉等先进技术，可实现标准化生产，种苗出苗整齐，苗龄短，生长健壮，病虫害少，一次成苗不伤根，移植成活率高，缓苗快。

（3）利于长距离运输和商品化供应　工厂化育苗多采用轻型基质穴盘育苗，成苗后幼苗质量轻，便于操作、搬运和长距离运输，且已有和不同规格穴盘相适应的嫁接机、移栽机等，对实现种苗的集约化生产和商品化经营十分有利。

（4）有利于优良品种的推广　工厂化育苗的种子来源渠道正当，能保证品种纯度，有助于良种的繁育推广，有利于品种区域化种植。

4. 工厂化育苗的方式

工厂化育苗是传统育苗方式的重大变革，是更高层次的现代化育苗技术，目前发展起来的工厂化育苗方式主要有：

（1）穴盘育苗　是一种以草炭、珍珠岩、蛭石等为基质，以不同规格穴盘为容器，用机械化自动精量播种生产线完成基质填装、压穴、播种、覆土、镇压、浇水等过程，然后在催芽室和温室等设施内进行有效管理和培育，一次成苗的现代化育苗体系。

（2）容器育苗　是指将种子直接播入装有固体基质的容器内，培育成半成苗或成龄苗的方法。

（3）水培育苗　又称营养液育苗，是利用成型的膨化聚苯乙烯格盘或泡沫为载体，利用泡沫块、海绵块等介质直接在营养液内培育秧苗的方式。

（4）岩棉育苗　利用能镶嵌大小岩棉块为载体，前期利用小岩棉块播种，待幼苗出现一片真叶时，将小岩棉块嵌入大岩棉块中，并利用岩棉块底部毛细管作用为种苗供水、供肥的一种育苗方式。

（5）扦插育苗　是取植物体的部分营养器官插入基质中，在适宜环境下使其生根，然后培育成苗的技术。包括有叶插、枝插和根插等。

（6）试管育苗　是在人工控制条件下，将植物组织如茎、叶、花药等放在无菌的人工培养基上进行离体培养，形成具有根、茎、叶的幼苗后经驯化成苗的一种育苗方式。

二、工厂化育苗的设施与设备

工厂化育苗的方式多样，不同的育苗方式所需的设施设备也不尽相同，下面列举的是目前最高级的标准化育苗工厂所配备的一些设施与设备，实际生产中可根据自身的实际需要和经济实力选择其中的一部分设施与设备。

(一)工厂化育苗的设施

1. 基质处理车间

工厂化育苗一般为批量生产，基质用量较大，且多使用混合基质，所以需要建设一个能通风、避雨的车间用以摆放基质消毒机、搅拌机等，以及能存放一定量的基质，避免基质被日晒雨淋，保证消毒后的基质不被再次污染，同时还需留有作业空间，以利搬运。

2. 播种车间

播种车间内的主要设备是播种生产线，当然为了提高空间利用率，实际生产中通常把成品种苗包装、运输，温室的灌溉设备和储水罐等也安排在播种车间内，因此设计时要注意有供水来源，通风，空间分区合理，使播种、催芽、包装、搬运等操作互不影响，且便于运输车辆的进出。

3. 催芽室

种子播种后需把穴盘一同放进催芽室内催芽，穴盘采用垂直多层码放，催芽室的体积可根据每一批的育苗总数来计算。为降低加温能耗，在寒冷地区可将催芽室建在育苗用的温室或大棚内，多用密闭性、保温隔热性能良好的材料建造，且为方便不同种类、批次的种子催芽，可将催芽室设计为小单元多室配置，每个单元 20 m² 左右。为种子发芽提供适宜温度、湿度、氧气、光照等条件，则需在催芽室内配备加温系统、加湿系统、通风系统和补光系统以及微电脑自动控制器等。

4. 绿化、驯化、幼苗培育设施

种子完成催芽后即需立即转入有光并能保持一定温湿度的设施内进行绿化或驯化，直至炼苗、起苗、包装后进入运输环节，即幼苗生长发育绝大多数时间是在此绿化室或称幼苗培育设施内度过的。为了满足种苗生长发育所需要的温度、湿度、光照、水肥等条件，工厂化育苗要求的设施设备的配置比普通栽培温室要高。如环境条件能调控的玻璃温室或加温塑料大棚，除配置通风、帘幕、加温、降温等系统外，还装备苗床、补光、水肥灌溉、自动控制系统等。目前我国的一些规模化育苗或经济实力较差的情况下，也使用结构性能较好的日光温室，利用电热线加温代替水暖加温、安装固定式喷灌代替自走式灌溉系统等，以降低设备投资和运行成本。当然，这样就会导致育苗环境控制能力弱、操作管理技术要求高、种苗质量不稳定的现象。

5. 组织培养室

组织培养室是试管育苗法的必备设施，植物组织如茎、叶、花药等在无菌的超净工作台上接种至人工培养基上后，就需进入环境可控的组织培养室中离体培养，一般为充分利用空间都会设置多层层架，每层架下都安装有补光灯管，建设规模需根据具体情况确定。

(二)工厂化育苗的设备

工厂化育苗的关键设备主要有育苗生产设备和育苗温室环境控制系统，以及一些辅助设备。育苗生产设备主要包括种子处理设备、基质消毒机、自动精量播种生产线、种苗储运设备等；温室环境控制系统则由加温系统、降温系统、保温系统、灌溉施肥系统、二氧化碳补充系统、补光系统、计算机控制与管理系统等组成；另外一些辅助设备有育苗穴盘、苗床、嫁接机等相关设备。

1. 生产设备

(1)种子处理设备

工厂化育苗为了满足机械播种或其他农艺要求，经常需采用生物、物理化学或机械的方法处理种子以提高种子的发芽率和出苗率,促进幼苗生长,减少病虫害。常用的种子处理设备包括种子拌药机、种子表面处理机械、种子单粒化机械和种子包衣机等,以及用γ射线、紫外线、超声波等物理方法处理种子的设备。

（2）基质消毒机

国外工厂化育苗采用的都是基质生产厂消毒好了的基质。目前,我国这类基质生产厂还很少,多数育苗工厂都是根据自己需要,结合当地资源选择和配制基质,因此需要配置基质消毒设备,特别是掺入了有机肥或其他来源不卫生的基质时,为防止育苗基质中带有致病微生物或线虫等,都需消毒后再用。一般多用高温蒸汽消毒。

（3）自动精量播种生产线

自动精量播种生产线是工厂化育苗的一组核心设备,一般由搅拌机,育苗穴盘（钵）摆放机,送料、基质装盘机,压穴、精播机,覆土机,喷淋机等组成整个流水生产线,基质从搅拌、装盘、压穴、播种、覆盖、喷水等多道工序可一次完成,且生产线的各组成部分可拆开单独使用。

①基质搅拌机　为了保证混合基质各成分分布均匀,防止结块基质影响装盘质量,一般基质在送往送料机、装盘机之前,会用基质搅拌机进行充分混匀,如果基质过于干燥,还应加水进行调节。

②育苗穴盘摆放机　将穴盘成摞装在穴盘摆放机上,机器可按照设定的速度把穴盘一个一个放在传送带上,传送带会将穴盘运送到装盘机处。

③送料、基质装盘机　当穴盘到达装盘机下时,育苗基质会由送料装置从下方的基质槽中运到上方的基质箱中,控制机关再自动把基质撒下来,同时传送带上的穴盘也在振动,使基质能均匀地装满每个小穴,然后在传送的过程中有一装置可将多余的基质刮掉。

④压穴、精播机　装满基质的育苗穴盘在送到精播机下前,会有一装置将每一小穴中间压出深度一致的播种穴,然后送到精播机下,精播机利用真空吸放原理,将种子从种子盒中吸起,然后移到穴盘上方后再放气,让种子自然落进播种穴。

⑤覆土机　播种完的穴盘在运到覆土机下方时,覆土机的刮土轮会将基质箱中基质均匀地覆盖在播种后的小穴上。由于播种穴深度一致,覆土厚度一致,能保证种子出苗整齐。

⑥喷淋机　覆土后的穴盘运到喷淋机下时,喷淋机会按照设计的水量,在穴盘行走过程中（或稍作停留）将水均匀地喷淋到穴盘上,完成整个播种过程的穴盘会被送到催芽室催芽。

2.育苗设施环境控制系统

（1）加温系统

种苗生产温室内的平均气温白天应不低于 20 ℃,夜间最低气温不低于 15 ℃,但是我国大多地区冬季温度低于 0 ℃,所以冬季育苗需配置加温设备以创造种苗生长发育的适宜温度条件,保证获得优质种苗。一般在我国北方,大型连栋温室多采用水暖集中供暖方式加温或少量使用热风供暖方式;节能日光温室多采用炉灶煤火加温或水暖锅炉加温;塑料大棚有时会用热风炉短期加温。

（2）降温系统

当育苗设施内温度过高，用自然通风不能满足作物需求时，就需依靠降温设备进行人工降温。一般常用的人工降温方法有湿帘降温、遮光降温、蒸发冷却和强制通风等。这就需要育苗温室内配置有遮阳网、湿帘、高压喷头、风机等降温设备。

（3）保温系统

育苗温室需要达到种苗生育适宜的温度，且经常需要维持在一定水平，因此育苗温室配备一些保温设施是十分必要的。保温主要是在不加温的情况下，夜间利用地表辐射增加设施内热量，同时减少各种热量损失。常见的保温措施有：采用多层覆盖，如安装活动保温幕、双层充气膜或双层聚乙烯板、草苫、保温被等；选用隔热性能好的覆盖材料；增加设施的气密性，减少缝隙放热等。

（4）灌溉施肥系统

绿化室或幼苗培育温室内为保证幼苗的肥水供应，都应配备灌溉施肥系统。该系统通常包括水处理设备，如抽水泵、沉淀池、过滤器、加酸配比机等；灌溉管道、贮水及供给系统，如 U-PVC 管道、集水池、电磁阀等；灌溉施肥设备则主要有喷灌和潮汐灌溉，喷灌有固定式喷灌和自走式喷灌，该系统也可用来喷灌液肥和喷施农药，另外还有自动肥料配比机可按设定的肥料配比值进行全自动化施肥。

（5）二氧化碳补充系统

在相对密闭的育苗设施内，种苗光合作用会消耗大量的 CO_2，白天室内 CO_2 浓度会低于外界，出现 CO_2 亏缺、种苗"饥饿"现象，因此工厂化育苗设施内需配备 CO_2 补充系统。目前用得较多的有燃烧法产生 CO_2、化学反应法生成 CO_2 和直接施用液态 CO_2 等。一般育苗温室适宜的 CO_2 浓度为 $400\sim600\ \mu L/L$，可安装 CO_2 传感器对其浓度进行监测。

（6）补光系统

工厂化育苗在冬春季节经常会遇到阴雨天气，自然光照较弱，满足不了幼苗对光照的需求，因此育苗温室一般需要配置人工补光系统，在有效日照时数小于 $4.5\ h/d$ 时就需启动人工补光，目前采用较多的光源是高压钠灯。

（7）计算机控制与管理系统

现代工厂化育苗生产与管理是一个复杂的体系，各个子系统间的运作与协调、环境的控制与管理，依靠一般的生产管理人员有时很难做出准确的综合判断，这就需要借助计算机系统来实现复杂的控制和优化的管理目标。如育苗过程中的复杂环境控制、各种数据的采集与分析处理、涵盖采购、管理、销售等各个环节的一体化管理决策系统，都可通过计算机控制与管理系统来实现。

3. 辅助设备

（1）育苗穴盘

育苗穴盘是工厂化育苗必备的育苗容器，是按照一定规格制成的带有许多小型钵状穴室的塑料盘。用于机械化播种的穴盘规格是按自动播种生产线的要求制作的，一般长55 cm，宽27.5 cm，每张盘上有 32,50,72,128,200,288,392,512 等数量不等的孔穴，孔穴形状有方口和圆口两种，孔穴深度 3～10 cm 不等，使用寿命约为 2～3 年，具体可依据用途和作物种类选择相应的穴盘。

（2）苗床

为便于操作和给幼苗创造更好的环境，催芽后的穴盘一般都会放在育苗温室的苗床上进行绿化和培育。苗床可分为固定式和移动式两种，一般固定式苗床作业方便，但温室利用率低，苗床面积约为温室总面积的 50％～65％；移动式苗床温室利用率可达 90％以上，但对材料强度和制作工艺等要求高。

（3）嫁接机

采用嫁接技术可以有效增强种苗的抗病性、抗逆性和肥水吸收性能等，尤其对瓜类、茄果类蔬菜，嫁接苗已成为其克服土壤连作障碍的主要手段，如日本 100％的西瓜、90％的黄瓜、96％的茄子等都用嫁接栽培。但是传统的人工嫁接会因操作人员掌握的技术要领、熟练程度的不同而难以保证高的嫁接质量和成活率，难以短时间内提供大批量的整齐一致的嫁接种苗。为此，日本、中国、韩国等都相继研制出了自己的嫁接机器人，虽然具有很广阔的应用前景，但由于各方面技术还有待进一步成熟，目前推广应用还不是很广泛。如日本的嫁接机自动化水平较高，但技术复杂、体积庞大且价格昂贵；韩国的则嫁接效率比较低，自动化程度低，成活率也相对较低；我国的自动嫁接机则需要人工提供砧木、接穗固定夹等，劳动强度大，自动化水平低。

三、工厂化育苗的管理技术

工厂化育苗在确立了育苗种类后，接下来就是一系列具体的生产管理工作，主要包括选种及种子处理、适宜穴盘的选择与苗龄的控制、育苗基质的选择与营养液的管理、育苗温室环境的调控及苗期病虫害的防治等。

(一)种子处理

种子是育苗时最常用的播种材料，要快速育成高质量的幼苗，就必须保证有高质量的种子，一般要求种子在"真、纯、净、壮、饱、健、干"方面都符合种子质量检验的标准。

工厂化育苗用种质量的好坏，应从以下几方面衡量：种子的外形是否适于精播机械；适宜条件下发芽率的高低，低于 85％的不适于精量播种；适宜条件下发芽快慢及整齐度；不适条件下发芽快慢及整齐度；出芽及幼株发育状况；有无病虫害。

生产上为保持并进一步提高种子质量，满足工厂化育苗的用种需要，播种前常会采取各种方式对种子进行处理，以达到提高种子活力，减轻、防治病虫害，打破种子休眠，促进种子发芽和生长，适于机械化精播等目的。常用的种子处理技术有：超干贮藏保持种子活力；用种子引发剂（如 KNO_3、$Ca(NO_3)_2$、$NaCl$、$CaCl_2$、PEG、PVA、SPP 等）预浸处理促进种子发芽，提高出苗的一致性；种子消毒（如温汤浸种、药剂处理等）防治病虫害；催芽（如浸种催芽、层积催芽、药剂浸种催芽等）提高种子发芽率等。

(二)穴盘的选择与苗龄的控制

工厂化育苗是种苗的集约化生产，为提高单位面积的育苗数量，又要保证幼苗质量不受影响，生产中就必须根据苗龄大小选择不同孔穴的穴盘或根据营养面积确定苗龄。穴盘的规格很多，我国常用于蔬菜育苗的多为 72 孔、128 孔、288 孔的方口穴盘。培育的秧苗以中小苗为主。我国工厂化育苗的主要作物是蔬菜，表 7-6 列举的是常见蔬菜在培育不同苗龄的幼苗时应配套选用相应规格的穴盘，以供参考。

表 7-6　不同蔬菜适宜穴盘及苗龄的选择

季节	蔬菜种类	穴盘选择	种苗大小（真叶数）
冬、春季	番茄、茄子	72	6～7
		128	4～5
		288	2 叶 1 心
	辣椒	128	8～10
		288	2 叶 1 心
	黄瓜	72	3～4
	花椰菜、甘蓝	392	2 叶 1 心
		128	5～6
		72	3～4
夏、秋季	番茄、茄子	128	5～6
		288	3 叶 1 心
	芹菜	288	4～5
		128	5～6
	花椰菜、甘蓝	128	4～5
	生菜	128	4～5
	黄瓜	128	2 叶 1 心

(三)基质的选择与营养液的管理

基质在工厂化育苗中是被用来代替土壤的,选用适宜的基质是工厂化育苗的重要环节和培育壮苗的基础,因此要求基质不仅能固定秧苗、保持水分和营养、为植物根系提供良好环境条件,而且还要可以改善和提高管理措施,方便操作。总的可归纳为:①利于植物根系的伸展和附着;②能为植物根系提供良好的水、肥、气、热、pH 等条件;③不含对植物生长发育有毒有害的物质;④适应现代化的生产要求,易于操作及标准化。

工厂化育苗常用的基质种类很多,有些可单独使用,多数情况是由几种基质按一定比例混合使用,这样可以实现优势互补,达到更好的育苗效果。具体选用时,为降低育苗成本,应注重因地制宜、就地取材,充分利用当地资源。如日本工厂化育苗多用炭化稻壳、赤土、沙子、蛭石、珍珠岩等;美国常用蛭石、珍珠岩、树皮等;我国多用草炭、蛭石、珍珠岩、炉渣灰以及大量有机废弃物等。

工厂化育苗中的养分供应除部分由混配在基质中的肥料供给外,主要还是通过定期浇灌的营养液提供。育苗营养液可使用无土栽培的配方,只不过使用的浓度需相应减少,如 1/3～1/2 日本园式配方或山崎配方等,也可使用育苗专用配方。

选择好适宜的营养液配方后,还需对营养液的供液时间、供液次数、供液量等进行科学管理。一般在幼苗出土进入绿化室后即可开始浇灌或喷施营养液,每天 1 次或两天 1 次;供液后保持容器底部 0.5～1.0 cm 深的液层为宜。供应营养液的同时也应注意供水,通常可浇 1～2 次营养液后浇一次清水。当然,营养液的管理还和选用的基质的理化性质、幼苗的生长状态、天气状况等有密切联系,如采用草炭、有机肥和复合肥合成的专用基质可只浇清水或适当补充些大量元素即可；小苗少浇，大苗多浇；夏季高温多浇（每天喷水 2～3 次），冬季气温低少浇（2～3 d 喷一次），喷水施肥交替进行等。

(四)育苗温室环境的调控

1. 温度

在幼苗生育的环境因素中，温度是最重要的影响因子之一。幼苗对温度的适应性是既敏感又严格。温度的高低直接影响种子发芽和幼苗的生长速度以及秧苗的发育进程。特别是冬春季培育喜温性作物秧苗，温度不足就是其常见的突出问题，另外南方地区的夏季降温也是值得注意的重要问题。总体来说，播种后、出苗前、移植后、缓苗前温度应高，出苗后、缓苗后、炼苗阶段温度应低；生长前期温度高，中期以后温度渐低；嫁接以后、成活之前也应维持较高温度。具体温度调控参照前面"育苗设施环境控制系统"的内容。

2. 光照

光照除影响秧苗的生长量外，对秧苗花芽分化的影响也很大。冬春季工厂化育苗自然光照时间短、强度弱，特别是在设施内，设施本身的光照损失就不可避免，阴天时温室内光照强度就更弱，因而苗期的光照管理就是设法提高光能利用率。可通过选择合理的营养面积、确定合理的育苗密度；选用透光率高的覆盖材料或直接进行人工补光（一般 50～150 W/m² 等措施增加光照强度，延长光照时间。当然，在夏季育苗时，自然光照强度超过了作物光饱和点，而且易形成过高温度，可利用遮阳网遮阴，达到避光、降温防病的效果。

3. 水分

水分是影响幼苗物质积累、培育壮苗的重要因子，大多数幼苗生长基质含水量在60％～80％较为适宜，播种后出苗前要求较高，保持 80％～90％为宜，定植前 7～10 d 应适当控制水分。基质水分过多，遇上低温弱光极易发生病害或沤根；遇上高温弱光则幼苗极易徒长。基质水分过少，幼苗生长受抑制，时间长了易出现僵化苗。空气湿度白天保持 60％～80％、夜间 90％为好。出苗之前和分苗初期空气湿度可适当提高。

工厂化育苗水分管理的总体要求是保证适宜的基质含水量，适当降低空气湿度，根据实际情况灵活调整。灌水方式上以喷雾灌溉为好，且最好选择在晴天的上午进行，低温季节浇水或营养液最好加温后进行。

4. 气体

工厂化育苗中，对幼苗生长发育影响较大的气体主要有 CO_2，O_2 和各种有害气体。生产中最常用的气体调控方式是通风换气，补充新鲜空气，当然为了提高设施内 CO_2 浓度，促进光合作用和增加光合产物，也常采用补充 CO_2 气肥的措施。特别是在冬春季节育苗，外界气温低，通风少或不通风，内部 CO_2 明显不足，补充 CO_2 最为有效。施用浓度通常控制在 800～1000 $\mu L/L$，施用时间以晴天上午日出后 0.5～1 h 开始，持续约 3 h 即可达到显著促进幼苗生长的效果。

对有毒有害气体则主要是分析其来源后做好防范工作，如选用无毒无害的塑料薄膜、水管；加温时燃料要充分燃烧，烟囱的密封性要好；不施用未腐熟的有机肥等。

(五)苗期病虫害防治

工厂化育苗是集约化生产模式，病虫害发生和传播迅速，但由于管理集中，又利于病虫害防治。苗期的病虫害与成株期病虫害有一定的共同性，又有一定的差异性，目前生产中常见的病虫害种类及防治方法如下：

（1）生理性病害　主要有沤根、老化、徒长、烧根、寒害、冻害、热害、旱害以及有害气体毒害、药害等。此类病害主要是由环境因素引起的，不传染，防治时应以防为主，严格检查，加强苗期温、湿、光、水、肥的管理，保证各项管理措施到位。

（2）病理性病害　主要有猝倒病、立枯病、病毒病、白粉病、霜霉病、灰霉病、菌核病、疫病等。此类病害主要是由于种子或基质带有病菌，后期管理当中遇上适宜的发病环境条件就易发病。防治时也应以预防为主，及时调整并杜绝各种传染途径，做好穴盘、器具、基质、种子和温室环境的消毒工作，发现病害症状及时进行适当的化学药剂防治。

（3）虫害　育苗期间常见的虫害有蚜虫、红蜘蛛、茶黄螨、白粉虱等。虫害的防治主要是切断其栖息场所和中间寄主，防止害虫的迁飞等。具体防虫操作有：及时清除育苗温室内和温室周围的残株和杂草；育苗温室与栽培温室间隔一定的距离；在通风口加设防虫网防止外来虫源进入等。同时注意经常检查，发现危害立即采取措施，也可用药防治。

四、种苗的经营与销售

工厂化育苗具有规模化生产和企业化经营的特征，是育苗技术发展到目前的最高形式，是种苗商品性生产的最高阶段，现今已从植物栽培体系中分化出来成为独立的产业。作为一个产业要发展，就必须在生产原材料的选择处理、产品的生产计划与管理、生产过程的质量保证及检验、运输销售及效益核算等方面都形成与该产业特色相适应的产业化体系。下面就一些种苗的经营与销售等相关内容做简单介绍。

1. 种苗厂的规划与设计

种苗厂的规划与设计是指根据市场需求和当地的具体情况（气候、土质、市场、劳力等）科学安排植物种苗生产的设施、设备，生产种苗的种类、数量，品种布局，以及水、电、路、房屋等配套设施的设置。设计时要充分考虑当前利益又要兼顾长远发展，注意专业生产和全面发展相结合，规划设计要在充分调查研究的基础上进行，然后确定发展的规模、区域，育苗的种类及方式，最后才按规划施工。

2. 种苗厂生产计划及制订原则

作为育苗企业，其生产计划制订合理与否，是优化的育苗技术体系及先进的育苗设施、设备的作用能否充分发挥的关键。生产计划的内容主要包括生产任务计划、任务落实计划和财务计划。

（1）生产任务计划　生产任务计划是在进行广泛市场调研的基础上，主要依据订购合同、市场需求及企业的生产能力确定的。内容应明确育苗的种类、品种、各地或用户需要的时间、数量、品名及质量要求等。

（2）落实任务计划　生产任务确定后，还必须将任务落实到全年各个时期，此时主要考虑设施设备的充分利用和生产潜力的挖掘上，并且还可据此对生产任务计划做进一步调整。具体落实时可进一步将任务分解细化，如制订生产资料购买计划、育苗播种计划、技术保障计划、用工计划、制种计划、农机具购买计划、设施利用计划、灾害防止计划、资金筹措计划、销售计划等，这样执行起来更加有据可依。

（3）财务计划　财务计划是从经济核算角度预测当年生产任务完成后的经济效益以及经济效果，其中包括产品成本、经济效益及投入产出比的计算，以此进一步判断生产任务确定的合理性，如效益达不到预定的目标，可对生产任务计划做局部调整。

生产计划制订时,应注意的原则主要有:

(1)制订育苗生产计划应留有余地　特别是完成合同任务时,应有较大的安全系数,一般应达到15%~20%,以预防因气候、病虫害、人为操作管理失误等影响种苗的数量与质量,这对维护企业的信誉十分重要。

(2)为获得更大的经济效益,制订计划时应考虑生产潜力的挖掘　尽可能节约能源、物资等投入,同时提高现有设施设备的利用率,如可改进技术或设施、技术的合理组合等。

(3)提高经济效益和市场知名度　在完成订单要求的生产任务的同时,还应充分发挥企业自身的资源优势或技术优势,生产优势产品,提高市场知名度。

(4)育苗企业任务的确定　以一季为主,全年开发;一类苗为主,多类苗并存;以育苗为主,还可兼顾其他产业,以争取更大的效益。

3.种苗生产成本核算

种苗厂的建设与生产是高投入高产出的集约化生产,为了实现经济生产,节能降耗,准确定价,就必须对种苗生产成本进行核算。构成生产成本的要素很多,一般可分为直接生产成本、间接成本和其他成本。

(1)直接生产成本　主要是指生产资料费用(如种子、农药、化肥、基质、农膜、水电等费用)、加温费用、生产用工费用及包装、运销费用等。其中加温、补光等能源成本所占比例较大,在我国北方地区一般会占到运行费用的35%~40%,运销成本约为种苗成本的10%~15%,水电及税金约占8%~12%。

(2)间接成本　主要是指设施设备的折旧费用,如温室及辅助设施、设备的折旧,农机具、水利设施的折旧,土地使用费等,这些将占到整个生产成本的40%~45%以上。

(3)其他成本　主要包括贷款利息、广告费用和人员培训等费用。

种苗厂的直接经济收入主要是通过销售种子和秧苗获得的,其他也可通过技术培训、农业观光等获得一部分收入。

4.种苗的营销

园艺植物种苗的营销是以园艺植物生产为中心,为用户提供种苗等一系列活动。营销过程主要包括:首先在充分调研的基础上,对市场进行分析并确立目标市场;然后根据目前市场和潜在市场确立投资的方向、规模、经营的范围并进行市场的拓展;第三是根据市场需求确定育苗作物的种类,根据市场承受能力和生产成本定价,通过流通和建立分销网点扩张市场领域,通过技术指导、培训、示范、调价等进行促销;最后通过对营销活动及用户反馈意见的分析,调整生产和经营活动,形成一个有效的良性循环发展体系。

5.种苗的运输

国外工厂化生产的商品种苗多数为异地销售,如荷兰的贝卡康普种苗公司,年生产蔬菜种苗2.5亿株,其中60%用于出口,剩下40%用于国内生产。因为异地育苗运输销售可以利用海拔、纬度或地区间的小气候差异,节约育苗能耗,提高育苗质量,降低育苗成本;可以充分利用地区资源及技术优势培育高质量、低成本的秧苗;同时异地运销还有利于较大范围内形成较完善的种苗产业体系等。

植物秧苗是活的幼嫩个体,因此对运输的条件、方法与技术等都有一定的要求,具体操作时应注意做好以下工作:

(1)运输前的准备工作　如作好运输计划,包括运输的数量、种类、时间、工具及方法等,并通知栽培方作好定植前的准备工作;注意天气预报,确定具体起程日期,注意作好秧苗防寒、防冻或防高温的准备;长距离运输时,可提前对秧苗进行锻炼(如逐渐降温锻炼、控水锻炼等)或利用保鲜药剂(如乙烯利、富丽酸等)处理,增强其对外界环境的抗性。

(2)采用合适的包装容器　为尽量减少秧苗的搬运次数,方便装卸,降低运输中的损失,选用合适的包装容器十分重要。一般多用纸箱、木箱、塑料箱等将秧苗排放整齐;如用穴盘或其他容器育苗的,一般是连同容器一起运输。包装的材料和设计应注意为秧苗提供保湿、保温、通气的条件。

(3)选择适宜的运输工具　运输秧苗用的交通工具主要有卡车、箱式运输车、飞机、火车等。一般短距离运输采用平板车或拖拉机就可以;中、长距离运输的秧苗采用可调控温、湿度的汽车或专用火车车厢运输较好;国际间的苗木运输多采用航空运输方式。

(4)运输秧苗的温、湿度管理　秧苗运输过程中保持适当的温、湿度,对防止秧苗遭受冻害或发生病害十分关键。一般夏季高温时注意通风降温,冬季低温时注意防冻;长距离运输时为抑制秧苗生理活性、减少呼吸消耗,以保持低温为宜。湿度的要求一般以维持在 $85\% \sim 90\%$ 为宜,过高易诱发病害,过低易引起秧苗萎蔫。

(5)秧苗的卸载及处理　经过长距离运输的秧苗在到达目的地后,应尽快打开包装,使秧苗见光并逐步升温,提早定植。

复习思考题

1.名词解释

无土栽培　工厂化育苗　营养液配方　穴盘育苗　扦插育苗

2.填空题

(1)固体基质共有的作用是(　　　　)、(　　　　)、(　　　　),某些基质还有(　　　　)和(　　　　)作用。

(2)根据固体基质的性质可将基质分为(　　　　)和(　　　　)两类。

3.简答题

(1)简述无土栽培的优缺点。

(2)简述配制营养液的组成原料及选用要求。

(3)试述营养液的组成原则。

(4)如何对营养液进行有效的管理?

(5)比较蒸汽消毒、药剂消毒和太阳能消毒的优缺点。

(6)工厂化育苗需要那些设施设备?

(7)育苗过程中容易产生那些生理病害? 如何防治?

4.论述题

如何高效实施工厂化育苗的生产与经营管理?

第八章　设施栽培新技术

本章学习目标

了解温室作物生产模拟及模型系统和温室作物栽培计算机辅助决策系统,掌握温室环境自动控制系统的构成;了解设施生态农业主要技术。

第一节　计算机技术在设施栽培中的应用

当今时代,科学技术飞速发展,其中信息技术和生物技术是对人类发展产生根本性影响的两大前沿科学技术。信息化浪潮席卷全球,微电子技术渗透到所有的技术领域,现代电子信息技术和通信技术给整个社会经济生活带来了翻天覆地的变化。设施农业也必然采用更多先进计算机技术,这些先进的计算机技术与传统设施农业技术在发展中逐渐结合起来,对设施农业生产、经营管理、战略决策等过程具有显著的影响。目前应用于设施农业领域的计算机技术主要有温室环境自动控制技术、设施作物收获机器人技术、温室作物栽培计算机辅助决策系统、温室作物生长模型模拟、设施作物计算机图像识别与处理技术、温室小气候环境模拟技术及农业设施设计计算机辅助系统等,本节将对其中的主要技术内容作简要介绍。

一、温室环境自动控制系统

温室内经常会出现一个或多个环境因子超过作物生长适宜界限影响温室作物栽培的现象。环境控制是解决这一问题的有效手段。温室环境自动控制技术因其简便、精准等优点,近年来成为现代温室设施环境控制的主要方式。

设施农业发达国家,如荷兰、以色列、美国、英国等都大力发展集约化的温室产业,温室内温度、湿度、光照、CO_2浓度、水、气、营养液等较早地实现了计算机调控。荷兰在1974年已经研制出计算机控制系统 CECS,日本东京大学在1978年研制出微型计算机温室综合环境控制系统。目前,日本、荷兰、美国等发达国家可以做到根据温室作物的特点和要求,对温室内的诸多环境因子进行环境控制。

我国自20世纪70年代末,陆续从以色列、美国、荷兰、日本等国引进现代化温室。在吸收国外环境控制的高新技术的基础上,我国科研人员对温度、湿度、光照等环境因子的控制技术进行了综合研究。温室环境控制系统经历了从1987年引进的 FELIXC—512系统到20世纪90年代初计算机开始用于温室的管理和控制领域的单片机或 PLC 时代,到现在已经发展到基于有线或无线网络的智能控制技术的阶段。目前,我国温室环境自动控制系统典型模式有以下几种：基于单片机的控制系统模式；基于 PLC 的控制系统模式；基于现场总线的分布式智能控制系统模式；基于 ZigBee 技术的无线网络智能控制系统模式。温室控制系统的研究近几年发展也较为迅速。2001 年，国家在"十五"攻关项目中启动了"温室环境智能控制关键技术研究与开发"课题中，在中国农业大学与北京顺义示范区合作采用 RS-485 总线做现场总线的温室控制系统，经过两年的运行和测试，达到了预期的效果，现已经面向市场推广应用。

温室控制系统（Greenhouse Environment Control System）就是依据温室内外装设的温湿度传感器、光照传感器、CO_2 传感器、室外气象站等采集或观测的信息，通过控制设备（如控制箱、控制器、计算机等）对驱动/执行机构（如风机系统、开窗系统、灌溉施肥系统等），对温室内的气候（如温度、湿度、光照、CO_2 等）和灌溉施肥进行调节控制以满足栽培作物的生长发育需要。温室控制系统分为人工控制和自动控制。温室控制系统利用人工操作的通称为人工控制。在没有人直接参与的情况下，采用控制装置，使被控对象或过程自动地在一定精度范围内按照预定的规律运行变化就称为自动控制。

（一）温室环境自动控制系统构成

温室环境控制系统由信号检测、执行机构和控制器三大部分组成。

1. 信号检测

设施环境检测技术是运用现代科学技术方法测取、运用环境质量数据资料和科学的方法监视和检测反映设施内环境质量及其变化趋势的各种数据的过程。目前一般都是以微电子技术为依托，采用连续检测技术进行快速检测、非接触检测及采用计算机系统进行智能化处理。

设施环境检测的主要内容有：

（1）温室内外小气候环境指标检测：主要包括温室内外部温度、湿度、光照强度、CO_2 浓度、风速等气候条件的检测。

（2）栽培基质理化指标检测：主要包括基质的理化性质指标：基质含水量、pH、EC 值、阳离子交换量（CEC）、基质内多种营养元素含量。

（3）营养液的理化性质指标检测：营养液温度、浓度、pH 值、EC 值、营养液液温、各元素含量等等。

（4）栽培作物生理生化指标检测：主要包括叶绿素含量、光合作用、植物水势、温度、作物水分含量、根系信息、冠层信息、茎流量等等。

信息采集检测系统要求灵敏度及分辨率高，精确度好，具有线性特征。灵敏度是指传感器或检测系统在稳态条件下输出量的变化与引起输出量变化的物理量的比值。比如，温度检测装置在温度变化 1℃时，输出电压变化为 30mV，则灵敏度为 30 mV/℃。分辨率是检测系统对被测量系统的另一种表示形式，是指系统能检测到的被测量的最小变化。一般情况下，系统灵敏度越高，分辨能力越好。精确度又称准确度，它表示检测系统所获得的检测结果与被测量真值的一致程度，精确度在一定程度上反映出检测系统各类误差的综合情况。检测系统的线性特征可用系统的非线性度来表示。所谓非线性度是指在有效量程范围内，实测的检测系统输入输出特性曲线与由测量值拟合成的直线间最大相对偏差与满量程输出的百分比。

2. 执行机构

温室自动控制系统的执行机构主要有：开窗系统、拉幕系统（外遮阳、内保温幕）、湿帘—风机降温系统、内循环风机系统、喷雾系统、加温系统、CO_2控制系统、补光系统、营养液配比系统、灌溉控制系统。每个子系统的控制对象、控制目的和控制方式都有所不同。下面重点介绍一下加温系统、湿帘风机系统、灌溉控制系统、CO_2控制系统。

(1)加温系统(Heating System)：温室加温系统的热源有锅炉热、废热和地热等。锅炉供热分煤炉、油炉和气炉三种。利用火力发电厂排出的循环热水和地下温泉的热水供热是一种值得提倡的方案。温室气温的加热方式有热风、热水和热蒸汽三种。大多数现代温室采用热水和热蒸汽供热方式，其显著优点是热源管理集中，便于实现自动控制。

(2)湿帘-风机降温系统(Wet-curtain Fan-cooling System)：该系统由湿帘、给水和通风三大部分组成。湿帘由填夹在两层铁丝网之间的帘片或蜂窝状纸帘构成，上有淋水槽，下有集水槽。帘片材料要求容易浸湿，不易积聚盐分，耐水浸，不变形，取材容易和价廉。因湿帘浸水后有一定的气流通过阻力，所以要求温室生成负压才能吸入室外的空气，为此温室需要具有密闭环境，并配备压力型风机。湿帘和排风机的距离以 30～60 m 为宜，一般在此范围内，每增加 6 m，湿帘高度增加 60 cm。为使气流分布均匀，风机间隔不应超过 7.5 m。一栋温室风机数量少于 4 台时，应安排变速风机，以适应不同换气量的调节。

(3)温室灌溉系统(Greenhouse Irrigation System)：温室灌溉系统自动控制范围主要是灌溉用水的加温和精确、定时、定量、高效地自动补充土壤水分。温室内的灌溉方法有喷雾法、小型喷灌法、多孔管喷灌法、滴灌法以及地下灌水法等，可按低限土壤湿度调节、适宜土壤湿度调节、生育特点和上市目标调节等不同原则调节土壤水分。

CO_2气肥施肥系统：该系统主要是利用 CO_2 气体发生器燃烧碳氢化合物，即将煤油与液化石油气通过燃烧充分氧化而释放出 CO_2。通风机一方面送入新鲜空气助燃，一方面将产生的 CO_2 气体送入温室内。CO_2浓度和送气时间等由控制器自动调控。

3. 控制器

控制器分为三个部分：一是输入信号处理部分；二是控制算法软件和硬件平台部分；三是输出处理和输出设备部分。控制器的核心是微处理器和系统软件。微处理器主要含中央处理器 CPU，可编程存储器 RAM 和 EPROM、输入/输出接口，以及定时器和时钟脉冲发生器等。系统软件由主程序、数据(信号)巡回采集及处理子程序、显示子程序、键盘中断服务程序及定时器中断服务程序等组成，其中主程序是决定系统运行顺序的关键和主体。

(二)温室环境自动控制系统的基本要求

在设施生产过程中，温室自动控制系统被普遍应用于一些大型现代化温室中，控制系统工作品质直接影响着产品的产量、品质和效益，因此，对控制系统提出了一些较严格的要求。

1. 可靠性

温室的高温、高湿环境和蒸发在空气中的肥料农药是不利于设备的保存和正常工作的，一旦发生故障，将给栽培生产造成直接的损失。因此，要求自动控制系统具有较强的可靠性，可靠性通常用平均无故障运行时间和平均修复时间衡量。

2.适应性

现代设施已经能够进行周年不间断生产,这就要求自动控制系统能够适应不同季节、不同作物要求,灵活方便地调整各种可控环境因子,以满足作物生长发育的需求,获得高产和优质的成果。

3.功能性

由于温室环境包含温度、湿度、光照、CO_2气体、土壤或者基质、肥料、水分等诸多因素,而作物的生长发育是众多环境因子综合作用的结果。因此,要求自动控制系统具有较强的功能,能够把关系到作物生长的多种环境要素都维持在适于作物生长发育的水平,而且要求使用的环境调节装置设备最少、省能、高效。

二、温室作物生长模型模拟

模型(Model)是对客观真实世界中某种现象的表示、体现或图示,按其形式,模型可分为实物模型和概念模型。模拟(Simulation)是利用模型来进行实验分析和演算,以获得对此研究对象的认识。设施作物相关模型可以分为两部分:一是温室模型,温室模型又可以分为温室建造模型和温室环境性能模型。温室建造模型是根据不同的外界生态环境气候条件、温室建筑不同材料性能及温室设计原理模拟温室建造,进行温室的优化设计研究。温室环境性能模型是根据温室的建造类型、温室的环境调节、外界气候条件、模拟温室环境条件,为温室的管理提供优化技术方案。在研究温室作物环境模型中,主要进行的是温室环境性能的数学模型研究。二是温室内作物生长模型,作物生长模拟模型是对作物生长发育过程的简化表示法,它把作物生育过程中的各种生理和生态机理概括为数学表达公式,是一种概念模型,温室内作物生长模型与普通的作物生长模型相比较,主要是在温室内可控环境中进行作物生长模型的研究与建立。在这里我们主要介绍一下在设施作物生产过程中较为重要的作物生长模型。

(一)作物生长模型的定义

作物生长模拟模型(Crop Growth Simulation Model)是指能定量地和动态地描述作物生长发育和产量形成的过程及其对环境反映的计算机程序,简称为作物生长模型或作物模型(Crop Model)。作物模型大致可分为两类:

(1)描述型模型(Descriptive Model),有时又称静态模型、统计回归模型、经验模型、黑箱式模型等,是基于现有理论知识和实践经验,通过对大量数据资料进行统计分析,确定并得到的研究因子相互间的关系。这类模型形式相对简单,缺乏对系统机理的阐述,是一种黑箱式的模型。在对作物生理机制认识不足和计算机技术水平较低的条件下,模型多采用此方法建立。这类模型在外延性(品种多样性)、推理性(时空变异性)上存在很大局限。

(2)解释型模型(Explanatory Model),又称动态模型、过程模型、机理模型等。它以动力学为原理描述环境因子、栽培管理与形态发育、作物生长和产量形成过程的关系。模型是建立在对作物的生理机制、环境因子、栽培管理技术等相互关系清晰认识和了解的基础之上,并通过数学方程式对其进行准确合理的定量化表达。随着对作物生理机制研究的不断深入及计算机技术的发展,对机理模型的研究是必然的趋势。

（二）作物生长模型的应用

1.预测作物生长发育过程

作物生长发育过程是在天气—土壤—作物系统综合影响下的一个动态变化过程,在大田管理中,人们往往凭借生产经验和对作物形态变化的感官认识进行生产管理的决策,难免出现失误,生产技术部门虽也进行一些田间调查,以便及时掌握作物生长的动态变化,从而作出相应的决策,但这种调查需要花费相当的人力和时间,也往往造成决策滞后。如能用作物模拟模型对作物生长发育过程的常年情况作出预测,按照预测信息再根据当年的实际情况作出相应的调整,这会大大提高作物生产的决策管理水平。

2.预测作物产量

作物产量预测对政府部门粮食政策的制定有很重要的参考价值,是一项政策性很强的工作,往往要投入大量专门人员,需要设置许多取样点。如能把实际取样测产同用作物模型预测产量相结合,一定会收到事半功倍的效果。

3.直接进行作物生产决策

在作物模拟研究中,如果将作物模拟与作物栽培的优化原理相结合,就可以形成直接为作物生产服务的模拟优化决策系统,既可进行常年生产决策,也可进行当年生产决策,还可及时、方便地提供不断变化着的栽培模式图。充分发挥快速、准确、不受地区限制的优点,为作物生产决策提供可靠的信息。

4.确定新品种的适应性

随着科学技术的不断发展,尤其是生物工程技术的广泛应用,作物新品种更新换代年限大大缩短,地区之间的相互引种也日渐频繁,因而新品种适应性的鉴定任务繁重,如果能将田间试验鉴定同作物模拟试验有机结合,将会大大提高工作效率,适应生产的要求。

5.作物模型在农业信息技术中的应用

作物模型与专家系统相结合,相互丰富和发展。专家系统是以专家知识库为基础的决策系统,如果能与作物模型库相结合,将会大大增加其通用性、机理性;与气候变化系统相结合,评价气候变化对作物生产的影响;与地理信息系统(GIS)相结合,增强其应用于生产管理的能力;与遥感技术(RS)相结合,利用遥感快速收集作物、土壤、天气等资料以进行作物产量预测和生产管理决策等;与全球定位系统(GPS)相结合,发展"精准农业"。

（三）模型的构建

设施作物生产的基本目标是充分利用设施环境的可控性,依照生产者预先设计的方案,实现对产量、采收与上市时间、植株发育形态、品质、果实大小等方面的目标控制。作物模型是实现这个目标的有力工具。因此,对温室作物模型的研究比大田作物更具有应用价值,但同时对模型功能也提出了更高的要求。

1.作物生长模拟模型的建模原理

作物生长模拟模型的建模原理是:假设作物生产系统的状态在任何时候都能够定量表达,该状态中的各种物理、化学和生理机制的变化可以用各种数学方程加以描述,还假设作物在短时间间隔(如 1h)内物理,化学和生理过程不发生较大的变化,则可以对一系列的过程(如光合、呼吸、蒸腾、生长等)进行估算,并逐时累加为日过程,再逐日累加为生长季,最后计算出整个生长期的干物质产量或可收获的作物产量。同时还假设同一作物的不同植株在田间都是均匀一致的,具有相同生长发育进程。

2.作物模型研究的主要内容

作物模型研究的主要内容:一个理论完善且具有应用价值的作物模型,应包括作物的光合作用、水分与营养平衡、形态发育、干物质积累与分配等模块。但实际上由于受现阶段研究条件和研究水平的限制,企图考虑所有因素的模型是不现实的,如何在追求模型的完美性与实用性二者之间进行协调和平衡是作物模型研究的重要内容。

对绿色植物而言经过接受太阳辐射、吸收水分和其他养分生成干物质,一般以碳素平衡作为度量的标准。目前大多数作物模型中,特别是机理性模型的研究多以作物群体碳素平衡为研究核心,以太阳辐射作为模型的基本驱动因子,并结合其他环境与作物生理因子的关系,研究作物整个生长发育过程如干物质分配、器官发育、产量形成等。机理型模型研究的另一个重要方面是对作物的发育形态进行研究,通过描述植株各器官的数量和重量、植株形态拓扑结构以及特殊生理因子的动态变化等,模拟作物整个生长发育过程,这也是开展虚拟作物研究的重要内容。

3.作物模型研究的开发过程

(1)模型中各种因子平衡关系的确立

在作物模型的研究建立和实际应用过程中,关键是对各种因子间的平衡关系进行分析和确立,这是作物模型研究中的难点。在作物形态学研究中,研究干物质在营养器官和生殖器官间的分配、各种器官数量的平衡关系是非常重要的。例如对于叶片来说,不仅是进行光合作用生产干物质的重要器官,同时自身生长发育时也要消耗一定的干物质,叶面积指数的取值大小对作物干物质的积累与分配非常重要。环境对作物生长发育有着至关重要的影响,而且有些要素之间并非独立而是有一定的交互作用。例如,温度与太阳辐射是一对具有交互影响的因子,要真正实现优化控制并获得最大干物质积累(或最佳经济产量),两要素之间必须保持协调变化。

(2)不同领域知识的融合

在作物模型研究中所谓知识融合有三种不同的含义:一、不同学科间的结合和沟通。例如生理学和农学之间的知识融合;二、在某一学科内因子相互间的因果关系的确立。在作物模型的建立过程中,某些因子的确立是由其他相关变量来决定的,这些变量可能是一稳定变量、中间变量或是辅助变量,而这些变量同样需要由其他一系列参数或变量计算得到。例如,二氧化碳同化量的模拟最终由叶片的光合作用率和环境变量的影响因子来计算得到;三、初值和边界条件的确定。确定这些值需要大量的实验观测值,或利用有关的数学理论来确定得到相应的取值范围。

(3)模型的验证

能否对模型进行验证是模型设计过程中不可忽略的重要环节,没有得到或无法验证的模型充其量只有参考意义。在早期,模型的验证主要是采用传统"物理实验"的方法,即通过把多个不同地区的作物田间实测资料(叶面积指数、干物重、籽粒重、产量等)与模拟结果进行对比,以达到对模型的修订和改进。目前,随着计算机技术和作物模型研究的不断发展,被称之为"思想实验"的研究方法将发挥更重要的作用,如对某些假设、猜想等通过计算机进行模拟分析,对模型进行验证、调试,不仅使作物模型的研究周期大大缩短,也使研究内容得到拓宽。

（四）作物生长模型的结构

一般的作物生长模拟模型的结构包括三大模块。第一为气候数据、土壤数据、作物数据和栽培管理措施输入模块；第二为模拟模块，包含了主要生理生态过程的模拟模型；第三为模拟结果的数据或图形输出与分析模块。一般较完善的作物生长模拟模型中的模拟模块包含如下部分：（1）光截获和光合作用动力学模型，涉及冠层结构，辐射特性和叶片特性。（2）营养吸收和根系动力学模型，涉及根系结构，土壤营养状况等。（3）干物质分配模型，描述干物质在源与库之间的运输、储藏及器官间的分配。（4）水分吸收与蒸腾模型，涉及植株和土壤间的水分平衡，植株的水分状况和水分胁迫。（5）生长和呼吸模型，干物质用于生长和呼吸的消耗。（6）叶面积增长模型，描述叶面积的动态变化。（7）发育和器官形成模型，包括阶段发育、形态发育和新器官（茎、叶、花、果、储藏器官）的形成。（8）衰老模型，描述根、叶等器官的衰老与死亡对作物生长的影响。（9）田间管理措施模型，田间管理措施对光、温、水、肥的时空分布与数量改变对作物生长发育和产量的影响（图 8-1）。

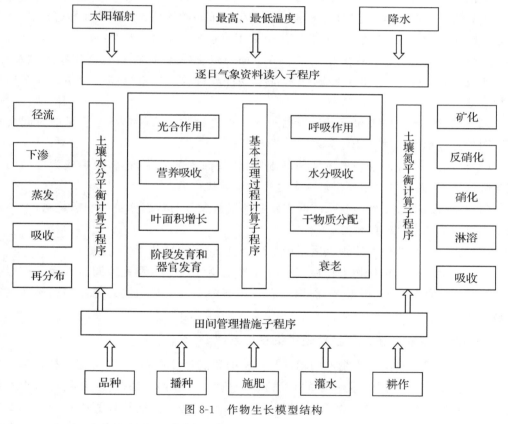

图 8-1　作物生长模型结构

三、温室作物栽培计算机辅助决策系统

作物决策支持系统是决策支持系统在农业领域的具体应用之一，它不同于以经验方式为基础的计算机统计模型或者以专家经验为基础的专家系统模型，而是一种以模拟模型和系统模型为主体，以其他技术方法为补充，集预测、诊断、决策等多种功能，能够定量作物生产布局、农艺技术措施、作物生长过程等作物系统行为与特征的作物生产管理决

策服务器。曹卫星等将农业决策支持系统分为基于专家系统的、基于生长模型的、基于知识模型的、基于生长模型和知识模型的决策支持系统四种类型。

(一)基于生长模拟模型的作物管理决策支持系统

作物生长模拟模型将作物及其环境因子作为一个整体,应用系统分析原理和方法,综合大量作物生理学、生态学、农学、农业气象学等学科的理论和研究成果,对作物阶段发育、光合生产、器官建成和产量形成等生理过程及其与环境因子关系间的试验数据,加以整理概括和量化分析,建立相应数学模型,然后在计算机上进行动态定量化分析和作物生长过程的模拟研究。作物生长模型模拟的不仅是作物最后的产量和品质,而且包括作物整个生育进程不同生理生态过程的发生和演化动态。

在作物生长模拟模型的基础上,增加数据库子系统和策略评价系统,辅助或支持用户进行决策就是基于模拟模型的管理决策支持系统,可解决农业决策过程中的半结构化问题。系统通常包括数据模块、作物生长模型模块、分析模块、人机接口等。其中数据模块存放模型运行所需要输入的数据、模型输出的结果以及系统根据模型模拟的结果做出的分析数据等,分析模块主要用于模拟试验和生产策略的评估、分析、选择和解释。

一般来说,基于生长模型的作物管理决策支持系统具有以下几个特征:

(1)系统性:对整个作物生长系统进行全面的定量描述和预测,包括作物阶段发育、器官建成、同化物的积累和分配、产量和品质的形成以及土壤水分和养分动态及作物利用特点等。

(2)动态性:系统应该包括受环境因子和品种特性驱动的各个状态变量的时间变化及不同生育过程间的动态变化关系。

(3)机理性:在经验性和描述性的基础上,通过深入的支持研究,模拟较为全面的系统等级水平,从而提供对主要生理生态过程的理解和解释。

(4)预测性:通过正确建立系统的主要驱动变量及其与状态变量的动态关系,对不同系统提供可靠的和准确的预测。

(5)通用性:系统模型原则上适用于不同地点、时间和品种。

(6)研究性:可利用作物生长模型进行作物主要生理生态及管理调控方面的模拟研究,避免实物研究中干扰因素多、周期长和费用高等不足。其中的系统性和预测性是其最显著的特征。

(二)基于专家系统的作物管理决策支持系统

专家系统是一种具有大量专门知识与经验的智能计算机系统,通常主要指计算机软件系统,它把专门领域中人类专家的知识和思考解决问题的方法、经验和技巧组织整理且存储在计算机中,不但能够模拟领域专家的思维过程,而且能让计算机犹如人类专家那样智能地解决实际问题。狭义地讲,专家系统就是人类专家智能的拷贝,是人类专家的某种化身。广义地讲,专家系统泛指那些具有"专家级"水平的知识系统,拥有某个或某些专门领域相当数量的专家级知识,并且能够在运行过程中不断地增加新知识或修改原有知识,从整体上达到专家级水平。专家系统的组成至今尚无统一的标准,但多数学者认为专家系统基本具有知识库、推理机、数据库、数据和知识获取系统、人机接口等部分。其中,知识库是核心,知识库的规模和大小是衡量专家系统水平的重要尺度;推理机是一组优化程序,用来控制、协调整个系统的运行;数据库主要是用于存储该专业内初始数据和推理过程中得到的中间信息;数据和知识获取系统主要用于建立和修改数据库和知识库中的数据和知识;人机接口是连接用户和专家的桥梁。

四、计算机在设施农业其他方面的应用

(一)温室气候区划及温室农业气象服务技术

中国的农业气候调查和区划研究始于 20 世纪 50 年代末至 60 年代中,经过近半个多世纪的发展已经形成了以地域差异规律为基础,应用农业气候相似性和差异性原理揭示地带性和非地带性的农业气候资源分布规律及其与农业生产格局形成和发展潜力的关系,并运用对农业生物地理分布、生长发育和产量形成有决定性意义的农业气候指标体系,农业气候调查和区划研究工作对不同尺度的地域空间进行分类划区,构成区划体系的区划理论和技术方法,完成了符合中国气候和农业生产实际的中国农业气候区划、中国农林作物气候区划、中国牧区畜牧气候区划、中国农作物种植制度气候区划等系列区划。在中国热带亚热带丘陵山区农业气候资源开发利用研究中,提出了山区农业气候资源的立体层次性概念和立体农业生态开发策略,在建立喜温果树和名贵药材基地以及利用坡向种植早熟反季节蔬菜和开发冬季逆温资源等方面均有明显的经济效益。

温室气候区划的目的是为区分不同地区气候条件对温室生产影响的差异性,明确在不同地区对温室生产的基本要求,同时提供与温室设计等相关的气候参数,从总体上做到合理利用气候资源,避免气候对温室生产的不利影响。

按照自然气候带划分,我国从南到北,横跨南热带到北温带等 9 个气候带和 1 个高原气候区,不同地区的气候对设施生产的影响不同,是形成设施农业地域性差异的一个重要因素,设施农业的区域性是与一定气候条件相连的,这是进行设施生产气候区划的基本依据。中国农业大学张亚红、陈端生针对以日光温室、连栋温室和塑料棚为主体的生产设施,从气候学角度评价各区的气候特征,区分不同地区气候条件对温室生产影响的差异性和温室生产对气候条件的要求,对全国温室气候进行了分区。

温室气候区体系分一级区和二级区两级:分别在南方区和北方区进一步划分,北方区划分出 4 个一级区,9 个二级区;南方区划分出 5 个一级区,9 个二级区。这样全国范围内一级区共 9 个,二级区共 18 个。一级区内,北方区冠以"北方"二字,其后标以大写罗马字Ⅰ、Ⅱ、Ⅲ、Ⅳ、Ⅴ代表其区号,南方区冠以"南方"二字,其后亦标以大写罗马字Ⅰ、Ⅱ、Ⅲ、Ⅳ、Ⅴ代表区号;二级区则在一级区号的右侧注以大写英文字母 A、B、C 作为二级区号。

(二)设施作物栽培主要病虫害计算机预警和管理系统

植保信息技术将人工智能、系统工程、多媒体及网络信息技术等计算机新技术与昆虫学、植物病理学、农药学和植物保护科学相结合起来,是植物保护领域最具活力的新兴边缘学科之一。应用于设施生产的多是病虫害计算机预警和管理专家系统。1978 年美国伊利诺斯大学开发了大豆病虫害诊断系统 PLANT/ds,1983 年日本千叶大学研制出番茄病虫害诊断专家系统 MTCCS。

设施生产病虫害诊断与管理专家系统的主要功能为:一是病害诊断:正确的诊断、鉴

别病虫草害是有效进行农业有害生物管理的基础，因此病虫草害的诊断与识别成为专家系统在植保应用中的主要方面之一。二是预测预报：预测预报是病虫害防治，特别是有害生物综合治理(IPM)的基础，其准确性、及时性的高低常常影响到 IPM 的成败与否。三是管理决策：管理决策型专家系统为病虫害综合管理提供了一种有力的工具。

(三)设施作物收获机器人的计算机视觉识别和定位技术

农业机器人是以一种农产品或者农作物为操作对象，具有感知、行动和决策能力的自动化设备。农业机器人集传感技术、监测技术、人工智能技术、通讯技术、图像识别技术、系统集成技术等多种前沿科学技术于一身，是农业生产领域中新一代的生产工具，在提高农业生产力、改变农业生产模式、解决劳动力不足问题等方面显示出极大的优越性。

设施作物生产的机械化、自动化程度较高，温室内小气候环境和作物生长模式的可调控性强，更加有利用于农业机器人的应用。设施作物收获机器人是一类针对水果、蔬菜等设施园艺作物，可以通过编程来完成这些作物的采摘、转运、打包等相关作业任务的具有感知能力的自动化机械收获系统，是集机械、电子、信息、智能技术、计算机科学、农业和生物等学科于一体的交叉边缘性科学，需要涉及机械结构、视觉图像处理、机器人运动学、传感器技术、控制技术以及计算信息处理等多方面的学科领域知识。

目前的收获机器人一般可分为行走部分、机械手、识别和定位系统、末端执行器 4 大部分。

(1)行走部分：机器人的行走机构多为轮式结构的移动小车，它是一个承载平台，机械手、识别和定位系统、末端执行器和控制系统等均安装于其上。行走路面为自然地面或者经过改造的水泥地面。荷兰开发的黄瓜收获机器人还以铺设于温室内的加热管道作为小车的行走轨道，采用智能导航技术的无人驾驶自主式小车是智能收获机器人行走部分的发展趋势。

(2)机械手部分：机械手又称操作机，是指具有和人手臂相似的动作功能，并使工作对象能在空间内移动的机械装置，是机器人赖以完成工作任务的实体。在收获机器人中，机械手的主要任务就是将末端执行器移动到可以采摘的目标果实所处的位置。机械手一般可分为直角坐标、圆柱坐标、极坐标、球坐标和多关节等多种类型。多关节机械手又称为拟人机器人，和其他结构比较起来，要求更加灵活和方便。机械手的自由度数是衡量机器人性能的重要指标之一，它直接决定了机器人的运动灵活性和控制的复杂性。

(3)识别和定位系统：采摘机器人的首要任务就是要识别和定位果蔬产品，因此视觉系统是果蔬机器人的重要组成部分。识别系统可根据颜色、形状、纹理或者光学特性的差异对果实进行识别。收获机器人视觉系统的工作方式通常是：首先获取水果的数字化图像，然后再运用图像处理算法识别并确定图像中水果的位置。传感器是机器视觉系统最重要的部件，主要包括图像传感器和距离传感器等。图像传感器有 CCD 黑白相机、彩色摄像机或者立体摄像机，一般安装于机械臂或末端执行器上。距离传感器有激光测距、超声、无线和红外传感器等。果实识别之后的下一步工作是果实的三维空间定位，为末端执行器的采摘工作提供准确的空间信息。获得空间距离的方式可以分为两类：主动测距法和被动测距法。前者使用专门、特定的光源，如激光、声源或者其他一些光源，对场景中的物体进行照射，利用物体表面对特定光源的反射特性，来获取物体的相对深度，该方法测量精度高、抗干扰能力强和实时性高。后者是在自然环境下，利用物体自身的反射特性,来获取物体的三维信息,该方法不需要专门的光源,因而造价低,适应性强,是目前研究最多、应用最广的一种方法。

（4）末端执行器:末端执行器直接对目标果蔬产品进行操作。该部分须根据对象的物理属性来设计,包括形状、尺寸、动力学特性,水果的化学和生物特性也必须考虑。其性能评估指标一般有:抓取范围、水果分离率、水果损伤率等。荷兰农业环境工程研究所在研究黄瓜收获机器人时,发明了一种新的双电极切割法,该方法利用机械手将茎秆放到切割器的2个电极之间,利用电极产生的高温切除果实,该方法不仅易于采摘果实,而且由于高温还可以防止植物组织细胞细菌感染,此外,切割过程中形成一个封闭的疤口,还可以减少果实水分损失,减慢果实熟化。

随着技术的进步和成本的降低,越来越多的国家在设施生产过程中采用果蔬产品收获机器人,同时也有更多的国家参与到这一未来技术的研究中。目前世界设施研究先进国家果蔬采收机器人研究进展如表8-1。

表8-1　部分国家果蔬收获机器人研究进展

国别	商业化阶段	样机阶段	研究阶段
日本		甘蓝、葡萄、番茄、黄瓜、樱桃	甘蓝、番茄、茄子、西瓜、甜橙、草莓
荷兰	萝卜、蘑菇	番茄、芦笋	黄瓜、葡萄
法国	葡萄、橄榄、甜橙、苹果		
英国		蘑菇	定期收获水果的攀缘机器人
美国	椰菜、甜橙、柑橘		

第二节　设施生态农业技术

一、设施生态农业

生态农业,就是运用生态经济学原理,以系统工程的方法来指导、组织和经营管理农业的生产和建设,把传统农业的精华和现代科学技术结合起来的一种新型农业。生态农业是一个开放的复合人工系统,它以生态、经济、社会三大效益的协调统一为目标,运用生物和生态工程技术,提高太阳能的固定率、生物能的利用率和农业废弃物的再循环率,因地制宜地合理开发利用自然资源,使农、林、牧、副、渔各业得到综合发展。生态农业有助于保护生态环境,维护良好的生态平衡,使资源得到持续的利用,提高农业生态系统的生产率,以满足人们不断增长的物质需要。

设施生态农业是新型现代生态农业模式,它以设施工程为基础,通过动植物共生互补、废弃物循环利用以及立体种养、梯级利用等措施的应用,改善设施生态环境,实现生态系统高效生产和可持续发展。设施生态农业的应用主要是探讨设施农业生态系统良性循环、共生互补和可持续发展。设施生态农业模式有"蓄—菜—沼气"共生型设施生态农业模式;"鱼—菜"共生型设施生态农业模式;塑料大棚、沼气池、禽畜舍和厕所相结合的"四位一体"能源生态模式;立体互补型设施生态农业模式等。

二、"四位一体"设施生态农业技术

"四位一体"设施生态农业技术是将可再生能源开发和有机农业相结合的生态农业模式。该系统把沼气池、猪圈、厕所和日光温室建在一起,故名"四位一体"。"四位一体"设施生态农业模式技术以庭院为基础,以太阳能为动力,以沼气为纽带,种养结合,动植物互促互补构成生态良性循环,利用庭院有限的土地和空间,生产无公害绿色食品,同时解决了秸秆利用问题,减少农村环境污染。该模式依据生态学、生物学、经济学、系统工程学原理,充分利用了太阳能、沼气能和动物热能;充分利用了土地、时间、饲料等,是实现资源共享,经济与资源利用效率最大化的生态农业模式。

(一)"四位一体"设施生态农业基本结构

"四位一体"种养生态模式的基础设施为日光能温室,温室的侧山山墙隔离出面积为 $15\sim20$ m^2 的地方,在地面上建猪舍和厕所,地下建沼气池(容积为 $8\sim10$ m^2),山墙的另一侧为蔬菜生产区,沼气池的进料口位于猪圈和厕所中,出料口设在蔬菜生产区,便于沼肥的施用。山墙上开 2 个气体交换孔,以便猪舍排出的 CO_2 气体进入蔬菜生产区,蔬菜的光合作用产生的氧气流向猪舍。将猪粪便冲洗进入沼气池,并加入适量的秸秆进行厌氧发酵,产生的沼渣用作底肥,沼液可用作叶面施肥,也可作为添加剂喂猪。温室内具有适宜的环境温度,即使在严冬也能保持在 10℃ 以上,在温室内养猪增收效果十分明显。

(二)"四位一体"设施生态农业建造技术

"四位一体"生态温室应建设在避风向阳、地势平坦、土质肥沃、灌溉方便、四周无高大建筑物、光照和通风条件较好的地段。地址选择阳光充足、水源丰富、地势高燥、地下水位低、土壤肥力较高、远离"三废"污染的地方建造。

1.沼气池建设

沼气池是生态温室的核心部分,起着连结养殖与种植、生产与生活用能的纽带作用。沼气池建造在棚内靠近入口处建池,应尽量避开树根等物,如遇树根则将其切断,并在切口处涂废柴油或生石灰使其停止生长以至死亡,以防树根破坏池体。严格按照国标《农村沼气池施工技术操作规程》进行施工,容积为 $8\sim10$ m^3,采用圆柱形、底层出料的水压式沼气池,集发酵与贮气于一体。以 10 m^3 沼气池为例,其设计气径为 3 m,圆柱体高 1 m,另加圆拱顶矢高 0.16 m(圆拱形),顶部留直径 50 cm 左右的主池盖口,加盖,上置一贮水圈子防漏气。进料口直管式,多为直径 $20\sim30$ cm、长 6 cm 的陶瓷管或水泥管,出料口宽 50 cm,出料一间、水压间通过出料一通道与发酵间相通。发酵间池底呈锅底形,下返坡度 5%。1 个沼气池一般需水泥 1.5 t、沙 3 m^3、砖 1000 块,投工 30 个左右。为确保池体不漏气、不漏水,内部需抹密封材料,并进行试压检验。

2.日光温室建设

日光温室是生态温室的主体结构。其技术要点:①透光率高,保温性能好,抗风雪能力强,方便管理;②坐北朝南,东西延伸,如有偏斜,不超过 5°为宜;③东西长 50 m～80 m,南北宽 8 m～10 m;④3 面围墙,厚度不低于 1m,北墙高度 2 m～2.2 m;⑤顶面起脊,后坡与地面夹角 35°～45°,前坡与地面夹角 25°左右;⑥内设 3～4 排立柱(钢筋结构不设),后坡有檩子、篱笆、保温屋顶;⑦顶面和 3 面围墙设通风换气窗,出入门设保温门帘;⑧顶面盖保温草帘;⑨南沿外设防寒沟。

3. 猪圈与厕所建造

畜禽舍必须设在总体平面的西侧、东侧或北侧，主要是为了建立动、植物各自良好的生长环境。因为畜禽、蔬菜对温度、湿度、光照和生产管理等诸多方面的要求差别很大，如果把畜禽舍建在模式总体平面的中间，不但影响蔬菜生长也影响畜禽的发育，而且作业不便；如果建在南面，则因遮光而影响果、菜的生长。猪圈与厕所建在沼气池上，建筑面积为温室的 1/40，其中猪舍面积视养猪头数而定，一般养猪 5～8 头，面积 6～10 m² 即可。地面全用水泥沙浆粉刷，便于人畜粪入池。猪舍外侧墙与温室墙同体，北墙、内侧墙厚 24 cm，墙高与温室顶面横接，北墙设猪舍门，内侧墙在高 60 cm 和 150 cm 处分设两个 24 cm×24 cm 的换气孔，猪舍南墙为铁栏护墙，设出栏门，猪舍顶面设通风窗。

4. 施工顺序

先建沼气池，而后建畜禽舍、厕所，最后建日光温室。因为沼气池是在畜禽舍地面以下，在施工中将有大量的土方要放在日光温室的地面上，如果是先建畜禽舍或日光温室，放土方或施工场地小，将影响施工，所以要先建沼气池。另一方面，沼气池的进料口和日光温室的内山墙等设施，都要建在畜禽舍地面或地面下，只有建完沼气池才能建地面上的设施，以便沼气池与畜禽舍、厕所衔接和配套。

(三)"四位一体"设施生态农业效益分析

1. 经济效益分析

"四位一体"温室生产沼气，用于烧水做饭和点灯增温，可节约开支；养猪或其他家畜可增加收入；沼渣、沼液用于基肥、追肥；温室产无公害蔬菜仍旧是该模式的主要收入，因为是生态无公害产品，平均价格比普通菜高，可增加收入。总体算来，"四位一体"温室比普通温室增加效益 35% 左右。

2. 生态效益

"四位一体"温室内，冬季早上点燃沼气，能提高棚温 1 ℃～2 ℃，对预防冻害有一定作用；同时沼气燃烧产生的 CO_2 作为气肥用于蔬菜光合作用，增加其产量。猪粪秸秆入池发酵，减少了田间地头秸秆焚烧现象；有机转化了人畜粪便，减少环境与农产品的污染；清洁高效的沼气使用减少了煤柴用量，保护了农村能源，也减少了空气污染；沼渣、沼液等有机肥的施用，降低了化肥和农药的用量，提高了蔬菜品质。

3. 社会效益

"四位一体"温室建设，为社会增加了物质财富，提高了群众的能源利用与生态意识，改善了生活生产环境，使经济发展与社会进步统一起来，为农业可持续发展提供了有效途径。

(四)"四位一体"设施生态农业技术使用注意事项

"四位一体"设施生态农业技术使用注意事项：①注意养殖区与蔬菜生产区之间设置隔离装置，以防粪便清理不及时产生的有害气体影响蔬菜生长；②秸秆应进行堆沤预处理后入池；③注意主池出料口与地面持平，便于清洗粪便，清洁卫生；④注意用沼液水冲洗养殖间，以防料水比降低，影响沼气池正常产气；⑤注意避免葱、蒜、辣椒、韭菜、萝卜等可以引起沼气菌中毒的作物秸秆入池；⑥经常检查压力表，以防压力过大，并注意用气或放气；⑦注意通气管道或附件等漏气，并及时更换或修理；⑧沼气池定期要专业人员检修并做好维护工作。

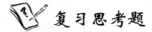 **复习思考题**

1. 名词解释

温室控制系统、作物生长模拟模型、描述型模型、解释型模型、"四位一体"设施生态农业模式

2. 填空题

(1)温室自动控制系统的执行机构主要有：开窗系统、拉幕系统(外遮阳、内保温幕)、（　　　　）、内循环风机系统、喷雾系统、（　　　　）、CO_2释放系统、补光系统、营养液配比系统、（　　　　）。

(2)作物决策支持系统是决策支持系统在农业领域的具体应用之一，农业决策支持系统分为基于（　　　　）的、基于（　　　　）的、基于知识模型的、基于生长模型和知识模型的决策支持系统等四种类型。

(3)"四位一体"设施生态农业模式是由温室、（　　　　）、（　　　　）、（　　　　）、四部分组成一个生态的生产系统。

3. 简答题

(1)构建作物生长模型主要有哪几个步骤？

(2)温室环境自动控制系统由哪几部分构成？

(3)作物生长模型在设施园艺的生产科研过程中主要有哪几方面的应用？

(4)温室气候区划的目的是什么？

(5)简述"四位一体"设施生态农业基本结构。

(6)"四位一体"设施生态农业技术使用注意事项有哪些？

第九章　园艺植物设施栽培技术

本章学习目标

了解国内外设施蔬菜、花卉、果树栽培的特点、现状和种类；掌握塑料大棚、日光温室不同茬口番茄、黄瓜栽培技术；日光温室芽苗蔬菜周年生产技术；几种有代表性的花卉、果树的设施栽培技术。

第一节　设施蔬菜栽培技术

一、设施蔬菜栽培概况

(一)国内外设施蔬菜栽培研究现状

设施工厂化农业是能源、资金、技术密集的高科技产业。20世纪70年代以来，世界发达国家如荷兰、法国、日本等国大力发展集约化的温室产业，对主要园艺作物进行作物动态模型模拟研究，实现了计算机环境调控，并形成了完整的规范化技术体系。以荷兰为例，在其200万 hm^2 土地中，温室栽培面积就达1.2万 hm^2，通过大力发展以高产量、高品质、高效率和高出口量为目标的现代化创汇型农业，以6%的农用地生产出24%的农业总产值。其温室蔬菜生产的专业化程度很高，采取集约化大规模的生产实现高产优质和低成本，提高产品的市场竞争力。仅番茄生产就占其蔬菜面积的50%以上，采取一年一茬的长季节营养液栽培，采收期长达9～10个月，最高产量可达60 kg/m^2，其中50%用于出口，每公顷年产值高达80万美元。温室蔬菜占其蔬菜生产总收入的75%以上，不仅保证了蔬菜的高品质，还使大多数蔬菜保持了周年供应。荷兰还是世界温室番茄育种的重要中心，近20年来选育出的适于低温、弱光和高湿温室环境且兼抗多种病虫害的杂交番茄优良品种在国际市场上大量出口，其杂交种子价格高达7 000美元/kg，经济效益显著。

20世纪90年代以来，中国设施农业发展迅猛，2008年各类设施面积已近300万 hm^2，其中各类温室面积已超过65万 hm^2，成为世界上设施面积最大的国家。但与发达国家相比，中国设施环境调控能力差、综合配套技术不完善、专用品种缺乏、劳动生产率和土地利用率较低的现象仍较突出，单位面积产量仅相当于发达国家的1/2～1/4，劳动生产率按人均管理面积计算也仅相当于发达国家的1/5～1/10。因此，研究开发设施蔬菜优质、高产、高效栽培技术势在必行。

如何提高设施蔬菜生产的产量、效益、水平是促进设施农业可持续发展的关键。"十一五"工厂化农业课题针对国内外市场需求多、种植规模大的番茄、黄瓜、甜椒、甜瓜等主要设施果菜进行全季节优质高效栽培技术研究，为设施蔬菜生产新技术突破与产业化发展提供技术保障。针对中国设施蔬菜生长期短、产量低而不稳等生产实际问题,研究了可控环境下番茄、甜椒、黄瓜、甜瓜全季节优质高效栽培技术,筛选出适宜蔬菜栽培品种,开发出改善根际环境的有机土壤、有机基质栽培技术,制定了病虫害分阶段重点防控与诱抗技术规程,建立了蔬菜设施环境与栽培信息数据库,集成组装了蔬菜无公害优质高效栽培技术规程。日光温室番茄平均产量 20.6 t/(667 m² · 年),甜椒 12.0 t/(667 m² · 年),越冬茬黄瓜 14.8 t/(667 m² · 年),实现了设施蔬菜优质高产和均衡供应。

(二)设施栽培的主要蔬菜种类

因设施投资高,设施栽培的蔬菜种类主要以栽培效益较高的冬春反季果菜为主。

1.瓜类蔬菜:黄瓜、西葫芦、西瓜、厚皮甜瓜、苦瓜、旱冬瓜。

2.茄果类蔬菜:番茄、辣椒、茄子。

3.叶菜类蔬菜:莴苣、芹菜、小白菜、菠菜、蕹菜、苋菜、茼蒿、芫荽、荠菜等,既可单作,也可间作套种。

4.芽苗菜类:主要利用香椿、豌豆、萝卜、苜蓿、花生、荞麦等种子,在遮光条件下发芽培育成黄化嫩苗或在弱光条件下培育成绿色芽菜。

5.食用菌类:大面积栽培的有双孢蘑菇、香菇、平菇、金针菇、草菇等。

此外,还有甜玉米、菜豆、食荚豌豆、旱毛豆、草莓等。

(三)蔬菜设施栽培的茬口类型和方式

我国地域宽广、各地气候各不相同,形成了各具特色的蔬菜设施栽培的茬口类型和方式。

1.东北、蒙新北温带气候区

本区无霜期 3~5 个月,喜温蔬菜设施栽培的主要茬口类型为:

茬口	播种期(旬/月)	定植期(旬/月)	收获期(旬/月)	备注
日光温室秋冬茬	下/7~上/8	上/9	上/11~上/1	
日光温室早春茬	中/12~中/1	中/2~上/3	上/4~下/7	利用电热温床育苗,在加温或节能日光温室内定植
塑料大棚春夏秋一大茬	上/2~中/3	上/4~上/5	上/6~早霜后 1 月	在日光温室或加温温室内采用电热温床育苗。定植后温室夏季顶膜不揭,只去掉四周裙膜

2.华北暖温带气候区

本区全年无霜期 200~240 d,冬季晴日多,主要设施类型是日光温室和塑料拱棚(大棚和中棚),主要茬口有日光温室或现代温室早春茬、秋冬茬、冬春茬和塑料拱棚(大棚、中棚)春提前、秋延迟栽培。

茬口	播种期(旬/月)	定植期(旬/月)	收获期(旬/月)	种植的主要蔬菜
早春茬	初冬	1 月~上、中/2	3 月~中、下/6	黄瓜、番茄、茄子、辣椒、冬瓜、西葫芦及各种速生叶菜
秋冬茬	夏末秋初	中秋	秋末到初冬~1 月	番茄、黄瓜、辣椒、芹菜等
冬春茬(长季节栽培)	夏末到中秋	初冬	冬季~第二年夏季	黄瓜、番茄、茄子、辣椒、西葫芦
春提前	中下/12~中下/1	中/3	中下/4 始收	黄瓜、番茄、豆类、西瓜、甜瓜
秋延迟	上中/7~上/8	下/7~下/8	上中/9~1 月	喜温果菜和部分叶菜

3.长江流域亚热带气候区

本区无霜期 240～340 d，年降雨量 1000～1500 mm，且主要集中在夏季。冬季设施栽培以大棚为主，夏季则以遮阳网、防虫网覆盖为主，还有现代加温温室。其喜温性果菜设施栽培茬口主要有：

1)大棚春提前栽培

一般初冬播种育苗，翌年早春(2月中下旬至3月上旬)定植，4月中下旬始收，6月下旬至7月上旬拉秧。栽培的主要蔬菜有黄瓜、甜瓜、西瓜、番茄、辣椒等。

2)大棚秋延迟栽培

一般在炎热多雨的7～8月采用遮阳网加防雨棚育苗，采收期延迟到12月至翌年1月。后期通过多层覆盖保温及保鲜措施可使番茄、辣椒等的采收期延迟至元旦前后。

3)大棚多重覆盖越冬栽培

一般在9月下旬至10月上旬播种育苗，12月上旬定植，翌年2月下旬至3月上旬开始采收，持续到4～5月结束。此茬口仅适于茄果类蔬菜，也叫茄果类蔬菜的特早熟栽培。其栽培技术核心是选用早熟品种，实行矮密早栽培技术，运用大棚进行多层覆盖，使茄果类蔬菜安全越冬，上市期比一般大棚早熟栽培提早 30～50 d，多在春节前后供应市场，故栽培效益很高，但技术难度大，近年此茬口类型在该气候带有较大发展。

4)遮阳网、防雨棚越夏栽培

此茬口多为喜凉叶菜的越夏栽培茬口。大棚果菜类早熟栽培拉秧后，将大棚裙膜去除以利通风，保留顶膜，上盖黑色遮阳网(遮光率 60％以上)，进行喜凉叶菜的防雨降温栽培，是南方夏季主要设施栽培类型。

4.华南热带气候区

本区1月月均温在 12 ℃以上，全年无霜，生长季节长，同一蔬菜可在一年内栽培多次，喜温的茄果类、豆类和耐热的西瓜、甜瓜，均可在冬季栽培，但夏季高温，多台风暴雨，是蔬菜生产与供应上的夏淡季。遮阳网、防雨棚和防虫网栽培是这一地区设施栽培的主要类型。

此外，在上述四个蔬菜栽培区域均可利用大型连栋温室所具有的优良环境控制能力，进行果菜一年一大茬生产。一般均于7月下旬至8月上旬播种育苗，8月下旬至9月上旬定植，10月上旬至12月中旬始收，翌年6月底拉秧。对于多数地区而言，此茬茄果类蔬菜采收期正值元旦、春节及早春淡季，蔬菜价格好、效益高，但也要充分考虑不同区域冬季加温和夏季降温的能耗成本，在温室选型、温室结构及作物栽培类型上均应慎重选择，以求得低投入，高产出。

二、设施番茄栽培技术

(一)番茄对设施环境的适应性

番茄属茄科番茄属中以成熟多汁浆果为产品的草本植物，喜温，适应性强，对土壤选择不甚严格，耐低温能力比黄瓜强。番茄生育最适宜温度为 20 ℃～25 ℃。不同生育期对温度要求不同。种子发芽的适宜温度为 28 ℃～30 ℃，最低发芽温度为 12 ℃左右，幼苗期白天适宜温度为 20 ℃～25 ℃，夜间 13 ℃～15 ℃，开花期对温度反应比较敏感，白天适宜温度为 20 ℃～30 ℃，夜间为 15 ℃～20 ℃，15 ℃以下低温或 35 ℃以上高温，都不利于花器的正常发育及开花结果。结果期光合作用最适宜温度为 22 ℃～26 ℃，30 ℃以上光合作用明显下降，35 ℃时生长停滞，引起落花落蕾。

番茄喜光,对光照条件反应敏感,光饱和点为70 klx,光补偿点为1.5～2 klx。光照充足,光合作用旺盛,光照弱,茎叶细长,叶片变薄,叶色浅,花质变劣,容易造成落花落果。在设施栽培中,一般应保证30～35 klx以上的光照强度,才能维持其正常的生长和发育。番茄对日照长短要求不严格,但在较长的日照条件下,开花结果良好。

番茄要求较低的空气湿度和较高的土壤湿度,空气相对湿度为50%～65%较为适宜,土壤相对湿度为65%～85%。对土壤湿度的适应能力,因生长发育阶段的不同而有很大的差异。幼苗期要求65%左右,结果初期要求80%,结果盛期要求90%。空气和土壤湿度过大,容易导致病害的发生。

番茄对土壤要求不严格,但以土层深厚肥沃、疏松透气、排灌方便的土壤栽培较好,为满足其植株生长和果实发育过程中对营养元素的需求,土壤中应大量增施有机肥。此外,缺少微量元素会引起各种生理病害。

(二)栽培季节与特点

设施栽培番茄的季节因地区而异。如华北地区,可在秋、冬、春三季栽培;而在西北、东北高寒地区,则多为春秋两季,或者春到秋一季栽培。长江流域,气候比较温和,可利用设施进行周年生产。

1.塑料大棚栽培

(1)大棚春季早熟栽培 华北地区塑料大棚春季早熟栽培,一般1月中下旬播种育苗,苗龄70 d左右,3月下旬定植,5月上中旬至6月下旬采收;南方的播种期在11月上旬至12月上旬,苗龄90～110 d,2～3月定植,4月下旬至6月供应。

(2)大棚秋延后栽培 北方7月上中旬播种育苗,7月末8月初定植,9月下旬开始采收,留3穗果摘心,大棚内出现霜冻后结束。长江流域一般在6月中下旬到7月中旬播种,约8月中旬定植,10～12月上市供应。

2.日光温室栽培

日光温室番茄主要有秋冬茬、早春茬和冬春茬栽培,其育苗、定植、收获等时间见下表。

表9-1 日光温室番茄栽培茬口安排

茬 口	播种期(月/旬)	苗龄(d)	定植期(月/旬)	收获期(月/旬)	结束期(月/旬)
冬春茬	9/上中	50～60	11/上中	12/下～1/上	6/中下
春 茬	11/中下	60～70	1/中～2/初	3/下～4/上	5/中～6/中
秋冬茬	7/下	20	8/中	11/中	1/中～2/中

(三)品种选择

1.设施栽培对番茄品种的要求

(1)具有早熟、丰产和品质优良等特点,以有限生长或无限生长的早熟或中早熟品种为佳。

(2)具有强的生长势及结果能力,果形大,品质好,货架寿命长,耐运输;在低温弱光下能正常生长和座果,畸形果少,品质风味仍佳,以降低能耗。

(3)株型紧凑,以适应冬春季节的弱光照。

(4)具有较强的抗病性,特别是抗TMV、叶霉病、枯萎病、黄萎病、灰霉病等。

2.国内外番茄品种的现状

在现代化温室中应用的品种由于光照、温度、湿度、肥力、水质、病虫害等环境因素的差异及管理水平的限制,要求选育抗高温、耐低温弱光、抗病、高产优质的设施专用品种是生产上的必然选择及迫切要求。

"十五"期间,国家863"工厂化生产专用品种选育"课题选育了一些高产、抗病中大果型温室专用番茄优良品种,研究提高品种抗晚疫病、叶霉病、灰霉病及抗线虫等保护地主要病害性能;研究选育品质优良樱桃番茄温室品种,研究提高品种抗晚疫病、溃疡病、灰霉病等保护地病害的性能。目前,设施栽培常用品种有中杂11号、中杂12号、L402、中杂9号、浙粉202、东农704号、佳粉15号、渝红6号、北京樱桃番茄、美味番茄、台湾圣女等抗性较强的番茄品种,另外还筛选出抗黄萎病、青枯病、枯萎病、线虫的番茄砧木TR-1、TR02。

在国外,番茄温室栽培发展很快,其中一个重要原因就是选育了一大批温室专用品种,所育成的品种大多属于无限生长类型,在产量、品质、耐贮性上居于领先地位,可溶性固形物含量高,着色好,大小均匀一致,切片后无汁流现象,吸肥及代谢能力强,生长周期达10个月以上,产品供应期达8个月以上,其产量比传统型的高5~10倍,具有较高的经济效益。

纵观国外番茄温室生产,其中以荷兰温室栽培的番茄产量最高,产量达30~50 kg/m²。近年来,国内从荷兰、以色列引进一些在当地表现较好的番茄杂一代,经在温室中试种,卡鲁索(Caruso 荷兰)、阿乃兹(以色列 FA-189)、秀光306(韩国)、宝发008(荷兰)、红冠98(美国大红)、Graziella、Trust、以色列 R-144(达尼亚拉)、R-139、FA-516 等品种表现较好。

(四)栽培技术

1. 春季塑料大棚早熟栽培关键技术

塑料大棚番茄春季生产以早熟、高产、高效为主要目标,由于塑料大棚创造了适宜的气候条件,春大棚种植番茄将使番茄播期和采收期提早,并使番茄产量成倍提高,具有良好的经济效益。

(1)品种选择

适合塑料大棚番茄春提前栽培的品种应具备早熟、丰产和品质优良及耐低温弱光、对叶霉病、灰霉病等病害抗性强等特点,以有限生长或无限生长的早熟或中早熟品种为佳。常用品种有中杂11、中杂12、L402、中杂9号、东农704号、佳粉15号、卡鲁索、美国大红、以色列144、宝发008等抗性较强的番茄品种(彩图9-1)。

(2)培育适龄壮苗

大棚春番茄的播种时间一般在12月底或1月初,亦可用定植期减去适宜苗龄得出。育苗时期处于冬季,因此可用加温温室或日光温室内电热温床与扣小棚加草苫育苗,长江以南可以采用大棚内温床或冷床方式育苗。可采用营养钵育苗或播种床育苗。

若采用播种床育苗,则可在温室内平整苗床后,铺设3 cm厚营养土,浇透水,并搭建小拱棚。待水渗下后播种,播量为10~15 g/m²,然后覆盖1 cm厚营养土,为防治苗期猝倒病及立枯病,可用50%多菌灵粉剂或福美霜粉剂渗于盖土中,每平方米覆土用药8~10 g,亦可用500倍药液喷施于土表。播种后扣上小拱棚,保持白天25 ℃~28 ℃,夜间15 ℃~20 ℃,促进出苗整齐。80%种子出苗后,小拱棚开始放风,适当降温、降湿、增加光照,促进根系发育,以防徒长。待幼苗2~3片真叶时进行分苗移植,在播种水充足情况下,移植前不需浇水。

可将幼苗分苗到营养钵中,分苗后为促进根系发育、加快缓苗,要适当提高温度,高温缓苗,昼温25 ℃~28 ℃,夜温15 ℃~17 ℃,缓苗后白天控制23 ℃~25 ℃,夜间15 ℃左右,地温保持20 ℃左右,秧苗较大时为防徒长,可将育苗钵间距移大,增加光照面积。

定植前番茄苗龄一般为 60～70 d,此时番茄株高 20～25 cm,7～9 片真叶,茎上下一致,节间较短,茎粗 0.6～0.7 cm,植株普遍出现大花蕾的大苗适于定植,定植前 7 d 可进行低温炼苗。

（3）适期早定植

为提高大棚内地温,应在定植前 20～25 d 扣棚烤地,覆膜前施优质腐熟有机农家肥 75000～12 000 kg/hm²,定植前施入磷酸二铵 750 kg/hm² 及过磷酸钙 1500 kg/hm²,深翻细耙后做成畦宽 1 m 的垄畦,覆膜后定植,中熟品种按照株距 33 cm,行距 50 cm 定植,自封顶及早熟品种按株距 25 cm,行距 50 cm,定植 75000 株/hm²。定植时间各地应根据棚内气温和地温来确定,一般棚外最低温稳定在 4 ℃ 以上,棚内地表 10 cm 地温稳定在 10 ℃ 以上时为适宜定植期,选晴天上午定植。北京地区于 3 月下旬定植,东北、西北等地区于 4 月下旬至 5 月上旬定植,长江流域可在 2 月下旬至 3 月上旬定植。

（4）定植后管理

①温湿度管理

塑料大棚的热源主要来自太阳辐射,因此棚内温度随昼夜、阴晴的变化而经常发生变化。早春定植后处于低温季节,应注意防寒保温,促进缓苗。一般定植后 3～4 d 不通风换气,有条件时还可用草苫围在大棚周围晚间保温。大棚番茄缓苗 10 d 左右,第一穗花开花结果,为确保前期产量,应使开花结果整齐、不落花,并调节好秧果关系,控制植株营养生长。为提高地温,缓苗期白天最高温度可控制在 30 ℃ 左右,以利发根。缓苗后随外界气温升高,逐渐加大通风口,延长通风时间,控制温度白天 20 ℃～25 ℃,夜间 12 ℃～15 ℃,地温 15 ℃～20 ℃,空气湿度在 45%～65% 之间为宜。开始通风时不放底风,主要通过大棚上部放风,待番茄生长中后期则应随外界气温上升加大放风以降低棚温,外界最低温 15 ℃ 以上时,可昼夜通风,外界最低温 22 ℃ 以上时,可逐渐拆去棚膜换上防虫网以防虫害侵入,高温夏季中午还可覆盖遮阳网降温。

番茄果实膨大期对温度反应灵敏,与积温关系密切,以四段变温管理最利于光合作用和同化物运输、累积。即上午控制较高温 25 ℃～28 ℃ 促进光合,中午加强通风,维持 20 ℃～25 ℃,前半夜 15 ℃～20 ℃ 以利营养物质运输,后半夜至清晨日出前,保持 12 ℃～15 ℃ 以减少呼吸,促进干物质积累,利于果实膨大。

②肥水管理

番茄属深根系植物,为促进定植后的发根,坐果前以营养生长为主阶段应注意控水,除浇灌定植水和缓苗水后,一般不再灌水施肥,最好采用滴灌可以控制水量和降低空气湿度,为防止地温过度下降,亦可用膜下沟灌进行灌水,坐果前可通过中耕松土来改善土壤地温和水气状况。为促缓苗,可每公顷灌缓苗水 45～75 m³,随水冲施尿素 75 kg;待番茄第一穗果坐住后,果实膨大至核桃大小时,可追施三元复合肥 75 kg,消毒干鸡粪 700 kg,然后可进行第二次浇水,每公顷灌水 150～225 m³,追肥可以采用埯施或畦上撒施。以后每周灌水 1 次,每次 75～105 m³,每月追肥 2 次,分别施用硫酸钾 120 kg 和尿素 75 kg,直至采收结束前 1 个月停止。番茄采收期,还可结合叶面喷施 0.2% KH_2PO_4 或 $CaCl_2$ 进行根外追肥,以利于果实着色和防止脐腐病的发生。总之,大棚番茄需水量明显少于露地栽培,应保持土壤见干见湿,防止大水灌溉引起的裂果和灌水不足的脐腐病果的发生。

③植株调整

春大棚中后期高温、高湿和弱光的小气候特点常易引起茎叶繁旺,侧枝大量发生的病秧现象,造成果小、结果不良、成熟晚和品质差。所以要及时吊秧或插架、绑蔓和整枝打杈,以协调生长,控制徒长。

插架与绑蔓可在番茄中耕后进行,可用铁丝与聚丙烯绳或尼龙绳引蔓或竹杆架条支撑,细绳子牵引可减少遮光、利于通风,因此这种方式优于传统的插架支撑方式。如采用插架支撑,支架的形式有4种:单杆架、人字架、四角锥形架及井字(篱形)架,并及时绑蔓,一般每穗果绑一道,采用"8"字形绑蔓,但应松紧适度,以防勒伤茎蔓。

温室番茄均采用单干整枝的方式,常见的整枝方法有两种,如图9-2所示。一种整枝方法是当植株长到生长架横向缆绳时,延着缆绳横向生长;另一种整枝方法是当植株长到生长架横向缆绳时,放下挂钩的绳子,使整个植株下垂,该方法又称座秧法。

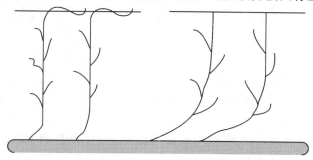

图9-2 番茄整枝方法

其中座秧整枝系统的产量高,栽培管理方便。生长架高度2.7 m,植株单杆整枝,茎绕在生长线上,生长线缠绕在塑料钩上。随着植株的生长,不断将线放下而使茎躺下来接近地面。这种管理系统可以使植株上部保持直立生长,最适于光照和受粉。该整枝方式易造成茎秆躺在地面易受病菌的侵染,成熟的果实大多集中于下部,采摘困难。

整枝时,侧枝新梢要尽早抹去以减少对主茎和叶柄的损伤,当侧枝新梢为7 cm以下时,向下突然折断很易去掉。当侧枝新梢尚小时除去,留下的伤口也较小,能很快地愈合,从而减少了病菌的入侵。当新梢过长不能用手折断时,则要用刀或剪刀去掉。在定植后的植株快速生长期应每周整枝一次以上。

春大棚多采用早熟密植栽培,因此一般采取单干整枝,留3～4穗果后摘心,亦可采用一干半整枝,即采取保留主枝,将所有多余的侧枝及时摘除,为此每5～7 d应打杈1次,番茄每株留果穗数可根据气候条件与茬口而定,一般春提前短期栽培留3～4穗果,东北、西北如做越夏栽培可以留9～11穗果,做大架栽培亦可留6～8穗果,然后最上层果穗上留2片叶摘心。为保证坐果连续性和提高果实的商品品质,除在开花期进行适当疏花,摘去生长不良的畸形花和小花蕾外,坐果后还应在适当时机摘除各种畸形果、多余果、小果,每穗一般留整齐均匀的3～5果即可。在结果中后期,植株底部的叶子因叶龄较大,加之上部遮光将可能变黄老化,下部通风不良还可能发生病害,为此可在番茄果实将熟时,将果穗下部老、黄、病叶摘除,以利透风透光和预防病害发生。

④花、果管理

大棚春番茄栽培成功的关键在于前期坐果,因为第一、二穗花序分化期夜温偏低,若施肥灌水不当容易引起番茄落花,常用保花和防止番茄落花的喷花激素有:2,4-D、防落素(番茄灵)及保果宁等。但2,4-D的使用浓度应控制在10～15 mg/L,高浓度或重复使用易导致畸果发生。此外为保证果实整齐度和生长均衡,还应注意疏花疏果,如在开花时将畸形花和过多的发育不良的小花及花前枝、叶及时摘除,果实坐住后则应注意疏果,每穗留大小一致的 3～4 果即可。此外,为改善底部通风光照条件,番茄果实采收前后应及时摘除果穗下的老叶。

果实的大小与种子的饱满度有关,而充足的花粉能保证种子的良好发育。除熊蜂授粉外,电动授粉器是目前效果最好的方法,如使用恰当,效果很好;如使用不当,果实可能是疤痕斑斑,或损伤花梗而可能造成落花。授粉器常用于秋作或早春作,五、六月份光强增加时,花粉很易飘落,种植者常通过摇动植株或摆动支持绳以达到授粉的目的。

(5)采收与催熟

大棚春番茄的采收期随气候、光照和品种不同而不同,从开花到转色期,早熟种需 40～50 d,中晚熟种需 50～60 d。番茄果实的适宜转色温度为 20 ℃～25 ℃,温度过高或过低均转色缓慢。为加速转色和成熟,提早上市,减轻植株负担,通常还采用人工催熟方法进行催熟。

番茄催熟药剂主要是用 40% 乙烯利水剂,其化学名称为乙基磷酸,呈酸性,不能和碱性农药或碱性较强的溶液混合,药液应随用随配,一般采用 0.2% 稀释液使用,并加入 0.2% 洗衣粉来增强效果。处理方法有 3 种,一是对进入绿熟期的果实采收前后涂抹果实进行催熟;二是将已采收的绿熟果用药液浸果 1 min 后置于 25 ℃ 下催红;三是用 0.1% 浓度药液田间喷洒青果进行催熟,至番茄进入果尖发红的催色期,便可上市。

2. 日光温室冬春茬番茄栽培关键技术

随着节能日光温室的技术进步,大大改善了温室的光温状况,使番茄播期和生长期均明显改变,番茄冬春茬栽培可使番茄在春节前后上市,具有良好的经济效益,因而发展很快,是一种新型高效的日光温室番茄栽培模式。番茄冬春茬栽培一般是在 9 月下旬至 10 月上旬播种育苗,11 月定植,单干整枝留 8 穗果至 4 月底结束的栽培方式。

日光温室冬春茬番茄栽培现场见彩图 9-3。

(1)品种选择

番茄冬春茬栽培的大部分生长时间在冬季,因此可选用耐低温弱光、抗逆性强的有限生长或无限生长的早熟或中早熟品种。常用品种有中杂 11、中杂 101、L402、中杂 9 号、佳粉 10 号、佳粉 15 号、佳源大粉等抗性较强的大果番茄品种(彩图 9-4)。

(2)培育壮苗

日光温室冬春茬番茄栽培的播种时间在 10 月初左右,可采用穴盘、营养钵育苗或播种床育苗。穴盘营养钵育苗如前所述,除采用无土基质育苗外,还可用营养土育苗,营养土的配方为 2/3 的肥沃田土和 1/3 的腐熟马粪,每方营养土另加入消毒干鸡粪 10 kg 及磷酸二铵和 K_2SO_4 各 1 kg,混匀后可用于穴盘及营养钵育苗所用。

冬春茬定植前苗龄一般为 60 d 左右,此时番茄株高 20～25 cm,7～9 片真叶,茎上下一致,茎粗 0.6～0.7 cm,植株普遍出现大花蕾,个别开花时便可定植了。

(3)定植

定植前,日光温室应进行整地施肥,一般每公顷施优质腐熟有机农家肥 75～120 m^3,可沟施于定植栽培畦下,然后施入三元复合肥 1200 kg 及消毒干鸡粪 4500 kg,深翻细耙后,做成 1～1.2 m 的畦,定植行距 0.3～0.5 m,株距 0.27～0.33 m,无限生长品种按较低密度定植,自封顶有限生长品种按较高密度定植,定植时间以 11 月下旬至 12 月初为宜。定植前畦面覆盖地膜以保温保湿,定植时把地膜割十字口,向四面揭开,开穴栽苗,浇足定植水,水渗下后封堆,再把地膜封严,使苗坨上表面略低于畦面或相同均可。

（4）定植后管理

定植后应注意增光保温，促进缓苗，日光温室应注意保持前屋面清洁并使用反光幕改善北侧光照条件。缓苗期白天最高温度可控制在 30 ℃左右，以提高地温，促进发根。缓苗后可控制白天 25 ℃左右，夜间 15 ℃左右，以利于花的分化，结果后夜间温度控制在 10 ℃～18 ℃之间，可通过放风口大小、放风时间和揭盖草苫的早晚来调控温室温度。

番茄植株生长必须有一定的支撑才能不着地，特别是无限生长番茄，必须有牢固的支撑，简单竹木结构的日光温室可以用竹竿搭支架支撑，但由于冬季光照不足，加上冬春茬生长期较长，因此为改善光温条件，最好选用吊绳吊秧方式进行支撑，有利于植株向上发展和通风透光，可在缓苗 1 周内及时插架绑蔓或吊秧，以防倒伏或长弯折断。冬春茬番茄为提高产量，延长采收期，一般采取单干整枝，无限生长品种留 8 穗果摘心，其余侧枝杈子均应及时打去，为减少病害和改善通风，下部病、老、黄叶应及时打掉。

日光温室冬春茬番茄在开花期处于低温冬季，容易发生落花落果现象，必须采取措施促进座果。同时要注意追肥和灌水。

该茬番茄第 1 穗果可在 1 月底开始采收，8 穗果可连续采收到 4 月底，始收时由于温度低，着色慢，为提早上市，减轻植株负担，可以采用 40％乙烯利对果实进行催熟。

3. 节能日光温室番茄越冬长季节周年栽培

近年来研制成功的温室番茄周年长季节高产栽培技术体系，总结出了温室番茄周年越冬长季节高产稳产规范化栽培技术规程，使番茄采收期延长到 8 个月，可采收 18 穗果以上，具体栽培技术要点及相关配套技术如下。

（1）品种选择

由于日光温室冬季昼夜温差较大，早晨温室内湿度大凝结的流滴，易导致番茄灰霉病、晚疫病等的发生，因此与秋冬茬栽培相同，番茄品种应选择生长势强、抗性强、高抗病毒病的大果中晚熟品种，国内主要有中杂 9 号、佳粉 15 号和中杂 11 号。国外以荷兰卡鲁索和美国大红表现最佳。其他品种，如 L402、毛粉 802、中杂 12 及以色列 144、139 与樱桃、番茄等亦可用于越冬周年栽培生产。

（2）培育壮苗

越冬周年长季节栽培的播期以 6 月下旬到 7 月初比较适宜，育苗可在温室附近搭 1.5～2 m 高覆盖防虫网的中拱棚，顶部覆盖塑料薄膜以防雨水，底边四周通风，若持续高温，中午还应在棚顶覆盖遮阳网遮光降温。育小苗以 72 孔穴盘基质育苗为佳，育苗基质由草炭与蛭石按 2∶1 配制后，另添加 1％的干鸡粪和 0.1％复合肥混匀即可，基质装盘后浇透水，然后穴盘点出 0.5 cm 深的小穴，将干种子直播于穴内，然后覆盖基质土，用喷壶喷撒 600 倍的多菌灵药液以防苗期病害，穴盘底部垫一层塑料地膜以便保持水分和防止地下土传病害的传入。播种后因处于高温强光环境下，应注意通风、遮光、降温，并经常喷水，出苗后应尽早见光，并采取措施防虫，必要时还可以 0.3％的 KH_2PO_4 叶面喷施来防徒长。

（3）整地施肥

采用测土配方施肥技术，在整地前，先对土壤肥力水平进行测定，然后根据目标产量配方估算施肥量。对于新建温室可采用沟施与铺施相结合的施肥方法，重施基肥。先挖沟分层施入有机肥，沟宽 50 cm，深 50 cm。分层施基肥，包括 2/3 的磷肥、1/3 的钾肥、1/3 的氮肥及全部有机肥。沟内分层施肥，每公顷分别沟施腐熟有机肥 150 m³ 及过磷酸钙 1800 kg，最后铺施干鸡粪 7500 kg 及 K_2SO_4 1125 kg、磷酸二铵 600 kg，用旋耕机混匀后作成宽 1.3 m、高 10 cm、长 6～7 m 的畦,铺滴灌后覆银灰-黑色地膜。

（4）适时定植

采取小苗定植,一般应在苗龄 25～30 d 即 7 月下旬定植为宜,吊秧双行种植,长季节栽培定植每公顷以 37500～45000 株为宜,即平均行距 0.7 m,株距为 0.32～0.35 m。定植后浇足缓苗水,高温促缓苗。缓苗后中耕松土,以利根系发展。

（5）定植后管理及植株调整

番茄开花后坚持用 20 mg/kg 防落素沾花以提高生果率,在坐果后每两周结合打药,叶面喷施 0.3% KH_2PO_4 或尿素、硝酸钙及微量元素等叶面肥。采用单干整枝方式,打去所有杈子,维持连续开花坐果,果实成熟采收后及时打去底部老叶,以利通风防病,并适时对双行番茄沿畦面逆向循环放秧。此外,前期夏秋季日光温室风口应安装防虫网注意防虫,注意前后通风降温。秋冬季则利用风口放风降湿,冬季还可通过棚膜喷施无滴剂及悬挂反光幕来改善光照状况,并采用膜下滴灌改善地温状况。

（6）番茄采收期水肥管理

施足底肥是高产的基础,积极追肥是关键。当第一穗果长至核桃大,第三穗开花时追肥 1 次,以后秋冬季每 30 d 即约每 3 穗果追肥 1 次,4 月后每 15 d 追肥 1 次,共追肥 10 次,折合每 667 m² 共追施复合肥 120 kg,K_2SO_4 100 kg,磷酸二铵 100 kg。采用软管滴灌系统,坐果后秋冬季每 30 d 施后灌水 1 次,每次 20 m³/667 m²,4 月份后每半月 1 次,6 月以后则每周 1 次随水施肥。秋冬季追肥主要是二铵和 K_2SO_4,通过膜下挖穴埋入土中完成,春季随气温、地温升高与灌水量增多,还利用施肥罐随水追施尿素、硫酸钾。此外冬春季每周晴天上午还利用稀硫酸与碳酸氢铵反应增施 1 次 CO_2 气肥,以补充 CO_2 的不足。

4. 连栋温室番茄有机生态型无土栽培

有机生态无土栽培使用有机基质进行栽培,使用清水及固态有机肥为主,适当添加无机肥,取代了纯化肥营养液,从而大大省略了营养液检测、调试、补充等技术环节,是一种降低了一次性设备投资的低成本无土栽培方式。

（1）栽培系统构造

有机生态无土栽培采用基质槽培的形式进行生产,可选用木板、木条、竹竿或砖块建槽的边框,以保持基质不散落到走道上。槽边框高 15～20 cm,槽框建好后,槽底铺一层地膜或旧棚膜与地下隔开,以防土壤病害传入和肥水流失。栽培槽距 0.6～1 m,槽宽 0.48 m,槽长 6～7 m,铺满基质后上面可铺设滴灌带 1～2 根(彩图 9-5)。

（2）栽培营养管理技术

有机生态型无土栽培的肥料供应量以氮、磷、钾三要素为主要指标,每立方米基质所施用的肥料内应含有:全氮(N)1.5～2.0 kg,全磷(P_2O_5)0.5～0.8 kg,全钾(K_2O)0.8～2.4 kg。为了在番茄整个生育期都处于最佳供肥状态,肥料施入分为基肥和追肥进行,定植前基质中混入一定量的基肥,因此番茄定植后 20 d 内不必追肥,20 d 后每隔 10～15 d 追肥 1 次,每次每立方米基质追肥量为:N 80～150 g,P_2O_5 30～50 g,K_2O 50～180 g。

（3）番茄有机生态无土栽培的应用效果

温室番茄有机生态无土栽培可以采用各种栽培茬口,其中采用越冬长季节周年栽培可使番茄每亩产量达到 1.5～1.8 万 kg,采用薄壁双翼软管滴灌系统具有成本低、实用性强等特点,是适于膜下滴灌的新型灌溉方式。通过不断推广,目前发展迅速,已突破 100 hm²,是一种实用的低成本无土栽培新技术,值得大力推广。

(五)番茄果实常见生理障碍

果实上发生的异常现象比其他器官多,追溯发生的原因,从花芽分化期直到果实着色期都会因不适当的环境条件而造成多种多样的生理性障碍,对产量影响大。番茄果实上的生理障碍见表9-2。

表 9-2　番茄果实常见生理障碍

种类名称		发生时期	致病条件
不规则严重畸形和多心室果		花芽分化期、雄蕊或柱头初生期	低温、土壤营养过剩、水分过多或干旱
空洞果		减数分裂期、开花受精期、果实肥大生长初期	氮肥过量、水分过多使茎叶过分繁茂,因温度高低不均或光照不足使花粉发育不良,激素使用过量
小粒果		开花受精期、果实膨大生长初期	因高温、低湿或光照不足而影响了花粉或胚珠的发育,在同一花序上营养分配不均、激素使用方法不当
脐腐病		果实开始膨大至膨大生长的中期	因高温、干旱、施肥过量等而影响了钙素的吸收和运转
尖顶果		同脐腐病	激素浓度过大或因蘸花使雌蕊接受激素过多
日烧病		青熟期至着色期	阳光直射、温室气温急剧升高和土壤干旱
裂果	辐射状或同心圆形	果实肥大生长中期	果皮直接受光提前老化、因钙硼不足引起果皮老化、土壤水分发生剧烈变化
	横裂形或雄蕊嵌合	花芽分化期或雄蕊形成期	因环境条件不适、开花前雄蕊靠近子房等
	果实顶裂	花芽分化期或雌蕊形成期	雌蕊发育畸形、钙素不足而氮磷过剩。激素过量、夜间低温、白天高温等
着色不良		着色期、白熟期	果皮局部发白有光泽而坚硬,常在枯萎病或烟草花叶病毒病的病株上出现 果皮着色均匀,但呈深橙黄色,因高温影响茄红素生成所致;果肩出现绿色块状斑,是因氮肥多、钾肥少和土壤干旱造成的
果腔绿色不褪或果心木质化		果实肥大生长期	钾肥偏少、氮肥过多时发生绿色果腔,钾肥严重不足时果心木质化

(六)采收及采后处理

番茄果实的成熟期依品种、气温及果穗的位置而定。

正常采收的颜色依季节和市场需求而异。一般冬春季节在果实粉红色时采收。随着温度的提高,可以在转色初期采收。由于最适于番茄果实转色的温度是 12.5 ℃～30 ℃,而冬春季外界温度低,转色不充分的果实如提早采收会使成熟不均匀,因此,尽量采摘晚一些。冬春季每周采收 2 次,以后每周 3 次。出口番茄果实可分成 47～57 mm,57～67 mm,67～82 mm 和 >82 mm 四级。国内销售一般分为 <57 mm,57～67 mm 和 67 mm 以上 3 个级别。

番茄贮藏的适宜温度为 12 ℃～15 ℃,低于 8 ℃将受冷害。适宜的相对湿度为 85%～90%。

三、设施芽苗菜生产技术

(一)工厂化芽苗菜的种类

根据芽苗类蔬菜产品形成所利用营养的不同来源,可将芽苗类蔬菜分为种芽菜和体芽菜两类。前者系指利用种子中贮藏的养分直接培育成幼嫩的芽或芽苗(多数为子叶展开或真叶"露心"),如黄豆、绿豆、赤豆、蚕豆芽以及香椿、豌豆、萝卜、黄芥、荞麦、苜蓿芽苗等;后者多指利用2年生或多年生作物的宿根、肉质直根、根茎或枝条中累积的养分,培育成芽球、嫩芽、幼茎或幼梢。如由肉质直根在遮光条件下培育成的菊苣芽球;由根茎培育成的姜芽,由植株、枝条培育的树芽香椿、枸杞头、花椒脑等(彩图9-6)。种芽菜又可按栽培过程中不同光照条件及其产品绿化程度分为绿化型种芽菜、软化型种芽菜和半软化型三种类型。目前,无论是种芽菜还是体芽菜,它们所包括的种类还在不断发展和扩大之中。

(二)日光温室芽苗蔬菜周年生产技术

日光温室以其高效、节能、低耗的特点在北方发展很快,但高纬度地区早春及秋冬季的低温、弱光严重制约着果菜类蔬菜的高产、优质。喜凉的叶菜类生产也因近些年的"非季节性价格"下跌而难以获得高效益。利用芽菜较耐低温、需弱光、生长周期短的特点,在日光温室内进行芽苗菜生产,见效快、效益高。

由于芽苗蔬菜耐热性弱,在夏秋高温季节,往往导致严重腐烂。利用保护性生产措施,配合适当的生产技术,可实现芽苗蔬菜周年生产,现将其技术措施总结如下:

1. 整建架床

高效节能日光温室东西向延长,长 50 m,宽 7.5 m,后墙带窗,墙厚 80 cm,设施内用砖铺平地面,摆放栽培架,栽培架由 25 cm×25 cm×15 cm 的钢管焊接而成,共 4 层,每层可放置 6 个苗盘,架层间距离为 40~50 cm,有利于采光及芽菜整齐生长。

2. 品种选择

冬春季节选择麻豌豆、青豌豆等,夏季高温季节可多选用耐热品种,如山西荞麦等,种子要饱满,纯度高,发芽率在 95% 以上,芽苗生长速度快,抗病且无任何污染。

3. 浸种

将挑选好的种子先用 20 ℃~30 ℃的清水淘洗干净,再用种子体积 2~3 倍的水浸泡。浸种时间冬季稍长,约 24 h,夏季较短约 7~8 h,一般达到种子最大水量 95% 左右时停止浸水,然后再淘洗种子 2~3 遍,漂去附着在种皮上的黏液,捞出种子,沥去多余的水分等待播种。

4. 播种催芽

播种床选用黑色塑料育苗盘(规格为 60 cm×25 cm),将盘洗净后在盘底铺上一层报纸或白棉布,以利于根系生长和保湿,然后将种子播上。每盘播种量(干籽)豌豆种子500~600 g,荞麦种子 150~200 g。种子摆播要均匀,然后将播完的苗盘握在一起,置于栽培架或地面上进行催芽。催芽期间室内温度为 25 ℃~26 ℃,每天进行一次倒盘,并均匀进行喷淋。出芽后随即排放于栽培架上。

5. 播种后管理

(1)温度调控:12 月~1 月天气寒冷,要加强保温,一般不放风,白天当阳光洒满棚顶时,及时揭开棉被或草苫见光增温,下午 4 时将棉被或草苫盖上保温,棚温白天保持25 ℃左右,夜间最低不低于 10 ℃。春秋季节气温偏高,注意放风,特别是在 7~8 月份,天气炎热,将后窗全部打开,与棚前形成对流,当温度超过 32 ℃时,采取人工降温措施,以防高温引起的腐烂。

(2)光照调节:芽菜生产需要弱光,冬季光照比较弱,不必遮光,春季光照较强,可适当遮阴,在棚上部盖一层遮阳网。夏季光照很强,将棚膜撤掉,在棚上部盖一层透光性差的黑塑料薄膜,再盖1~2层遮阳网,遮盖面约超过棚面的2/3为宜,这样可全天遮光,以达到产品嫩绿。9月下旬可视光照强弱逐渐撤掉遮盖物。

(3)水分管理:保证水分供应是提高产量和品质的关键。在第一茬播种前,要将棚内地面普遍洒一次水,以保持棚内湿度。出盘后随即向苗盘喷一遍水,以后每天向苗盘进行喷淋,一般冬季2次,春秋季3次,夏季4~5次,棚内湿度保持在85%左右为宜。此外在阴雨雾雪天气或室内气温较低时少浇,高温天气相对湿度较小时多浇。

(4)防病管理:芽苗蔬菜(种)芽在催芽期易发生种子霉烂,生长期则易发生烂根、倒苗,主要是温湿度不适所致。应避免温度过高或过低,避免过分延长叠盘催芽时间,严格控制浇水次数和浇水量。

(5)适时收获:从播种到采收,冬季需10~15 d,春秋季需8~9 d,夏季6~7 d,采收标准为株高10~15 cm,采收后即可播种下茬。

利用高效节能日光温室常年生产芽菜,一年可生产30~40茬,效益相当可观。可根据不同季节及市场需求排开播种,以免造成产品积压、芽苗老化及腐烂而影响效益。

(三)芽苗蔬菜温室立体无土栽培技术

芽苗蔬菜的立体无土栽培具有投资少、收益大、不受季节限制,可保证均衡生产周年供应的好处。其产品幼嫩多汁、营养丰富、无污染,因而为消费者所欢迎。

1.生产场地与设施

(1)场地与设施

作为非规模化芽苗蔬菜生产,主要采用节能日光温室、塑料大棚,其次也可利用居家阳台或空房屋内进行立体无土栽培。立体栽培架可采用4 cm×3 cm方木或小于25 mm的角钢制作,也可搭简易架。栽培架规格可依据生产场地空间的大小设计,但层间距离不应小于40 cm。

(2)栽培容器与基质

栽培芽苗蔬菜的容器可选用市售轻质塑料育苗盘,其规格为60 cm×25 cm×5 cm的标准盘。也可用木条和纱网、金属薄板制作,但要求盘底平整、通气、排水。栽培基质应选用清洁无毒、持水能力较强的新闻纸、白纱布、3 mm厚度的聚乙烯泡沫塑料片以及珍珠岩粉。

2.栽培技术

(1)品种选择

可用于栽培芽苗蔬菜的种子很多,经试验筛选适用的品种有:豌豆、荞麦、萝卜、香椿和花生。种子质量要求纯度、发芽率、净度分别为93%、95%、97%。

用于芽苗蔬菜栽培品种的种子,应注意选择发芽率在95%以上,纯度、净度均高,种粒较大,芽苗生长速度快,粗壮,产量高,纤维形成慢,品质柔嫩以及价铬便宜,货源稳定、充足且无任何污染的新种子。经试验和品种筛选,采用的品种有青豌豆、麻豌豆、武陵山红香椿、河南红椿、山西荞麦、日本荞麦、国光萝卜、娃娃萝卜等。

(2)栽培方法

①种子清理、浸种。栽前,应将所用的种子进行清理。豌豆要剔去虫蛀、破残、霉烂、畸形、腐粒种子;香椿由于高温下种子极易失去发芽力,因此必须选用未过夏的新种子,使用前需揉搓去翅翼,筛除果梗、果壳等杂物;荞麦应晒种1~2 d,并筛去不饱满、成熟度较差的种子,也可用盐水进行选种;杂质较少的萝卜、花生种可直接用于生产。经过清理

的种子先在清水中淘洗 1～2 次,待洗净后在 20 ℃左右水中浸泡,浸泡时间见表 9-5。

表 9-5　几种芽苗蔬菜种子浸泡时间、催芽温度及播种量

种类	浸种时间(h)	播种量/盘(g)	催芽温度(℃)	催芽时间(d)	采用基质
豌豆	24	450～550	20	2～3	新闻纸
萝卜	6～8	75～100	20	1～2	新闻纸或纱布
荞麦	24	150～175	25	2～3	新闻纸
香椿	24	50～75	25	4～5	新闻纸＋珍珠岩粉
花生	24	1250	25	2～3	新闻纸

经清选的种子,即可进行浸种,一般可用 20 ℃～30 ℃的洁净清水先将种子淘洗 2～3 次,待干净后浸泡,水量需超过种子体积的 2～3 倍。浸种时间冬季稍长,夏季稍短,一般豌豆、香椿 1 h。浸种结束后再对种子轻轻揉搓,冲去种皮,沥去多余水分待播。

②播种及催芽。将新闻纸平铺于栽培盘中,纸张的尺寸应略大于盆底的尺寸,然后用清水将纸湿润,把已浸泡好的种子依所需量均匀撒在纸床上,香椿播种后,在种子上要覆盖厚度 1.0 cm 的珍珠岩粉。播种之后苗盘叠放整齐,一般 8～10 盘为一摞。最上层用湿麻片盖住,放置在温室温度较适宜的地方进行催芽。各种芽菜催芽所需时间见表 9-5。当种子芽长到 0.5～1.0 cm 时即可将苗盘置于栽培架上。

3.环境控制

(1)光照

大多数芽苗蔬菜都是在较弱光照、高湿的环境条件下栽培的,但因品种的不同,对光照、温度、水分等条件的要求也有较严格的区别。因此,要求采取相应措施进行正确的管理。

豌豆、花生在整个生长周期中所需的光照强度要比荞麦、萝卜、香椿弱得多。因此,在日光温室中生产芽苗蔬菜,栽培架采用黑色塑料覆盖遮光。豌豆、花生栽培架应用一层黑色塑料再加一层深色布料覆盖。其他几种芽苗蔬菜栽培架只需覆盖一层黑色塑料。两层覆盖下生产出的豌豆芽呈嫩黄色,茎较细长纤维含量少。若进行一层覆盖生产甜的芽苗,虽茎较粗,为深绿色芽苗,但纤维含量较高,适口性差,且花生芽易变为褐色。荞麦、萝卜、香椿生长前期可覆盖一层塑料,当芽苗植株长到 12 cm 左右时,揭去塑料进行自然强光照射。几种芽苗蔬菜光照强度指标见表 9-6。

表 9-6　几种芽苗蔬菜光照强度指标　　　　　　　　　　　　　　　单位:lx

种类	最低光照	最适光照	最强光照
豌豆	黑暗	50～100	300
萝卜	100	1500～2000	3500～4000
荞麦	100	1500～2000	3500～4000
香椿	100	1500～2000	3500～4000
花生	黑暗	50～100	300

(2)温度与通风

各种芽苗蔬菜对温度环境条件的要求各异(表 9-7)。在单一种类栽培区应根据不同种类的不同要求,分别通过暖气和放风管理或强制通风、空调等进行温度调控,在混合栽培区则可调控在 18 ℃～25 ℃的温度范围内。此外,应注意保持一定的昼夜温差,切忌出现夜高昼低的逆温差;在天气变暖时撤去暖气要逐步进行平稳过渡;夏季炎热时要进行遮光、空中喷雾、强制通风和逆向通风(即中午炎热时关闭窗户,夜晚凉爽时开窗户进行大通风)以及开启冷气机等,以降低室内温度。

各种芽苗蔬菜在生长过程中对温度的要求同样各异。豌豆、萝卜与荞麦、香椿、花生相比。前者相应的温度较低。

表 9-7　几种芽苗蔬菜生长适温范围

种类	最低温度(℃)	最适温度(℃)	最高温度(℃)	生长周期(d)
豌豆	6～12	12～18	20	6～10
萝卜	6～12	12～18	20	7～10
荞麦	12～15	18～23	25	8～11
香椿	15	20～25	25～30	12～15
花生	15	20～23	25	7～9

因此,在温室栽培时应将豌豆、萝卜与荞麦、香椿、花生分架放置,前者栽培架可放在温室中温度较低的地方,后者放在温度相应较高的地方。冬季温室夜间温度最低不应低于 4 ℃,若低于此温度芽苗蔬菜生长会严重受阻,此时应采取措施注意保持芽菜生长所需的温度。夏季最高温度不宜高于 30 ℃,注意通风换气、降低温度,保持最佳生长温度。

(3)水分

芽苗蔬菜的栽培采用了不同于土壤栽培的特殊基质,种粒全部放置于基质表面,水分易蒸发。因此,须进行较频繁的水分补充。一般每天用喷雾器进行 2～3 次的喷淋,水量以种子、芽苗表面全部湿润,并使盘底基质上有一层薄薄水膜为宜,这样栽培架内相对湿度可达 70%～84% 之间,冬季温度较低的情况下可适当减少水分喷淋次数。特别炎热的天气注意水分的大量散失,可适当地多喷淋 1～2 次。防止因缺水导致芽菜的正常生长,导致产量和品质下降。

4.病害防治

芽苗蔬菜栽培与一般蔬菜栽培同样,病害时有发生。香椿在生长过程中易发生猝倒、萝卜易发生子叶腐烂,荞麦在催芽过程中易发生种子霉烂。在防治上可采取:①用 0.1% $KMnO_4$ 溶液对种子表面进行消毒,时间 5 min。认真清洗栽培盘,在阳光下曝晒 1～2 d。②香椿在生长过程中应适量浇水,多见光。保持较高的温度。萝卜采用"渗水"的方法将水自盘底浇入,慢慢渗透基质,绝对要避免因喷淋造成叶面水分过多而烂叶的现象。豌豆、花生一般较少发生病害。

5.芽苗蔬菜的采收及包装

一般芽苗蔬菜多以活体整盘出售。芽苗幼嫩,茎叶含有较高的水分,不致萎蔫脱水,且保持较高产品档次。在产品形成时应及时采收用小包装出售或活体整盘上市。表 9-8 列出的是几种芽苗蔬菜采收标准。

表 9-8　几种芽苗蔬菜采收标准

种类	整盘活体出售	剪割采收小包装出售
豌豆	芽苗浅黄绿色,生长整齐一致,顶部有两片复叶未展开,茎长 8～10 cm,幼嫩无纤维	从芽苗茎顶部向下 8～10 cm 处剪割,采用透明食品袋或透明塑料盒包装,每袋(盒)装 200 g,封口上市
萝卜	芽苗深绿色,下胚轴白色或红色,苗高 10 cm,生长整齐,子叶展平	带根拔起,洗净根部。同样以塑料袋(盒包)包装上市
荞麦	芽苗子叶绿色展平,下胚轴红色,苗高 15～20 cm,不倒伏	从下胚轴 15 cm 处剪割包装上市
香椿	芽苗浓绿,苗高 8～12 cm,子叶展平,真叶未出	带根拔起,洗净根部。包装上市
花生	下胚轴长 2.5 cm	以塑料袋(盒包装上市),每袋(盒)500 g

第二节　设施花卉栽培技术

一、概述

(一)设施花卉栽培的特点与现状

20世纪70年代以后,随着国际经济的发展,花卉产业以其独特的魅力,保持着旺盛的发展势头,成为世界上最具有活力的产业之一。当今世界花卉业的发展出现了一些新动向:

1. 国际花卉生产布局

发达国家科技领先,发展中国家生产规模扩大,国际花卉生产布局基本形成。没有特色就没有市场。荷兰凭借其悠久的花卉发展历史,逐渐在花卉种苗、球根、鲜切花、自动化生产方面占有绝对优势,尤其是以郁金香为代表的球根花卉,已成为荷兰的象征;美国则在草花及花坛植物种育及生产方面走在前列,同时在盆花、观叶植物方面也处于领先地位;日本凭借"精准农业"的基础,在育种和栽培上占有明显优势;丹麦则集中全国的力量,从荷兰引进全套盆花生产技术,并进行大胆改进,在盆花自动化生产和运输方面处于世界领先地位;其他如以色列、西班牙、意大利、哥伦比亚、肯尼亚则在温带鲜切花生产方面实现专业化、规模化生产;而泰国的兰花实现了工厂化生产,每年大约有1.2亿株兰花销往日本,在日本的兰花市场占有80%的份额。

2. 国际花卉贸易

国际花卉市场的开放程度将越来越高。荷兰首先占领了欧洲市场,每年花卉出口额达40多亿美元,而德国是世界上最大的花卉进口国,其进口市场的85%为荷兰控制。随着国内需求的旺盛增长,中国已成为世界上花卉生产面积最大的国家,中国花卉市场已成为新世纪花卉商家的必争之地。

3. 世界花卉生产发展方向

随着花卉商品国际化程度提高,合作经营或联合经营已成为现代花卉企业的发展方向。合作经营或联合经营,主要表现为生产上的合作和贸易上的合作两方面。如荷兰的CAN和IBC等合作组织,农民加入后,该组织可高额投资购置大型设备,为农民提供生产加工的场地和生产花卉必需的设备。

设施栽培的发展,尤其是现代温室环境工程的发展,使花卉生产的专业化、集约化程度大大提高。目前在荷兰等发达国家从花卉的种苗生产到最后的产品分级、包装均可实现机器操作和自动化控制,提高了单位面积的产量和产值。

改革开放30多年来,我国花卉业市场竞争力在不断增强,花卉业区域布局明显优化。基本形成了以云南、北京、上海、广东、四川、河北为主的切花生产区域;以山东、江苏、浙江、四川、广东、福建、海南为主的苗木和观叶植物生产区域;以江苏、广东、浙江、福建、四川为主的盆景生产区域;以四川、云南、上海、辽宁、陕西、甘肃为主的种球(种苗)生产区域。一些我国特有的传统花卉产区和产品——如洛阳、菏泽的牡丹,大理、金华的茶花,漳州的水仙花,鄢陵的腊梅,天津的菊花等,得到了进一步巩固和发展。我国花卉工作者在野生花卉资源的开发利用,传统名花的商品化,新品种选育,利用组织培养加快花卉快速繁殖,花期控制、保鲜贮运方法等方面,以及国外花卉栽培先进技术的引进和消化等方面取得了可喜的成就。花卉的栽培设施从原来的防雨棚、遮阴棚、普通塑料大棚、日光温室,发展到加温温室和全自动智能控制温室。

我国的花卉种植面积居世界第一,而贸易出口额还不到荷兰的 1/100。因此,要生产出高品质的花卉产品,提高中国花卉在世界花卉市场中的份额,就必须充分利用我国现有的设施栽培条件,并继续引进、消化和吸收国际上最先进的设施及设施栽培技术。

(二)设施栽培花卉的主要种类

设施栽培的花卉按照其生物特性可以分为一二年生花卉、宿根花卉、球根花卉、木本花卉等。按照观赏用途以及对环境条件的要求不同,可以把设施栽培花卉分为切花花卉、盆栽花卉、室内花卉、花坛花卉等。

1.切花花卉

切花花卉指用于生产鲜切花的花卉,它是国际花卉生产中最重要的组成部分。可分为:切花类,如菊花、非洲菊、香石竹、月季、唐菖蒲、百合、小苍兰、安祖花、鹤望兰等;切叶类,如文竹、肾蕨、天门冬、散尾葵等;切枝类,如松枝、银牙柳等。

2.盆栽花卉

盆栽花卉是国际花卉生产的重要组成部分,多为半耐寒和不耐寒性花卉。半耐寒性花卉一般在北方,冬季需要在温室中越冬,具有一定的耐寒性,如金盏菊、紫罗兰、桂竹香等。不耐寒性花卉多原产热带及亚热带,在生长期间要求高温,不能忍耐 0 ℃以下的低温,这类花卉也叫做温室花卉,如一品红、蝴蝶兰、小苍兰、花烛、球根秋海棠、仙客来、大岩桐、马蹄莲等。

3.室内花卉

室内花卉泛指可用于室内装饰的盆栽花卉。一般室内光照和通风条件较差,应选用对两者要求不高的盆花进行布置,常用的有:散尾葵、南洋杉、一品红、杜鹃花、柑橘类、瓜叶菊、报春花类等。

4.花坛花卉

花坛花卉多数为一二年生草本花卉,作为园林花坛花卉,如三色堇、旱金莲、矮牵牛、五色苋、银边翠、万寿菊、金盏菊、雏菊、凤仙花、鸡冠花、羽衣甘蓝等。许多多年生宿根和球根花卉业进行一年生栽培用于布置花坛,如四季秋海棠、地被菊、芍药、一品红、美人蕉、大丽花、郁金香、风信子、喇叭水仙等。花坛花卉一般抗性和适应性强,进行设施栽培,可以人为控制花期。

二、月季设施栽培

(一)生物学特征

月季(*Rosa chinensis Jacq.*)为蔷薇科蔷薇属花卉,别名月月红、四季花等,是世界著名的切花品种,居世界四大切花(月季、香石竹、菊花、唐菖蒲)之首。

作为切花用的月季品种具有以下基本特征:

(1)花型优美,高心卷边或高心翘角,特别是花朵开放 1/3~1/2 时,优美大方,含而不露,开放过程较慢。

(2)花瓣质地硬,花朵耐水插,外层花瓣整齐,不易出现碎瓣。花枝、花梗硬挺、直顺,支撑力强,且花枝有足够的长度,株型直立。

(3)花色鲜艳、明快、纯正,而且最好带有绒光,在室内灯光下,不发灰,不发暗。

(4)叶片大小适中,叶面平整,要有光泽。

(5)做冬季促成栽培的品种,要有在较低温度下开花的能力,温室栽培有较强抗白粉病的能力,夏季切花要有适应高温条件的能力。

(6)要有较高的产花量,具有旺盛的生长能力,发芽力强,耐修剪,产花率高。一般大花型(HT系)每平方米年产量80～100枝,中花型(FL系)每平方米年产量150枝左右。

(7)茎秆光洁、圆整,刺少。

(二)生产类型及品种

1.生产类型

根据不同设施情况,我国切花月季生产有以下3种主要类型:

(1)周年生产型 适合冬季有加温设备和夏季有降温设备的温室,可以周年产花,但耗能较大,成本较高。

(2)冬季切花型 适合冬季有加温设备的温室和南方广东一带的露地塑料大棚生产。此类生产以冬季为主,花期从9月到翌年6月,是目前我国切花生产的主要类型。

(3)夏季切花型 适合长江流域及其以北地区的露地及大棚切花生产。产花期4～11月,生产设施简单,成本低,也是目前常见的栽培类型。

切花生产的目的是周年供应。采用第一种类型最为理想,但成本往往较高,作为商品生产不划算,现在普遍采用第二、第三种类型相结合的方式,比较经济合算。

2.主要品种

在杂种茶香月季中,花大、有长花茎的各色品种都适于做切花。其中最受欢迎的是红色系的品种,以后逐渐发展的粉红、橙色、黄色、白色及杂色等,常见的各色品种中适于做切花的有:

(1)红色系 Carl Red、Samantha、Kardibal、Americana 等。

(2)粉红色系 Eiffel Tower、First Love、Somia、Bridal Pink 等。

(3)黄色系 Golden Scepter、Peace、Silva、Alsmeer Gold 等。

(4)白色系 White Knight、White Swan、Core Blanche 等。

(5)其他色系 橙色的 Mahina、蓝月亮 Blue Moon、杂色的 President 等。

(三)生长习性及对环境要求

(1)喜阳光充足,相对湿度70%～75%,空气流通的环境。

(2)最适宜的生育温度白天为20 ℃～27 ℃,夜间15 ℃～22 ℃,在5 ℃左右也能极缓慢地生长开花,能耐35 ℃以上的高温,5 ℃的低温即进入休眠或半休眠状态。休眠时植株叶子脱落,不开花。

(3)适宜在通风、排水良好、中性或微酸性、肥沃湿润的疏松土壤中生长。pH 6～7为宜。

(4)大气污染、烟尘、酸雨、有害气体都会妨碍切花月季的生长发育。

(四)繁殖

切花月季繁殖的方法主要有扦插、嫁接与组织培养三种。目前我国保护地切花月季栽培多以前两种为主。

扦插法是取生长季节植株尚未木质化的嫩茎。剪去部分枝叶,留上面两片叶子,也可再剪去复叶的顶叶以减少水分蒸发,插穗一般长5～8 cm,然后密集插于扦插床。20～30 d后即可生根,扦插成活率可达95%以上,生根后移到培养土中进行壮苗培养。发芽后的管理:经20～30 d后,扦插条生根发芽,此时关键是稳定地温,防止嫩枝芽受冻。晚间盖双层膜保温,白天盖单层膜,地温维持在20 ℃左右,气温10 ℃以上。每10 d左右浇一次水,20 d施一次液体肥料,2月底移栽,也可在温室内进行嫩枝扦插育苗。

(五)温室栽培

1.定植前的土壤准备

由于月季栽植后,要生产4~6年或更长的时间,因此栽前应深翻土壤最少30 cm,并施入充足的有机肥以改良土壤,调节土壤pH达6~6.5。每100 m²施入的基肥量为:堆肥或猪粪500 kg,牛粪300 kg,鱼渣20 kg,羊粪300 kg,油渣10 kg,骨粉35 kg,过磷酸钙20 kg,草木灰25 kg。整好的土壤采用高温蒸汽或化学熏蒸消毒,以杀死病菌、虫卵、杂草种子等。

2.栽植

(1)定植时间　栽植的时间从冬季到初夏均可,但为了节约能源,多在春季种植,以迎接夏季逐渐升高的温度。因采收切花,4年以后需要更换新株,以便维持较高产量,温室若轮番依次换栽,每年应有25%需去旧换新。注意更换品种应相同或对管理要求相似。有些品种可生产切花6~8年,可有计划地安排新花更替。

(2)定植方式　为了操作(如修剪、采花)方便,一般采用每畦栽两行。行距30 cm或35 cm,株距依品种差异采用20 cm、25 cm和30 cm,直立型品种(如玛丽娜)密度(含通道)10 株/m²,扩张型品种密度6~8 株/m²。

(3)定植后的管理　栽后及时浇足定根水,采用遮阳网覆盖15~20 d,缓苗后移去。新栽植株要修剪,留15 cm高;栽植芽接口离地面约5 cm,上面应覆盖8 cm腐叶、木屑之类有机物;栽下后每天要喷雾几次,保持地上枝叶湿润,如已入初夏,要不断地用低压喷雾,以助发芽;新植的苗室内温度不可太高,以保持5 ℃为宜,有利于根系生长,过半个月后可升温至10 ℃~15 ℃,一个月后升至20 ℃以上。

3.修剪与摘心

(1)修剪

常规操作与管理同露地栽培,在温室中修剪方式可采用两种。

逐渐更替法:即第一次采收后,全株留60 cm左右,一部分使它再开一次花,一部分短截,等短截的新枝开花后,原来开花的一部分再短截,这样轮流开花,植株不致升高太快,采花的工作也可全年进行。

一次性短截法:冬季切花型的温室月季,夏季气温过高,往往让植株休眠,一次性短截法即6~7月采收一批切花后,主枝全部短截成一样高的灌木状。如是第一年新栽植株,留45 cm,其他留60 cm,以后进入炎热夏季,停产一段,到9、10月再生产新的产品。

第二种修剪往往使植株生理失去平衡,造成根系萎缩、主枝枯死等现象,在温室管理中可采用折枝法来避免这种不良后果,此法已在国外温室生产中普遍应用。具体操作即把需要剪除的主枝向一个方向扭折,让上部枝条下垂。

修剪也是强迫休眠的一种方法。生产上为了节日大量出花,可在供花上市前6~8周全面采收一次切花,然后减少浇水,迫使其休眠一周,为下次开花积蓄能量。如为了元旦大量供花,则在10月初开始恢复正常生长,注意浇水,一般品种新梢抽生60 d之后即可开花,正好在元旦供花。修剪如希望尽快恢复生长,应将光线减弱,温度降低一些,多次喷水,待新枝抽长到15~20 cm时,加施肥料,摘心,促使其多生侧枝,以后才能得到更多的花朵。

(2)摘心

月季的摘心主要起以下作用:①促进侧枝生长:在栽培初期可为全株的树形打好基础,产花期可形成适量的花枝。②改变开花时间:开花后为了调剂市场上淡季或旺季的需要,可进行不同的摘心。轻度摘心(花茎5~7 mm时将顶端掐去)受影响的只是它附近的侧芽,形成的仅是一个枝条,对花期影响不大。重度摘心(花茎直径达 10～13 mm 时,摘掉枝顶到第二复叶处)能生出两个侧枝,对花期的促进比前者早 3～7 d。

(3)剥芽疏蕾

及时剥除植株基部及内膛交叉重叠不孕花蕾的幼芽,嫁接苗特别要注意剥除由砧木萌发的脚芽。小苗期应及时除去所有的花蕾,使植株有充分的营养积累,并在基部形成生长旺盛的充实枝条,以培养成花枝。

(4)采花

每次采收时间的间隔按季节而有不同。春夏两季日照时间长,光照强度大,两茬采花时间相隔 6 周左右。秋季至冬季,要 7～8 周才能采 1 次。

4.温度的管理和控制

温度直接影响切花的产量和品质。如修剪后出芽的多少、花芽的分化、封顶条的多少、产花的天数、花枝的长度以及花瓣数、花型和花色等。

(1)花芽的分化

修剪后枝条上的芽有以下几种可能:

休眠芽:生长激素和营养条件都非常差。

莲座状芽:生长激素和营养条件较差,腋芽长出后,枝生长不高而呈莲座状。

封顶芽:生长激素和营养条件稍差,出芽后激素水平稍差,花芽分化中途停止,不开花。开花枝:生长激素和营养水平良好,着蕾开花。

当然,是否形成开花枝,与月季的品种特征,栽培环境中的土壤、光照、病虫害等都可能有关,温度也是一个决定性的重要条件。有资料表明,当栽培温度从 20 ℃ 降到 10 ℃ 时,开花枝要降低 5% 左右,尤其在遮光低温条件下更为显著。

(2)温度控制的要求

①夜温 一般品种要求夜温 15.5 ℃～16.5 ℃,但"Samantha"等品种要求 18 ℃～20 ℃,而"Somia"、"玛丽娜"、"彭彩"等低温品种只要求 14 ℃～15 ℃。夜温过低是影响产量、延迟花期的一个重要原因,有些栽培者为了节省能源,把夜温调至 13 ℃,结果产量减少,采花期延迟了 1～3 周,大大影响了经济效益。有关资料证明"Somia"夜温从 12 ℃ 提高到 15 ℃ 时,2 月的产花量可提高 40%～50%。

②昼温 一般阴天要求昼温比夜间高 5.5 ℃,晴天要高 8.3 ℃,如温室内人工增加二氧化碳的浓度,温度应适当提高到 27.5 ℃～29.5 ℃,才不致损伤花朵。如加钠灯照射的温室,温度应至少在 18.5 ℃ 以上,以充分利用光照。在夏季高温季节,温度控制在 26 ℃～27 ℃ 最好。

③地温 研究认为地温在 13 ℃、气温在 17.8 ℃ 时生长良好。近年来进一步研究证明,在昼温 20 ℃、夜温 16 ℃ 条件下,生长良好。当地温提高到 25 ℃ 时可增产 20%,但若只提高地温,而降低气温,则会生长不良。

总之,为了满足月季对温度的要求,应重视设施在冬季的保温和加温,夏季进行必要的降温。

5.温室光照的调节

月季是喜光植物,在充足的阳光下,才能得到良好的切花。在温室栽培中,强光伴随着高温,就必须进行遮阳,遮阳的目的是为了降温,当夏季最高光强达到 130 klx 时,因遮阳使光强降低一半。有些地方 3 月初就开始遮阳,但遮光度要低,避免植株短时间内在光强度上受到骤然变化,随着天气变暖可增强遮阳,若室内光强低于 54 klx,要清除覆盖物上的灰尘,9、10 月(根据各地气候情况而定)应去除遮阳。

冬季日照时间短,而且又有防寒保护,使室内光照减少,但一般月季可照常开花。如果用灯光增加光照,可提高月季的产量,有报道,用钠灯以 12.9～16.1 klx 的照度在冬季夜间补光使光照时数达 18 h,产量大为提高。若用高光强的荧光灯和白炽灯组合的光源补光,也可明显提高花枝质量和产量。由于补光耗电量大,经济上不合算,只是在常年阴天和下雪的地区用冷光型的荧光灯补充光照。

6. 切花的采收和处理

一般当花朵心瓣伸长,有 1～2 枚外瓣反转时(2 度)采收,但冬天可适当晚些,在有 2～3 枚外瓣反转时采收。从品种上看,一般红色品种 2 度时采收,黄色品种略迟些,白色品种应略晚些。采花应在心瓣伸长 3～4 枚(3 度),甚至 5～6 枚(4 度)时采收,若装箱运输,则应在萼片反转、花瓣开始明显生长、但外瓣尚未翻转(1 度)时采收。

表 9-9　月季花朵的开放程度

开放程度	花瓣特征
1 度	萼片松动,有些品种萼片开始翻转,花瓣特别是心瓣增长,但外瓣尚未翻转
2 度	心瓣明显增长,有 1～2 枚外瓣翻转,可以称为微放
3 度	花瓣继续增长,有 3～4 枚外瓣翻转,花朵进入初放阶段
4 度	花瓣继续增长,有 5～6 枚花瓣翻转
5 度	花瓣依次开放,外瓣已展开、展平,花朵进入盛放阶段

采收时注意原花枝剪后应保留 2～4 片叶子,剪时在所留芽的上方 1 cm 处倾斜剪除,为下次花枝生长准备条件。下午 4:30 采收的切花比上午 8:00 采收的寿命长 11%,因此应根据劳力和运输时间合理安排采收时间。

月季切花质量的分级标准一般可以分为以下 3 级:一级:品种优秀,耐插性好;开放程度为微开;枝条、花梗硬挺,无弯头,无病虫害及药害斑点;每束花内要做到 5 个一致;枝长大于 60 cm。二级:品种优良、耐插性好;开放程度为微开;枝条、花梗硬挺,无弯头;无病虫害及明显的药害斑点;基本上做到 5 个一致;枝长 40～45 cm。三级:枝条基本直挺;花朵为微放至初放;无严重病虫害;枝长大于 30 cm。

采后的切花应立即送到分级室中在 5 ℃～6 ℃下冷藏、分级。不能立即出售的,应放在湿度为 98% 的冷藏库里,保持 0.5 ℃～1.5 ℃ 的低温,可保存数日。

7. 病虫害防治

月季切花是所有切花中栽培难度最大、病虫害最严重的花卉,月季切花在出口国外时叶面上不允许有药斑和灰层存在,这给栽培工作带来很大挑战。设施大棚栽培,大多采用硫黄熏蒸,辅以农药的喷洒,达到防治病虫害的目的。

三、蝴蝶兰设施栽培

蝴蝶兰(*Phalaenopsis*)系兰科蝴蝶兰属多年生附生类单茎草本植物。原产于亚洲热带雨林地区,在原产地主要附生在林中的树干和岩石上,以发达的根系固着在树干或岩石的表面,有时根系变成绿色,具有叶片进行光合作用的功能。由于花大,开花期长,很多品种一枝花可以开数月之久,花色艳丽,色泽丰富,花型美丽奇特,深受世界各国消费者的喜爱,是热带兰中的珍品,素有"兰花皇后"之称。

(一)适用设施

蝴蝶兰是一种高温温室花卉,对环境条件的要求比较严格,不适宜的环境条件会直接影响蝴蝶兰的花期甚至全株死亡。因此大规模栽培蝴蝶兰的设施应具有良好的调节温度、湿度、光照的功能,最好使用现代化智能温室。

(二)栽培方式及环境控制

1.栽培方式

蝴蝶兰既可盆栽,也可吊养。盆栽可用素烧盆、瓷盆、塑料盆,而吊养则可用木块、树段等。成株时可用水苔、珍珠岩、蛭石、泥炭土、木炭、碎砖块等加以混合使用。若基质腐烂或表面长青苔,则需及时换盆。上盆种植时,盆底要用较粗大的基质铺垫,用量可达基质总量的50%左右。吊盆栽培时,不宜选择过于坚硬的材料,而且时间过长基质也会腐烂,同样需要及时更换。

2.环境控制

蝴蝶兰的生长发育对环境条件的要求较高,其中最主要的是温度、湿度和光照。

(1)温度 蝴蝶兰适宜栽培温度为白天25 ℃～28 ℃,夜间18 ℃～20 ℃,幼苗夜间应提高到23 ℃左右。在这样的温度环境中,蝴蝶兰几乎全年都可处于生长状态,尤其是幼苗生长迅速,从试管中移出的幼苗一年半即可开花。蝴蝶兰对低温十分敏感,长时间处于平均温度15 ℃时则停止生长,在15 ℃以下,蝴蝶兰根部停止吸收水分,造成植株的生理性缺水,老叶变黄脱落或叶片上出现坏死性黑斑,而后脱落,然后全株叶片脱光,植株死亡。蝴蝶兰开花后可放置在温度稍低的地方,但室温不宜低于15 ℃,否则花瓣上容易产生锈样斑点。夏季应注意通风降温,32 ℃以上的高温会使其进入休眠状态,影响花芽分化。

(2)湿度 由于原产地空气湿度大,叶表面角质层薄,抗干旱结构比较差,蝴蝶兰栽培设施内应维持比较高的空气湿度。一般来说,全年均应维持相对湿度70%～80%。

(3)光照 蝴蝶兰是兰花中较耐阴的种类,需光量一般是全光照的一半左右,强光直射会造成损伤。可根据季节不同调整光照强度,一般情况下,夏季需光照20%～30%,春、秋季节需光照40%～50%,冬季需光照70%～80%。蝴蝶兰不同苗龄对光照强度的需求也不同。刚出瓶的小苗软弱,光线最好能控制在10 klx以下,并保持良好的通风条件,中大苗的日照可提高到15 klx左右,成株的最强日照(尤其在冬天)可提高到20 klx。调整光照强度的方法一般是遮阳,选择遮光适宜的遮阳网。

(三)栽培技术

1.品种选择

蝴蝶兰属植物约有20个原生种。原生种的花色除常见的白色和紫红色以外,还有黄色、微绿色或花瓣上带有紫红色条纹的。现有栽培品种群由原种种间和属间杂交而成,除常见的纯白色花和紫红色花品种外,出现了许多中间过渡色,如白花红唇、黄底红点、白底红点、白底红色条纹等等。常见栽培的蝴蝶兰品种分为粉红花系、白色花系、条花系、黄色花系、点花系五个系列。

2.繁殖方式

蝴蝶兰除在原产地少量繁殖采用分株法外,均采用组培快繁。蝴蝶兰组培快繁可以采用叶片和茎尖为外植体,也可以采用无菌播种法。采用无菌播种法繁殖的优良杂交品种后代分离十分严重,不能保持优良性状,现已基本不用。以叶片为外植体进行无菌繁殖时,切取花梗刚生出 1～3 枚小叶的幼苗的嫩叶作为外植体。茎尖培养时,选取 5～6 枚叶片的健壮幼苗,灭菌后剥取带有 2～4 枚叶原基的生长点作为外植体。以叶片和茎尖作为外植体均是通过外植体产生愈伤组织、愈伤组织分成原球茎、球茎增殖分化和幼苗生长四个步骤形成无菌幼苗。不同品种、外植体、分化阶段采用的培养基不同。一般维持 pH5.1～5.3,加入 0.1%～0.2% 的活性炭和 10%～20% 的生理活性物质,如土豆泥、苹果汁、椰子汁。

3. 栽培管理

(1)换盆

换盆是一项重要的栽培管理工作,长期不换盆造成栽培基质老化,苔藓腐烂,透气性差,致使根系向盆外生长,严重时引起根系腐烂,导致全株死亡。

换盆的最佳时期是春末夏初,花期刚过,新根开始生长时。换盆时的温度太低,植株恢复慢,管理稍有不甚,易引起植株腐烂,在冬季温度太低时不能换盆。蝴蝶兰的小苗生长很快,春季栽在小盆中的试管苗,到夏季就需要换盆了。这种小苗开始时每盆栽植 1 株或几株,以后要根据生长情况逐步换大盆栽培,切忌小苗直接栽在大盆里。小苗换盆不必将原植株根部盆栽基质去掉,以免伤根,只需将根的周围再包上一层苔藓或其他盆栽基质,栽种到大盆中即可。注意要使根茎部分与盆沿高相一致。生长良好的幼苗可4～6 个月换盆 1 次,新换盆的小苗在 2 周内需放置在荫蔽处,这期间不可施肥,只能喷水或适当浇水。成苗蝴蝶兰盆栽 1 年以上需换盆。首先将兰苗轻轻从盆中扣出,用镊子将根部周围的旧盆基质去掉,要避免伤根,然后用剪刀将已枯死的老根剪去,再用盆栽基质将根包起来,注意要使根均匀地分散开。用苔藓和蕨根盆栽时,盆下应充填碎砖块、盆片等粗粒状透水物。上面用 1/3 的苔藓和 2/3 的蕨根将蝴蝶兰苗栽植盆中,并稍压紧,能将兰苗固定在盆中即可。如完全用苔藓盆栽,应将浸透水的苔藓挤干,松散地包在兰苗的根下部,轻压,但不可将苔藓压得过紧,因为苔藓吸水量大,如压得过紧,易造成根部腐烂,苔藓的用量以花盆体积的 1.3 倍为准。

(2)浇水

适当浇水是养好盆栽蝴蝶兰的条件。一般来说,蝴蝶兰的根部忌积水,喜通风和干燥,如果水分过多,容易引起根系腐烂。通常浇水 5～6 h 后盆内仍很湿,就易引起根部腐烂。盆栽基质不同,浇水的时间间隔不同。苔藓吸水量大,可间隔数日浇水 1 次,蕨根、蛇木块、树皮块等保水能力差,可每日浇水 1 次。当看到盆内栽培基质表面变干,盆面呈白色时浇水。生长旺盛时期浇水量要大,休眠期浇水量小。温度高,植株蒸发吸收水分快,应多浇水,温度低应少浇水。温度降至 15 ℃ 以下时严格控制浇水,保持根部稍干。刚换盆或新栽植的植株,应相对保持盆栽基质稍干,少浇水,以促进新根萌发,也可避免老根系腐烂。冬季是花芽生长的时期,需水量较多,只要室温不太低,一旦看到盆栽基质表面变白、变干燥,就应及时浇水。

(3)施肥

蝴蝶兰生长迅速,需肥量比一般兰花稍大。最常用和使用最方便的是液体肥料结合浇水施用,掌握的原则是少施肥、施淡肥。春天只能施少量肥,开花期完全停止施肥,花期过后,新根和新芽开始生长时再施以液体肥料。每周 1 次,喷洒叶面或施入盆栽基质中,施用浓度为 2000～3000 倍。营养生长期以氮肥为主,进入生殖生长期,则以磷、钾为主。蝴蝶兰幼苗期、生长期、开花期对养分的需求量不同,根据其不同生长发育阶段对矿质养分的需求配制的复合肥料"花多多"在生产上使用效果很好。

4.病虫害防治

危害蝴蝶兰的病虫害主要有软腐病、褐斑病、炭疽病和灰斑病等。软腐病和褐斑病的防治可用 75％百菌清 600～800 倍液或农用链霉素 200 mL/m³ 喷洒,炭疽病的防治采用 70％的甲基托布津 800 倍液或 50％多菌灵 800 倍液喷洒。灰斑病出现在花期,主要以预防为主,在花期不要将肥水直接喷在花瓣上就能很好地预防此病的发生。

一般温室栽培的虫害较少,主要有蜗牛和一些夜间活动的咬食叶片的金龟子、蛾类和蝶类,只要定期喷施杀虫剂便可防治。

5.盆花上市和切花采收

由于蝴蝶兰花期长,从花开始显色时即可上市,至盛花期观赏价值更高,但不利于长途运输。切花在花序上最后一朵花蕾半开时采收,花梗基部斜切,采后立即在烫水中浸沾 30 s,然后按品种、品质分级包装,并用含水的塑料管套住保鲜。将切花浸入 200 mg/L 柠檬酸＋25 mg/L AgNO₃＋20 g/L 蔗糖的保鲜剂中,在 7 ℃～10 ℃温度下可储存 10～14 d。

第三节　设施果树栽培技术

一、概述

果树设施栽培可以根据果树生长发育的需要,调节光照、温度、湿度和二氧化碳等环境生态条件,人为调控果树成熟期,提早或延迟采收期,可使一些果树四季结果,周年供应,显著提高果树的经济效益,同时通过设施栽培提高抵御自然灾害的能力,防止果树花期的晚霜危害和幼果发育期间的低温冻害,还可以减少病、虫、鸟等的危害。作为果树栽培的一类特殊形式,设施栽培已有 100 多年的历史。

20 世纪 70 年代以后,随着果树栽培集约化的发展、小冠整形和矮密栽培的推广,促进了果树设施栽培的迅猛发展。与此相适应,世界各国陆续开展了果树设施栽培理论和技术的研究,经过 40 多年的发展,目前,果树设施栽培的理论与技术已成为果树栽培学的一个重要分支,并已形成促成、延后、避雨等栽培技术体系及相应模式。

(一)国内外果树设施栽培的现状

20 世纪 70 年代以来,日本、韩国、意大利、荷兰、加拿大、比利时、罗马尼亚、美国、澳大利亚和新西兰等国设施果树栽培发展较多,其中日本果树设施栽培面积发展速度超过蔬菜与花卉。日本果树设施面积至 2008 年已达 21 000 hm²,其中以葡萄面积最大,约占 61％,其次为柑橘、樱桃、砂梨、枇杷、无花果、桃、李、柿等。目前设施栽培面积仅为果树总面积的 3％～5％,主要的设施类型有单栋塑料温室、连栋塑料温室、平棚、倾斜棚、栽培网架和防鸟网等多种形式,设施管理大都采用自动或半自动的方式进行,栽培技术已达较高水准。

我国果树设施栽培始于 20 世纪 80 年代,起初主要以草莓的促成栽培为主,进入 90 年代以后,设施栽培的种类逐渐增多,种植规模也逐渐扩大。尤其是近年来,我国北方落叶果树地区的果树设施栽培异军突起,迅速发展。设施栽培的种类以草莓为最多,约占总面积的 60％左右;其次是葡萄,约占 18％,桃和油桃约占 17％,其他约占 5％左右。设施栽培的单位面积经济效益也很高,一般比露地栽培可提高 2～10 倍。

当然,在我国果树设施栽培迅速发展的形势下,生产需求与技术贮备不足的矛盾比较突出,总体来说目前存在如下问题:

1. 树种、品种结构不合理

如草莓生产比重过大,约占总面积的 60%,导致草莓生产总量过大,效益下降,樱桃、李、杏等果品生产总量过小,不能满足市场需求。适宜设施栽培的专用品种较少,适应性和抗病性等都较差。因此,选育需冷量低、早熟、自花结实能力强、花粉量大及矮化紧凑型设施专用品种是十分紧迫的。

2. 设施结构和原材料尚需改善

多由蔬菜大棚塑料薄膜日光温室改造而成,结构简陋,环境调控功能差,不适应果树设施栽培的要求。开发适合国情、先进实用的果树设施构型及原材料已势在必行。

3. 生产技术和管理水平有待完善

除草莓外,大多树种尚缺少成熟、完整的综合管理技术体系。许多地方果树设施栽培成功与失败并存,个别地方失败率较高。有选用品种不当的问题,但主要是生产者对果树设施栽培的需冷量、花粉育性、适宜授粉组合、自花结实力、果实发育等特性缺乏全面、系统的了解,管理措施带有较大的盲目性。

4. 果品商品化处理和产业化经营滞后

现阶段设施栽培果品生产总量较少,缺少生产技术和产品质量标准化,不能有效地提高商品质量和实现增值、增效。大部分无品牌,不能实行产、供、销一条龙的经营模式。

(二)果树设施栽培的主要树种和品种

目前世界各国进行设施栽培的果树有落叶果树,也有常绿果树,涉及树种达 35 种之多,其中落叶果树 12 种,常绿果树 23 种。落叶果树中,除板栗、核桃、梅、寒地小浆果等未见报道外,其他均有栽培,其中以多年生草本的草莓栽培面积最大,葡萄次之。树种和品种选择的原则是:需冷量低,早熟,品质优,季节差价大,通过设施栽培可提高品质,增加产量以及适应栽培等。常见落叶果树及主要品种如表 9-10。

表 9-10 设施促成栽培中常见落叶果树及主要品种

葡萄	玫瑰,巨峰,玫瑰露,蓓蕾,新玫瑰,先锋,龙宝,蜜汁,康拜尔早生,底拉洼,乍娜,凤凰 51,里扎马特,京亚,紫珍香,京秀,有核 8611
桃	京早生,武井白凤,布目早生,砂子早生,八幡白凤,仓方早生,Floridagold,Mararilla,春蕾,春花,庆丰,雨花露,早花露,春丰,春艳
油桃	五月火,早红宝石,瑞光 3 号,早红 2 号,曙光,NJN72,早美光,艳光,华光,早红珠,早红霞,伊尔二号
樱桃	佐藤锦,高砂,那翁,香夏锦,大紫,红灯,短枝先锋,短枝斯坦勒,拉宾斯,斯坦勒,莱阳矮樱桃,芝罘红,雷尼尔,红丰,斯特拉,日之出,黄玉,红蜜
李	大石早生,大石中生,圣诞,苏鲁达,美思蕾,早美丽,红美丽,蜜思李
杏	信州大石,和平,红荷包,骆驼黄,玛瑙杏,凯特杏,金太阳,新世纪,红丰
梨	新水,幸水,长寿,二十世纪
苹果	津轻,拉里丹
柿	西村早生,刀根早生,前川次郎,伊豆,平核无
无花果	玛斯义·陶芬
枣	金丝小枣

二、葡萄设施促成栽培

葡萄是世界果品生产中栽培面积最大、产量最多的水果之一。葡萄设施栽培远在300年前西欧就开始进行了,到了19世纪末、20世纪初,比利时、荷兰等国利用玻璃温室栽培葡萄已很盛行。在意大利除温室葡萄外,还有大量的葡萄园在秋季实行薄膜覆盖,使葡萄延迟到圣诞节采收。

我国葡萄的设施促成栽培起步较晚。辽宁省果树研究所1979年起先后利用地热加温的玻璃温室、不加温薄膜温室和塑料大棚等保护设施,对巨峰葡萄进行了保护地栽培研究,使巨峰葡萄提早25~60 d成熟上市,而且还可利用葡萄的二次结果习性进行延后成熟的栽培。此后,在辽宁、河北等省市迅速推广。20世纪90年代以后,我国江浙地区欧亚葡萄的避雨设施栽培蓬勃兴起,扩大了葡萄设施栽培的区域,丰富了设施生产的技术模式。

(一)促成栽培的类型

促成栽培是以果实提早上市为目的的一种栽培方式。根据催芽开始时期的早晚,又可分为:早促成栽培型,是指在葡萄还没有解除休眠或休眠趋于结束的时候即开始升温催芽;标准促成栽培型,是指在葡萄休眠结束后才开始升温催芽;一般促成栽培型,则是指葡萄休眠结束后的晚些时候再进行升温催芽。葡萄开始升温催芽时期的确定,又与葡萄植株的休眠生理和保护设施种类及其性能有关。

1.早促成栽培型

主要以高效节能日光温室、加温日光温室等为保护设施,白天靠太阳辐射热能给温室加温,夜间加盖草帘、纸被等覆盖物保温。加温温室温度水平较高,促成效果较好。在利用这种保护设施进行葡萄保护地栽培时,升温催芽的时期可选在元旦前后,2月上中旬萌芽,3月中下旬开花,中、早熟品种果实可在5月下旬到6月中旬成熟上市,约比露地栽培提早60~90 d。

2.标准促成栽培型

主要以节能日光温室为保护设施,在葡萄休眠完全解除后的2月上中旬升温催芽,只靠太阳辐射热能给温室加温,夜间保温覆盖最少两层草帘或一层草帘加一层牛皮纸被。葡萄可于3月下旬到4月初萌芽,4月中下旬进入花期,中、早熟品种果实可在7月中下旬成熟上市,提早效果在45 d左右。这种栽培型果实成熟时期正值外界高温季节,昼夜温差小,不利于果实积累糖分,着色不好是其缺点,巨峰品种尤其明显。

3.一般促成栽培型

主要以塑料大棚为保护设施,由于这种保护设施在夜间无保温覆盖,棚内早春气温回升较慢,人为升温催芽的开始期(即出土上架时期)应选择在3月上中旬,使其于3月底到4月上旬进入萌芽期,5月上旬前后开花,中、早熟品种的果实可在8月上中旬成熟上市。如棚内增设小拱棚、地膜覆盖、保温幕等保温设施,人为开始升温的时期还可提早15 d左右,果实提早相继成熟。

(二)品种选择

在设施内种植葡萄,因投入的财力和人力较多,种植成本高,所以,选择品种时一定要慎重,宜选择早熟性状好、品质优良、耐弱光、耐潮湿、低温需求量低、生理休眠期短的品种。适于促成栽培的主要适用品种如表9-11。

表 9-11　葡萄促成栽培的主要适用品种

种类	品种	单粒重(g)	穗重(g)	果粒颜色	品质	果实发育期(d)	需冷量
欧亚种	京早晶	3	420	黄绿色	上	60	
	凤凰51号	8	450～500	紫玫瑰红	上	62	
	乍娜	10	500	粉红色	上	65	1300
	郑州早红	5	390	紫红	上	65	
	京玉	6.5	680	绿黄色	上	70	850＊
	早红无核	3	300	粉红色	上	90	1600＊
	京秀	6.3	500	玫瑰红	上	110	1100
	里扎马特	10	850	红色	上	110	1700
	森田尼无核	4.2	510	黄白色	上	110	1300＊
欧美杂交种	京亚	9	400	紫黑色	中上	103	1100
	京优	10	510	紫红色	中上	118	1100
	金星无核	4.1	350	紫黑色	中上	115	
	藤稔	12	450	紫黑色	中上	120	1800
	巨峰	10	400	紫黑色	中上	130	1600
	先锋	12	400	紫黑色	中上	135	1400

注：＊需冷量数据单位为小时(h)，其余数据单位为冷温单位(c.u)。

(三)栽植、架式与整形修剪

1. 定植地选择

葡萄设施栽培的园地选择除了应具备露地栽培的园地条件外，还应考虑以下几点：一是保护设施要建在背风向阳，东、西、南三面没有高大遮光物体的开阔地段，以便得到充足的阳光。在冬季季风较大的地方，园地要选择避风地带。二是应靠近村庄、住宅，保护地葡萄的栽培管理比露地的精细，用工量较多，因此园地靠近村庄、住宅，便于管理，特别是在遇上灾害性天气（如大风、降温、下雪等）时，便于集合人力、物力进行妥善处理。三是临近水源，排灌方便，葡萄设施栽培主要靠人工灌溉，要有水源，雨季遇涝能排，以防涝害。四是临近大城市的郊区，交通方便，设施栽培的葡萄主要在城市销售，园地靠近大城市郊区，便于产品及时供应销售市场。五是栽培设施宜建在有地热、工厂余热可以利用的地方，以便利用较便宜的热力资源给保护设施加温，降低生产成本。

2. 栽植与扣膜

葡萄设施栽培是集约化栽培，要求霜后第二年就得达到丰产指标(1500～1750 kg/667 m²)。栽植行向以南北为宜，宜密植，株行距为 0.5 m×1.5 m 的单行栽植，或大行 2～2.5 m、小行 0.5～0.6 m，株距 0.4～0.5 m 的大小行定植。栽植制度可为一年一栽制和两年以上（每年进行一次树改造）的多年一栽制。多年一栽制的多采用东西行向，行距 6 m，株距 0.6～0.8 m，可在室内栽培床南北两侧各栽一行。

设施栽培葡萄采用的苗木要按标准严格挑选，准备好苗木后，应进行修整，一般茎部保留 2～3 个饱满芽，根系保留 20 cm 左右即可，不足 20 cm 的也要剪个新茬，修剪完根系后，在清水中浸泡 12～24 h。一年一栽制的，我国北方 5 月下旬定植，多年一栽制的则在 4 月中旬至 5 月上旬定植。

扣膜对于保温型设施应在地温升至 12 ℃～13 ℃时,北方约在 2 月下旬至 3 月上旬进行。加温型设施,即使人工打破休眠,也宜在 1 月扣膜。扣膜前为促进萌芽整齐一致,常用石灰氮浸出液(200 g 溶于 1L 水中,充分搅拌,静置 2 h,取其上清液)加适量黏着剂,于 12 月处理结果母枝或树上喷布,或升温后每隔 1 周喷 50 mg/kg GA₃＋0.2％尿素先后 2 次。

3.架式选择与修剪

设施内的环境特点易造成植株徒长,加之受设施高度的限制,促进旺长的篱架栽培是不适宜的,而应采用棚架,以便控制树势。但在一年一栽制中,必须加大栽植密度,宜采用篱架栽培,在两年以上的多年更新栽培制中,开始采用篱架。当葡萄枝蔓能爬上架面时,采用棚架栽培还是比较有利的。

(1)棚架 日光温室栽培葡萄,在多年更新情况下常采用这种架式。棚架的设立要与东西两侧墙壁的采光屋面平行,间距 60 cm 左右,然后在铁管上每隔 50 cm 的横向拉一道 8～10 号铁线,两端固定在铁管上,最南端的一道铁线距温室前缘至少要留出 1 m 的距离。每道铁线都要用紧线器拉紧。这样就构成了一个温室的采光屋面相平行、间距为 60 cm 的倾斜式连棚架。

(2)双壁篱架 塑料大棚栽培葡萄时常采用这种架式。设立双壁篱架是在塑料大棚内,先沿着栽植方向,每隔 5～8 m 向两侧扩展 40 cm 定点立支柱,支柱地上高为 1.8 m,地下埋入 0.4～0.5 m,两端的支柱因其承受的拉力最大,必须在其内侧设立顶柱或在其外侧埋设基石牵引拉线,以加强边柱的牢固性。支柱立好后再沿着行向往支柱上牵拉 4 道铁线,第一道铁线距南面至少为 0.6 m,其余等距,如此即构成了间距为 0.8 m 的双壁篱架。

(3)整形与更新修剪 在设施内的高密栽培条件下,为使其迅速丰产,每株只保留一个主蔓。栽植当年培养一个健壮的新梢,及时引缚(绑梢)使其迅速延长生长,尽快达到要求的高度。落叶后冬剪,一般剪留成熟部分的 2/3～3/4,约 1.5～2.0 m,副梢一律从基部剪掉。下一年果实采收后,继续留用不换苗的,可对树体进行更新修剪。更新方法有以下两种:一是在地上 50～80 cm 处选一新梢做预备枝,当果实采收后从该处回缩,将预备枝培养成下一年的结果母枝;二是在主蔓上每隔 50 cm 左右选留一个预备枝,将其留 3～4 个叶片反复摘心,果实采收后把其他的新梢全部剪掉,培养预备枝做下一年的结果母枝。

(四)生长期管理技术

1.新梢管理

在新梢管理时,除对温湿度和氮肥用量要严格控制外,对树势弱的植株和品种要及早抹芽和定枝,以节约树体贮藏养分。对生长势强旺的品种和植株要适当晚抹芽和晚定枝,以缓和树势,最后达到篱架平均 20 cm 左右留一新梢,棚架每平方米架面留 10～16 个新梢。

另外,按北高南低倾斜角 10°在葡萄架下地面铺设银灰色反光膜,可增加葡萄下层叶片的光照强度,促进光合作用,增加光合产物。

2.温度管理

温度管理是葡萄设施栽培成功的关键因素,除根据不同生育时期提供适宜的温度外,还应避免葡萄遭受高温和低温的危害。

（1）升温催芽期　葡萄从升温开始到萌芽要求超过 10 ℃ 的活动积温为 450 ℃～500 ℃。一般加温温室从 1 月中旬左右开始上架升温，不加温日光温室从 2 月中旬左右开始升温，约经 30～40 d 葡萄即可萌芽。塑料大棚因无人工加温条件，萌芽期随各地气温而不同。由于春季光照充足，设施内气温上升很快，而地温上升较慢，为防止萌芽过快和气温回寒时受冻，保证花序继续良好分化，地上部与地下部生长协调一致，升温催芽不能过急，要使温度逐渐上升，温度过高时采取通风降温办法。因此在葡萄上架揭帘升温第一周，设施内白天应保持 20 ℃ 左右，夜间 10 ℃～15 ℃，以后逐渐提高，一直到萌芽时白天保持 25 ℃～30 ℃，夜间 15 ℃。

（2）浆果生长期　坐果后为促进幼果迅速生长，可适当提高温度，白天保持 25 ℃～28 ℃，夜间 18 ℃～20 ℃。此期白天设施外温度较高，内部常出现高温现象，当温度超过 35 ℃ 时要注意放风降温。当外界气温稳定在 20 ℃ 以上时，设施内常出现 40 ℃ 以上的高温，这时应及时揭除裙膜，再逐渐揭除顶幕，使葡萄在露地生长，以改善光照和通风条件，使一茬果良好成熟。

（3）二次果实与成熟期　当外界气温逐渐下降到 20 ℃ 以下时，要及时扣膜保温。二次果生长肥大期，一般白天宜保持 30 ℃ 左右，夜间保持 15 ℃～20 ℃，浆果着色成熟期，为了增加糖分积累，加大昼夜温差是必要的，可适当降低夜间温度到 7 ℃～10 ℃。当浆果已趋成熟，夜间温室内出现 5 ℃ 以下温度时，要及早盖草帘保温，以避免浆果受低温伤害。如只生产一茬果，应在葡萄落叶后再扣膜，使树体得到充分的抗寒锻炼。

（4）休眠期　设施内葡萄叶片黄化、脱落，即标志着休眠期的开始。落叶后 1 周进行冬剪。冬季葡萄需埋土防寒的地区，冬剪后设施上覆盖的草帘或棉被到翌年催芽前可不再揭开。

3. 土壤水分和空气湿度管理

由于设施中土壤水分可以人工控制，所以设施葡萄的水分管理相对比较容易，可根据葡萄生长发育不同时期的需水特点进行灌溉。另外，在设施内温度较高的条件下，湿度过大易发生徒长，应注意及时通风。不同生育期室内空气相对湿度和土壤灌水量如表 9-12。

表 9-12　室内土壤灌水量及空气湿度管理

时期	相对湿度（%）	灌水量
扣膜后	＞70	15～20 mm，每 5 d 一次
萌芽后	约 60	20 mm，每 10 d 一次
结果枝 20 cm	＜60	20 mm，每 10 d 一次
花期	＜60	控制灌水
散穗期	＜60	20 mm，每 10 d 一次
硬核期前后	＜60	30 mm，每 10 d 一次

4. 施肥特点

设施葡萄由于栽植密度大，第二年就大量结果。因此，营养条件要求较高，施肥应以有机肥为主，一般施肥 3000～5000 kg/667 m²，于每年采收后的秋冬时期施入，但应控制氮肥用量。追肥在苗长到 30～40 cm 高时开始，每隔 30～50 d 每株追施复合肥 50～100 g。在密闭的温室里，空气中二氧化碳的浓度明显低于自然环境，不能满足葡萄光合作用的需要。可在温室中葡萄新梢长 15 cm 时开始，每天日出后 1h 到中午利用 CO_2 发生器释放二氧化碳,667 m² 温室每日补充 800～1500 g CO_2,连续 30 d,能显著增加果实产量,果实的可溶性固形物含量提高,成熟期一致。

5.花果管理

(1)保花保果　在设施栽培中,因其内部环境易引起新梢徒长,为提高坐果率,除花前对新梢实行摘心外,花前喷 0.5％～1.0％B_9 是十分必要的。喷布时期最好是在新梢展开 6～7 枚叶时进行,当树势特别旺时,可在第一次之后 10～15 d 再喷一次。但要注意喷布前、后一周时间内,不能喷布波尔多液,以防产生药害。

(2)调整结果量　保护设施内栽培的植株容易发生徒长,光合能力差。高温多湿的环境又使植株呼吸激烈,增加了营养消耗,在这种情况下,结果量稍一过,就会出现着色不良,延迟成熟的现象,还能导致树势衰弱,影响下一年产量。为了保证果品质量、维持树势,应严格控制结果量,每 667 m² 产 1500～2000 kg 比较合适,可通过疏果枝、果穗、掐穗尖等方法进行定枝定果。

(3)套袋　可减轻病虫为害,减少裂果,防止药剂污染,提高商品价值。套袋要在果穗整形后立即进行,巨峰、藤稔等靠散射光着色的品种宜用纯白色聚乙烯纸袋,红瑞宝等靠直射光着色的品种宜用下部带孔的玻璃纸或无纺布袋。若对散射光着色品种用深色袋、直射光着色品种用白色袋或深色袋时,需在采收前 1～2 周除袋,以促进着色。白色品种如无核白鸡心等可采用深色纸袋。

三、草莓的设施栽培

我国从 20 世纪 80 年代中后期开始发展草莓的设施栽培并且面积不断扩大,形成了日光温室,大、中、小棚等多种设施栽培形式,并根据不同地区的气候、资源优势形成了具有地方特色的规模化生产基地。如四川以小拱棚为主的草莓生产基地,浙江、上海、江苏以塑料大中棚为主的基地,山东、河北以塑料大棚为主的基地,北京、辽宁以日光温室为主的基地(彩图 9-7)。

(一)草莓生长发育对环境条件的要求

1.温度

草莓对温度适应性较强,总体上生长发育期要求比较凉爽温和的气候环境。根系生长适宜温度为 15 ℃～18 ℃,地上部分生长适温在 20 ℃左右,叶片光合作用适温在 20 ℃～25 ℃,15 ℃以下和 30 ℃以上光合作用速率下降。生长期－7 ℃以下低温植株会发生冻害,－10 ℃会冻死。

2.光照

比较耐阴,光饱和点为 20～30 klx。光周期更重要,花芽分化要求 8～12 h 的短日照,16 h 以上日照不能形成花芽。匍匐茎发生要求长日照条件,而且要求较高温度。

3.水分

草莓正常生长期间要求土壤相对含水量 70％左右,花芽分化期 60％,结果成熟期 80％为好。草莓对空气湿度要求在 80％以下为好,花期不能高于 90％,否则影响受精,易出现畸形果。

4.土壤和营养

草莓可以在各种土壤中生长,但在疏松、肥沃、通水、通气良好的土壤中容易获得优质高产。草莓要求土壤地下水位不高于 80~100 cm。适宜的土壤 pH 为 5.5~7.0,pH 在 4 以下或 8 以上,就会出现生长发育障碍。草莓对土壤盐浓度敏感,盐浓度过高会发生障碍,一般施液肥浓度不宜超过 3%。

草莓要求土壤有机质含量丰富,花芽分化和开花坐果期增施磷、钾肥可促进花芽分化,增加产量,提高品质,而氮肥过多会抑制和延缓花芽分化。除氮、磷、钾外,草莓也要求适量施用钙、镁和硼肥。

(二)设施栽培类型

1.半促成栽培

草莓植株在秋冬季节自然低温条件下进入休眠之后,通过满足植株低温需求并结合其他方法打破休眠,同时采用保温、增温的方法,使植株提早恢复生长,提早开花结果,使果实在 2~4 月成熟上市。果实主要供应春节过后的市场,在品种要求上应以品质优、果型大、耐贮运为主要标准。通常采用小拱棚、中棚、大棚以及日光温室栽培。

2.促成栽培

也称特早熟栽培,是在冬季低温季节促进花芽分化,利用设施加强增温保温,人工创造适合草莓生长发育、开花结果的温度、光照等环境条件,使草莓鲜果能提早到 11 月中下旬成熟上市,并持续采收到翌年 5 月。草莓促成栽培是以早熟、优质、高产为目标,在南方地区以大棚栽培为主,北方地区以日光温室为主。

3.冷藏抑制栽培

为了满足 7~10 月草莓鲜果供应,利用草莓植株及花芽耐低温能力强的特点,对已经完成花芽分化的草莓植株在较低温度(-2 ℃~3 ℃)下冷藏,促使植株进入强制休眠,根据计划收获的日期解除冷藏,提供其生长发育及开花结果所要求的条件使之开花结果,称冷藏抑制栽培。

(三)设施栽培主要品种

(1)丰香　日本品种。生长势强,株型较开张,休眠程度浅,打破休眠在 5 ℃以下低温需 50~70 h。坐果率高,低温下畸形果较少,平均单果重 16 g 左右。果型为短圆锥形,果面鲜红色,富有光泽,果肉淡红色,较耐贮运。风味甜酸适度,汁多肉细,富有香气,品质极优。是目前设施栽培应用最广的优良品种。

(2)章姬　日本品种。生长势旺盛,株型较直立,休眠程度浅,花芽分化对低温要求不太严格,花芽分化比丰香略早。果实呈长圆锥形,平均单果重 20 g 左右,果形端正整齐,畸形果少。果面绯红色,富有光泽,果肉柔软多汁,肉细,风味甜多酸少,果实完熟时品质极佳,为设施栽培的新型优良品种。

(3)拉克拉　西班牙品种。植株直立,花序平于叶面,在 5 ℃~17 ℃气温条件下 1~2 周即可完成休眠,是目前休眠期较浅的草莓品种之一。一级花序平均单果重 33 g,最大单果重 75 g。果实长楔形或长圆锥形,颜色鲜红,果面光滑,有光泽。果肉粉红色,质地细腻,果味浓甜,果肉硬,极耐运输。适于设施栽培。在我国北方寒冷地区,一般情况下可在 1 月采收果实,延续结果 2~3 个月。

除上述品种外,全国不同地区使用的设施栽培品种还有女峰、鬼怒甘、丽红、宝交早生、春旭、申旭 1 号、申旭 2 号、静宝、明宝、红宝石、长虹、安娜、大将军、皇冠等。

(四)育苗技术

壮苗是草莓高产的基础。设施栽培选用的壮苗标准一般为:根系发达,一级侧根25条以上;叶柄粗短,长15 cm左右,宽3 cm左右;成龄叶5～7片;新茎粗1 cm以上;苗重25～40 g;花芽分化早,发育好;无病虫害。

1.技术要点

选择灌排方便、土壤肥沃、前茬未栽培过草莓的田块作为繁苗田。选择长势健壮、丰产性好、果形及品质符合品种特性的植株,利用其抽生的匍匐茎苗作为繁苗母株。定植时掌握以深不埋心、浅不露根为标准,栽植密度以500～600株/667 m²为宜。可采用宽垄双行定植法,也可采用单行定植,株距60～80 cm。

繁苗田的施肥以适量氮,重磷、钾为原则。母株定植后要立即灌足水,次日再复水一次,注意保持土壤湿润,但不宜积水。在母株定植成活后喷布赤霉素30～50 μl/L 1～2次,要及时摘除花蕾、花序和枯叶,以增加匍匐茎抽生量。定期将相互靠得太近的匍匐茎适当拉开,使子株苗之间尽可能分布均匀,以利培育壮苗。为使子苗不定根及时扎入土中,结合匍匐茎整理应及时进行压蔓。繁苗田中常见害虫有蛴螬、斜纹夜蛾等,可用50%的辛硫磷、40%乐斯本等药剂防治。

2.培育壮苗和促进花芽分化

(1)假植育苗　在草莓定植前选择生命力强和无病虫害的子株苗,移植在事先准备好的苗床上或营养钵中培育。假植引起的子株苗断根以及苗床土壤营养条件的改变,使子苗的素质有很大提高,并有利于花芽提早进行分化。

(2)营养钵育苗　将草莓繁苗田中母株发生的匍匐茎小苗移入塑料钵中集中管理,以达到促进花芽分化、培育壮苗的目的。育苗用营养钵口径一般为10～12 cm,高10 cm。内装经过消毒的育苗基质。

(3)无土育苗　无机基质有沙、珍珠岩、岩棉、蛭石、煤渣,有机基质有泥炭、发酵的锯末屑、稻壳、蔗渣等。草莓育苗可使用日本山崎草莓专用营养液配方或1/2剂量的日本园试通用营养液配方。

(4)高山育苗　利用高山上气温比山下平原气温低的特点来促进草莓花芽提早分化,在海拔500～1000 m的高山地育苗。一般在7月上旬采苗假植,8月中旬上山育苗,9月中下旬下山定植。

(5)遮光育苗　用苇帘、高密度遮阳网或黑色薄膜等材料覆盖遮光,以满足花芽分化对短日照条件的需求,达到提早花芽分化的目的。遮光时间应控制日照在10 h以内,过度遮光会使植株同化功能减弱,苗的发育变差,花器官发育不良。

(6)冷藏电照育苗　将植株直接置于较低温度的冷藏设备中,满足花芽分化需求的低温,以达到促进花芽分化目的的育苗方法。冷藏温度在6 ℃～18 ℃之间,以14 ℃最好,14 ℃～15 ℃冷藏6～9 d,并以500 lx电照每天补光8 h,可达到促进花芽分化的目的。也可采用草莓植株白天接受自然光照进行光合作用,夜间采用低温处理,促进其花芽分化,称夜冷育苗。

(五)设施栽培技术要点

1.促成栽培

(1)品种选择　以早熟、优质、高产为目标。选用的品种要求花芽分化容易,植株能在 9 月中旬完成花芽分化;休眠浅,植株不经低温处理,可正常生长发育,在较低温度下花序能连续抽生和结果,花、果实耐低温性能好;果实大小整齐度好,开花至结果期短,风味甜浓微酸,早期产量和总产量均高。目前主栽品种有丰香、明宝、章姬、女峰等。

（2）整地　选择光照良好、地势平坦、土质疏松、有机质含量丰富、排灌方便的壤土或沙质壤土,在黏质壤土中也能获得很好的栽培效果。要求 pH5.5～7.0,土壤盐分积累不能太高。

在整地施肥前要对设施土壤进行太阳能消毒或药剂熏蒸消毒,以杀灭地下害虫和土传病害,然后要充分通气。草莓基肥以有机肥为主,每 667 m² 施入腐熟的有机肥 2～2.5 t,同时加入过磷酸钙 40 kg、氮磷钾复合肥 30～40 kg。草莓设施栽培采用高垄双行种植,做垄时垄面要平,每垄连沟占地 1 m。为了提高土温,应提高垄的高度,以 30～40 cm 为宜。

（3）定植　50％草莓植株达到花芽分化期为定植适期,一般在 9 月中旬左右,最迟不晚于 10 月上旬,选苗重 25 g 以上、根系发达、新茎粗 0.5 cm 以上的壮苗定植。为了使花序伸向垄的两侧,在定植时应将草莓根茎基部弯曲的凸面朝向垄外侧,这样可使果实受光充足,空气流通,减少病虫害,增加着色度,提高品质,同时便于采收。

采用双行三角形定植,行距 25～28 cm,株距 15～18 cm,每 667 m² 定植 6000～8000 株。栽植不能过深或过浅,定植深度应以叶鞘基部与土面相平为宜。定植后随即浇透水,使土壤与植株根系紧密接触,否则苗容易萎蔫。

（4）定植后的管理　草莓定植后应促进叶面积大量增加和根系迅速扩大,以在低温前使植株生长良好,达到早熟高产。及时将草莓植株下部发生的腋芽、新发生的匍匐茎及枯叶、黄叶摘除,保留 5～6 片健壮叶。在 10 月下旬覆盖地膜,以提高土温,促进肥料分解,防止肥水流失及病虫草害发生,选用黑地膜或黑白双色两面膜。

（5）扣膜　决定草莓盖棚时期的因素主要有两个:休眠和侧花序花芽分化。如果盖棚过早,植株生育旺盛,侧花序不能正常花芽分化,着果数减少,产量降低;扣棚过晚,植株易进入休眠状态,生育缓慢,导致晚熟低产。保温适期应在第一侧花序进入花芽分化、而植株尚未进入休眠之前。

盖棚后的 7～10 d 内白天应尽量保持 30 ℃以上较高温度,以防止植株进入休眠。同时增加大棚内的湿度,避免在高温下出现生理障碍。植株现蕾后,温度逐步下降至 25 ℃,当外界气温降到 0 ℃以下时,应在大棚内覆盖中棚或小棚。开花期白天温度保持在 23 ℃～25 ℃,果实转白后温度保持在 20 ℃～22 ℃,收获期保持 18 ℃～20 ℃。草莓植株附近温度夜间应保持 5 ℃以上。草莓现蕾后的整个开花结果期应保持较低湿度,否则,不利于开花授粉,也易使果实发生灰霉病导致烂果。

（6）肥水管理　保温开始后,应在现蕾前灌水,提高土壤水分,保持大棚内的湿度,避免高温造成的叶片伤害。追肥可结合灌水进行,一般在铺地膜前施肥 1 次,以后在果实膨大期、采收初期各施 1 次,果实收获高峰过后的发叶期施 1 次,早春果实膨大期再施 2～3 次,共施追肥 6～8 次。

（7）赤霉素处理　赤霉素可打破植株休眠,处理植株后可促进果柄伸长,促进地上部的生长发育。在高温时,赤霉素处理效果较好,一般在盖棚保温开始后 3～5 d 内进行。利用手持式喷雾器,在植株上面 10 cm 处,对准生长点喷雾,按休眠深浅采用 5～10 μL/L 的浓度。

（8）植株整理　及时摘除新发生的侧枝、葡匐茎以及基部的老叶，否则会影响开花结果，且易成为病菌滋生场所。摘除基部叶片和侧芽的适宜时期是始花期，每个植株应保留 6～7 片叶。

（9）辅助授粉　大棚内温度低、湿度大，易造成植株授粉不良，着果不好，形成畸形果。为防止畸形果发生，最好采用蜜蜂辅助授粉技术，蜜蜂在开花前 5～6 d 放入大棚，持续到 3 月下旬。放蜂量以每 330 m² 左右放置 1 只蜂箱为宜。

（10）照光和增施 CO_2 气肥　照光的目的是通过加强和延长日照并结合大棚保温，抑制草莓进入休眠状态，促进植株生长发育，提早进入果实生长。采用 CO_2 施肥可以增加设施内 CO_2 浓度，提高光合速率，达到提高产量和品质的目的。

2. 半促成栽培

半促成栽培的特点是对经过花芽分化并已进入休眠的植株，通过一定的技术措施使植株提前结束休眠并保持旺盛生长状态，达到提早开花，提早结果的目的。与促成栽培相比，果实上市时间较晚，但由于花芽分化充分，产量相对较高，品质也较好。而且设施简单，管理方便，成本低，花工少，也是一种广泛采用的设施栽培方式。半促成栽培的关键之处在于提前打破休眠，根据打破休眠的原理和技术不同，有普通半促成栽培、植株冷藏半促成栽培、电照半促成栽培等。在我国以普通半促成栽培应用最广，其技术要点为：

（1）选择品种　宜选择休眠浅或中等的品种，如丰香、女峰、鬼怒甘、宝交早生、达赛莱克等。

（2）培育壮苗　要求秧苗具有 4～5 片叶、根茎粗 1～1.5 cm、苗重 20～30 g。

（3）适时定植　应在植株完成花芽分化后尽早定植，一般可在 10 月中旬，寒冷地区可提早到 9 月下旬至 10 月上旬。

（4）扣棚保温　是半促成栽培的一个重要技术环节，目的一是通过提高温度打破植株休眠，另一个是促进植株生长。扣棚时间应根据当地气候条件和品种特性而定，宜在植株已感受足够低温但休眠又没完全解除之前进行。休眠浅的品种可早些，休眠深的品种应晚些，一般在 12 月上旬至翌年 1 月上旬进行。其他管理与促成栽培相同。

（六）采收与贮运

一般从定植当年的 11 月至翌年 5 月均可采收鲜果上市。草莓在成熟过程中果皮红色由浅变深，着色范围由小变大，生产上可以此作为确定采收成熟度的标准，根据需要贮运的时间，可分别在果面着色达 70%（5～6 月）、80%（3～4 月）、90%（11 月至翌年 2 月）时采收。

草莓采收应尽可能在上午或傍晚温度较低时进行，最好在早晨气温刚升高时结合揭开内层覆盖进行，此时气温较低，果实不易碰破，果梗也脆而易断。

盛装果实的容器要浅，底要平，采收时为防挤压，可选高度 10 cm 左右、宽度和长度在 30～50 cm 的长方形食品周转箱，装果后各箱可叠放。采收后应按不同品种、大小、颜色对果实进行分级包装。小盒包装的每盒装果约 200 g，这样不仅可避免装运过程中草莓的挤压碰撞，而且美观，便于携带。草莓采收后，可进行快速预冷，然后在温度 0 ℃、相对湿度 90%～95% 条件下贮藏，也可进行气调贮藏，气体条件为 1% 氧气和 10%～20% CO_2，降温最好采用机械制冷进行。

复习思考题

1.名词解释

插接法　靠接法　四段式温度管理　半促成栽培　促成栽培　假植育苗

2.简答题

(1)简述我国设施蔬菜生产存在的问题及未来研究展望。

(2)简述番茄对设施环境的适应性。

(3)简述设施栽培对番茄品种的要求。

(4)试述春季塑料大棚早熟栽培关键技术要点。

(5)试述日光温室冬春茬番茄栽培关键技术要点。

(6)番茄果实常见生理障碍有哪些? 致病条件是什么?

(7)试述黄瓜设施栽培技术要点。

(8)简述日光温室芽苗蔬菜周年生产技术要点。

(9)设施栽培花卉的主要种类有哪些?

(10)简述月季设施栽培的环境调控技术。

(11)试述国内果树设施栽培存在的问题。

(12)试述葡萄设施栽培的技术要点。

(13)参观当地设施蔬菜(花卉或果树)生产基地,调查设施内生产销售状况并写出实习报告。

第十章　设施病虫害防治

本章学习目标

了解我国设施内园艺植物病害发生态势。掌握主要设施病虫害的发生规律与防治方法。重点掌握设施园艺植物病害发生的原因及共性;设施病虫害重发的主要原因;设施病害的分类及田间诊断;温室病虫害综合防治措施。

第一节　设施环境特点与病虫害发生的关系

一、我国设施内病害发生态势

1.土传积年流行病害逐年加重

由于棚室自身的特点,轮作倒茬困难,导致土壤中病原菌的积累和根病积年流行。枯萎病是自根栽培黄瓜、西瓜、甜瓜、茄子毁灭性的病害,番茄枯萎病近几年发展较快,川、陕部分地区发生严重。黄瓜、番茄、草莓根结线虫病在我国呈上升趋势,将对我国部分棚室蔬菜生产构成潜在的威胁。疫病、根腐病已成为辣(甜)椒生产中的最重要病害。

2.气传流行性病害有加重的趋势

霜霉病一直是瓜类生产中发生面积最广、危害最重的病害,至今尚未有适合棚室栽培的高抗品种。白粉病发生面积也较广,该病发生的阶段性较强,过硬的防治药剂较少。晚疫病一直是露地番茄毁灭性的病害,近几年在棚室中有加重的趋势。西瓜叶枯病、芹菜斑枯病、叶斑病等都是常发性重要病害。

3.低温高湿病害危害严重

我国以不加温节能日光温室及大棚为主,灰霉病成为冬春茬设施栽培蔬菜中寄生最广、危害最重的病害,成为番茄、韭菜、草莓等生产中的限制性障碍。黄瓜、番茄、茄子、辣(甜)椒菌核病发生也较普遍,近几年在茄果类中有加重的趋势。黄瓜黑星病自 20 世纪80 年代中期以来,在东北三省和山东等局部地区流行,目前我国已培育出该病的高抗品种。

4.高温高湿病害有加重趋势

受全球气候变暖的影响,番茄叶霉病、早疫病、斑枯病、黄瓜蔓枯病等高温高湿相关病害逐年加重,这些病害流行后药剂防治收效不大;番茄叶霉病虽有抗病品种,但生理小种变化较快。

5.细菌性病害呈上升态势

设施栽培蔬菜细菌病害种类多,就黄瓜而言,角斑病、斑点病(圆斑病)、缘枯病、萎蔫病等都是造成其严重损失的病害。番茄溃疡病、细菌性斑疹病、辣椒疮痂病、生菜软腐病等亦给生产带来了严重的经济损失。青枯病是南方棚室茄果类蔬菜重要病害,近几年有向北发展的趋势。细菌性病害研究基础薄弱,防治难度大。

6.生理病害普遍发生

棚室小气候的异常、管理不善和品种不适宜常引起生理病害普遍发生,症状多样,直接影响蔬菜产品的产量和质量,如黄化瓜、畸形瓜和苦味瓜,低温冷害等,常造成一定损失。

二、设施内病虫害重发的主要原因

设施栽培在人工设施环境下进行,与露地栽培的环境有根本区别,既有利于园艺植物周年生产和供应,也为病虫害的发生流行提供了良好的条件。随着设施栽培的迅速发展,使病虫害种类显著增加,为害程度明显加重,并为露地园艺植物提供了菌源和虫源。造成设施病虫害重发的主要原因如下。

(一)客观因素

1.倒茬困难

温室不易轮作,黄瓜、番茄等少数经济价值较高的蔬菜,连续多年种植,使温室内土传病害十分严重,最突出的是黄瓜枯萎病,以津研系列发病最重,从温室内开始有零星病株到全棚发病,只需4～5年时间,此外枯萎病还为害西瓜。茄子黄萎病、葫芦疫病发生为害也逐年加重,都与温室栽培不易轮作有关。

2.湿度大,高湿持续时间长

温室封闭的小气候,易形成高温高湿的生态环境,一些管理粗放的温室内高湿持续时间较长,有利于病菌再浸染,喜湿病害如黄瓜霜霉病、葫芦、番茄等作物灰霉病发生危害尤为严重。

3.昼夜温差大,易结露

经测定,11月份、翌年2月下旬和3月份,温室内30 ℃的温度可持续5 h左右。夜间16 ℃以下的温度可持续4～6 h,夜间植株叶面结露只需4～5 h,对黄瓜霜霉病的侵染非常有利,这也是霜霉病重发的主要原因。

4.冬季地温低

蔬菜分苗定植期伤口愈合缓慢。拉长了病菌浸染期,由根病侵染病害明显加重。如茄子黄萎病在冬春茬温室中,发病率比大棚和露地均高。

5.温室为病虫提供了发生和越冬场所

一些过去在北方发生较轻的病虫害,也因此而重发。如黄瓜霜霉病、白粉虱、美洲斑潜蝇在本地室外不能越冬,因温室栽培,不仅能发生危害,而且为大田提供了大量菌虫源。形成周年循环为害而蔓延重发。

(二)外界因素

1.生产者缺乏病虫害综防基础知识,防治效果差

温室蔬菜大面积发展以来,尽管技术部门在宣传培训等方面做了大量工作,但因许多生产者科技意识所限,接受能力差异较大,广大菜农仍就沿用大田方法防治温室病虫害,方法单一,效果差。易造成病虫害再次猖獗。

2.农药万能观念影响,园艺产品污染加重

病虫害一旦发生,生产者为了尽快控制为害,减少损失,采用加大施药量和增加施药次数来提高防治效果,造成见虫就喷药,见病就防治。今天施药,明天上市的现象时有发生。部分农药生产厂家经销商和技术人员尽力宣传农药的特效性、广谱性,易形成误导而形成农药万能观念,这些不注意防治方法,乱用、滥用药,既起不到应有的效果,又易引起病虫产生抗药性,而且严重污染了蔬菜,影响了消费者人身健康。

3.生物、生态控制技术滞后,综防技术走样

生物、生态防治技术是经济、实用的病虫害综防基本技术。而在温室病虫害防治中,恰恰忽略此项技术,偏重于化学药剂筛选研究,不注重病虫发生与生态环境研究,防治依赖于化学药剂的作用,造成综防技术走样,防效差。

三、设施园艺植物病害的田间症状

植物生病后所表现的病态称为植物病害的症状,简称病症。由于病原物的种类不同,对园艺植物的影响也各不相同。因此,发病部位和症状表现也千差万别,主要包括:变色、斑点、腐烂、萎蔫、畸形5种(彩图10-1)。

1.变色

蔬菜受害后局部或全株失去正常的绿色(彩图10-1,a)。有均匀变色与不均匀变色两种情况。均匀变色包括褪绿、黄化、红叶,由于叶绿素形成受到抑制造成。不均匀变色,大多表现黄绿相间,如辣椒花叶病毒。变色主要由病毒、类菌原体侵染而产生或由弱光及缺乏某种元素造成,少数由真菌引起。

2.斑点

也称坏死,是指植物的细胞和组织受到破坏而死亡,形成各式各样的病斑,在不同的器官上表现不同(彩图10-1,b)。叶上表现为叶斑、环斑,如真菌炭疽病、灰霉病、轮纹斑病;有的坏死斑脱落而成为穿孔,如角斑病、叶枯病;多在病害后期发生的,如白粉病、青枯病、霜霉病等。在果实、枝条上一般表现为疮痂、蔓枯、溃疡,如疮痂病、蔓枯病等;茎上发病在近地面处坏死,叫做猝倒或立枯病;根部坏死形成根腐。坏死绝大多数是由真菌与细菌引起。

3.腐烂

植物的组织细胞受病原物的破坏和分解可发生腐烂。多由坏死发展而来,分为三种:干腐、湿腐、软腐。腐烂组织流出的水分及其他物质及时蒸发消失而形成干腐,如马铃薯干腐病;腐烂速度快,组织水分不能及时蒸发形成湿腐,如绵腐病。干腐和湿腐均由真菌引起。软腐是植物内部腐烂,组织崩溃,如大白菜软腐病(彩图10-1,c)。软腐由细菌引起。

4.萎蔫

因根茎维管束被破坏而使输导作用受阻,植物产生凋萎的现象,如枯萎病、青枯病等(图10-1,d)。高温也可造成生理性萎蔫。

5.畸形

植物受病原物侵染后细胞数目大量增多,生长过度或生长发育受抑制都可引起畸形。在枝条上表现为丛枝;叶片上表现为皱缩、卷叶、扭曲等,如多种病毒病;根部畸形表

现为根瘤、根肿等,如黄瓜线虫病,白菜根肿(真菌)病等;有的整株发病,表现为丛生、矮化或徒长,这类病害在粮食作物上较多。畸形绝大多数由病毒、线虫造成,少数由细菌、真菌或生产管理引起(彩图10-1,e、f)。

四、设施园艺植物病害的分类

植物病害分为两大类,一类是非传染性病害,也称生理性病害;另一类为传染性病害,由病原物引起。根据病原物不同,传染性病害分为真菌病害、细菌病害、病毒病害、线虫以及寄生性种子植物引起的病害。

1.真菌病害

绝大多数病害由真菌引起,蔬菜上一般由真菌引起的病害有1000种左右,常见有200多种,占蔬菜病害的80%。真菌病害往往有一种或多种病状,症状多数明显,如变色、斑点、霉层、黑点、坏死、腐烂、萎蔫等。辨别真菌为害有两大特征:一是有病斑(不同形状),如圆形、椭圆形、多角形、不定形;二是病斑上有霉(粉)状物(不同色),如白粉病、灰霉病、锈病等(彩图10-2)。

2.细菌性病害

蔬菜上由细菌引起的病害有100多种,常见的有30种左右,占蔬菜的10%,种类不多,但危害很大,往往造成毁灭性的损失,因为细菌繁殖速度非常快,不易控制。

辨别细菌性病害有四大特征:一是病斑(叶片)无霉(粉)状物,病斑只在叶片上,病斑透明,很薄,易破裂。二是腐烂(茎、根)有臭味。细菌性腐烂有腥臭味,且病部常有黄色菌脓,而真菌性腐烂则没有,这是两种病害的主要区别,如大白菜软腐病。三是溃疡(果实)果实表面有小突起,如番茄溃疡病;四是青枯(根部)根尖端维管束变褐色,如番茄青枯病。

细菌性萎蔫往往造成青枯,而真菌性萎蔫多伴有叶片黄化特征,如黄瓜枯萎病是真菌引起的,番茄青枯病是细菌引起的(彩图10-3)。

3.病毒病害

由病毒引起的病害有50种左右,常见的有10多种,病毒病是仅次于真菌病害的一种重要病害。特点是种类较少,危害极大,防治最难,所有植物上都带有病毒,可造成毁灭性危害(近年来甜椒病毒病十分严重)。主要症状是变色,畸形。

变色是病毒病最常见的症状,分为黄化和花叶,常见的有茄果类花叶病毒病、条斑病;病毒病引起的畸形有叶面皱缩、厥叶、缩叶、卷叶、矮化等,现在温室常见的属这一类,如瓜类、茄果类厥叶病毒病(彩图10-4,10-5)。

病毒病与生理性病害的共同特点是:只有病状(植物本身所表现的反常状态),没有病征(病原物在病部所构成的特征),这是与其他浸染性病害的一个主要区别特征。

4.生理性病害

由于管理不当和不良环境影响而使植物生长不正常,表现出来的症状称为生理病害,是非生物病害,不具有侵染性。温室生理性病害发生较重,大多表现为复合症状,不易诊断。这类病害明显特点是一般在田间大面积同时发生,不侵染。而病原引起的病害最初只是点发生,以后逐渐蔓延扩展。设施园艺作物生理性病害常见的有低温障碍、缺素症、激素中毒、肥害及药害所造成的生理性障碍(彩图10-6)。

第二节 主要设施病虫害的发生与防治

一、设施病虫害综合防治措施

温室病虫害防治提倡以"预防为主,综合防治"为指导方针,根据温室病虫害发生特点,做好综合防治措施(图 10-7)。

设施农艺学

232

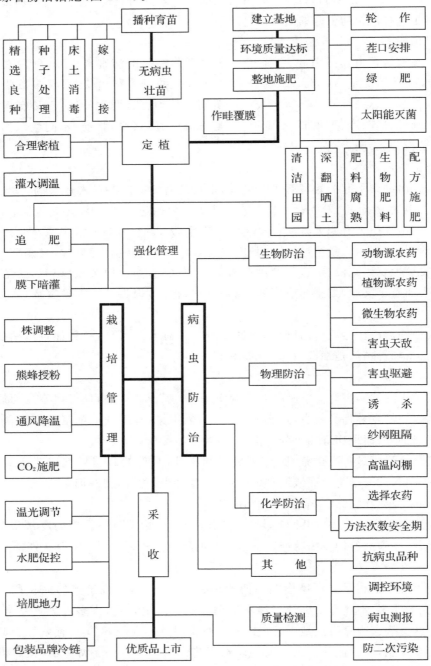

图 10-7 设施园艺植物无公害栽培技术体系

1. 高温闷棚

温室作物拉秧后,一般在 7 月份,选择晴天盖上棚膜,密闭闷棚 7～10 d,使室内温度提高至 60 ℃以上,以杀死土表及墙体上的病菌孢子及虫卵,以减轻蔬菜生长期的侵染及危害。如在高温闷棚时,按每立方米温室空间,用硫磺粉 2.4 g、锯末 4.5 g、敌敌畏烟熏剂 1 g 的均匀混合物,暗火点燃,密闭烟熏,效果更好,但熏后注意放风 2～3 d,再整地定植。

2. 种子处理

病虫害常潜伏在园艺种子或种苗上。在播前进行种子处理,可杜绝部分病虫害的传播。常用的种子处理方法有温烫浸种和药剂处理两种。温烫浸种,种子一般用 50 ℃～60 ℃温水浸 5～15 min,浸种时应不断搅拌,使种子受热均匀;药剂处理,可采用 0.1％硫酸铜、0.1％ K_2MnO_4 或 300 倍的福尔马林液浸种,也可按用种量的 0.3％～0.4％的50％多菌灵可湿性粉剂拌种。

3. 土壤消毒

播种或定植前,对温室土壤进行药剂消毒,以杀死土壤中的病菌或虫卵,可预防或减轻蔬菜生长期病虫危害。土壤消毒时,可根据常年病虫害发生情况,有针对性地选用下列任一药剂和用量:50％多菌灵可湿性粉剂 30 kg/hm²;50％福美双可湿性粉剂 22.5 kg/hm²;40％五氯硝基苯可湿性粉剂 15 kg/hm²;5％辛硫磷颗粒剂 22.5 kg/hm²;3％米乐尔颗粒剂40～60 kg/hm²;将所选药剂加适量细干土拌匀,均匀撒于地表,然后耕翻于土中。

苗床消毒可采用 50％多菌灵可湿性粉剂、50％福美双可湿性粉剂或 40％五氯硝基苯可湿性粉剂,每平方米 8～10 g 与适量细干土混均匀,取 1/3 撒于床面或播种沟内,剩余 2/3 撒于播种后的种子上(即下铺上盖),对蔬菜苗期病虫害具有明显的防治效果。但要注意保持床面表土湿润,以免发生药害。

4. 科学的栽培管理技术

温室蔬菜管理的好坏,直接关系到病虫害的发生和蔓延,因此,在制定和实施栽培管理措施时,要充分考虑到病虫害与各方面的相互关系,创造一个有利于蔬菜生长和发育而不利于病虫繁衍的环境条件,以达到预防和减轻病虫危害的目的。具体到生产实践中应协调运用好以下栽培管理措施:

(1)选用抗(耐)病虫的品种　不同品种对病虫害的抵抗和忍耐能力不同,因地制宜的选用抗耐病虫的品种,是防治温室蔬菜病虫害最经济有效的方法。

(2)采用平衡施肥　要施用充分腐熟的有机肥,注重氮磷钾肥配比应用,避免偏施氮肥。蔬菜生长的中后期要注意增施磷钾肥及其他微肥,增强蔬菜的抗病能力。

(3)科学浇水　大力推广滴灌和膜下暗灌技术,禁大水漫灌,以降低土壤和空气湿度。

(4)合理密植　根据不同品种,确定合理的种植密度,防止栽植过密,温室郁闭,影响通风透光。

(5)采用高垄宽窄行定植　一般要求垄高 15～20 cm,垄宽 30～40 cm,宽行垄距 80～90 cm,窄行垄距 40～50 cm,以利提高地温和增强通风透光。

(6)实行深耕细作和轮作　种植前深翻土壤 30 cm 以上,可直接影响在土中越冬的害虫和病源物。轮作不仅有利于蔬菜的生长,而且减少土壤中病源的积累和草食性害虫的食源,对防治病虫害具有明显的效果。

（7）推广地膜覆盖技术　温室内所有的地面采用地膜全覆盖，不仅可以提高地温，促进根系发育，而且可有效地降低温室内空气湿度，减轻病害发生。

（8）注意温室清洁　在蔬菜生长期及时拔除病株，摘除病叶及老叶，收菜后及时清除温室内的枯枝烂叶、根茬及杂草等，可有效地减少生长期及下茬蔬菜病虫害的侵染来源。

（9）严格控制温湿度　根据季节和蔬菜生育期的不同，结合病害发生情况，及时通风排湿，严格控制温室内的温湿度，使之有利于蔬菜的生长而不利于病虫的繁衍。

（10）增强光照　蔬菜生长期间，要经常清扫温室棚膜上的灰尘，保持棚膜清洁；同时要早揭晚盖草苫，延长光照时间，以减轻病害。

5. 化学防治

由于温室蔬菜生产有高温高湿的生态环境，极易造成病虫害的发生和流行，因此，对其进行药物防治，要突出"预防为主"的原则，特别是对一些较难防治的病害（病毒病等），其意义更大。实际生产中，应随时根据蔬菜的长势、生育期，结合气象预报预测，提早喷药预防，将其控制消灭在初发阶段，以免造成较大的经济损失。

实施喷药防治时，应注意科学合理用药：要根据病虫害发生种类，选择对路农药防治；要根据病虫害的发生危害规律，严格掌握最佳防治时间和最佳用量，做到适时适量用药；要考虑到喷药防治的长远效果，做到交替使用农药，以延缓病虫的抗药性；在多种病虫害同时发生时，要采用混合用药，达到1次施药控制多种病虫危害的目的；要根据天气变化灵活选用农药剂型和施药方法，尤其是阴雨天气病虫害发生时，可采用烟雾剂或粉尘剂防治，以降低温室内湿度；要严格执行农药安全使用操作，以降低温室内湿度。

二、设施内常见病虫害及其防治方法

(一)主要病源性病害

主要是指由各种病菌包括真菌和细菌等诱发的病害。

1. 病毒病

病毒病是夏秋季栽培由害虫口器传播的病害。主要为三种类型：花叶型、蕨叶型和条斑型。分别由不同的病毒所引起，尚无有效治疗药剂，故应预防为主。

[症状及病原]：花叶型：叶片上出现黄绿相间或深浅相间的现象，病株矮化，主要由烟草花叶病毒（TMV）侵染后产生。蕨叶型：植株不同程度矮化、由上部叶片开始全部或部分变成线状，中、下部叶片向上微卷，花冠加大形成巨花，主要由黄瓜花叶病毒（cmV）引起。条斑型：可发生在叶、茎、果上，病斑形状因发生部位不同而异，在叶片上为茶褐色的斑点，在茎蔓上为黑褐色斑块，变色部分仅处于表层，系烟草花叶病毒及黄瓜花叶病毒与其他病毒复合侵染引起，在高温和强光照下易于发生。变细，变黑，有些植株感染部位缢缩，潮湿时可见其上有白色或褐色丝状物（彩图 10-4；10-5）。

[发病条件和传播途径]：常见于越夏栽培和夏秋季育苗期，TMV 病毒可通过种子带毒或烟草作为初侵染源，cmV 主要由蚜虫从杂草传播，因此应针对毒源，采取措施预防。

[防治措施]：选用抗病毒品种；实行无病毒种子生产，播种前对种子用 10% Na_3PO_4 或 0.1% $KMnO_4$ 消毒 40～50 min；注意栽培管理，小水勤浇，防止高温干旱，注意田间操作时对手及工具的清洗消毒；早期防蚜，使用 50% 抗蚜威可湿性粉 3000 倍与 20% 病毒 A 可湿性粉剂 500 倍交替喷洒进行防治。

2.根结线虫病

[症状及病原]：主要发生在根部的侧根或须根上，病部产生肥肿畸形瘤状结，结中有很小的乳白色线虫。病株矮小，生育不良，结果少，病原为 Meloidogyne incognita，属植物寄生线虫(彩图10-8)。

[发病条件和传播途径]：该虫多在土壤表层5～30 cm生存，常以2龄幼虫在土壤中或以卵随病株残根一起越冬。在条件适宜时，越冬卵孵化为幼虫，继续发育并侵入寄主根部，刺激根部细胞增生而形成根结或瘤。线虫发育至4龄交尾产卵，卵在根结里孵化，发育至2龄后离开卵壳进入土中越冬或再侵染。病原可在育苗土中或育苗温室传播至幼苗，形成病苗，然后随病苗、病土及灌溉水进行传播蔓延。因此应针对病源，从育苗开始采取措施预防。

[防治措施]：合理轮作，可与石刁柏2年轮作，并选用无线虫病的基质或苗土育苗；在定植时，穴施10％粒满库或米乐尔颗粒剂 75 kg/hm²；亦可用氰化钙(石灰氮)穴施于苗周围，定植后再喷施600倍爱福丁进行防治。

3.猝倒病

[症状及病原]：俗称掐脖子病，多发生在秋冬季或早春育苗时，常见症状有烂种、死苗和猝倒三种，其中猝倒是幼苗出土后，茎基发生水渍状暗斑，继而绕茎扩展，逐渐缢缩呈细线状，而使幼苗倒地枯死。苗床湿度大时，在病苗附近床面上常密生白色棉絮状菌丝。其病原为瓜果腐霉菌 Pythium aphanidermatum，属鞭毛菌亚门真菌(彩图10-9，a、b)。

[发病条件和传播途径]：病菌以卵孢子随病残体在土壤中越冬，在土壤温度低于15 ℃，高湿且光照不足的连阴天时，利于病害发生蔓延。病菌以游动孢子借灌溉水从茎基部传播到幼苗上发病。当幼苗皮层木栓化后，真叶长出，则逐渐进入抗病阶段。

[防治措施]：采用无土基质育苗，改善温室光温条件，加强苗床管理，避免低温高湿条件出现，苗期不要在阴雨天浇水；苗期适当喷施0.1％ KH₂PO₄，提高幼苗抗病力；播种前用种子重量0.4％的50％福美霜可湿性粉剂，或65％代森锌可湿性粉剂拌种，防止出苗前后受土壤菌源侵染的发病。如未进行床土消毒，出苗后可床面喷洒70％代森锰锌可湿性粉剂500倍液或75％百菌清可湿性粉剂600倍液，每7 d一次，视病情连续防治1～2次。

4.立枯病

[症状及病原]：多发生在秋冬季或早春育苗时，刚出土幼苗发病，病苗茎基变褐，后病苗茎基出现长圆形或椭圆形病斑，病部收缩细缢、明显凹陷，地上部白天萎蔫，夜间恢复，病斑横向扩展绕茎一周时，幼苗逐渐枯死。病部具有同心轮纹及淡褐色蛛丝状霉，是它与猝倒病的重要区别特征。定植后大苗或果实膨大期的植株亦可感病，称为茎基腐病。它们的病原均为立枯丝核菌 Rhizoctonia solani，属半知菌亚门真菌(彩图10-9，c)。

[发病条件和传播途径]：病菌不产生孢子，主要以菌丝体传播和繁殖。病菌以菌丝体或菌核在土壤中越冬，且可在土中腐生2～3年，菌丝能直接侵入寄主，亦可通过水流、农具传播。病菌以高温高湿易于发病，适温为17 ℃～28 ℃，通风不良和幼苗徒长偏弱，利于此病的发生与蔓延。

[防治措施]：改善温室光温条件，加强苗床管理，避免高温高湿条件出现。苗期适当喷施0.1％KH₂PO₄，增强植株抗病力；种子处理，播种前用种子重量0.2％的50％拌种霜粉剂拌种，亦可用40％五氯硝基苯与福美霜1∶1混合，按8 g/m² 苗床施药掺于覆土中防止出苗前后受土壤菌源侵染的发病。如未进行床土消毒，则在出苗后或发病初期向苗

床喷洒 72.2％普力克 800 倍液与 50％福美霜可湿性粉剂 800 倍液,每 7 d 一次,连续防治 1～2 次。

5. 早疫病

[症状及病原]:又称轮纹病,以叶片和茎叶分枝最易发病,叶片初呈针尖大的暗绿色水浸状小斑点,后不断扩展为轮纹斑,边缘深褐色,上有较明显的浅绿色或黄色同心轮纹;茎部染病,多在分枝处产生褐色至深褐色不规则圆形或椭圆形病斑,叶柄受害,可产生黑色或深褐色轮纹斑;青果染病,常在萼片附近形成椭圆形病斑。病原系茄链格孢 Alternaria solani,属半知菌亚门真菌(彩图 10-10,a,b)。

[发病条件和传播途径]:以菌丝或分生孢子在病残体或种子上越冬,高温高湿利于发病,特别是棚膜滴水易于发病,分生孢子还可借水滴、空气等传播,连阴天易蔓延流行。日均温 21 ℃左右,空气相对湿度大于 70％的时数大于 49h,该病就有可能发生和流行。菌丝或分生孢子可从植株表面气孔、皮孔或表皮直接侵入,形成初侵染,经 2～3 d 潜育后出现病斑,以后病斑产出分生孢子,可通过气流、水滴进行再侵染。

[防治措施]:重点抓生态防治,注意加强环境温湿度监控,在春秋温湿度较大的高温高湿期,易于结露,特别是灌水后,应设法加大通风,降低温、湿度以缩短适于病害发生的时间,减缓病害发生和蔓延速度。

若温室温湿度适于病害发生,可采用喷粉尘法喷撒 5％百菌清粉尘剂 15 kg/hm²,亦可使用 45％百菌清烟雾剂或 10％速可灵烟雾剂,按 3～3.75 kg/hm² 熏蒸棚室预防病害发生;发病前或初发病时,可以喷施 50％扑海因可湿性粉剂 1000～1500 倍或 65％代森锌可湿性粉剂 500 倍液或 58％甲霜锰锌可湿性粉剂 500 倍液交替喷施,每 7 d 一次,视病情连续防治 3～4 次。若茎部发病,除叶片喷施外,还可将 50％扑海因可湿性粉剂配成 200 倍液,涂抹病部来抑制病害发展。

6. 晚疫病

[症状及病原]:主要危害叶片、茎部和青果。最初发病从叶片开始,然后向茎、果扩展,接近叶柄处呈黑褐色,病斑初为暗绿色水浸状,渐变为深褐色;茎秆上病斑为黑褐色,稍凹陷,边缘不清晰;果实发病可使青果产生油浸状暗绿色病斑,后成暗褐色至棕褐色,边缘明显,轮纹不规则,湿度大时其上可长少量白霉。病原为致病疫霉 Phytophthora infestans,属鞭毛菌亚门真菌(图 10-10,c,d)。

[发病条件和传播途径]:晚疫病菌的厚垣孢子可在落入土中的病残体上越冬,借气流或棚膜水滴传播到植株上,从气孔或表皮直接侵入,在棚室形成中心病株。病菌孢子囊的大量形成,需要有 95％以上的相对湿度,即白天气温 16 ℃～22 ℃,夜间 10 ℃以上,相对湿度高于 85％以上且持续时间长易于发病。相对湿度高于 85％,孢囊梗从气孔中伸出,相对湿度高于 95％,孢子囊形成。空气水分饱和,植株叶片表面形成液滴水膜时,休眠孢子才能萌发,因此长时间高温和饱和湿度是该病流行发生的重要条件。中心病株的病菌营养菌丝在寄主细胞间扩展潜育 3～4 d 后,病部长出菌丝和孢子囊,经水气、空气传播再侵染、蔓延从而导致病害的迅速扩展和蔓延。

[防治措施]:重点抓生态防治,特别是放草苫前后处于温湿度较大的高温高湿期,易于结露,应设法加大通风,降低湿度,预防病害发生,延缓病害蔓延速度;若温室温湿度适于病害发生,可采用喷粉尘法喷洒 5％百菌清粉尘剂 15 kg/hm²,亦可使用 45％百菌清烟雾剂按 3～3.75 kg/hm² 熏蒸,每 7～9 d 一次来预防病害发生;若发现病株,则应除去病

叶或病果,拔除病毒株,然后采用药剂防治。初发病时,可以喷施 72.7% 普力克水剂 800 倍液或 50% 甲霜铜可湿性粉剂 600 倍液或 64% 杀毒矾可湿性粉剂 500 倍液交替喷施,每 7～10 d 一次,视病情连续防治 5～6 次。若茎部发病,除叶片喷施外,还可将 64% 杀毒矾可湿性粉剂配成 200 倍液,搅匀后涂抹病部来抑制病害扩展。

7. 灰霉病

[症状及病原]:该病可为害花、果实、叶片及茎。果实染病多因残留的柱头或花瓣被侵染而诱发顶端发病,然后向果面及果柄扩展。致果皮呈灰白色、软腐,病部长出大量灰绿色霉层,即为病原菌的子实体,同一穗果上的果实常由于相互感染而使整穗果实发病。叶片染病始自叶尖,然后呈"V"字形向内扩展,初为浅褐色至黑褐色水浸状斑,后干枯表面生有灰霉致叶片枯死。病原是灰葡萄孢 Botrytis cinerea,属半知菌亚门真菌(彩图 10-11)。

[发病条件和传播途径]:主要以菌核在土壤中或以菌丝及分生孢子在病残体越冬或越夏,低温高湿利于发病,特别是棚膜滴水可使菌核萌发,产生菌丝体和分生孢子梗及分生孢子。分生孢子成熟后脱落,借棚顶水滴、气流及农事操作进行传播,萌发时产生芽管,从伤口或枯死组织如残留花瓣中侵入为害。果实膨大期浇水后病果剧增,此后病部产生的分生孢子可借气流传播进行再侵染。本菌发育适温为 20 ℃,最低发育温度为 2 ℃,相对湿度持续 90% 以上的多湿状态下易发病。

[防治措施]:重点抓生态防治,注意加强通风管理和加大温差变温管理,控制和降低环境湿度,上午封棚升温,下午通风降温降湿,夜间加强保温增温,减少叶面结露以缩短适于病害发生的时间,降低病害发生的可能性;冬季日光温室灌溉应在上午采用膜下滴灌进行,若设施蔬菜发病则应适当控制浇水,防止结露;温室温湿度适于病害发生,为不增加空气湿度,可采用喷粉尘法或烟雾剂预防病害发生;初发病时,应及时摘除病叶、病果,然后喷施 50% 速克灵可湿性粉剂 2000 倍或 50% 扑海因可湿性粉剂 1500 倍液或 50% 利得可湿性粉 800 倍液喷果,每 7 d 一次,视病情交替喷药防治 3～4 次,以防灰霉病菌产生抗药性。关键期用药防治:定植前可对秧苗使用 50% 速克灵可湿性粉 1500 倍喷淋幼苗防病;开花时,可在蘸花时在防落素稀释液中加入 0.1% 的速克灵可湿性粉沾花时使花器着药防病;第三次是果实核桃大小时催果水前可摘除果实残留花瓣,然后喷药防护后再施肥灌水。

8. 叶霉病

[症状及病原]:该病主要发生在蔬菜叶片上。当叶片衰老时,更容易发生此病,叶片染病后其叶背出现不规则或椭圆形淡黄色褪绿斑,大小如黄豆粒,然后霉层变为灰褐色或黑褐色绒状,即病菌分生孢子梗和分生孢子。病斑进一步发展,叶片正面也可长出黑霉,叶片由下向上逐渐卷曲,植株呈黄褐色干枯。病原是褐孢霉 Fulvia fulva,亦称黄枝孢菌 Cladosporium fulvum,属半知菌亚门真菌(彩图 10-12,a,b)。

[发病条件和传播途径]:以菌丝体和菌丝块核在病残体内或分生孢子附着在种子上越冬。如遇适宜条件可产生分生孢子,后者借气流传播至叶片、萼片、花梗等部位侵入,进入子房可潜伏在种皮内。病菌发病最适温为 20 ℃～25 ℃,最低发育温度为 9 ℃,平均气温 22 ℃ 左右,相对湿度高于 90%,利于病菌繁殖,发病重。相对湿度低于 80%,不利于分生孢子形成和病斑扩展,棚室通风不良,光照弱,植株生长过于繁茂,叶霉病扩展迅速。

[防治措施]:选用抗病品种,如番茄,国内品种如佳粉 15、中杂 9 号、中杂 11 等均抗叶霉病,国外品种如 144、189、宝发 008、美国大红等均不抗病;种子播前用 53 ℃ 温汤浸种 30 min 消毒后再催芽播种,可防种源病害;采用生态防治法,加强棚内温湿度管理,适时通风和

适量灌水,加大温差变温管理,上午封棚升温,下午通风降温降湿,夜间加强保温增温,使其形成不利病害发生的温湿条件,从而降低病害发生的可能;温室温湿度利于发病时,为不增加空气湿度,可采用喷粉尘法或烟雾剂熏蒸棚室 1 夜预防病害,每 8～10 d 一次,连续交替使用 3～4 次;初发病时,先及时打掉底部病老叶,然后喷施 70％甲基硫菌灵可湿性粉剂 800～1000 倍液或 50％硫黄悬浮剂 300 倍液或 75％百菌清可湿性粉剂 600～800 倍液,每 7～10 d 一次,视病情交替连续喷药防治 3～4 次。定植前,还可用硫黄粉熏蒸大棚或温室进行消毒防止病害发生。

9. 白粉病

[症状及病原]:该病可为害叶片、叶柄、果实及茎。初在叶面呈褪绿小点,扩大后呈不规则粉斑,上生白色絮状物,即菌丝和分生孢子梗及分生孢子。初霉层较稀疏,渐稠密后呈毡状,病斑扩大连片可覆满整个叶面。病原为鞑靼内丝白粉菌 Leveillula taurica,属子囊菌亚门真菌(彩图 10-12,c)。

[发病条件和传播途径]:主要以菌核在土壤中或以菌丝及分生孢子在病残体越冬或越夏,低温高湿利于发病,特别是棚膜滴水可使菌核萌发,产生菌丝体和分生孢子梗及分生孢子。分生孢子成熟后脱落,借棚顶水滴、气流及农事操作进行传播,萌发时产生芽管,从伤口或枯死组织如残留花瓣中侵入为害。果实膨大期浇水后病果剧增,此后病部产生的分生孢子可借气流传播进行再侵染。本菌发育适温为 20 ℃,最低发育温度为 2 ℃,相对湿度持续 90％以上的多湿状态下易发病。

[防治措施]:重点抓生态防治,注意加强通风管理和加大温差变温管理,控制和降低环境湿度,上午封棚升温,下午通风降温降湿,夜间加强保温增温,减少叶面结露以缩短适于病害发生的时间,降低病害发生的可能性;冬季日光温室灌溉应在上午采用膜下滴灌进行,若发病则应适当控制浇水,防止结露;温室温湿度适于病害发生,为不增加空气湿度,可采用喷粉尘法或烟雾剂预防病害发生;初发病时,应及时摘除病叶、病果,然后喷施 50％速克灵可湿性粉剂 2000 倍或 50％扑海因可湿性粉剂 1500 倍液或 50％利得可湿性粉 800 倍液喷果,每 7 天 1 次,视病情交替喷药防治 3～4 次,以防灰霉病菌产生抗药性。关键期用药防治:定植前可对秧苗使用 50％速克灵可湿性粉 1500 倍喷淋幼苗防病;开花时,可在蘸花时在防落素稀释液中加入 0.1％的速克灵可湿性粉沾花时使花器着药防病;第三次是果实核桃大小时催果水前可摘除果实残留花瓣,然后喷药防护后再施肥灌水。

10. 细菌性缘枯病

[症状及病原]主要危害叶片。多在叶此处产生水浸状小斑点,逐渐扩大为淡褐色不形病斑,或由叶缘向叶片中间扩展成“V”形斑。病斑油浸状,周围有晕圈。果实发病,多在果树或果尖部发生水浸状褐色病斑,湿腐,后脱水干枯,黄化凋萎。湿度大时,病部溢出少量白色菌脓。病原为边缘假孢菌所致(彩图 10-13)。

[发病条件和传播途径]:病菌随病残体在土壤中越冬,种子也可带菌,借风雨、农事操作传播。病菌喜温和湿润的条件,温度 20 ℃,相对湿度 90％以上,叶面有结露或叶缘叶水,是病菌活动和侵入的重要条件。因此,春茬保护地黄瓜,尤其是温室黄瓜发病重。

[防治措施]:选用抗病品种,津春 1 号、中农 13 号、龙杂黄 5 号等。对种子和床土消毒;轮作 2 年以上;地膜覆盖,降低田间湿度,及时通风,避免造成伤口;加强田间水肥管理,防止植株早衰;及时摘除病叶,采收后彻底清除病残体,随之深翻土地。利用药剂进行防治,50％DT 可湿性粉剂 500 倍液;或 60％琥·乙磷铝(DTM)可湿性粉剂 500 倍液;

或 72％农用链霉素或硫酸链霉素 4000 倍液；或新植霉素 150～200 mg/kg；或 77％丰护安可湿性粉剂 3.0 kg/hm²；或 14％络氨铜水剂 300 倍液；或 50％甲霜铜可湿性粉剂 600 倍液。

(二)主要虫害及其防治方法

1. 蚜虫(Aphis gossypii)

［为害特点及发生规律］：蚜虫俗称腻虫，属同翅目蚜科有害昆虫，危害蚜虫主要是棉蚜和桃蚜。蚜虫以成虫及若虫在叶背和嫩茎上用口器刺入组织，吸吮作物汁液而为害作物。幼叶及生长点被害后，叶片卷缩变形，褪绿变黄，老叶提前枯落，影响植株正常生长发育。此外，蚜虫还能传播病毒病，因为蚜虫可吸吮病毒而成为病毒的载体，在吸吮植物汁液的同时，把所带的病毒传给蔬菜，造成病毒病的大范围蔓延，所造成的危害远大于虫害本身。蚜虫分为有翅蚜和无翅蚜，都为孤雌胎生方式繁殖，一般 4 月底露地迁飞于春栽蔬菜上，6～7 月虫口密度最大，秋季迁进温室大棚为害，高温高湿不利于蚜虫生长繁殖，而低温干旱有利于蚜虫生活(彩图 10-14，a)。

［防治措施］：秋冬茬栽培及育苗时可在棚室风口处安装防虫网，使用银灰黑双面地膜覆盖畦并悬挂银灰色塑料膜避蚜和防病毒病；棚室内秋冬季若有蚜虫，为避免增大湿度，可选用 22％敌敌畏烟雾剂，按 7.5 kg/hm² 分散成 4～5 堆，于傍晚将棚密闭后熏烟一晚上，灭蚜效果在 90％以上；可选用 2.5％敌杀死或天王星或功夫乳油 3000 倍液，亦可选 50％抗蚜威(辟蚜雾)可湿性粉剂 2000～3000 倍液叶片喷施进行防治。

2. 白粉虱(Trialeurodes vaporariorum)

［为害特点及发生规律］：又名小白蛾，属同翅目粉虱科有害昆虫。成虫和若虫群居叶背用口器刺入组织吸食汁液而为害作物。除使叶片褪绿变黄外，还分泌出大量蜜露，污染叶片、果实在其表面形成黑色污斑，导致煤污病，可造成减产和降低果实商品。白粉虱繁殖力强，增长迅速，生长最适温为 18 ℃～21 ℃。白粉虱不能在露地越冬，一般在秋季迁进温室大棚，至第二年春季迁飞露地(彩图 10-14，b，c)。

［防治措施］：秋冬茬栽培特别是育苗温室应在棚室风口处设置尼龙纱防虫网，并注意清除杂草，控制外来虫源，培育无虫苗；棚室内应避免多种蔬菜混栽，除结合整枝、打杈及摘除带虫卵的底部老叶外，还应张挂粘虫黄板诱杀少量成虫；若白粉虱虫口密度较大，可选用 22％敌敌畏烟雾剂，于傍晚将棚密闭后熏烟 1 晚上，对成虫杀灭效果在 80％以上；熏烟后次日清晨日出前选用 25％扑虱灵可湿性粉剂 1500 倍或 2.5％敌杀死或天王星或功夫乳油 3000 倍液叶片全株喷施可杀灭若虫及残留成虫，防效显著。当白粉虱密度达 0.5～1 头/株时，可通过释放丽蚜小蜂 3～5 头/株进行防治，寄生率可达 75％以上，控制效果良好。

3. 棉铃虫(Heliothis armigera)

［为害特点及发生规律］：又名钻心虫，属鳞翅目夜蛾科有害昆虫。成虫体长 1.4～1.8 cm，翅展 3～3.8 cm，灰褐色。前翅具褐色环状纹及肾形纹，后翅黄白色或淡褐色。老熟幼虫 3～4.2 cm，体色变化很大，由淡绿、淡红至红褐色，头部黄褐色。以幼虫蛀食花、果等器官而为害作物。花蕾受害时，萼片张开，变成黄绿色，2～3 d 后脱落。幼果常被吃空或因腐烂而脱落。成熟果虽只被蛀食部分食肉，但蛀孔多在蒂部，易使病菌侵入引起腐烂，此外棉花铃虫还可将果实外表皮蛀蚀。因此，虫害将使商品果率明显下降，导致减产。棉铃虫驻食幼嫩茎秆，往往使茎中空折断。北方棉铃虫以蛹在土壤中越冬，5 月上旬开始羽化，5 月中旬开始产卵，此时可能进入温室大棚为害，可将虫卵产于花中，待坐果后，幼虫在果中啃食发育，至老龄幼苗钻出果外，进一步为害其他果实或茎秆。秋延后

栽培会在 8 月下旬至 9 月上旬封棚前后受到成虫及虫卵为害(彩图 10-14,d)。

[防治措施]:大棚温室应在棚室风口处设置尼龙纱防虫网,控制外来虫源;棚室内可设黑光灯或用性诱剂诱捕盆诱杀成虫;结合整枝、打杈及摘心有效减少虫卵量,同时及时注意和摘除虫果,压低虫口密度;在幼虫尚未蛀入果内的孵化盛期至 2 龄盛期,连续喷洒细菌杀虫剂(B.t.乳剂),可使幼虫大量染病而死,亦可用天王星(联苯菊酯)2.5％乳油或功夫(氯氟氰菊酯)2.5％乳油 5000 倍液叶片全株喷施杀灭幼虫,若 3 龄后幼虫进入果内,施药效果很差,只能采取人工摘除虫果。

4. 美洲斑潜蝇(Liriomyza sativae)

[为害特点及发生规律]:属双翅目潜蝇科有害昆虫。其幼虫可在叶表皮下的叶肉组织中曲折穿行取食,可在叶片上形成白色的蛀虫道,为害严重时,可使叶肉组织几乎全部受害,甚至枯萎死亡。美洲斑潜蝇幼虫体长约 0.3 cm,无头蛆状。成虫体长 0.13～0.23 cm,翅展 0.1～0.2 cm,体淡灰色,蛹椭圆形,浅橙黄色。雌虫刺伤寄主植物后,作为取食和产卵的场所,雄虫不能刺伤植物,但可以从雌虫造成的伤口中取食。幼虫孵化后即潜入叶肉中取食,破坏叶肉细胞,并使叶片出现空腔,致使光合作用减弱而减产。北方斑潜蝇春秋季发生较重,完成一代所需时间 15～30 d,世代重叠明显。由于斑潜蝇飞行能力弱,因此自然扩散能力不强,主要靠卵和幼虫随寄主植物或蛹随土壤或交通工具进行远距离传播(彩图 10-14,e,f)。

[防治措施]:大棚温室应在棚室风口处设置尼龙纱防虫网,控制外来虫源;棚室内可用诱杀剂点喷植物来诱杀成虫,诱杀剂可用番薯或胡萝卜煮液为诱饵,加 0.05％敌百虫为毒剂制成。每隔 3～5 d 喷 1 次,连喷 5～7 次;结合整枝、打杈及摘心摘除有虫病叶或在阳光下将叶中可见幼虫用手捏死;在成虫盛发期或始见幼虫潜蛀隧道时连续喷药防治,可用 40％乐果乳油 1000 倍,或 40.7％乐斯本乳油 1000～1500 倍,或 80％敌敌畏乳油 2000 倍叶片全株喷施,每隔 7～10 d 一次,连喷 2～3 次。

5. 茶黄螨(Polyphagotarnemui latus)

[为害特点及发生规律]:属蜱螨目跗线螨科害虫。茶黄螨以成虫和幼虫集中在植物幼嫩部位刺吸植物汁液,受害叶片背面呈灰褐或黄褐色,具油质光泽或油浸状,可使叶片变窄,僵硬直立,皱缩或扭曲畸形,造成植株畸形和生长缓慢乃至秃尖。由于螨体极小,上述特征常被误认为病毒病等病害。雌螨长约 0.02 cm,淡黄色至橙黄色,表皮薄而透明,因此螨体呈半透明状。温室全年都可发生,但冬季繁殖能力较低,适宜发育繁殖温度为 16 ℃～23 ℃,相对湿度为 80％～90％。螨虫有强烈趋嫩性,喜欢向幼嫩部位繁衍。卵和幼螨对湿度要求高,只有相对湿度大于 80％才能发育,因此高温高湿环境有利于茶黄螨的发生(彩图 10-14,g,h)。

[防治措施]:茶黄螨生活周期短,繁殖力极强,应加强虫情观察,在发生初期进行防治。喷药重点是植株上部,尤其是嫩叶背和嫩茎。可用 20％三氯杀螨醇乳油 500～1000 倍喷雾,每隔 10 d 一次,交替用药连喷 2～3 次。

6. 甜菜夜蛾

[为害特点及发生规律]:该虫属鳞翅目夜蛾科,老熟幼虫体长约 22 mm,体色变化很大,由绿色、暗绿色、黄褐色至黑褐色。各节气门后上方具有一明显的白点,腹部气门下线为黄白色纵带,有时带粉红色,此带直达腹末,但不弯到臀足(甘蓝夜蛾老熟幼虫则弯到臀足)。可为害番茄、甘蓝、花椰菜、白菜、莴苣、青椒、茄子、马铃薯、黄瓜、西葫芦、豇

豆、芹菜、菠菜、韭菜等 30 余种蔬菜,是杂食性害虫,初孵幼虫群集叶背,吐丝结网,在其内取食叶肉,留下表皮,成透明的小孔。严重时仅留叶脉和叶柄,3 龄以上的幼虫还可钻食甜椒、番茄果实,造成落果、烂果(彩图 10-14,i,j)。

[生活习性与发生规律]:一年发生 4~6 代,以蛹在土室内越冬,成虫夜间活动,最适宜的温度 20 ℃~23 ℃,相对湿度 50%~75%,成虫白天藏在杂草及植物茎叶的浓阴处,有趋光性,成虫产卵期 3~5 d,每雌虫产卵 100~600 粒,幼虫共 5~6 龄,以 5 龄为主。3 龄前幼虫群集为害,4 龄后幼虫昼伏夜出,有假死性,虫口过大时,幼虫会自相残杀,该虫是一种间歇性大发生的害虫,不同年份发生量差异很大,一年之中,以 7~9 月发生最重。

[防治方法]:(1)农业防治:结合农事操作人工摘除卵块或捏杀群集为害的幼虫,另外秋耕或冬耕可消灭部分越冬蛹。(2)物理防治:在成虫发生期,设置频振式杀虫灯诱杀,连片地每 20 hm² 设置 15 盏灯,可诱杀大量成虫。(3)用性引诱剂诱杀雄成虫,连片种植十字花科蔬菜的田块设 75~105 个点/hm²,每个点设置直径 18 cm 小塑料水桶,桶离地面 30 cm,装上容积 80% 的水,并加少量洗衣粉,离水面 1~2 cm 处用铁丝悬挂甜菜夜蛾诱蕊一只,通过诱杀大量的雄成虫,使雌成虫的生殖能力降低。(4)药剂防治:在卵孵高峰至幼虫蚁龄高峰期,可选用 10% 除尽 1500 倍、5% 抑太保 1500 倍、5% 卡死克 1000 ~1500 倍、10% 安绿宝 1000~1500 倍、20% 米满 2000 倍液均匀喷雾。

(三)主要生理性病害

1. 畸形果

[症状及病因]:可控环境下园艺植物栽培时可能出现畸形,如椭圆形果、大脐果、突指果、尖顶果等(彩图 10-15,a、b)。其原因是幼苗期花序分化发育时可能出现过低温、光照不足、肥水不当和生长激素使用不当,致使花器不能充分发育,或水氮等养分过多使花芽过度分化均可形成多心皮畸形花,进而发育出桃形、瘤形或指形等畸形果。而苗期低温、干旱等使幼苗处在抑制生长条件下,花器易木栓化,后转入适宜条件下,木栓化组织不能适应内部组织的迅速生长,则可形成裂果、疤果或籽外露果实。此外使用生长调节剂浓度过高也容易形成桃形果。由于秋冬季低温弱光经常出现且经常使用激素坐果,所以畸形果多出现在冬春季。

[防治措施]:(1)选用果实周正的品种,经常疏花疏果,将畸形花果及时摘除;(2)育苗期间苗床温度不宜过低,应设法改善苗床的光温状况,不要在温度偏低时过早定植;(3)加强肥水管理、采用配方施肥避免偏施氮肥,防止植株徒长;(4)合理使用生长调节剂喷花保果,也可用熊蜂授粉取代激素喷花来降低畸果率。

2. 脐腐病

[症状及病因]:又名蒂腐病、顶腐病、黑膏病。多发生在果实膨大期的幼果上,初在幼果的脐部出现水浸状斑,逐渐扩大,至果实顶部凹陷、变褐、变硬。严重时病斑可扩大到半个果面左右,果实停止膨大并提早着色红熟(彩图 10-15,c、d)。后期湿度大时腐生霉菌寄生于其上,可产生黑色的霉状物。其主要诱因是由于土壤水分突然变化,忽干忽湿加上土壤缺钙而使植株缺钙造成的缺钙症状而引起,亦可能由土壤中镁、钾离子的浓度过高而抑制钙离子的吸收所致。由于春季温度变化剧烈,土壤水分变化频发所致,所以脐腐果多出现在春末夏初。

[防治措施]:(1)整地施基肥时可使用生石灰和过磷酸钙进行土壤改良;(2)采用地膜滴灌系统有助于保持土壤水分稳定,减少钙质淋失;(3)选用果皮光滑、中果型、厚果皮的抗病

品种;(4)加强肥水管理、注意结果期的水分均衡供应,采用配方施肥除增施磷钾肥外,还可每 10~15 d 对果实喷洒 1‰氯化钙或 1%过磷酸钙等钙肥进行根外追肥,连喷 2 次。

3. 日灼病

[症状及病因]:又名日烧病、日伤病,主要危害果实,可使果实向阳面出现大块褪绿变白的病斑,似透明的薄纸状,后变成黄褐色的斑块,有的出现皱纹、干缩变硬而凹陷,果肉变成褐色块状(彩图 10-15,e)。若日灼部位受到霉菌感染时会长出黑霉。它的产生主要是处于转色期的果实,受到强烈阳光的照射,致使向阳面温度过高而灼伤。

[防治措施]:(1)增施有机肥,及时灌水,增强土壤的保水供水能力,降低植物体温;(2)在绑蔓时应把果实隐蔽在叶片下表,减弱阳光的直射,若采用吊绳将优于支架;(3)适度打杈,保证植株叶片繁茂,顶部打杈摘心时可以留 2~3 片叶后,以利遮盖果实,减少日灼。

4. 裂果

[症状及病因]:是一种常见生理性病害,主要因环境剧烈变化如高温、烈日、干旱特别是果实成熟前土壤水分突然变化而使果肉与果皮组织的生长速度不同步,造成膨压增大,而使果皮开裂所致(彩图 10-15,f、g)。根据裂纹分布和形状可分为以果蒂为中心呈环状浅裂的环状裂果、以果蒂为中心向果肩部延伸的放射状裂果和在果顶花痕部不规则浅裂的条状裂果。品种不同对裂果的抗性差异也很大。

[防治措施]:(1)选用抗裂、枝叶繁茂、果皮较厚且较韧的品种。如国外耐贮厚皮红果或小型果番茄品种,如美国大红、R-144、R-139、宝发 008 及卡鲁索等;(2)在果实着色期合理灌水,最好使用滴灌,采用小水勤浇,减少大水沟灌导致土壤水分忽干忽湿引起的裂果;(3)果实应避免阳光直射,适度打杈,保证植株叶片繁茂,摘心不可过早,打底叶不宜过早过狠,以利遮盖果实,减少水分变化影响。(4)采用深沟高畦栽培,增施有机肥,以改良土壤结构、提高土壤的保水保肥能力。(5)对于春季延后栽培而言,最好不揭大棚顶膜,如果非揭不可,则必须在大雨前及时采收。(6)在维持较为稳定的土壤含水量的基础上,果实进入膨大期后,用 0.3%~0.4%的波尔多液喷洒植株,对防止裂果有明显的效果。

5. 筋腐果

[症状及病因]:也称条腐果,是一种棚室冬季栽培常见的生理性病害。筋腐病可分为褐变型筋腐病和白变型筋腐病(彩图 10-15,h)。褐变筋腐病主要是果实的表面局部变褐,果肉僵硬,果皮内维管束变褐坏死。白变型筋腐病多发生于果皮部组织中,病部有蜡样的光泽,质硬且着色不良。此病果多发生在果实的背光面,特别是下部花穗,主要原因是秋冬季棚室温度较低、光照不足、缺钾和铵态氮素过多所致,病害特别是病毒病的毒素亦是诱发筋腐病的重要原因。氮肥施肥量大,灌水过多致使地温偏低、土壤中氧气含量不足时发病较重。不同品种发病情况也不同,施用未腐熟农家肥、密植、摘心过早或感染病毒都可诱发此病。

[发生条件]:(1)褐色筋腐病多发生在低温弱光之下,植株茂密通透不良更利于本病发生。越冬一大茬栽培一定要密度合理,同时要合理整枝,改善株间透光性。土壤水分过大,土壤氧气供应不足时,有利于本病发生。施肥量过大,特别是铵态氮施用过多,钾肥不足或钾的吸收受阻时,本病发生也重。施用未经充分腐熟的农家肥、密植、小苗定植、强摘心都可能诱发本病。(2)白变型筋腐病和烟草花叶病感染有关。应选用抗这一病毒的品种。

[防治措施]:(1)选用耐低温弱光、抗筋腐病或不易发生筋腐病的抗病毒番茄品种;

(2)施用腐熟有机肥,合理施用复合肥和铵态氮肥,避免偏施氮肥;(3)实行高垄或高畦栽培,提高地温,在果实着色期合理灌水,最好使用滴灌,采用小水勤浇可减少大水沟灌导致地温的明显下降。

6.空洞果

[症状及病因]:空洞果是指果皮与果肉胶状物之间具空洞的果实,常见症状为果实表皮有深的凹陷,果实呈棱角状(彩图 10-15,i)。切开果实可见胎座发育不良,胎座组织生长不充实,果皮与胎座分离而有空腔,果肉不饱满,果皮隔壁很薄看不见种子。它主要是因棚室使高温或低温使花粉活力不稳定,受精不良,种子形成少,致使胎座组织发育跟不上果皮发育而产生。此外种子形成少,便会缺少大量果胶物充实果腔,也可引起果实空洞。植物生长调节剂处理过早或浓度过大,也会影响种子形成而诱发空洞果。氮肥施用过多致使果实生长过快也是空洞果形成的重要原因。

[防治措施]:(1)选用心室多、果腔多或不易发生空洞果的品种;(2)用植物生长调节素处理时,要随温度变化合理调整使用浓度,并正确掌握使用时期,避免重复蘸花;(3)温室使用振动器或熊蜂辅助授粉,促进花果受精和种子的发育;(4)注意合理配施,防止偏施氮肥。此外,注意适时摘心,防止摘心过早而使养分分配变化出现的空洞果。

7.芽枯病

[症状及病因]:被害株初期引起幼芽枯死,被害部长出皮层包被,在发生芽枯处形成一道缝隙,缝隙为线形或 Y 字形,有时边缘不整齐,但无虫粪(彩图 10-15,j)。此病一般在夏秋保护地现蕾期发生,主要由于中午未及时放风或风口太小,高温下烫死了幼嫩的生长点,使茎受伤而引起。尤其是在定植后控水严重的地块更易发生。

[防治措施]:播前要浇足水,播后覆土不要太厚,一般一扁指厚即可。幼苗刚出土时过于干燥,可用喷壶洒点水,发现覆土太薄补撒一层湿润细土。出苗后及时喷施一遍蒙纯多微精华素 800 倍液。

8.生理性卷叶

[症状及病因]:采收前或采收期,第一果枝叶片稍卷或全株叶片呈筒状变脆,致果实直接暴露于阳光下,影响果实膨大或引起日灼,此病有时突然发生,应特别引起注意(彩图 10-15,l)。此病主要与土壤、浇水及管理有关,当气温高或田间缺水时,气孔关闭,致使叶片收拢或卷缩而出现生理性卷叶。

[防治措施]:定植后进行抗旱锻炼,一定要配方施肥,可用 1000 倍液叶面微肥喷施,确保土壤水分充足,采用遮阳网栽培,及时整枝打杈防治蚜虫发生。

9.大棚次生盐渍化及防治

[症状及病因]:为提高大棚经济效益,一般采用周年覆盖栽培,再加上施肥量大,易造成棚内盐分大量积累,溶液浓度往往是露地的 2～3 倍(露地为 3000 mg/L,大棚 7000～8000 mg/L)。这是由于蔬菜在覆盖条件下,棚内温度较高,土壤蒸发量大,又缺乏雨水的淋洗,使下层盐类由毛细管作用上升在表层积累;同时,大棚内蔬菜的生长发育速度较快,产量高,为了满足蔬菜生长发育对营养的要求,需要大量的肥料,但由于土壤类型、质地、肥力以及不同蔬菜作物生长发育对营养元素吸收的多样性、复杂性,菜农很难掌握其适宜肥料种类和数量,所以经常出现过量施肥的情况,时间一长就大量积累,这些肥料会超过理论值 3～5 倍,加剧了土壤的盐渍化,土壤溶液浓度升高快。土壤出现次生盐渍化最明显特征是土表出现红苔。

盐类累积影响水分、钙的吸收，造成土表硬壳、烂根、使铵浓度升高，钙吸收受阻，叶深而卷曲。蔬菜受害后，叶色浓绿，有蜡质，有闪光感，严重时叶色变褐，下部叶反卷或下垂，根短、量少，头齐钝，变褐色；植株矮小，叶片小，生长僵，严重时中午凋萎，早晚恢复，几经反复后枯死。不同蔬菜中毒反应不同，番茄幼苗老化，茎尖凋萎，果实畸形，芹菜心腐，白菜烧叶，黄瓜茎尖萎缩，叶片小。

[防治措施]：解决盐渍化亦预防着手，平时要以有机肥作基肥为主，尽可能减少化肥使用量；化肥可用过磷酸钙、磷酸铵、磷酸钾，因这些肥料易被土壤吸收，土壤溶液浓度不易升高。要开好排水沟，在夏季隔年下棚膜或利用棚内微喷设施，以水排盐；种植吸肥力强的作物除盐，可种植禾本科作物（如早熟玉米）或绿肥，吸收盐类，降低土壤溶液浓度；深翻除盐，覆盖作物防盐，换土除盐；也可以换地除盐，即种植 3～5 年蔬菜后，换到新的未盐渍化土壤中搭棚。

12.连作障碍

[症状及病因]：在大棚蔬菜栽培中，由于连作单一蔬菜，常造成有益微生物活动受抑，有害微生物繁殖起来，破坏土壤微生物的自然平衡，这样，肥料分解受阻，土传病害蔓延；同时，一些害虫基本无越冬现象，周年为害作物。长期连作还会造成营养元素的不平衡，即某种蔬菜吸收某一元素过多，使其一些养分减少，另一些养分在土壤中积累。还有些作物，根系能分泌有毒物质，造成作物生育受阻。

[防治措施]：克服连作障碍的方法为进行合理的不同类作物间轮作，如必须连作，克服连作障碍的方法有：利用夏季进行闷棚高温消毒，杀灭土传病害；利用深翻土层，大水浸泡排盐和增施有机肥，改善土壤团粒结构和营养平衡。

 复习思考题

1.名词解释

生理性病害　传染性病害　病原性病害　植物病症　次生盐渍化　连作障碍

2.简答题

(1)简述我国设施园艺植物病害发生态势及其重发的原因。

(2)设施内病害的田间症状有几种？各有何特点？

(3)设施内病虫害综合防治措施有哪些？

(4)试述设施内常见病原性病害及其防治方法。

(5)试述设施内主要虫害及其防治方法。

(6)试述设施内生理性病害及其防治方法。

(7)参观当地设施蔬菜(花卉或果树)生产基地，调查设施内病虫害状况并写出实习报告。

实验实习

一、设施农业的调查

一、目的

通过实地调查一个县(乡、镇),了解当地设施农业发展情况,针对存在的问题,提出建议意见。

二、方法步骤

1.3～4 人为一组,深入县农业局或某一个乡镇,调查当地设施的种类、面积,设施栽培的作物类型、主要品种、效益,设施栽培中存在的主要问题,提出可能的解决办法。

2.全班讨论、交流、总结。

三、作业

写出调查报告。

四、考核

根据调查报告、讨论时的发言情况进行考核。

二、设施结构类型的调查

一、目的

通过对几种类型设施的调查、测量和分析,进行类型识别和了解当地主要栽培设施的结构特点和规格,掌握各栽培设施在本地区的应用,并学会结构测量方法。

二、用具

皮尺、钢卷尺、测角仪(坡度仪)。

三、说明

我国栽培设施类型,根据防寒保温、充分利用太阳能和人工加温的原理,组成多种保护地设施,就全国而言,有风障畦、阳畦(冷床)、温床、地膜覆盖、塑料拱棚和温室。

由于各地气候条件的差异,各种保护地设施所占比例不同。

栽培设施的性能和设施的结构、规格密切相关，也是各种类型相互区别的依据，了解栽培设施性能必先掌握其结构和规格。

栽培设施的应用是根据其防寒保温能力及性能决定的，掌握栽培设施在本地区的利用情况是做好技术工作的前提。

四、内容和方法

全班划分成若干小组，每小组按实训内容要求到校实训农场或附近农业科技园区、科研单位及农村进行调查、测量、访问，将调查资料和测量结果，整理成报告。调查要点如下：

(一)设施类型的识别

观察设施场地的选择、方位和规划情况。

(二)测量几种设施的结构、规格

1. 日光温室的方位，长、宽、高，透明屋面及后屋面的角度、长度、墙体厚度和高度，门的位置和规格。

2. 大、中、小塑料拱棚的方位、规格、跨高比和用材种类与规格。

3. 温床或阳畦的方位、规格和苗床区规划及风障设置。

4. 分析几种保护地设施结构原理的异同、结构性能的优缺点和节能的有效措施。

5. 各保护地设施在本地区的主要栽培季节、栽培作物种类、周年利用情况以及节能的有效措施。

五、作业

写出调查报告。

六、考核

根据调查报告、调查时的表现情况进行考核。

三、电热温床的建造

一、目的

学习电热温床的设计方法，掌握自动控温仪和电热线的连接安装原理和技术。

二、材料和用具

电热线、自动控温仪、电工工具等。

三、方法步骤

(一)电热线用量与布线计算

1. 苗床总功率计算。

2. 电热线根数计算。

3. 电热线布线道数计算。

4. 确定电热线行距　计算出平均线距，再根据苗床的特点调整内外的线距大小。

(二)布线与连线

1. 布线　按要求线距将线拉直拉紧,线的两端在同一侧。
2. 连接自动控温仪、交流接触器等。连接顺序如下:

[电源]→[控温仪]→[交流接触器](控温仪负载超出允许值)→[电热线]

四、作业

1. 一苗床长 10 m、宽 1.5 m,设定功率为 120 W/m²,计算出苗床需要的总功率、电热线根数、布线道数及线距,并绘出线路连接图。
2. 简述电热温床的铺设方法及注意事项。

五、考核

根据实习操作情况和作业综合考核。

四、塑料大棚的设计与建造

一、目的

通过观测塑料大棚的形式与结构,运用所学理论知识,学会塑料大棚的设计和建造方法,为利用塑料大棚打下基础。

二、用具

直尺、铅笔、橡皮、量角器、绘图纸等。

三、设计步骤

(一)大棚的规格

包括占地面积、跨度、脊高、拱间距等。

(二)棚面弧度与高跨比的设计

根据合理轴线公式计算同一大棚弧面各点合理高度。合理轴线公式:

$$Y = 4f \times X(L - X) \div L^2$$

式中:Y—弧线各点高;f—脊高;L—跨度;X—水平距离。

根据公式计算的数值,从建筑力学考虑最合理,但栽培上为管理方便,可适当调整高度。

(三)大棚面积的长宽比

大棚占地面积的长宽比与大棚的稳固性有密切的关系,长宽比大,周径长,地面固定部分多,抗风能力相对加强。

(四)大棚建材的预算与准备

四、建造步骤

(一)塑料大棚群的规划

1. 场地选择与规划。

2.大棚群的规划布局。棚间的两侧距离 2～2.5 m,棚头间的距离 5～6 m。

(二)大棚的建造(以竹木结构大棚为例)

1.埋立柱。

2.绑拉杆。

3.安小立柱。

4.上拱杆。

5.安装门。

6.覆盖塑料薄膜并固定。

五、作业

1.绘制设计的塑料大棚结构示意图,写出设计说明。

2.简述塑料大棚建造步骤及注意事项。

六、考核

根据实习情况及作业综合考核。

五、高效节能日光温室的设计与建造

一、目的

通过观测日光温室的形式与结构,运用所学理论知识,结合当地的气候条件,学会单屋面高效节能日光温室的设计方法,为建造和利用日光温室打下基础。

二、用具

直尺、铅笔、橡皮、量角器、绘图纸等。

三、设计说明

(一)采光设计 设计建造日光温室时,首先要考虑采光问题。特别是冬季阳光弱的季节,应最大限度地将阳光透射到温室内部来,根据当地纬度、赤纬计算出合理屋面角度。

(二)保温设计 温度是日光温室作物生产中重要的环境因素,保温设计应从减少贯流放热、地中传热和缝隙放热三方面入手,特别是贯流放热。

(三)设计日光温室时要注意场地方位、规模。单栋温室面积不要太大,以 333 m² 的栽培面积为宜。

(四)设计的温室要实用、成本低。

四、设计步骤

(一)确定温室的方位及大小(长、宽、高)。

(二)确定中柱的位置和高度,后墙的高度、厚度及后坡角度、长度。

(三)确定前屋面角度、门的位置及大小。

(四)在坐标纸上按一定比例绘出日光温室剖面图。

(五)写出建材种类、规格、用量及经费。

五、建造步骤

(一)温室场地选择与规划及建材的准备

(二)温室的建造(以竹木结构温室为例)

1.日光温室墙体的修建

2.日光温室后屋面的修建

3.日光温室前屋面骨架的安装

4.前屋面覆盖塑料薄膜及其他保温覆盖材料

5.日光温室出入口及工作间的建造

六、作业

1.绘制日光温室断面、平面及立体设计图,并写出此设计说明。

2.简述日光温室建造步骤。

七、考核

根据实习情况及作业综合考核。

六、高效节能日光温室内部微环境的观测

一、目的和要求

通过对高效节能日光温室内外温度、湿度、光照等进行观测,掌握设施内小气候环境观测的一般方法,学会设施内小气候测定仪器的使用方法,了解温室内小气候环境特征。

二、仪器

光照:总辐射表、光量子仪(测光合有效辐射)、照度计。

空气温、湿度:干湿球温度表、最高和最低温度表。

土温:套管地温表(5,10,15,20 cm)或热敏电阻地温表。

气流速度:热球或电动风速表。

二氧化碳浓度:便携式红外二氧化碳分析仪。

有条件的可采用温、光、土壤湿度、空气湿度等环境数据采集器(如 Onset 公司的 HOBO 数采器系列),利用数采器软件设置数据采集的时间间隔和外界通道参数,对环境数据进行连续监测,通过软件导出数据并进行数据分析与作图。

三、方法和步骤

高效节能日光温室内小气候包括温度(气温和地温)、空气湿度、光照、气流速度和二氧化碳浓度等。本实验主要测定温室内各个气候要素的分布特点及其日变化特征。由于同一温室内的不同位置、栽培作物状况和天气条件不同都会影响各小气候要素,所以

应多点测定,而且日变化特征应选择典型的晴天和阴天进行观测。但是,根据仪器设备等条件,可适当增减测定点的数量和每天测定次数、确定测定项目。

1.观测点布置

温室(面积 300～600 m²)内水平测点按下图所示:左边为设施内,一般布置 9 个观测点,其中 5 点位于温室中央,其余各点以 5 点为中心在四周均匀分布;右边为设施外,与 5 点相对应。

×1	×2	×3
×4	**×5**	×6
×7	×8	×9

　　×1　　　　北

室外对照点　　↑

垂直测点按设施高度、作物生长状况和测定项目来定。在无作物时,可设 20、50、150 cm 三个高度;有作物时,可设作物冠层上 20 cm 和作物层内 1～3 个高度。室外是 150 cm 高度,土壤中设 10,20,40 cm 等深度。

2.观测时间

一天中每隔 2 h 测一次温度(气温和地温)、空气温度、气流速度和二氧化碳浓度,一般在 20:00,22:00,0:00,2:00,4:00,6:00,8:00,12:00,14:00,16:00,18:00 共测 11 次,但保温材料揭盖前后最好各测一次。总辐射、光合有效辐射、光照度在揭帘以后、盖帘之前时段内每隔 1 h 测一次,总辐射和光合有效辐射要在正午时再加测一次。

3.观测值读取

每组测一个项目,按每个水平测点顺序往返两次,同一点自上而下、自下而上也往返两次,取两次观测平均值。

4.注意事项

测定前先画好记载表。测量仪器放置要远离加温设备。仪器安装好以后必须校正和预测一次,没问题后再进行正式测定。测定时必须按气象观测要求进行,如温度、湿度表一定要有防辐射罩,光照仪必须保持水平,不能与太阳光垂直,要防止水滴直接落在测量仪器上等。测完后一定要校对数据,发现错误及时更正。

七、温室环境自动控制系统调查

一、目的和要求

通过对温室环境自动控制系统调查、分析,结合观看影像资料,掌握温室环境自动控制系统的构成、性能及应用。

二、用具和设备

1.室外调查　皮尺、钢卷尺等测量工具和铅笔、直尺等计量用具。

2.影像资料及设备　温室环境自动控制系统的幻灯片、光盘等影像资料以及幻灯机、DVD 等影像设备。

三、方法和步骤

1.分组　按以下内容进行实地调查、访问,将调查资料整理成为报告,要点如下:

（1）调查本地不同类型温室内环境自动控制系统的使用情况，记录不同温室类型所配备的信号检测设备和执行机构种类，记录控制器型号。进一步分析不同类型温室所配备信号检测设备和执行机构的原因，比较各种配备方式的优缺点。

（2）记录信号检测设备在温室内部的分布情况，分析采用该分布方式的原因。

（3）记录执行机构和控制器在温室内部的分布情况，结合已学知识，分析其装置设置是否合理，并分析其优缺点。

（4）采访温室管理人员关于温室环境自动控制系统的运行情况及其在生产中发挥的作用。

2.观看录像、幻灯片等多媒体影像资料，了解温室环境自动控制系统基本构成和运行方式，比较不同的信号检测设备、执行机构在实际使用中的性能，结合温室类型比较不同的控制器类型。

四、作业和思考题

1.作业　写出实验报告，根据调查情况，写出被调查温室的环境自动控制系统基本构成，记录运行情况，在温室平面图的基础上绘制环境控制示意图。

2.思考题　说明本地区温室的环境自动控制系统的特点，并分析原因。

参考文献

[1] 张福墁主编. 设施园艺学. 北京:中国农业大学出版社,2001

[2] 李式军主编. 设施园艺学. 北京:中国农业出版社,2002

[3] 邹志荣主编. 园艺设施学. 北京:中国农业出版社,2002

[4] 陈青云主编. 农业设施学. 北京:中国农业大学出版社,2001

[5] 邹志荣,邵孝侯. 设施农业环境工程学. 北京:中国农业出版社,2008

[6] 李锡文,杨明金,杨仁全. 现代温室环境智能控制的发展现状及展望. 农机化研究, 2008(4):9~13

[7] 高强,王贺辉,韩淑敏. 温室环境智能控制系统的研究. 节水灌溉,2005(4):31~33

[8] 周萍,陈杰,戴丹丽,等. 不同天气条件下连栋温室内光照分布规律研究. 农机化研究, 2007(6):123~125

[9] 金志凤,周胜军,朱育强,等. 不同天气条件下日光温室内温度和相对湿度的变化特征. 浙江农业学报,2007,19(3):188~191

[10] 李化龙,尚小宁,刘新生,等. 农业设施环境要素调控技术研究及应用现状. 陕西气象,2004(3):1~4

[11] 陈端生. 日光温室小气候环境及其调节. 中国花卉园艺,2005(8):47~52

[12] 何文寿. 设施农业中存在的土壤障碍及其对策研究进展. 土壤,2004,36(3):235~242

[13] 吴夏蕊,彭世彰. 设施农业中水分调控与水分利用效率关系研究. 沈阳农业大学学报,2004,10(35):604~606

[14] 赵秀芬,房增国,韩猛. 设施蔬菜连作障碍的原因剖析及对策研究. 安徽农学通报, 2007,13(7):117~118

[15] 王双喜,高昌珍,杨存栋,等. 温室 CO_2 气体浓度环境自动调控系统的研究. 农业工程学报,2002,18(3):84~86

[16] 闫杰,罗庆熙,陈碧华. 园艺设施内湿度环境的调控. 长江蔬菜,2004(9):36~39

[17] 张真和主编. 高效节能日光温室园艺. 北京:中国农业出版社,1995

[18] 马承伟主编. 农业设施设计与建造. 北京:中国农业出版社,2008

[19] 胡繁荣主编. 设施园艺学. 上海:上海交通大学出版社,2002

[20] 崔毅主编. 农业节水灌溉技术及应用实例. 北京:化学工业出版社,2005

[21] 李卫东,陈振宇,高昌珍编著. 抗旱农业节水灌溉技术. 北京:中国社会出版社,2005

[22] 楼豫红,吴宗文编著. 农业节水灌溉新技术. 成都:天地出版社,2002

[23] 张晓东主编. 棚室设计、建造及配套设施. 哈尔滨:黑龙江科技出版社,2002

[24] 穆天民主编. 保护地设施学. 北京:中国林业出版社,2004

[25]刘加平主编.建筑物理.北京:中国建筑工业出版社,2002

[26]Michael Raviv,J. Heinrich Lieth. Soilless Culture:Theory and Practice. 2008

[27]刘世哲主编.现代实用无土栽培技术.北京:中国农业出版社,2000

[28]王久兴,王子华编著.现代蔬菜无土栽培.科学技术文献出版社,2005

[29]郭世荣主编.无土栽培学.中国农业出版社,2003

[30]王振龙主编.无土栽培教程.北京:中国农业大学出版社,2008

[31]别之龙,黄丹枫主编.工厂化育苗原理与技术.北京:中国农业出版社,2008

[32]葛晓光主编.蔬菜育苗大全.北京:中国农业出版社,1995

[33]王秀峰,陈振德主编.蔬菜工厂化育苗.北京:中国农业出版社,2000

[35]苗香雯,马承伟等.农业建筑环境与能源工程.北京:中国农业出版社,2006

[36]周长吉.现代温室工程.北京:化学工业出版社,2003

[37]邹志荣.现代园艺设施学.北京:中央广播电视大学出版社,2004

[38]Teng Guanghui, Li Changying. DNCS—A New Scheme for the Automation of Greenhouse Environment Control. 农业工程学报,2002,5

[39]杨卫中,王一鸣,李海键.分布式温室智能控制系统智能控制器设计与实现.农机化研究,2006(2)

[40]陈建霖,张海丽.以PLC为核心加单片机扩展开发了温室控制器.农村实用工程技术(温室园艺),2004(3)

[41]李善军,张衍林.温室环境自动控制技术研究应用现状及发展趋势.农业工程技术,2008(2)

[42]毕玉革,麻硕士.我国现代温室环境控制硬件系统的应用现状及发展.农机化研究,2009(3)

[43]孙忠富,陈人杰.温室作物模型研究基本理论与技术方法的探讨.中国农业科学,2002,35(3)

[44]孙忠富,陈人杰.温室番茄生长发育动态模型与计算机模拟系统初探.中国生态农业学报,2003,11(2)

[45]曹宏鑫,高亮之等.作物生长发育过程的计算机模拟决策研究概述.山东农业科学,2001(3)

[46]严力蛟,沈秀芬.作物模拟模型研究概况与展望.农业系统科学与综合研究,1998,14(2)

[47]孙忠富,陈人杰.温室作物模型与环境控制管理研究.中国生态农业学报,2003(10)

[48]李军.作物生长模拟模型的开发应用进展,西北农业大学学报,1997,25(4)

[49]曹卫星,李存东.基于作物模型的专家系统预测和决策功能的结合,计算机与农业,1998(2)

[50]潘学标.荷兰作物模型的发展与应用.世界农业,1998(9)

[51]罗群英,林而达.农业技术转移决策支持系统(DSSAT)新进展.气象,1996,22(12)

[52]谢云,JamesR,Kiniry.国外生物生长模型发展综述.作物学报,2002,28(2)

[53]谢祝捷,曹卫星等.作物生长模拟模型在上海精准农业和智能温室中的运用及前景(综述).上海农业学报,2001,17(2)

[54]殷红.作物生产系统模拟模型研究进展.杂粮作物,2000,20(3)

[55]严力蛟,周熙朝.作物模拟模型研究综述(下).农业科技译丛(杭州),1999(1)

参考文献

[56]金之庆.作物模拟的发展趋势及应用前景.世界农业,1999(6)

[57]杜华平,作物生长模拟研究浅析.上海农业科技,1999(3)

[58]廖桂平,官春云.作物生长模拟模型研究概述.作物研究,1998,12(3)

[59]严力蛟,周煦月.作物模拟模型研究综述(上).农业科技译丛(杭州),1998(4)

[60]杨京平,王兆骞.作物生长模拟模型及其应用.应用生态学报,1999,10(4)

[61]张怀志.基于知识模型的棉花管理决策支持系统的研究.博士论文,2003

[62]张娟,陈杰,刘志勇.基于数据挖掘技术的温室决策支持系统.微计算机信息,2007,23

[63]王馥棠.中国气象科学研究院农业气象研究50年进展.应用气象学报,2006(12)

[64]张亚红,陈青云.中国温室气候区划及评述.农业工程学报,2006(11)

[65]张亚红.中国温室气候区划及连栋温室采暖气象参数的研究.博士论文,2003

[66]朱圣盼.基于计算机视觉技术的植物病害检测方法的研究.硕士论文,2007

[67]王克如.基于图像识别的作物病虫草害诊断研究.博士论文,2005

[68]张静.温室蔬菜主要病害诊断与咨询专家系统的构建,博士论文,2004

[69]汤修映,张铁中.果蔬收获机器人研究综述.机器人,2005(1)

[70]宋健,张铁中,徐丽明,汤修映.果蔬采摘机器人研究进展与展望.农业机械学报,2006(5)

[71]周增产,J. Bontsema,L. Van Kollenburg-Crisan.荷兰黄瓜收获机器人的研究开发.农业工程学报,2001(11)

[72]李庆中,汪懋平.农业生物模式识别中的计算机视觉技术.中国图像图形学报,1999(7)

[73]王勇.棉花收获机器人视觉系统的研究.博士论文,2007

[74]徐丽明,张铁中.果蔬果实收获机器人的研究现状及关键问题和对策.农业工程学报,2004(5)

[75]李浚明.植物组织培养教程(第2版).北京:中国农业大学出版社,2002

[76]胡孔峰.植物组织培养技术及应用.郑州:河南科学技术出版社,2006

[77]曹春英.植物组织培养.北京:中国农业出版社,2006

[78]崔瑾.芋(Colocasia esculenta L. Schott)脱毒快繁体系的构建以及组培苗无糖培养的研究.博士论文,2002

[79]陈振光.园艺植物离体培养学.北京:中国农业出版社,1996

[80]吴殿星,胡繁荣.植物组织培养.上海:上海交通大学出版社,2004(8)

[81]张春丽,郭宇珍,何松林.植物组培环境调控与规模化育苗技术研究进展.河南农业科学,2007(6)

[82]牟宁宁,高亦珂.植物无糖组培技术研究进展.林业科技开发,2007(1)

[83]刘文科,杨其长.植物无糖组织培养环境控制中的问题及对策(一):密闭式组培间的环境控制.农业工程技术.温室园艺,2006(8)

[84]刘文科,杨其长.植物无糖组织培养环境控制中的问题及对策(二):大型培养容器的环境控制.农业工程技术.温室园艺,2006(9)

[85]曲英华,胡秀蝉,吴毅明.植物组织培养新技术:光独立培养法.农业工程学报,2001(11)

[86]武维华.植物生理学(第二版).北京:科学出版社,2008

[87]邵莉楣.植物生长调节剂应用手册.北京:金盾出版社,2004(7)

[88]王三根.植物生长调节剂与施用方法.北京:金盾出版社,2003(8)

[89]徐毅.几种生长调节剂在蔬菜上的应用.当代蔬菜,2005(9)

[90]赵敏等.植物生长调节剂对农作物和环境的安全性.环境与健康杂志,2007(5)

[91]杨其长,魏灵玲,鱼亨善.设施生态农业模式及其配套技术体系研究.中国生态农业学报,2004(10)

[92]金冬霞,宋秀杰.生态农业建设综述.农村生态环境,1990(4)

[93]林祥金.世界生态农业的发展趋势.中国农村经济,2003(7)

[94]朱恒利,刘芳,杨东星.日光能温室"四位一体"高效种养模式的技术初探.当代蔬菜,2006(11)

[95]孙书静."四位一体"生态温室建设技术.当代蔬菜,2006(11)

[96]李惠斌."四位一体"能源生态模式研究.硕士论文,2007

[97]张鑫."四位一体"农业生态系统能流与能值分析.硕士论文,2007

[98]李建明,邹志荣,陈双臣.大棚蔬菜立体栽培.西安:陕西科学技术出版社,2008

[99]李新峥,蒋燕.蔬菜栽培学.北京:中国农业出版社,2006

[100]贺超兴.设施番茄栽培.北京:中国农业科学技术出版社,2006

[101]王凤华,陈双臣.蔬菜标准化生产技术.上海科学技术出版社,2007

[102]李建明,邹志荣,陈双臣.室内芽苗菜种植新技术.陕西杨凌:西北农林科技大学出版社,2005

[103]王进涛,谢国文.园林花卉学.北京:中国农业科学技术出版社,2002

[104]张国海,张传来.果树栽培学各论.北京:中国农业出版社,2008

[105]贺超兴,张志斌,陈双臣,等.设施番茄越夏长季节规范化栽培技术.中国蔬菜,2004(1)

[106]王耀林.设施园艺工程技术.郑州:河南科学技术出版社,2000

[107]设施农业在中国.科学技术部中国农村技术开发中心组编.北京:中国农业科学技术出版社,2006(10)

[108]我国建立了设施蔬菜生育障碍防止技术体系. http://www. most. cn/kjbgz/200609/t20060913_36012. htm,中华人民科学技术部,2006 年 09 月 14 日

[109]李桂舫.保护的蔬菜病虫害防治.北京:金盾出版社,2001

[110]商鸿生.新编棚室蔬菜病虫害防治.北京:金盾出版社,2009

[111]董钧锋.园林植物保护学.北京:中国林业出版社,2008

[112]孙益知.果树病虫害生物防治.北京:金盾出版社,2007

[113]科学技术部中国农村技术开发中心组编.设施农业在中国.北京:中国农业科学技术出版社,2006

[114]张乃明.设施农业理论与实践.北京:化学工业出版社,2006

[115]王宇欣,段红平.设施园艺工程与栽培技术.北京:化学工业出版社,2008

[116]张晓文,王影,邹岚,程存仁.中国设施农业机械装备的现状及发展前景.农机化研究,2008(5)

内容简介

本教材共分十章,内容主要包括栽培设施类型、结构及性能,设施覆盖材料的种类、性能及用途,设施环境及其调控,设施的规划设计与建造,无土栽培,设施栽培新技术等。既能反映具有中国特色的设施农艺技术的最新成果,又能反映国际设施农业技术的基础知识,做到理论联系实际,先进性和实用性并重,体现了"新"和"基础"的原则。编写严谨、规范,叙述准确、精炼,内容系统、全面,所用资料新颖、详实,介绍的技术先进、成熟、可靠。

本教材可作为农学、农村区域发展、园艺等专业的设施农业课程的教材,又可作为广大农业科技工作者的参考书。可为设施农业科学与工程专业的学生学习专业课奠定基础的同时,也可为其他相关专业的学生毕业后从事设施农业的研究和生产指导工作提供理论和技术支持。

图书在版编目(CIP)数据

设施农艺学/谢小玉主编. —重庆:西南师范大学出版社,2010.2(2019.12 重印)

ISBN 978-7-5621-4860-9

Ⅰ.设… Ⅱ.谢… Ⅲ.保护地栽培—高等学校—教材 Ⅳ.S62

中国版本图书馆 CIP 数据核字(2010)第 024822 号

设施农艺学

主　编　谢小玉

责 任 编 辑:杨光明

书 籍 设 计:CASTALY 尚品视觉 周 娟　钟 琛

照　　排:杜霖森

出版、发行:西南师范大学出版社

　　　　　重庆·北碚　邮编:400715

　　　　　网址:www.xscbs.com

印　　刷:重庆荟文印务有限公司

开　　本:787mm×1092mm　1/16

印　　张:16.5

插　　页:4

字　　数:380 千字

版　　次:2010 年 4 月　第 1 版

印　　次:2019 年 12 月　第 3 次

书　　号:ISBN 978-7-5621-4860-9

定　　价:45.00 元